亞其爵(商)　饕餮紋袋足銅單鬲(商)　銅斝(商)　銅牛觥(商)　銅尊(商)

三羊尊(商)　人紋銅盉(商)　小臣艅犀尊(商)　銅卣(商)　銅尊(商)

圖2-1　中國殷商時代鑄造青銅的器具

圖2-5　高爾夫球頭

蠟模品檢　蠟模修整

圖2-18　蠟模品檢與蠟模修整

組樹(直式)

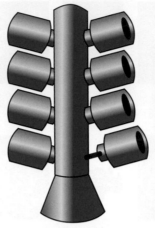
組樹示意圖

組好之蠟樹(橫式)

圖2-20　組樹

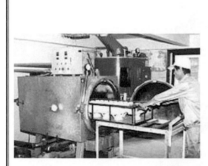
脫蠟

脫蠟示意圖

陶瓷殼模

圖2-22　脫蠟

切割流路系統

示意圖

圖2-26　切割流路系統

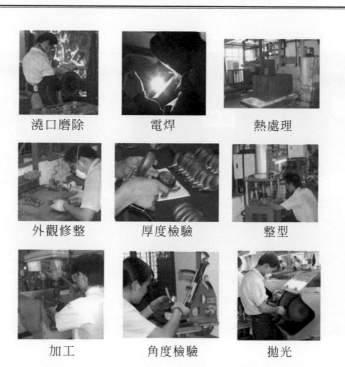

澆口磨除	電焊	熱處理
外觀修整	厚度檢驗	整型
加工	角度檢驗	拋光

圖2-27　鑄後處理

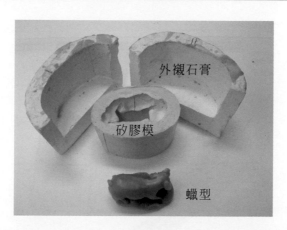

外襯石膏

矽膠模

蠟型

圖2-49　矽膠模具

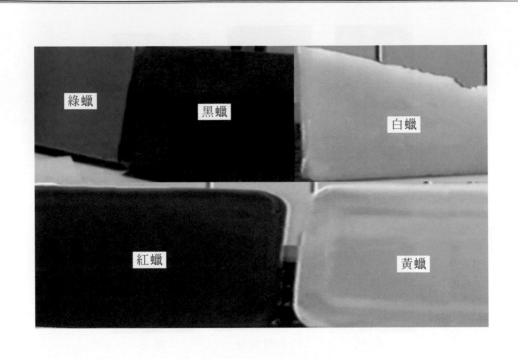

圖2-76　模型蠟原料

圖2-83　各種蠟原料

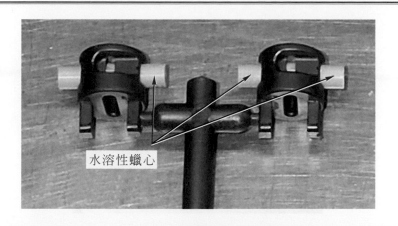

圖2-102　水溶性蠟心被蠟包住

圖2-110　取出金屬型心

圖2-113　將蠟模放在稀釋的氫化氫酸中將水溶性蠟心溶出

圖2-114　經8～12小時後，水溶性蠟心完全溶掉

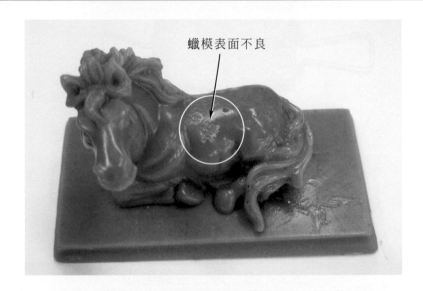

蠟模表面不良

圖2-123　表面不光滑

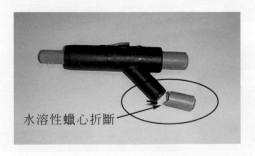

水溶性蠟心折斷

圖2-124　水溶性蠟心折斷

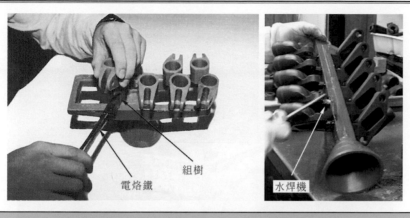

圖2-142　利用電烙鐵與水焊機組蠟樹

組樹
電烙鐵
水焊機

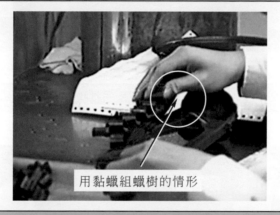

用黏蠟組蠟樹的情形

圖2-143　小件的蠟型迅速用黏蠟將進模口黏合在在蠟模頭上

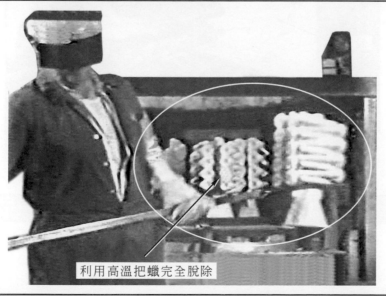

利用高溫把蠟完全脫除

圖2-192　高溫燃燒脫蠟法

脱蠟

殼模

圖2-193　蒸汽脫蠟

燒結爐

殼模

預熱殼模

圖2-200　陶瓷殼模在爐內預熱

圖2-245　高速砂輪切割機

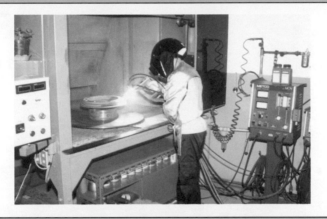

圖2-249　電焊機之焊接工作

圖2-265　各種研磨石及研磨劑

圖2-266　利用振動研磨機研磨後之零件

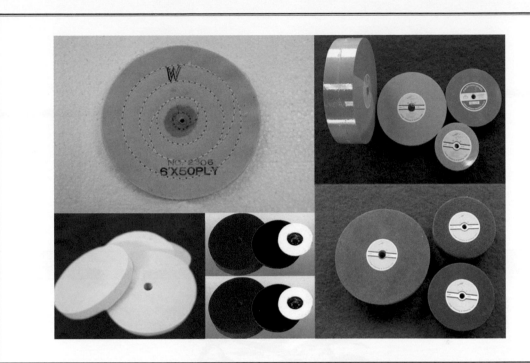

圖2-271 各式拋光輪

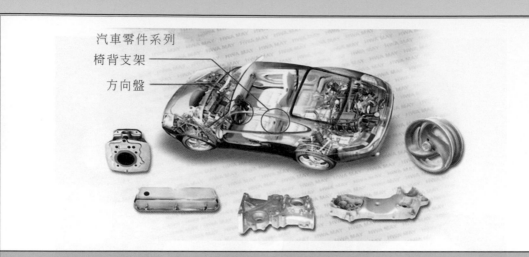

汽車零件系列
椅背支架
方向盤

圖3-1　汽車零件

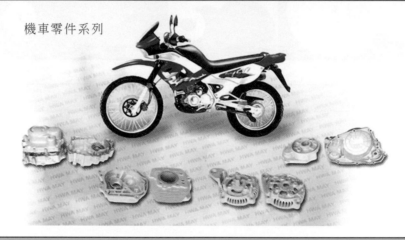

機車零件系列

圖3-2　機車零件

腳踏車零件系列

圖3-3　自行車零件

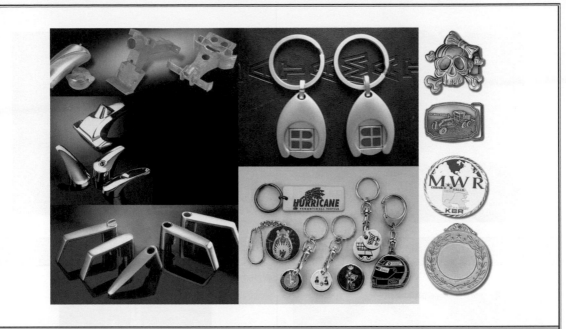

圖3-8　生活用品、衛浴用品、門把手

圖5-8 水晶玻璃

圖5-9 硼玻璃棒

圖5-14 鍍膜玻璃

圖5-28 徒手吹製銅座洋燈

圖5-32 鑲嵌玻璃作品

圖5-34 玻璃拉絲

圖5-35　拉絲作品－帆船

圖5-36　彩繪玻璃作品－檯燈

圖5-38　琉璃珠作品

圖5-39　琉璃珠製作技法

圖5-41　琉璃脫蠟鑄造作品

圖5-43　琉璃脫蠟鑄造作品

圖5-53　圓雕

圖5-55　線刻

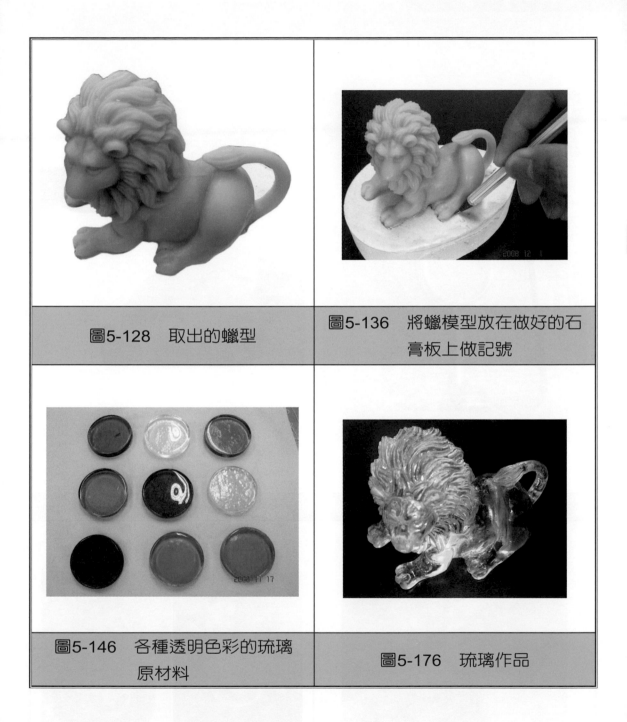

圖5-128　取出的蠟型

圖5-136　將蠟模型放在做好的石膏板上做記號

圖5-146　各種透明色彩的琉璃原材料

圖5-176　琉璃作品

5

壓模框

生橡膠

銀版原模

澆道

澆口

圖6-36　壓模框

圖6-39　分割橡皮模

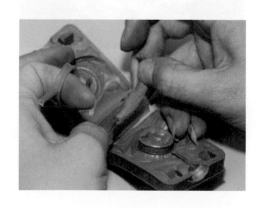

圖6-43　從橡皮模中取出蠟模

圖6-44　組蠟樹

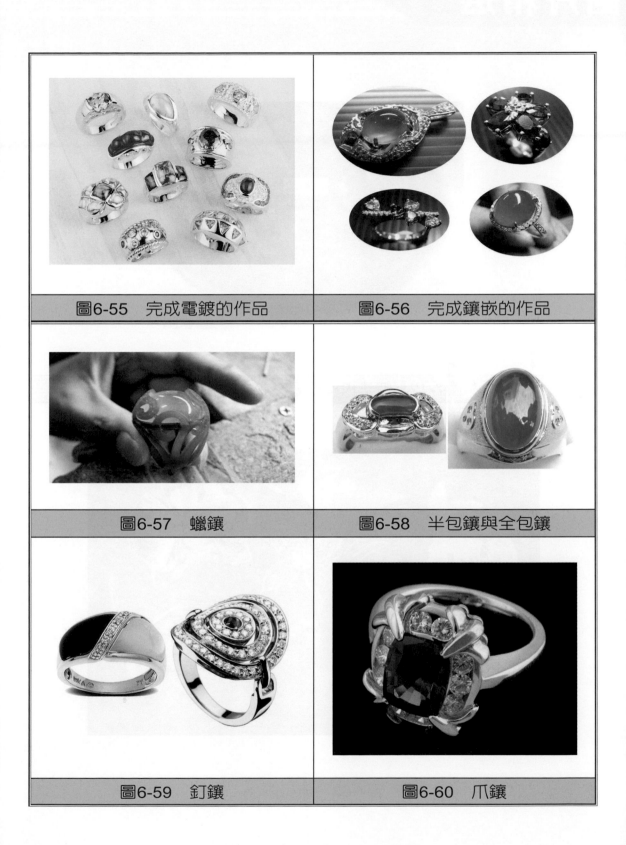

圖6-55　完成電鍍的作品

圖6-56　完成鑲嵌的作品

圖6-57　蠟鑲

圖6-58　半包鑲與全包鑲

圖6-59　釘鑲

圖6-60　爪鑲

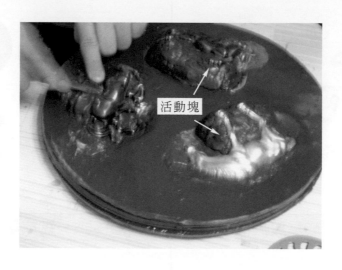

活動塊

圖7-12　無法拔模部分，必須做成活動

圖7-63　流行飾品

加工處理前

圖7-66　矽膠模離心鑄造作品－奔牛

圖7-67　取出鑄品

圖7-68　後處理完成的流行飾品

加工處理前　　電鍍完成後

圖7-69　加工處理前與電鍍完成後之工藝藝術品－奔牛

精密鑄造學

林宗獻　編著

全華圖書股份有限公司

精密鑄造學

林宗獻　編著

全華圖書股份有限公司

推薦者序

　　本書出版者林宗猷老師，為推薦者高中求學階段的恩師，由於林老師教學態度相當認真嚴謹，且對學生的諄諄教誨及不厭其煩的教導，方能奠定本人日後從事學術研究的基礎，也開啟從事教育之路的契機。

　　「鑄造」在整個金屬工業的大範疇中，為不可或缺的一環。金屬製品由古至今，歷數千年，而鑄造的方法不斷更新：由最早的砂模鑄造，到今日的精密鑄造，且已將產品的範圍擴充到各行各業及日常生活中。

　　精密鑄造學是一門很有趣的學科，可以透過設計者的想法創作出屬於自己的藝術作品及應用在陸、海、空方面各式各樣的精密科技產品，且突破傳統砂模鑄造技術之瓶頸，達到精密程度更高、鑄件更薄、形狀更複雜且品質更加良好的成品。只可惜這方面的專業知識一直未能普及。也因為一般精密鑄造學者忙於學術研究，無暇撰寫這方面專業的書籍，因此無法將這門知識跟現實生活結合起來。於是，在人們的觀念裡，精密鑄造學變成遙不可及的學問。

　　推薦者在大學授課精密鑄造學科十餘年，總感嘆無法找到一本適合學生閱讀的專業書籍；本書作者林老師曾擔任精密鑄造的專業教學，長達三十幾個寒暑，因而對於精密鑄造專業方面，可謂理論基礎與實務經驗兼備之精密鑄造達人。有關本書的基本知識均詳述於各章，除了精闢的說明各種精密鑄造法，還有課後的練習，可供學後自我評量，對於初入門的精密鑄造從業人員及學生皆有相當實際的幫助，也是精密鑄造學最佳的教本，本人極力推薦。

郭金國　謹識

國立台灣師範大學工業教育學系教授

一、精密鑄造可以說是最古老的鑄造技術之一，中國遠在殷商時代就已經使用這種鑄造技術，但一直未被大家重視，直到第二次世界大戰期間，才開始受到重視，尤其近一、二十年來電腦科技產業的發達，結合氣油壓等自動控制應用於精密鑄造設備及檢驗儀器，使得整個精密鑄造的工作環境大大改善，生產效率相對提昇，精密鑄件的精度與品質也大大的提高。

二、編寫一本適合精密鑄造教育的專業書籍，是筆者一生中的心願。在本人從事多年精密鑄造的教學工作中，總覺得缺少一本有系統介紹精密鑄造的專業書籍，以作為這個行業的教材，民國76年適逢全華圖書公司發行人陳本源先生之邀請，開始編撰精密鑄造一書，出版以來受到鑄造教育界相當高的評價，至今已過二十幾個年頭，由於產業的變遷，許多生產設備結合電腦科技，不斷的推陳出新，在筆者即將從教育工作退休之際，因全華圖書公司林美秀副理一再邀請及家人鼓勵，期能將畢生的工作經驗與教學心得，重新編撰一本更完整的精密鑄造學專書，希望能對精密鑄造之專業教育，再盡棉薄之力。

三、本書共分七章，內容包括精密鑄造的六大精華主題：

1. **概論**
2. **包模鑄造法(脫蠟鑄造)**
3. **高壓鑄造(壓鑄)**
4. **無氧化鑄造(粉末冶金)**
5. **琉璃脫蠟鑄造**
6. **貴金屬鑄造(石膏模法)**
7. **矽膠模離心鑄造(人造珠寶鑄造)**

尤以最後三大主題：琉璃脫蠟鑄造、貴金屬鑄造及矽膠模離心鑄造，目前市面上的專書，幾乎付之闕如。

四、本書適於作爲科技大學、技術學院、專科學校、大學的機械工程系、冶金工程系、材料工程系、美術學系、藝術學系及高工鑄造科、機械科、美工科、金銀細工科、模具科與職訓中心鑄造類科之精密鑄造課程的專業教材；且可專供精密鑄造工廠現場作業人員參考使用。另外，凡對精密鑄造行業有興趣之人士，亦可作爲參考。

五、本書的出版，承蒙全華圖書股份有限公司的鼎力支持。在寫作的過程中承蒙億營實業有限公司、旭嶸有限公司、奇鈺精密鑄造股份有限公司、旭珂工藝社、汐止余老師工作室、聖喬機械有限公司及許多精密鑄造廠……等，適時提供資料協助，於此並誌謝忱。

六、筆者於民國55年進入彰化高工，就開始接受鑄造的專業教育，爾後更有多次從事鑄造廠的現場生產工作，例如民國57年在台灣煉鐵公司(台北汐止)、民國58年進入南隆鋼鐵公司服務(台北南港)。筆者大學畢業後，即擔任教職工作，繼續從事鑄造專業教學，民國68年暑假，帶領南港高工鑄造科第一屆30名學生到高雄加工出口區的大宇精密鑄造股份有限公司實習兩個月，親身參與整個精密鑄造(高爾夫球頭)的生產流程，深切體認到從事鑄造行業的辛苦。眾所皆知，鑄造是機械工業之母，是整體工業的基礎，不能因爲辛苦，就去逃避它、不去認識它、不敢從事它。有鑑於此，乃不揣愚昧，將畢生的工作經驗與三十多年教學心得，編撰此書，希望此書的出版，對於爾後精密鑄造的教育與訓練及有意從事精密鑄造行業的有志人士有所助益。編撰過程，雖力求嚴謹，然筆者才疏學淺，如有疏漏謬誤之處，尚祈讀者及精密鑄造業界諸位先進，惠予指正賜教，不勝感激。

七、本書承蒙國立台灣師範大學工教系郭金國教授提供寶貴意見及賜予校閱，一併致謝。

林宗獻 謹誌 于台北

編輯部序

　　「系統編輯」是我們的編輯方針，我們所提供給您的，絕不只是一本書，而是關於這門學問的所有知識，它們由淺入深，循序漸進。

　　本書共分七章，內容包括精密鑄造的六大精華主題：包模鑄造法(脫蠟鑄造)、高壓鑄造(壓鑄)、無氧化鑄造(粉末冶金)、琉璃脫蠟鑄造、貴金屬鑄造(石膏模法)、矽膠模離心鑄造(人造珠寶鑄造)。本書適於作為科技大學、技術學院、專科學校、大學的機械工程、冶金工程、材料工程系、美術系、藝術系及高職鑄造、機械、美工、金銀細工、模具科與職訓中心鑄造類科之精密鑄造課程的專業教材；且可專供精密鑄造工廠現場作業人員參考使用；另外，凡對精密鑄造行業有興趣之人士，亦可參考選用。

　　同時，為了使您能有系統且循序漸進研習相關方面的叢書，我們列出了相關叢書及流程圖，以減少您研習此門學問的摸索時間，並能對這門學問有完整的知識。若您在這方面有任何問題，歡迎來函聯繫，我們將竭誠為您服務。

相關叢書介紹

書號：0282706
書名：工廠實習-機工實習(第七版)
編著：蔡德藏
16K/432 頁/460 元

書號：05872
書名：模具工程(第二版)
英譯：邱傳聖
16K/784 頁/750 元

書號：0564701
書名：機械製造(第二版)
編著：孟繼洛、傅兆章、許源泉、
　　　黃聖芳、李炳寅、翁豐在、
　　　黃錦鐘、林守儀、林瑞璋、
　　　林維新、馮展華、胡毓忠、
　　　楊錫杭
16K/592 頁/500 元

書號：0552302
書名：模具學(修訂二版)
編著：施議訓、邱士哲
16K/600 頁/580 元

書號：0536001
書名：銲接學(修訂版)
編著：周長彬、蘇程裕、蔡丕椿、
　　　郭央諶
20K/392 頁/400 元

書號：05945
書名：鑄造學
編著：張晉昌
16K/496 頁/450 元

書號：0557404
書名：實用板金學(第五版)
編著：黎安松
20K/560 頁/520 元

◎上列書價若有變動，請以
　最新定價為準。

流程圖

書號：0614703
書名：機械製造(第四版)
編著：林英明、卓漢明、
　　　林彥伶

書號：0557404
書名：實用板金學(第五版)
編著：黎安松

書號：0548002
書名：機械製造(修訂二版)
編著：簡文通

書號：0605702
書名：精密鑄造學(第三版)
編著：林宗獻

書號：0564701
書名：機械製造(第二版)
編著：孟繼洛、傅兆章、許源泉、
　　　黃聖芳、李炳寅、翁豐在、
　　　黃錦鐘、林守儀、林瑞璋、
　　　林維新、馮展華、胡毓忠、
　　　楊錫杭

書號：0536001
書名：銲接學(修訂版)
編著：周長彬、蘇程裕、
　　　蔡丕椿、郭央諶

目錄

3　高壓鑄造(壓鑄) · 3-1

CONTENTS

4 無氧化鑄造(粉末冶金) 　　　4-1

5 琉璃脫蠟鑄造　　　　　　　　　　5-1

7 矽膠模離心鑄造(人造珠寶鑄造)　　7-1

CHAPTER 1

概論

1-1 精密鑄造的定義

所謂鑄造(Foundry)，就是將熔融的金屬熔液，鑄入事先做好之鑄模的模穴中，待金屬熔液凝固後取出，切除流路系統，即獲得所需的鑄件(Casting)，此一成型的過程稱爲「鑄造(Foundry)」。通常「Foundry」是指鑄件的鑄造生產工廠而言，如果單指鑄件生產過程的動作或方法，則鑄造的英文稱爲「Casting」。例如砂模鑄造法(Sand Mold Casting)、精密鑄造(Precision Casting)、壓鑄法(Die Casting)、離心鑄造法(Centrifugal Casting)……等。

傳統的砂模鑄造，雖然有其不被時代淘汰的特性，但是往往由於所鑄造出來的鑄件表面過於粗糙，尺寸不夠精密，甚至生產的速度不夠快速。因此才著手研究改進這種鑄造的缺點，始有各種特殊鑄造法的產生。在各種特殊鑄造法中，有的可以改進原有的生產速度，有的能夠增進尺寸的精度，有的

可以改善鑄件的表面光度。

　　精密鑄造(Precision Casting)的定義：係指利用各種特殊的鑄造法，能鑄造出鑄件的厚度更薄、形狀更複雜、鑄件品質更佳、表面光度好、尺寸精密度高及生產速度快，可以減少各種機械加工的鑄造法。因此只要合乎其定義之條件，都可以稱爲「精密鑄造」；例如包模鑄造法(Investment Casting Process)、石膏模法(Plaster Mold Process)、壓鑄法(Die Casting)、離心鑄造法(Centrifugal Casting)、殼模鑄造法(Shell Molding)⋯⋯等。但是台灣所稱的精密鑄造就是單指包模鑄造法(Investment Casting Process)，也就是一般所通稱的脫蠟法(Lost Wax Process)。

1-2　台灣精密鑄造業的現況與展望

1-2.1　台灣精密鑄造業引進的經過

　　台灣精密鑄造技術之引進比國外晚了將近30年，最早在民國59年(1970)美國Upland公司的Richard Robinson技師，在台中縣外埔鄉(大甲地區)設立台灣亞普靈公司，緊接著同年(稍晚)英國蘇格蘭技師，在高雄加工出口區設立環球精密鑄造廠，民國60年(1971)美國Upland公司的Richard Robinson技師，又在台北三重市的金剛鐵工廠內設立一個精密鑄造部門，這是國內設立精密鑄造工業最早的三家工廠，分佈在台灣中、南、北三個地區。

　　此三家工廠之主要產品亦各自不同：台灣亞普靈公司，以專業生產手工具中的扳手，環球公司生產不鏽鋼高爾夫球桿頭及船用五金，金剛鐵工廠則生產管接頭及機械零件。民國60年環球公司倒閉，全部爲國人收購改名爲大宇精密鑄造公司(作者本人曾經於民國68年暑假，親自帶領南港高工第一屆鑄造科30位學生到該公司實習兩個月，這是作者生平第一次接觸精密鑄造的生產工廠，親身體驗整個精密鑄造的生產流程)，民國77年大宇與大成精密鑄造公司合併改名爲大田精密工業股份有限公司。民國68年台灣亞普靈公司也結束經營，民國84年金剛鐵工廠也結束精密鑄造部門的生產工作。

　　但是從這中、南、北三家精密鑄造廠的幹部，所衍生的精密鑄造廠家在民國82年，達到高峰時約有200家，其中有80家，專業生產高爾夫球桿頭(當中將近70家集中在高屏地區)。台灣的精密鑄造業發展，由於勞力短缺及生產成本考量，看到大陸的勞動力與資源優勢，近15年來已大量外移中國大陸，尤其在廣東地區建立了大量的精密鑄造工廠。2002年台灣的精密鑄造生產企業，由原來的300家左右降到68家，目前仍在國內生產者(上述廠商不含公司仍設在台灣，但生產線皆在海外者，及一些家庭式工廠)。其中84%的廠家主要以生產機器零件、閥、五金件為主，15%的廠家主要生產高爾夫球頭，有一家生產航空零件，參考圖1-1所示。

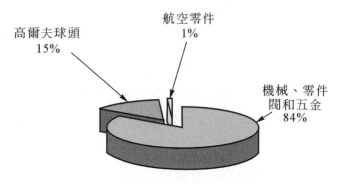

台灣企業的產品方向分佈

◉ 圖1-1　台灣精密鑄造業的產品方向分佈
(資料來源：第三屆JACT國際精密鑄造研討會2003.09.18)

　　台灣的精密鑄件產值約為2億美元，如果包括在大陸的台商企業則為4億美元。在台灣，機械零件、閥和五金零件是精密鑄造主要產品，佔52%，高爾夫球頭佔42%、航空零件佔6%，參考圖1-2所示。

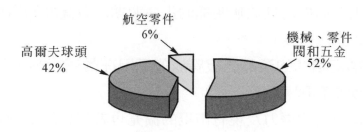

台灣的精密鑄造產值分佈

◉ 圖1-2　台灣的精密鑄造產值分佈
(資料來源：第三屆JACT國際精密鑄造研討會2003.09.18)

由於受到低價位競爭的壓力，台灣企業積極進行產品的結構調整，從低價位、勞動密集型的產品向高附加價值產品轉移，重點放在發展人工關節、渦輪增壓器等產品。

1-2.2 台灣精密鑄造的產業特性

台灣引進精密鑄造技術將近40幾年，廠商大部分以中小企業居多，精密鑄造業屬於傳統、成熟而且勞力密集的產業，投入研發創新的動力小。

一、精密鑄造主要的產業特性如下

（一）大多以出口為導向

台灣精密鑄造所生產的產品大多直接出口，或組裝後間接出口，通常只有大型高爾夫球頭廠商可以承接委託代工製造(OEM：Original Equipment Manufacturing)及委託設計研發製造(ODM：Original Design Manufacturing)訂單外，其餘機械五金零件，生產廠商多以OEM方式生產。

（二）製程複雜且勞力與技術密集

精密鑄造屬於勞力與技術密集之產業，有很多的製程不易自動化，而且整體的工作環境與很多產業相比，屬「辛苦骯髒危險」的行業，較無法吸引高學歷的年輕人投入，使生產的人力逐漸老化。

（三）應用的產業非常廣泛

凡是結構件或非結構件、高精密尺寸、大批量或小批量生產皆可以使用精密鑄造方式生產，且各種合金材料又不受限制，故幾乎可應用於所有工業領域而且並無明顯的生命週期。有高度的市場成熟度，並具低度獨立自主性。

（四）雖然精密鑄造的產品能被廣泛的應用在各個行業，可是產品的變化卻是極為有限

對於新市場的潛力及現有市場的擴充也就相對的受到限制。此外大部分的鑄件屬工業零組件，產品的開發必須配合顧客的需求，因此很難去創造市場需求。

（五）屬於完全競爭的產業

廠商以生產閥類及機械五金爲最多，其規模相當，市場集中度低，屬完全競爭的產業。

二、台灣精密鑄造產業經營的瓶頸

台灣精密鑄造產業具有以上的特質，因此在經營上也遇到了一些經營的瓶頸與困難。

1. 因爲以出口爲導向，最大的問題是訂單的來源與數量不易擴大，由於產業的特性，加上精密鑄造廠大多中小企業，面臨行銷人力不足，且國內市場需求量有限，訂單逐漸多樣少量化。

2. 如果要擴大訂單的來源與數量，勢必需要爭取國際訂單，可是國內精密鑄造業從事外銷業務的人才不足，在整個外銷訂單中約有一半是透過貿易商取得，尤其中小型廠商對其依賴更爲強烈，因此外貿實務與精密鑄造專業兼具的人才，將是廠商最迫切須要去培養的。

3. 由於人力不足對於產品無法做有效的管理，使品質產生不穩定的現象，這對於不少小型精密鑄造廠感受尤其深刻，在人力吃緊下，常無力兼顧生產管理，只好由廠長負起生管之責，造成生產幹部負荷過重，相對產生的問題也較多。如果能將過去的經驗系統化、操作程序標準化，嚴格執行製程管制，很多生產所產生的問題將可以有效降低，自然也可以提高良品率。

4. 鑄造方案設計的問題，鑄造方案設計需要有經驗的專業製程設計工程師，若能利用模流分析軟體，建立相關的資料庫，將可提升設計能力及良品率，縮短整個開發流程，並增加高學歷有抱負的年輕人投入本產業的意願。

國內的精密鑄造由於起步較晚，引進初期政府未能適時給予輔導，業者又未投入大量的人力去做研究發展工作，以致經營困難而宣告倒閉者，時有所聞。雖然業者本身非常努力的經營，但經常是閉門造車，把精密鑄造法當作一種維持自己生存的產業機密，大多數的工廠皆拒絕外人參觀，深恐增加競爭對象而影響自己的生存空間，殊不知這是一種產業生存與發展的最大致

命傷，產業與產業之間無法技術交流，學術界對於產業的問題也一無所悉，因此生產的問題無法解決，生產技術更無法突破，致使整個產業無法走出一條康莊大道。有鑒於此，希望台灣精密鑄造能發展出國防與航太工業的更高附加價值的產品。

三、對精密鑄造業提出幾項誠懇的建議

（一）對政府建議

1. 將北中南區職訓中心升格為工程師培育中心，負責針對初級、中級、高級工程師，甚至工程技術經理人所應具備專業技術、理論、實務等，作長期性培育計劃，並授予各級工程師專業資格證書。

2. 政府及精密鑄造業者應資助設有鑄造科系組的學校成立精密鑄造組，以培養精密鑄造高級技術人才。政府資助不外給予各種廠房及先進設備的經費，業者之資助應提供建教合作的機會及獎助學金。

3. 政府應充實各精密鑄造研究機構的設備與研究人員。

（二）對學術研究界建議

1. 設有精密鑄造部門的研究機構的研究人員，應承擔下列任務
   （1）引進國外的新技術，並加以輔導業者。
   （2）經常發表介紹有關精密鑄造之國外技術性資料，並申請政府補助經費，出版相關技術手冊及市場調查報告。
   （3）輔導精密鑄造業者制定精密鑄造的各種標準製造程序。
   （4）研究開發高附加價值之精密鑄造的各種零件，並輔導業者生產。
   （5）成立研發聯盟，共同切入高附加價值產品的研發。

2. 經常舉辦各種精密鑄造法的技術研討會，藉以解決各家精密鑄造廠技術上所遭遇的各種問題。

3. 強化台灣鑄造學會技術發展委員會精密鑄造小組之功能。
   此小組應負責下列工作：
   （1）國內各家精密鑄造工廠之聯繫及技術交流。

（2） 經常聘請國內外精密鑄造專家，做專題演講或技術指導。

（3） 經常收集出版國外技術性資料。

（4） 經常赴各精密鑄造工廠了解問題之所在，並加以協助解決。

（三）對業界的建議

1. 精密鑄造業者宜努力開發具有高附加價值的精密機械、航太工業及國防工業……等零件，而且各行業亦應全力配合。

2. 一個成熟的產業，競爭激烈勢不可免。精密鑄造業者應引進國外新技術，開創各廠之新產品線，使產品具有特色，而不要汲汲於現有產品之削價競爭，努力去開發新的市場。

3. 改變原來只滿足生產鑄件毛坯的單一生產模式，增設機械加工廠，把毛坯鑄件製成成品件，來提升精密鑄造的技術、經濟附加價值，減少鑄件的機械加工量。

4. 應用快速成型技術和有限元件分析技術，將原來鑄件、鍛件、機械加工件及多件組裝結構，改成一個整體精密鑄件，使零件結構更趨合理、並明顯減輕了零件的重量、保證安全係數不降低、使生產成本顯著降低。

5. 徹底改善精密鑄造業的工作環境，尤其熔解、澆鑄及鑄後處理加工部門，給人刻板印象的惡劣環境(就如過去陰暗的雜貨店變成今天光鮮亮麗的超商)以減少作業人員之流動性，讓年輕的知識份子願意投入這個行業，唯有這樣，精密鑄造業才會有朝氣，才會有明天。

6. 美國精密鑄造先進的技術，其優質的原材料和嚴格認真的製程管制，是美國精密鑄造維持高水準的主要因素，這些因素都可供國內精密鑄造業者借鏡的技術。

7. 重視產品認證取得，例如QS9000 (是美國三大汽車製造公司通用GM、福特Ford、克萊斯勒Chrysler為他們供應商所定義的一系列基本要求)……等，使產品與中國大陸及其他國家之市場有所區隔。

1-3 台灣高爾夫球頭產業概況

高爾夫球桿頭產業隨著社會經濟的快速發展，全世界高爾夫球人口不斷地增加，加上各國國民所得持續提高後，對於休閒活動的需求日殷，各開發中國家或已開發國家正不斷增加及擴充場地，以提供更多人的參與，全球高爾夫相關之消費市場正穩定成長中。因此，展望未來，高爾夫球桿頭之市場必然大有發展。目前不銹鋼高爾夫球桿有逐漸被碳纖球桿取代之趨勢，使碳纖球桿需求將持續發展，而鈦合金球桿的需求，則有逐漸增加當中。

我國高爾夫用品製造歷史將有40餘年，外銷以球頭、球桿、球袋、球、握把……等產品為主。球頭產品目前在國際市場上約有80%的佔有率，碳纖球桿亦有40%的佔有率。海關進出口項目中有關高爾夫球用品的分類有三項，分別為高爾夫球桿整組(包含一支完整組裝的球桿，有球頭、桿子、握把)、其他高爾夫球用品(包括單獨的球頭、中管、握把、球袋、手推車……等)及高爾夫球。

高爾夫球頭是屬於一種高設計能力及材料變化快速的產品，製造商必須具備優異的設計與快速的新產品開發能力，才能創造市場的競爭優勢。因此國外知名的廠牌無不投資大量經費從事球頭的設計開發，並且發展電腦輔助球頭設計技術、高速衝擊分析技術與揮桿模擬技術等，以競逐市場領導者的地位。雖然我國業界的專長主要在於高超的生產製造能力，但因應高爾夫球產品生命週期日漸短縮的趨勢，未來將勢必需要強化產品設計能力與發展生產自動化，以加速新產品上市的速度。

臺灣雖然是高爾夫球具用品的生產王國，但隨著環境變遷，傳統成本低廉的生產優勢已逐漸喪失。由其他運動器材產業(如羽球用具、網球用具、運動鞋等)的大量外移經驗，以及近年來大陸高爾夫用品出口大幅上升的事實，可以預見高爾夫球頭產業未來將面臨極嚴峻的挑戰。

　　高爾夫球具用品主要的消費市場，是在美日等已開發國家，雖然生產製造二十餘年前，已移轉至臺灣等開發中國家，但品牌、通路與產品設計技術，仍然為先進國家所掌控。因為高爾夫運動人口尚屬於特定市場區隔，而高爾夫球具設計需要具備一定的專業條件，所以設計功能幾乎成為價值鏈中的關鍵因素。必須掌握設計功能，才有能力建立品牌與發展通路，而設計、品牌、通路三者正是這一產業的主要附加價值來源。

　　台灣高爾夫球桿頭較重要的生產廠商為復盛、明安、大田、鉅明、寶豐……等，已將後段製程的加工、磨光及美工等移往大陸或越南生產，而接單、研發、開模、打樣則根留臺灣。尤其復盛集團營運主軸的高爾夫球桿頭，在品質、交期及價格策略奏效，吸引全球美、日大廠陸續追加訂單，該公司特別在台灣與大陸兩地進行擴產，將以年產量一千萬個高爾夫球桿頭，勇奪全球量產第一寶座。

　　復盛副總經理蕭家適表示，高爾夫球桿頭全球平均每年成長率約7%至10%間，該公司產品因品質優良、交期快，加上具有價格競爭優勢，幾年前積極開發高附加價格的鈦合金高爾夫球桿頭，近年來大放異彩，比全球成長率還突出。

　　復盛高爾夫球桿頭的量產，國內廠主要負責前置技術層次較高的鑄造部分，後置部分則由大陸廠生產，另該公司為續保量產第一和保有全球重量級客戶訂單，不僅以品質佳與交期快取勝，並已和客戶同步研發新產品，將能滿足客戶最大需求。

本章習題

問答題：回答下列問題。

1. 鑄造(Foundry)與鑄造的英文「Casting」的意義有何不同？

2. 試述精密鑄造的定義？

3. 試述台灣精密鑄造引進的經過？

4. 試述台灣精密鑄造的產業特性？

5. 試述台灣精密鑄造產業經營的瓶頸？

6. 試述精密鑄造業者對政府提出那些誠懇的建議？

7. 試述精密鑄造業對學術研究界提出那些誠懇的建議？

8. 試述對精密鑄造業界應提出那些誠懇的建議？

CHAPTER **2**

包模鑄造法
(脫蠟鑄造)

2-1　前言

　　包模鑄造法(Investment Casting)又可稱為脫蠟法(Lost Wax Process)、精密鑄造法(Precision Casting)、精密包模鑄造法(Precision Investment Casting)，這些稱呼均不夠明確，而且容易引人產生誤解，因此大部分生產業者較喜歡使用英國精密鑄造技術協會(British Investment Caster's Technical Association)所定義的「包模鑄造法」(Investment Casting)。其定義為：使用可消失性的材料(Disposable Materials)來製作模型，然後在模型的四周，包覆一層適當厚度的耐高溫的耐火材料當作鑄模(Mold)，待包模材料硬化後再將消失性模型材料熔融流出或使其消失，並加熱燒結而留下尺寸精密的包模模穴，再將熔融金屬液注入包模模穴，待其冷卻凝固後將包模殼敲碎，即可獲得精密鑄件，稱為「包模鑄造法」。

台灣的精密鑄造業主要以蠟做為消失性的模型材料，所以較喜歡稱為脫蠟鑄造法(Lost Wax Casting)或精密鑄造法(Precision Casting)。這種鑄造法絕非近代人所開創發明的，它可以說是最古老的鑄造技術之一。中國遠在殷商時代就已經使用這種鑄造技術，鑄造青銅的器具，如圖2-1所示。在公元前數百年前，古埃及便已盛行著古典包模法，鑄造形狀複雜的青銅工藝品，如圖2-2所示。但是這種鑄造技術並未被大家所重視，僅僅停留在藝術品的鑄造階段。

直到西元1897年，美國愛荷華州的菲利浦醫生，將這種技術使用在牙醫的鑲牙工作，才使包模鑄造法進入了一個新的里程。非常可惜的是這種新的發展應用，還是沒有引起鑄造界的注意，一直到第二次世界大戰期間，美國軍方為了節省大量的人力、物力及財力，首先投入包模鑄造技術的研究，製造輕兵器的零件，接著噴射引擎的發明，其中許多形狀複雜、材料特殊、加工困難的零件，除了使用精密鑄造的包模鑄造法外，別無其他鑄造方法可以達到要求，於是鑄造界才大量投入在這方

亞其爵(商)　饕餮紋袋足銅單斝(商)　銅斝(商)　銅牛觥(商)　銅尊(商)

三羊尊(商)　人紋銅盉(商)　小臣艅犀尊(商)　銅卣(商)　銅尊(商)

✤ 圖2-1　中國殷商時代鑄造青銅的器具(參照0-1頁彩色圖)

✤ 圖2-2　古埃及士兵身上穿著的是青銅的胸甲和青銅的大盾的工藝品

面的研究發展工作。一直到今天美國包模鑄造法的技術在全世界還是居於領導的地位。

2-1.1 包模鑄造的特性

包模鑄造產品特性有：可鑄造表面光滑細緻、尺寸精度高、材料成本及機械加工成本低、外形複雜、細薄，鑄件機械性能高、鑄件內部氣孔、縮孔少，產品設計自由度高、少量多樣彈性的製造性佳、品質穩定性高。然而要展現這些產品特性，必須要具備成熟的產品開發、製程設計、品管系統及生產管理等技術。

一、包模鑄造的特性

（一）尺寸精度及表面光度好

包模鑄造的尺寸精度可達±0.5～1%(IT公差4～6級)，表面光滑且不需製作拔模斜度，最適宜製造**淨形零件**(將原來鑄件、鍛件、機械加工件及多件組裝結構改成一個整體精密鑄件)；使零件結構更趨合理、並明顯減輕了零件的重量、可大大減少鑄件的機械加工量、保證安全係數不降低、使生產成本顯著降低。

（二）可生產外形複雜、壁薄、花紋精細的零件

包模鑄造能生產最薄壁厚約為0.5mm，最小孔徑可達1.0mm，最輕重量約為1g，最重可達250kg的鑄件；亦可鑄造有精細花紋、細槽及彎曲細孔之毛胚，省去放電加工及雕刻的工時，降低生產成本。

（三）採用蠟樹製作包模

一次可生產數十至數百個精密鑄件，且可配合機械手(Robot)自動化設備，生產快速並可大量生產。

（四）合金材料不受限制內部組織緻密

一般碳鋼、不銹鋼、合金鋼、鑄鐵、鋁合金、銅合金、鎂合金、鈦合金以及超合金和貴金屬……等材料都可用於包模鑄造，對於難以鍛造、焊接及切削加工的合金材料，更是特別適於採用包模鑄造方法。

（五）生產靈活性高及適應性強

包模鑄造的射蠟模具可採用多種材料和各種方法製造，使它既適於大批量生產，甚至單件生產。大批量生產可採用鋼製模具或鋁合金模具，小批量生產可採用低熔點合金模具，樣品研製可直接採用矽膠模具或RP(快速成型法)代替蠟模。

二、包模鑄造與其他精密鑄造法的比較

包模鑄造的陶瓷殼模法與陶模法及石膏模法……等鑄造法各具特色，其個別適用的材質、精密度、鑄件重量及生產應用的情形，參考表2-1所示。

▶ 表2-1　各種精密鑄造法之比較

特性	精密鑄造法		
	陶瓷殼模法	陶模法	石膏模法
應用材質	任何金屬合金皆適用(多用於超合金、合金鋼、不銹鋼、特殊鋼、鋁合金)	任何金屬合金皆適用(多用於合金鋼)	銅合金熔點以下皆適用(最適合銅合金或鋁合金)
尺寸精度	一般公差±0.5%以下(一體成型，無分模面)	一般公差±0.5～±0.2%以下(分模面垂直方向精度較差)	一般公差±0.5～±2.0%以下(分模面垂直方向精度較差)
表面粗糙度	2-20μm Rmax[快速成型(RP)除外]	5-30μm Rmax	3-20μm Rmax
形狀	非常適合形狀複雜鑄件，尤其是內螺紋及盲孔的鑄件	非常適合形狀複雜鑄件，且表面可有精細圖樣	非常適合形狀複雜鑄件，且表面可有精細圖樣
壁厚	最小壁厚約0.5mm	最小壁厚約1.0mm	最小壁厚約1.0mm
重量	數克～250kg，最適合重量是數克～40kg	可達10g～10ton，最適合重量是0.5～300kg	數克～40kg，最適合重量是數克～20kg

(續下表)

表2-1 各種精密鑄造法之比較(續)

特性	精密鑄造法		
	陶瓷殼模法	陶模法	石膏模法
機械性質	可獲得單晶及方向性結晶。其組織可調整	性質較佳,有較快冷卻速度,可獲得微細晶粒	冷卻速度較慢,結晶易變粗大
生產力	少量多樣到大量生產均適合,但自動化程度較低,生產力中等	適合少量到中量,生產力中等	少量多樣到大量均可達到,生產力中等
經濟性	成本高(對難加工材質較有利),經自動化生產降低成本	成本稍高(對合金鋼材質較有利),適合金屬模具生產	成本稍高(對輕合金材質較有利),僅適合鑄造非鐵合金材料及琉璃鑄造
用途	噴射引擎、燃氣渦輪引擎葉片、火箭原子爐、汽車、通信器材、紡織機、藝術品、運動器材、人工關節……等	金屬模具(鑄鐵、合金鋼、銅合金)、一般機械零件(如增壓機、噴嘴及螺桿、壓縮機螺桿、泵之葉輪……等)	3C產品、琉璃、其他藝術品、鋁合金葉片、鋁合金或是銅合金之金屬模具

資料來源:鑄造工學便覽。

三、包模鑄造的優缺點

(一) 包模鑄造法的優勢

1. 精密的尺寸公差

   脫蠟鑄造可以製造無須預留加工量的鑄件,可以鑄造形狀復雜,表面精細,尺寸準確,機械性能高的產品。脫蠟精密鑄造零件可滿足精密尺寸公差,而不須任何機械加工,在某些情況下,公差勝過一切作業標準,因此若您欲採購零件時,廠商將可提供您精密的公差範圍。

2. 可以在保證尺寸公差和形狀公差的前提下,製造單件重量從數克到數百公斤的鑄件。

3. 無須或減少二次加工，降低成本

節省大筆經費，是促使許多買主由其他製造方法改變成脫蠟精密鑄造的動機，一般來說，成本降低之幅度約在50%以上。本項為採用脫蠟精密鑄造所隱藏的利益，以脫蠟精密鑄造出來之零件，有90%以上不需加工即可使用，因此那些銑切、車削、搪孔等加工精製之工具機均可不用。

4. 合金的選擇從黑色金屬到有色金屬，幾乎沒有限制

實際上任何合金，均能用脫蠟鑄造，如果遇到生產某一零件，其合金是難切削或不可能切削時，一般脫蠟精密鑄造就是該零件之最好生產方法，況且有些合金較適合脫蠟精密鑄造，因此合金之選擇您可以與精密鑄造廠，商討一種更適合您所需之合金，而使零件在脫蠟精密鑄造中更有效率、更完美。

5. 可以鑄造需要由數個零件組合成部件，一次成型，大大降低加工及組裝成本，設計相當具有彈性。

6. 不管是簡單或複雜的形狀，幾乎都能採脫蠟精密鑄造，複雜組合配件，可以簡單鑄出孔、溝、斜角、鋸齒狀、齒槽，凸台，文字圖案，甚至一些螺紋、薄斷面、刀口及其他形態，均能以脫蠟精密鑄造法生產鑄造。

7. 模具費用低廉、變更設計、改變材質方便快捷，可縮短從試製到批量生產的時間。

（二）包模鑄造法的限制

1. 鑄件毛胚之鑄造流程比較長。

2. 小批量的生產成本較其他方法為高。

3. 使用大量而且高價的補助材料(副料)，如蠟與耐火材料。

4. 鑄件尺寸及重量有最大的限制，因為包模強度有限。

5. 產品的不良率偏高，除非鑄造方案與流程控制良好否則高廢品率可能使精密鑄造顯得不經濟。

2-1.2 包模鑄造種類

　　包模鑄造基本上可分為實體陶模法(Investment Flask Casting or Investment Solid Mold Process)與陶瓷殼模法(Investmentshell Casting or Ceramic Shell Mold Process)，兩者最大的不同：一個是直接將泥漿注入放有蠟樹的砂箱中，另一個則是利用反覆的沾漿及淋砂作業而形成一定厚度的耐火材料層的殼模。陶瓷殼模法是將實體陶模法改良的鑄造法，台灣的包模鑄造幾乎全部採用陶瓷殼模法。

一、實體陶模法(Investment Flask Casting or Investment Solid Mold Process)

　　此種包模鑄造法係在蠟樹外圍先套上一個型框，將泥漿直接注入型框中，完全充滿模框，將蠟樹包圍，形成一個實體鑄模，待其自硬性凝固後，然後經脫蠟燒結後再鑄入金屬熔液，如圖2-3所示。

二、陶瓷殼模法(Investmentshell Casting or Ceramic Shell Mold Process)

　　利用水玻璃(Na_2SO_3)、矽酸乙脂(Ethyl Silicate)或矽酸膠等當作黏結劑，與粉狀耐火材料調配成泥漿，將消失性模型(Disposable Mold)反覆沾漿及淋砂，使消失性模型表層經由反覆式的沾漿及淋砂作業而形成一層適當厚度耐火材料的殼模包覆在蠟樹外圍的方式，設法利用加熱使消失性模型材料消失及將陶瓷殼模燒結後，並鑄入金屬熔液，等金屬冷卻凝固後，將陶瓷殼模敲碎所獲得的鑄件，如圖2-4所示。現今工業零件、醫療器材、高爾夫球頭、航太精密工業零件及武器等鑄件，大部分均採用此種鑄造法生產。

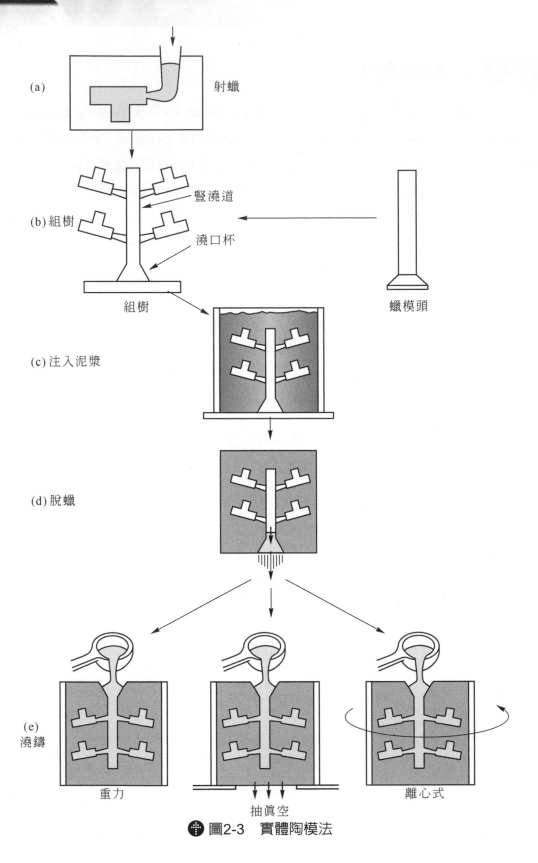

(a) 射蠟

(b) 組樹
豎澆道
澆口杯
組樹
蠟模頭

(c) 注入泥漿

(d) 脫蠟

(e) 澆鑄
重力
抽真空
離心式

🌐 圖2-3　實體陶模法

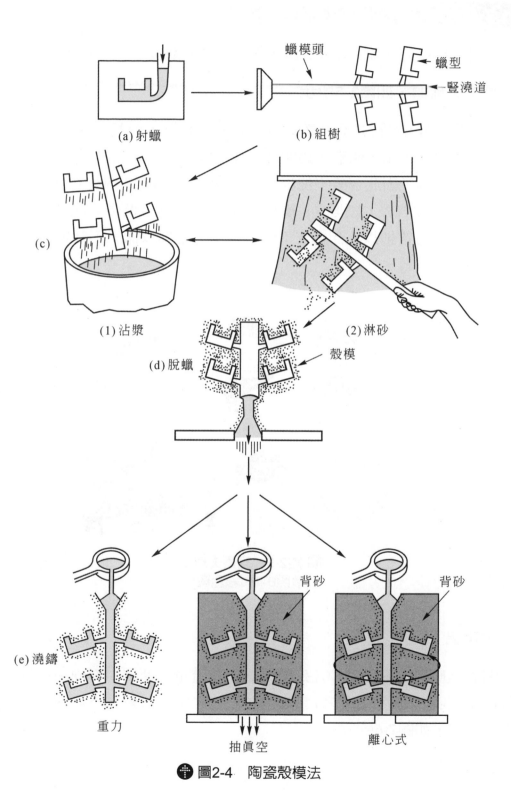

(a) 射蠟

(b) 組樹

蠟模頭

蠟型

豎澆道

(c)

(1) 沾漿

(2) 淋砂

(d) 脫蠟

殼模

(e) 澆鑄

背砂

背砂

重力

抽真空

離心式

● 圖2-4　陶瓷殼模法

2-1.3 包模鑄造產品的應用與材質選用

隨著包模鑄造技術的發展其應用產品種類亦漸廣泛，產品範圍包含：

一、高爾夫球頭，如圖2-5所示

以全球一年消費約5,000萬支高爾夫球桿計算，台灣生產高爾夫球頭的四大廠商復盛、大田、明安、鉅明在兩岸之球頭年產量合計約達3,400萬支，佔全球市場70%，因此台灣不愧稱為世界的高爾夫球的王國。一組球具中有9支鐵桿、3支木桿及1支推桿。鐵桿球頭以不銹鋼、低合金鋼(用於挖起桿)為主，木桿頭材質則以鈦合金及不銹鋼為主，推桿以採用不銹鋼精密鑄造為主。

✤ 圖2-5　高爾夫球頭
(參照0-1頁彩色圖)

二、閥製品

閥製品應用之層面廣，凡是需控制流體流量、速度、方向……等之行業都會使用到閥，而使用最多種類者就是石化工業。材質有不銹鋼、合金鋼、碳鋼……等，如圖2-6所示。

● 圖2-6 閥製品(圖片來源：凡爾笠得公司網站)

三、機械、五金

機械五金方面，產品種類繁多：

1.　建築五金—材質以不銹鋼及碳鋼為主，如圖2-7所示。

● 圖2-7　建築五金(圖片來源：復盛股份有限公司網站)

2. 船用五金—材質以316不銹鋼爲主，如圖2-8所示。

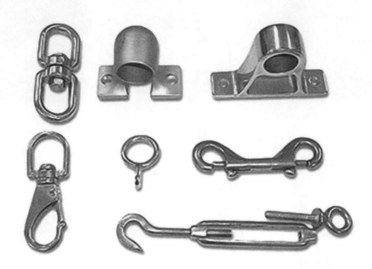

⊕ 圖2-8 船用五金(圖片來源：笠得精密工業股份公司網站)

3. 工業機械零件—材質以碳鋼及合金鋼爲主，如圖2-9所示。

4. 手工具及氣動工具零件—材質以合金鋼爲主，如圖2-10所示。

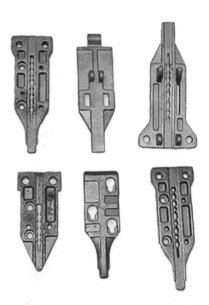

⊕ 圖2-9 工業機械零件

⊕ 圖2-10 氣動工具零件
(圖片來源：佳燁精密鑄造
工業股份有限公司網站)

5. 耐腐蝕之泵葉輪──一般採用304及316不鏽鋼，如圖2-11所示。

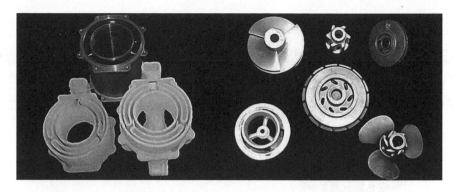

🌐 **圖2-11　泵葉輪**(圖片來源：佳燁精密鑄造工業股份有限公司)

四、汽機車零件─雖然產量較少，但附加價值較高，如圖2-12所示。

1. 汽車零件─幾乎皆屬引擎零件，材質以耐熱合金鋼及不銹鋼(400系)為主。

2. 機車零件─以國外重型機車零件為主，如避震器接頭排氣管踏板……等。材質以合金鋼為主。

3. 自行車零件─以前叉接頭為大宗，材質以A356鋁合金為主。

🌐 **圖2-12　汽機車零件**(圖片來源：佳燁精密鑄造工業股份有限公司網站)

五、航太零件，如圖2-13所示。

精密鑄造航太零件主要為：其中引擎前段(冷段)零件已供應新機為主，材質以不銹鋼及鈦合金為主；後段(熱段)零件多用於維修市場屬需求量大之消耗品，如引擎葉片燃燒室噴嘴等，材質以鎳基／鈷基超合金為主。部分零件還要求須經熱均壓(HIP)處理。機身零件及汽油幫浦零件則以鋁合金為主。

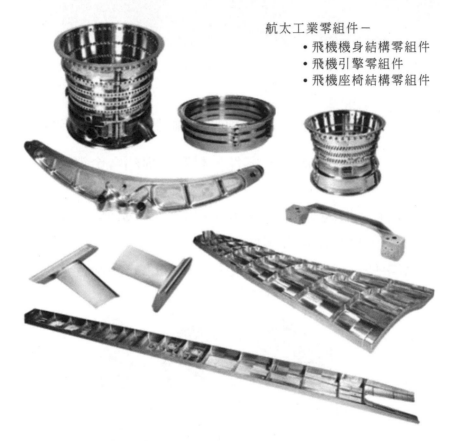

航太工業零組件－
- 飛機機身結構零組件
- 飛機引擎零組件
- 飛機座椅結構零組件

🌐 圖2-13　航太零件(圖片來源：千附實業有限公司網站)

六、其他，如圖2-14所示

其他如佛像、藝品、燈飾、牙科用品、人工關節……等，材質有青銅、黃銅、白銅、金、銀、不鏽鋼、鈦合金等。

🔷 圖2-14　藝術品(圖片來源：佳燁精密鑄造工業股份有限公司網站)

2-2　包模鑄造法之鑄造程序

包模鑄造法之鑄造程序雖然較長，但是並不複雜，其步驟如下：參考圖
2-15所示。

1.　製作射蠟用模具：參考圖2-16所示。

原模

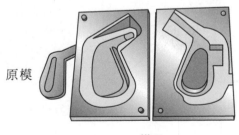

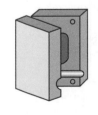

模具　　　　　　　　　模具示意圖

🔷 圖2-16　製作射蠟用模具

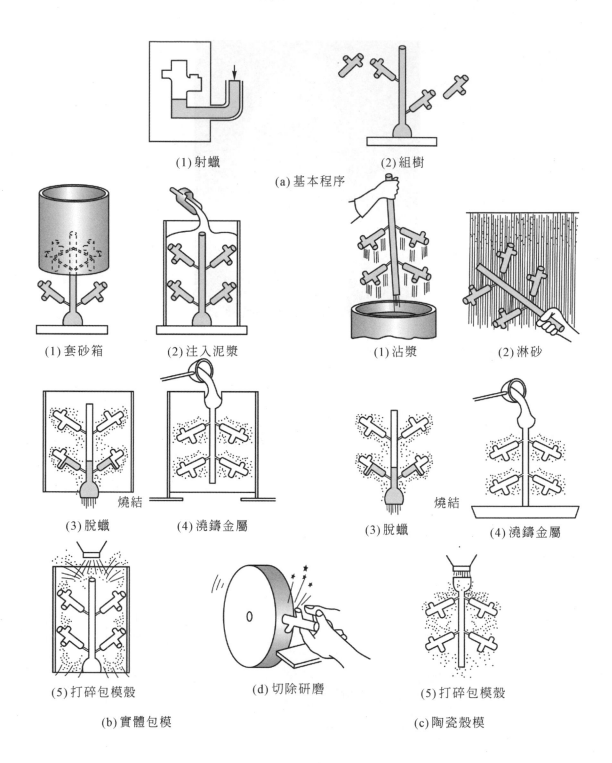

(1) 射蠟   (2) 組樹

(a) 基本程序

(1) 套砂箱   (2) 注入泥漿   (1) 沾漿   (2) 淋砂

燒結

(3) 脫蠟   (4) 澆鑄金屬   (3) 脫蠟   燒結   (4) 澆鑄金屬

(5) 打碎包模殼   (d) 切除研磨   (5) 打碎包模殼

(b) 實體包模   (c) 陶瓷殼模

● 圖2-15　包模鑄造法之鑄造程序

2. 射蠟

模具製作好以後，將糊狀蠟用高壓射蠟機射入模具之模穴，冷卻後取出蠟模，這種蠟模除尺寸稍大之外，幾何形狀與所需鑄件相同，參考圖2-17所示。

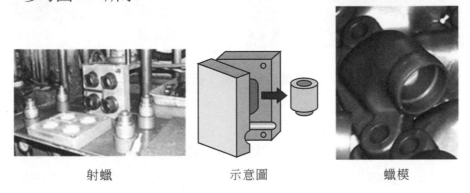

射蠟　　　　　　示意圖　　　　　　蠟模

● 圖2-17　射蠟

3. 蠟模品檢與蠟模修整

此時就必須做第一道關卡的檢驗，將有瑕疵的蠟模挑出來，然後將有瑕疵的蠟模或蠟模的分模線及毛邊加以修整，參考圖2-18所示。

蠟模品檢　　　　　　　　　　　蠟模修整

● 圖2-18　蠟模品檢與蠟模修整
(參照0-1頁彩色圖)

4. 製作蠟模頭

為了讓每一個蠟型有一個流路系統連接，我們需要製作蠟模頭，以備組樹之用，參考圖2-19所示。

| 橫式蠟模頭 | 製作蠟模頭 | 直式蠟模頭 |

✦ 圖2-19　製作蠟模頭

5. 組樹

將蠟模檢查並清洗以後，按一定的數量焊在流路系統(蠟模頭)上，組成**"蠟串"**，或稱爲**"蠟樹"**，參考圖2-20所示。組樹時每個蠟型必須向上傾斜一角度，以利脫蠟工作。

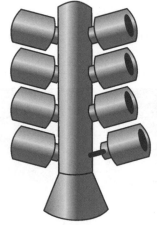

| 組樹(直式) | 組樹示意圖 | 組好之蠟樹(橫式) |

✦ 圖2-20　組樹
(參照0-2頁彩色圖)

6. 製作陶瓷殼模

將蠟樹清洗乾淨後，浸入耐火泥漿中，取出後瀝淨，再撒上耐火砂粒。砂粒與耐火泥漿相黏，將整個蠟樹包覆，等待乾燥以後，依蠟樹形狀之不同，分別重覆前面的操作4～7次不等，即在蠟樹表面形成了具有一定厚度的耐火包覆層的陶瓷殼模，參考圖2-21所示。

如為實體陶模，此步驟必須將蠟樹套上砂箱，再將調好的泥漿注入砂箱中。

沾漿

淋砂

除濕乾燥

沾末層漿

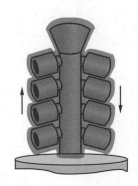

示意圖

⊕ 圖2-21　製作陶瓷殼模

7.　脫蠟

待耐火包覆層乾燥以後，使蠟樹具有一定厚度的耐火包覆層再放入高壓蒸汽脫蠟爐中，蠟受熱熔化後流出，參考圖2-22所示。即形成耐火的陶瓷殼模空殼，稱之為陶瓷殼模。

8.　殼模燒結

將陶瓷殼模放入燒結爐中燒結，將殘蠟燒盡並預熱陶瓷殼模，參考圖2-23所示。

脫蠟

脫蠟示意圖

陶瓷殼模

✦ 圖2-22　脫蠟

(參照0-2頁彩色圖)

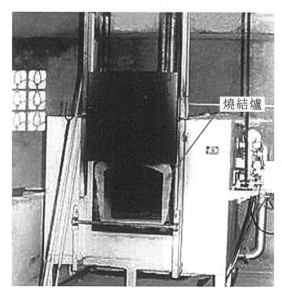
燒結爐

進爐燒結

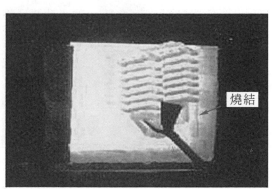
燒結

燒結完成

✦ 圖2-23　殼模燒結

9. 鑄造

將金屬配料熔解後,再做材質成分分析,並把燒結好的陶瓷殼模從燒結窯取出,然後把冶煉好的金屬液體鑄入殼模,參考圖2-24所示。待冷卻後鑄件和澆道及澆口杯形成一個整體。

配料熔解

材質成分分析

示意圖

澆鑄

● 圖2-24　鑄造

10. 清除包模殼

將冷卻後的包模殼，使用震動除殼機將耐火包模殼震破，使之殼模脫落，取出鑄件，參考圖2-25所示。

冷卻鑄件

示意圖

除殼

● 圖2-25　清除包模殼

11. 切割流路系統

使用砂輪切割機切除流路系統，把鑄件逐一切割下來，參考圖2-26所示。

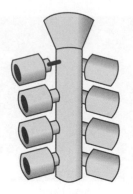

切割流路系統　　　　　　　　示意圖

🌐 圖2-26　切割流路系統
(參照0-2頁彩色圖)

12. 鑄件後處理

將鑄件進行澆口磨除、電焊、熱處理、整型、檢驗、拋光……等一系列的鑄後處理以後，即得到所需要的零件，參考圖2-27所示。

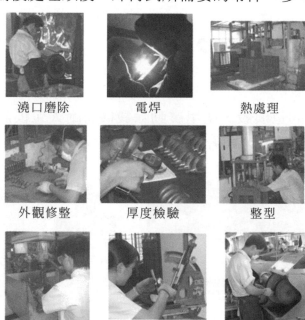

澆口磨除　　　　電焊　　　　　熱處理

外觀修整　　　　厚度檢驗　　　整型

加工　　　　　　角度檢驗　　　拋光

🌐 圖2-27　鑄後處理
(參照0-3頁彩色圖)

13. 塗裝、品檢、包裝出貨
   所有鑄件後處理全部完成之後，將成品塗裝，再做最後品質檢測、
   然後將完全沒有瑕疵合乎客戶規格的成品包裝出貨，參考圖2-28所
   示。

塗裝

品檢

包裝出貨

🔷 圖2-28　塗裝、品檢、包裝出貨

2-3　包模鑄造用模具

　　包模鑄造的鑄件尺寸是否精確，端視蠟型的精度來決定，而蠟型的尺寸
精度則與模具之設計與製作技術息息相關。

　　根據包模鑄造的作業流程，如果我們打算用陶瓷殼模法鑄造時，必須先
用蠟為材料，製成與鑄件一模一樣的蠟型，而且這些蠟型的數量必須與鑄品
相同。換句話說，一個蠟型只能生產一個鑄件，如果我們想製作二個以上一
模一樣的鑄件，就必須利用蠟型模具來製作蠟型。蠟型模具的良窳，不僅將
直接影響蠟型尺寸精度，也將間接影響鑄件的品質。

2-3.1　包模鑄件設計時應考慮事項

　　對於包模的精密鑄件，在設計之前，首先必須加以研究何處是本身能力
可達到的精度，何處須加放加工裕度，採用何種方法加工。更要計算蠟在擠

型時的收縮，模具受熱之膨脹，金屬熔液於澆鑄後之收縮率。最後還得考慮鑄造上是否有困難，如厚薄不均和太薄容易發生變形等問題，必要時得重新設計，以適合包模鑄造法。

包模鑄件設計時應考慮事項：

一、模具分模線的決定

為了使模型(母模型及蠟型)能夠順利自模具中取出，模具必須製作分模線，分模線將模具分割為上下兩個模，或是更多的模。決定分模線的位置幾乎是所有模具設計的第一步驟，為避免分模線對蠟型的外觀及功能產生影響，**模具分模線設計時應考慮的事項：**

1. 設計在鑄件最大截面積及最容易拔模的位置為原則。
2. 不設計於明顯影響外觀或影響形狀處的位置。
3. 容易加工的位置。
4. 分模線要儘量避開鑄件尺寸臨界區。

二、拔模斜度

蠟型脫模是否能夠順利，除了分模線的位置是決定因素外，拔模斜度也非常重要。通常包模鑄件可不必設計拔模斜度，但若表面仍須加工，或者容許有一些拔模斜度也不影響功能，則設計$1/2°\sim1°$的拔模斜度，可幫助模型脫模。拔模斜度雖然大多是在母模型設計時就必須考慮，但是在進行模具設計時，應考慮母模型擺放的位置及角度，不同的擺放位置及角度，可能影響拔模的難易程度，應以最容易拔模的方式為原則。外型較複雜的母模型，若無法僅依賴擺放方式來滿足拔模斜度的需求，則必須比照砂模製作時，以拆砂的方法製作活動模塊來解決拔模的問題。另外在製作撓性模具時，如矽膠模與橡膠模等，雖然母模與撓性材料之間無須考慮拔模斜度問題，但撓性材料與增加其強度的型框則須注意，例如矽膠模與石膏型框之間的拔模斜度，以免拔模時發生困難。

三、模具的強度

蠟型模具在射蠟過程中會承受相當的壓力,包含模穴中蠟溶液的壓力及夾持模具的壓力,因此模具本身必須具有強度,以防止發生變形甚至脆裂的現象,影響蠟型的尺寸、形狀或產生毛邊等。

模具所承受的壓力依蠟型大小及成型條件而定,一般射蠟的壓力不超過 $5kg/cm^2$,這樣的壓力並不算太大,金屬模、塑膠模及環氧樹脂模大都有足夠的強度能承受,但是石膏模、矽膠模與橡膠模等撓性材料製成的蠟型模具,就需要再以其他材料作爲型框,以增加其強度。

四、收縮裕度

蠟及金屬熔液在凝固冷卻時都有收縮的現象,尤其蠟凝固時的收縮率特別大,約爲10～15%,但金屬的收縮率則小很多,以鑄鐵而言,約爲1.0%。依照精密鑄造的程序,若不考慮收縮裕度,製作出來的蠟型會比模具的尺寸稍小,而鑄件的尺寸又會比蠟型稍小,因此蠟型模具在設計時必須考慮收縮裕度的因素。以解決蠟及金屬冷卻收縮的問題,通常是將蠟型模具之模穴的尺寸加大,彌補收縮時減少的尺寸。

五、尺寸公差

鑄件精度等級之表面尺寸公差及最佳鑄造法,請參考表2-2所示。

六、表面光度:

表面光度隨所鑄造的合金之特性而不同,表2-3 所示爲主要合金之表面光度Rms值。表面光度值大都決定於合金的種類及鑄件的大小,包模鑄件的表面光度約較砂模鑄件平滑5～15倍。

表面粗糙度表示公式如下:

$$Rms=\sqrt{\frac{y_1^2+y_2^2+y_3^2+\cdots\cdots+y_n^2}{n}}$$

註:Rms(Root Mean Square)平方根平均法的表面粗糙度(n:分割數,y:分割處粗糙高度值)。

表2-2　鑄件精度等級之表面尺寸公差及最佳鑄造法

鑄件的最大外部尺寸 mm	I 上限	I 下限	II 上限	II 下限	III 上限	III 下限	IV 上限	IV 下限	V 上限	V 下限	VI 上限	VI 下限	VII 上限	VII 下限	VIII 上限	VIII 下限
							誤差mm									
25 未滿	+0.05	−0.05	+0.08	−0.08	+0.2	−0.2	+0.4	−0.4	+0.6	−0.6	+0.8	−0.8	+1.0	−1.0	+1.4	−1.4
25 以上 40 未滿	+0.06	−0.06	+0.1	−0.1	+0.3	−0.3	+0.5	−0.5	+0.7	−0.7	+0.9	−0.9	+1.1	−1.1	+1.4	−1.4
40 以上 63 未滿	+0.08	−0.08	+0.12	−0.12	+0.3	−0.3	+0.5	−0.5	+0.7	−0.7	+0.9	−0.9	+1.1	−1.1	+1.4	−1.4
63 以上 100 未滿	+0.1	−0.1	+0.15	−0.15	+0.3	−0.3	+0.5	−0.5	+0.7	−0.7	+0.9	−0.9	+1.1	−1.1	+1.4	−1.4
100 以上 250 未滿	+0.12	−0.12	+0.3	−0.3	+0.4	−0.4	+0.6	−0.6	+0.8	−0.8	+1.0	−1.0	+1.2	−1.2	+1.5	−1.5
250 以上 400 未滿	+0.15	−0.15	+0.4	−0.4	+0.5	−0.5	+0.8	−0.8	+1.0	−1.0	+1.2	−1.2	+1.4	−1.4	+1.7	−1.7
400 以上 630 未滿	—	—	—	—	+0.7	−0.7	+1.0	−1.0	+1.2	−1.2	+1.4	−1.4	+1.7	−1.7	+2.0	−2.0
630 以上 1000 未滿	—	—	—	—	+1.0	−1.0	+1.2	−1.2	+1.5	−1.5	+1.7	−1.7	+2.0	−2.0	+2.2	−2.2
1000 以上 1250 未滿	—	—	—	—	+1.3	−1.3	+1.5	−1.5	+1.7	−1.7	+2.0	−2.0	+2.3	−2.3	+2.5	−2.5
1250 以上 1600 未滿	—	—	—	—	+1.5	−1.5	+1.8	−1.8	+2.0	−2.0	+2.4	−2.4	+2.7	−2.7	+3.0	−3.0
最佳鑄造法	壓鑄法 包模鑄造法		壓鑄法 包模鑄造法 殼模法		包模鑄造法 殼模法 金屬模法		殼模法 金屬模法		殼模法 金屬模法		砂模法		砂模法		砂模法	

資料來源：エヌ・ア・エリツクイン著 "精密鑄造"，新日本鑄鍛造協會。

▶ 表2-3　各類合金包模鑄件之表面光度

	合金種類	表面粗糙度(Rms)
1	鎂合金	60～100
2	鋁合金	60～100
3	銅基合金	60～100
4	不銹鋼	90～125
5	鈷鉻合金	80～100
6	碳鋼及低合金鋼	90～125

七、射蠟時金屬模內之心型要很容易取出

製作蠟模時，心型設計要領請參考圖2-29所示。

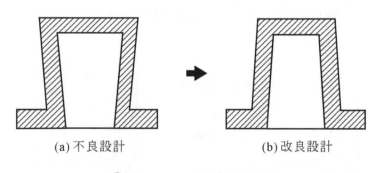

(a) 不良設計　　　　　　(b) 改良設計

● 圖2-29　心型設計要領

八、儘可能使用內圓角及倒角

鑄件中尖銳的交角及交接部分，容易導致鑄件瑕疵。使用不良半徑交接，亦會導致鑄件的熱點與縮收，通常鑄件交接半徑之大小為交接斷面厚度的1/2～1/3左右，其內圓角及倒角設計要領請參考圖2-30所示。

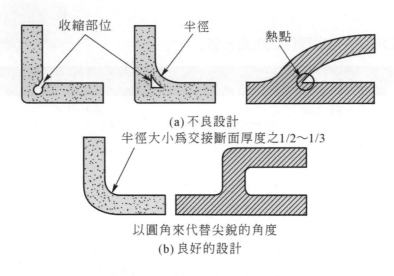

(a) 不良設計

半徑大小為交接斷面厚度之1/2～1/3

以圓角來代替尖銳的角度

(b) 良好的設計

🌐 圖2-30　內圓角及倒角設計要領

九、儘可能避免鑄件斷面厚度有急劇的改變

因冷卻速率不同，所形成的內應力可能造成鑄件熱裂或冷卻時所造成的收縮現象，其鑄件斷面厚度設計請參考圖2-31所示。

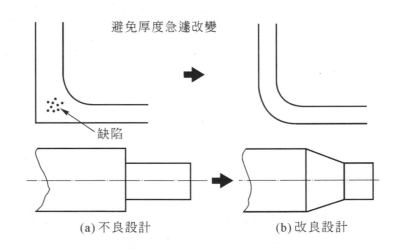

🌐 圖2-31　鑄件斷面厚度設計

十、交叉設計

從避免熱點的觀點來看，交叉的部分會使鑄件帶來很多的問題，如圖 2-32所示。設計鑄件上的交叉補強肋儘可能形成均勻斷面為原則，如圖2-33 所示。

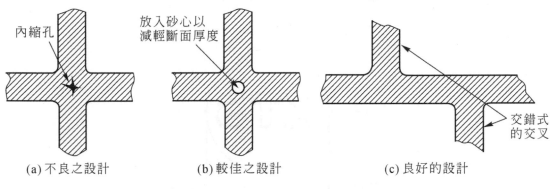

(a) 不良之設計　　　　(b) 較佳之設計　　　　(c) 良好的設計

圖2-32　交叉的部分產生的缺陷

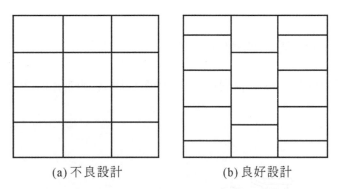

(a) 不良設計　　　　(b) 良好設計

圖2-33　鑄件上的交叉補強肋的設計

十一、實心部位可以考慮掏空

在鑄件設計時，較厚或實心處可以考慮掏空使厚薄均勻，參考圖2-34所示。

十二、鑄出文字以浮出表面為佳

包模鑄造時，鑄件有文字或圖案要浮出鑄件表面為佳，參考圖2-35所示。

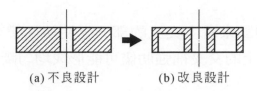

(a) 不良設計　　　　(b) 改良設計

✦ 圖2-34　肉厚處可以考慮掏空

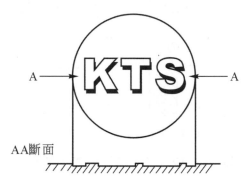

AA斷面

✦ 圖2-35　鑄造文字要浮出表面為佳

十三、多種零件組合成一整體

設計時應考慮將多種零件組成一整體，以達所謂淨形零件，參考圖2-36所示。

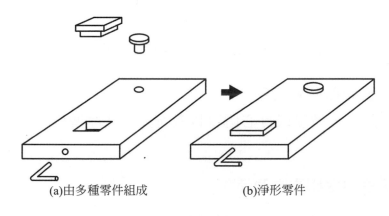

(a)由多種零件組成　　　　(b)淨形零件

✦ 圖2-36　多種零件最好組成一整體

十四、鑄孔

　　鑄孔可分為通孔與盲孔，一般通孔最大深度不可大於孔徑的五倍，對盲孔而言深度不可超出孔徑的兩倍。如果特殊鑄件採用預製泥心，則可製出孔徑為0.5mm而長度為200mm之孔。

十五、螺紋部分

　　一般螺紋可以直接鑄出，但是除非選用的合金加工困難，通常於鑄造後再加工螺紋較經濟。

十六、最小斷面厚度

　　包模鑄造之鑄件可達到的最小斷面厚度，大部分決定於合金材料的流動性、鑄造方案及精密鑄造的技術。一般對於鋼及高溫合金而言，可輕易的達到0.75mm之厚度，但通常之壁厚為1.5mm。

2-3.2 模具製作

一、模具的材料

可作為包模射蠟用模具材料有下列兩種。

（一）金屬材料

1. 低熔點合金，其各種成分，如表2-4所示。
2. 鋁合金。
3. 銅基合金。
4. 軟鋼。
5. 合金鋼。
6. 工具鋼。

▶ 表2-4　低熔點合金成分表

	合金	Bi%	Pb%	Sn%	Cd%	熔點(°C)
1	Bi-Sn	40	–	60	–	155
2	Bi-Sn	58	–	42	–	138.5
3	Bi-Sn-Pb	50	32.2	17.8	–	95
4	Bi-Sn-Pb	40	20	40	–	100
5	Bi-Sn-Pb-Cd	50	25	12.5	12.5	68

（二）非金屬材料

1. 石膏模。
2. 橡膠模。
3. 矽膠模。
4. 環氧樹脂模。

二、金屬模具之收縮量

　　射蠟用金屬模具在製作之前必須先計算金屬模具之預留收縮量，可用下列公式表示：

$$金屬模具之預留收縮量(\%)=\frac{金屬模尺寸－藍圖尺寸}{藍圖尺寸}\times100\%$$

金屬模具之預留收縮量包括：

1. 鑄入金屬熔液後，自金屬熔液凝固完成至冷卻到室溫為止之金屬收縮量。
2. 蠟模材料凝固過程所造成收縮量。
3. 金屬模在操作溫度之膨脹量。
4. 包模耐火材料燒結預熱的熱膨脹率。

　　一般蠟模斷面厚的部分比薄的部分收縮大，受金屬模拘束部分比受可溶

性蠟心或陶瓷泥心拘束部分收縮小，其他各種因素也可能影響金屬模預留收縮量。預留收縮量要精確計算並沒有一定的準則可循，只有靠工作者長期累積的經驗數據。

三、模具的種類與製造方法

　　射蠟模具可以分為金屬模具與非金屬模兩種，長期而大量生產的模具可考慮將流路系統一併設計於模具內，此法在航空引擎之生產工廠應用相當成功。

（一）金屬模具

　　在包模鑄造法中所用金屬模具常見的材料有低熔點合金、鋁合金、銅基合金、軟鋼、合金鋼與工具鋼等，其參考使用壽命，如表2-5所示。到底採用何種材料，必須依據蠟型大小、使用次數、時間長短等因素而定。金屬模具之強度通常較非金屬材料大，因此使用次數多、存放的時間長、且不容易變形，適合於中大量的生產之用，蠟在金屬模具中的流動性也較非金屬模佳，且製作的蠟型表面光滑、尺寸精確。但金屬模具之重量較重、製作費時且技術性高、價格昂貴等為其缺點。

■ 表2-5　模具材料與使用壽命

	模具材料	使用壽命(次)
1	低熔點合金	10000
2	鋁合金、銅基合金	100000
3	軟鋼	100000
4	合金鋼、工具鋼	250000～500000

　　這些金屬模具的加工可以透過精密機械設備包括：五軸NC加工機(參考圖2-37所示)、立式綜合加工中心機(參考圖2-38所示)、CNC車床(參考圖2-39所示)、CNC放電加工機(參考圖2-40所示)、銑床(參考圖2-41所示)及磨床(參

考圖2-42所示)……等，將2D或3D的圖，用CAD 軟體內定的檔案格式，轉為STEP.IGS或與RP(快速成型)機器溝通之STL檔案，再交由CAM來加工完成你設計的金屬模具。CAD/CAM除了提供一貫化的加工流程，並且在模具製造過程中，可自我控制每一製程。

⊕ 圖2-37　五軸NC加工機(資料來源：瑞比德科技有限公司網站)

⊕ 圖2-38　立式綜合加工中心機
(資料來源：永進機械股份有限公司)

⊕ 圖2-39　CNC車床
(資料來源：永進機械股份有限公司)

● 圖2-40　CNC放電加工機
(資料來源：慶鴻機電工業股份有限公司網站)

● 圖2-41　銑床
(資料來源：嵩富機具廠有限公司網站)

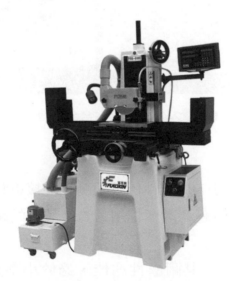

● 圖2-42　磨床(資料來源：富可興機械有限公司網站)

1. 低熔點合金模具

   精密鑄造用金屬模具常用低熔點合金來製造，如圖2-43所示。此種模具通常模框採用鋁合金製作，只是在模穴與模框中間鑄入一層厚約3～5mm的低熔點合金而已，當模具磨損報廢時，則以極低之溫度將低熔點合金熔出而不損及鋁合金模框，模框與低熔點合金皆可回

收再利用。低熔點合金雖然加工製造容易，但也容易磨損變形，較適用於小型且中量生產之用。為了延長低熔點合金模具使用壽命，軟金屬模可在特別容易磨損的部位塞入硬金屬；亦可利用金屬噴塗法，在模穴表面形成一層硬殼表面，來增加模具的耐磨性。

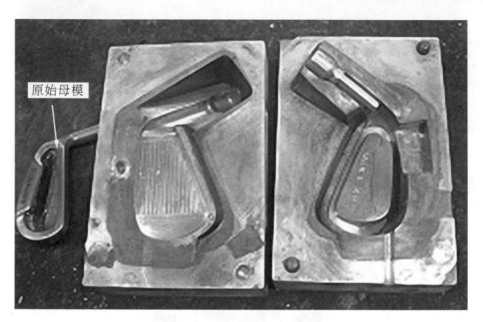

原始母模

● 圖2-43 低熔點合金模具

2. 鋁合金模具

鋁合金不僅比重小，加工性佳及耐磨損性接近軟鋼等優點，無論小型或大型模具，已有越來越多採用鋁合金製作的趨勢，如圖2-44所示。

3. 銅基合金模具

黃銅是銅鋅合金，其耐磨性亦佳，適於小型鑄件而生產量大的模具，如2-45所示。

4. 各種鋼製模具

對於一些需要高精密度的鑄件或高射出壓力及複雜之模具，必須採用各種鋼製模具，其使用壽命要比其他材料長，如圖2-46所示。此種模具的加工方法必須配合今日高科技時代，運用CAD/CAM系統結合CNC自動化設備加工成型。

射入口之位置

🎯 圖2-44　鋁合金模具

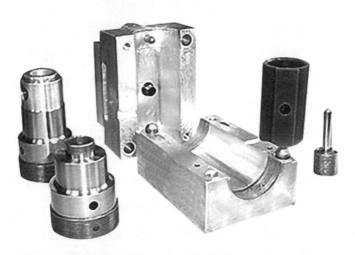

🎯 圖2-45　銅合金模具

鋼金屬模具

🎯 圖2-46　鋼製模具

（二）非金屬模具

1. 石膏模具

石膏是一種天然的軟礦石，開採後經過挑選、壓碎及焙燒後形成含結晶水的硫酸鈣，其化學式為$CaSO_4 \cdot 2H_2O$。普通石膏為含結晶水，當石膏加熱至140°C，脫去四分之三的結晶水後，使其自然冷卻，一般又稱為熟石膏。若焙燒的溫度達到500～800°C，待冷卻後磨成粉狀，過篩或經空氣分離，形成石膏粉，這樣的石膏稱為超強度石膏，其加水攪拌後凝固的強度，大約是普通石膏的4～5倍，鑄造用石膏材料就以此種石膏為主。

石膏模之強度、硬度、耐久性、收縮率、膨脹率及可塑性等，受攪拌時加入的水量、攪拌方式及攪拌時間的影響，尤其是加入的水量對強度的影響最大，以超強度石膏而言，其加水的濃度約為30～40%，也就是100公克的石膏重，加入30～40公克的水量，水量過多，強度成倍數減少。

以石膏作為蠟型模具的材料，適合於少量而外形變化不大的鑄品，如圖2-47所示。由於可塑性高、加工性佳、價錢不高，近來有越來越多的鑄造廠用於製造大型鑄模。但石膏模的強度及耐磨性都不如金屬模，而且容易碎裂、不易保存，石膏與蠟的結合性高，必須使用脫模劑或脫模油才能脫模，蠟型的精密度較差，外形也不能過於複雜，使用過的石膏幾乎沒有回收的價值，可能造成環保問題等，則為石膏模之缺點。

2. 橡皮模

橡膠屬於撓性材料，由於其可撓的特性，反而成為珠寶業用來製作複雜外型飾品的最佳模具，如圖2-48所示。

生橡膠在經過加熱硫化處理後會硬化而使模具稍具強度，加熱的時間僅需數分鐘到三十分鐘，模具製作非常迅速。在加熱時，橡膠具流動性，因此可以填充非常細小的空隙，幾乎任何複雜的外形、紋路及孔隙都能成型。對於蠟型的拆卸，也因為橡膠的撓性，不需製作複雜的砂心或拆砂塊，使模具變得單純。但橡膠模在製作時必須先塑造一個母模，再以橡膠複製的方式產生，蠟型則成為母模的複製品，無法像其他模具可以機械加工製造。

綜合以上的敘述，**橡膠模之優點**包含模具製作單純、製作設備便宜、製作迅速、成本低廉、可製作外型複雜之蠟型及輕巧不易碎裂等。橡膠模之強度不足，射蠟的壓力可能造成蠟型變形，生產出的蠟型不像其他模具一致性高，而且橡膠模經過多次使用後，也有受侵蝕損壞之虞，因此橡膠模不適合於量產且需要尺寸精密度的蠟型。另外，橡膠模須加熱後才能成型，因加熱深度的緣故，鑄品大小受到限制，故橡膠模較適於製作小型、少量的高貴金屬飾品，其詳細內容將在本書第六章做詳細說明。

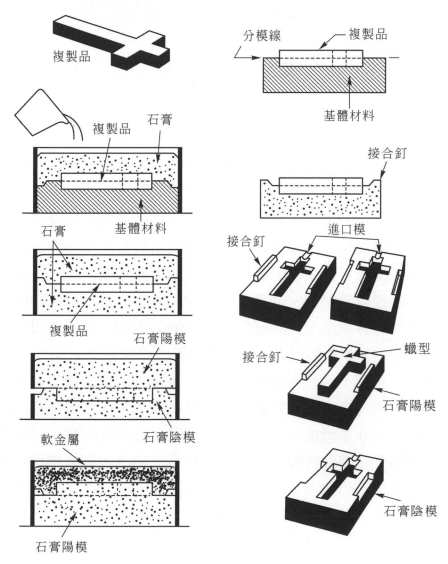

⊕ 圖2-47　石膏模具

⬡ 圖2-48　橡皮模具

3. 矽膠模具

　　所謂矽膠模是指以常溫硬化液態的矽膠(RTV)為原料，再加硬化劑使其凝固硬化，形成如橡膠模一樣具有可撓性的模具，如圖2-49所示。

　　矽膠在常溫時，其流動性極佳，若沒加硬化劑，則幾乎不會凝固。矽膠與橡膠模一樣都需要母模才能製造模具，但矽膠因不須加壓及加熱，因此可選用的母模材料相對的也較橡膠廣泛，外形尺寸也不像橡膠模受到限制。通常在製作矽膠模時，為了節省矽膠材料，只在母模的外表塗上一層層厚度約3mm的矽膠，外面再以石膏或玻璃纖維固定，如此可以大量減少模具製作費的支出。

　　製作矽膠模不須任何設備，且製作簡單，因此頗受學校及訓練單位歡迎，成為精密鑄造的主要訓練課程之一，此外矽膠模的優點為製作單純、成本低廉、可製作外型複雜之蠟型及輕巧不易碎裂等。但因矽膠硬化速度較慢，製作時間較長，另外，硬化劑添加的比例不當或攪拌不均勻，容易產生氣泡及無法完全硬化為其缺點，其詳細內容將在本書第五章做詳細說明。

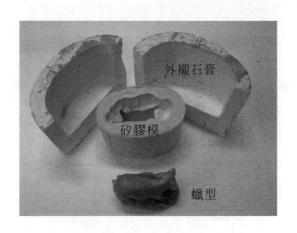

外襯石膏

矽膠模

蠟型

● 圖2-49　矽膠模具
(參照0-3頁彩色圖)

4. 環氧樹脂模具

環氧樹脂主要由樹脂及硬化劑合成，兩者都以液體形態儲存。以適當比例混合後，經化學反應凝固而成塑膠，如圖2-50所示。

製作環氧樹脂模時，除了樹脂及硬化劑外，也可以再添加布、纖維及粗線等補強材料，以及矽酸鹽作為黏稠劑，以調整樹脂濃度，增加粘性。

使用塑膠製作蠟型模具，已有漸漸取代金屬模及石膏模的趨勢，因為塑膠模比石膏模及橡膠模等耐用，比金屬模容易加工，價格也便宜。塑膠模具具有耐酸、防水、不怕油脂、不因潮濕生銹、不易碎裂變形、不膨脹等優點，製作塑膠模可以用機械加工，也可以用手工具，模型尺寸若須變更，破損須修補等均可以加工處理，完成後與新模無異。

利用環氧樹脂塑膠製成的模具，具有以下的特性：穩定性高、強度佳、收縮率低、粘著性佳、可在常溫凝固，適合於中大量生產。但樹脂之硬化劑多為有機銨類，有毒性、易燃、儲存有危險性，且在製作模具時因化學反應產生的氣體也具有毒性，應注意場所空氣流通，避免吸入體內。

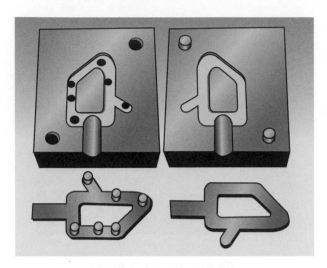

⊕ 圖2-50　環氧樹脂模具

2-3.3　快速成型(RP)技術

一、快速成型(RP)技術簡介

　　快速造型或快速成型(Rapid Prototyping，簡稱"RP")，是20世紀90年代發展出來應用在製造業的新技術。快速原型技術基本原理乃是使用非傳統加工的方法，他必須在RP成型室(如圖2-51所示)，利用四軸雷射掃瞄(如圖2-52所示)或3D光學掃描照相系統(如圖2-53所示)將一作品掃描成圖檔，或當一構思概念之設計完成於電腦之3D CAD軟體後，經一介面程式將此CAD Model轉成 STL檔或依不同RP機型有不同接受之格式，再經過一Slicing軟體計算將STL檔轉換成一層一層之2D剖面加工程式，再傳入RP機器後，工件就被一層一層的加工、堆疊並結合起來，如此一來即可製成3D之所預想形狀的Part。

　　RP技術推出至今，備受學術界與產業界的青睞，主要是因為RP兼具快速、便利及低技術人力需求等多項優點。隨著工業先進國家在人力成本昂貴的考量前提下，以快速原型機替代傳統製造原型的方法已逐漸為各界所接受，鑑於此項技術往往離不開雷射的化學效應或熱效應，因此又常被稱作「光造型」技術。

● 圖2-51　RP成型室

● 圖2-52　四軸雷射掃瞄

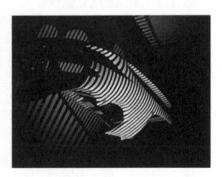

● 圖2-53　光學掃描照相系統

目前主要的快速成型法有下列幾種：

1.　立體光刻法(SLA：Stereolithography)。

2.　預置粉末雷射燒結法(SLS：Selective Laser Sintering)。

3.　熔融堆積法(FDM：Fused Deposition Modelling)。

4.　分層實體製造法(LOM：Laminated Object Manufacturing)。

5.　直接殼模生產法(DSPC：Direct Shell Production Castion)。

　　各種快速成型法原理及技術特徵，如表2-6所示。

■ 表2-6　常用快速成型法(RP)之原理及技術特徵

名稱		原理	製品技術特徵			
			造型材料	製品最大尺寸(mm)長×寬×高	掃描精度(mm)	層片厚度(μm)
1	SLA	由電腦控制雷射光，按規定的軌跡照射在光固化樹脂上，形成連續固化層，下一層以同樣的方法製造。一次一層，連續進行直至製成整個立體模型。	光固化樹脂	1000×800×500	±(0.1～0.2)	80～254
2	SLS	由電腦控制雷射光，按規定的軌跡在熱塑性材料的粉末上掃描，將粉末燒結成片，下一層以同樣的方法製造，直至製成整個立體模型	蠟、樹脂等熱塑性材料粉末	ϕ305×381	±0.2	60～127
3	FDM	由電腦控制擠壓頭，從中擠出一束非常細的熱塑性樹脂或蠟，以此來"畫"出模型的每一層。從底部開始一層一層地進行，直至最終堆積成一個完整的模型。	蠟、ABS樹脂、尼龍絲	241×241×254	±0.127	50～254
4	LOM	雷射光按照分割 CAD 模型所獲得的數據將紙切割成模型內、外輪廓形狀。切割從底部紙層開始逐層進行並相互黏合，直至最終形成完整模型。	紙片	508×763×508	±0.1	94～188
5	DSPC	先在料箱的底層噴鋪一薄層耐火粉料，電腦根據殼模的 CAD 數據，精確控制"打印噴頭"噴出黏結劑，將耐火粉料黏結，形成一層耐火薄片，如此一層一層地進行直至最終製成整體殼模。	耐火粉料和矽膠液	400×400×400	—	50

資料來源：熔模鑄造手冊。

二、快速成型(RP)技術特色

　　形狀無限制是RP最吸引人的地方，由於其加工件的形狀幾乎沒有任何限制，所以各種在傳統雕刻或切削所無法完成的形狀，利用RP都能輕鬆達成。快速原型機所製作之工件，可廣泛應用於設計結果的檢討、組裝干涉檢查、客戶樣品確認等方面，還可用於脫蠟或精密鑄造的模型。

三、工作流程及原理

快速成型之製程：

　　3D CAD→STL介面→前處理→RP成型→後處理

（一）3D CAD

　　需為一封閉之實體模型，可以是實體架構或是曲面架構

（二）STL介面

　　STL檔案內容為許多小三角形平面。它包含了每個三角形的單位法線向量及頂點座標。STL檔有好壞分別，好的STL檔所有法線向量須一致朝向空氣。相鄰三角形間須頂點接頂點。實體架構軟體產生的STL檔應是正確的，曲面架構軟體產生的STL檔大都有問題，要經STL修復軟體處理後才可使用。

（三）前處理

　　主要目的是調整加工方位、建立支撐結構、設定加工參數。

（四）RP成型

　　目前所有RP設備都是以固定厚度的物體斷面，堆疊成型。每個斷面有以向量式或點陣式成型。

（五）後處理

　　主要工作是清理工件，表面處理。

四、快速成型技術在包模鑄造中的應用

（一）蠟模製作

　　快速成型法中的FDM法與SLS法的產品就是蠟模，以此作為包模鑄造的蠟模當然是相當的方便。美國Biomet公司用RP成型製作的人工關節

蠟模僅需約1小時，比採用傳統方法約需40小時要快速多了。

SLA法的製品是光固化樹脂，雖然無法熔融，但能燃燒掉，所以包模鑄造中仍然可以當蠟模使用，但在燃燒的過程中極易脹裂殼模。近年美國3D Systems公司所開發的Quick CAST 1.0和Quick CAST 1.1軟體系統，它能將樹脂模壁部分製成蜂窩狀中空結構，具有這樣結構的原型在脫模過程不會脹裂殼模了。

（二）製作模具及其他裝備

1. 先用快速成型法製成樹脂或蠟模原型，再用它作為母模翻製成環氧樹脂或矽膠模具。

2. 如果在SLA法製作的塑料母模表面噴塗約2mm厚的金屬塗層，並在其外部充填環氧樹脂，製成金屬與環氧樹脂的複合模具，則可滿足數百件批量的生產。

（三）製作殼模

由DSPC法可以直接製出包模鑄造用的陶瓷殼模，可大大的縮短生產週期。

（四）加工陶瓷泥心

現代航太的發展使用陶瓷泥心的形狀變得越來越複雜，為了解決這一難題，採用雷射加工陶心應運而生，在新機種投入生產初期，陶心幾何形狀和尺寸還有許多不確定的因素，採用這種方法可以節省設計製造複雜模具所需的時間和費用，**其加工步驟如下：**

1. 設計製造陶心原始胚體—原始胚體由鋁合金壓鑄而成，只是其中之孔洞及溝槽細部由雷射加工出來。

2. 生成雷射加工軌跡—將陶心的三維幾何模型，經過CAD/CAM軟體轉變成孔洞、溝槽等細節部位的加工軌跡。

3. 按照加工軌跡，由快速成型機加工陶心胚體—由於此時胚體未經燒結，所以雷射很容易加工。

4. 將加工好的陶心燒結製成最終成品。

2-3.4 逆向工程

一、逆向工程簡介

逆向工程(Reverse Engineering，RE)，逆向工程起源於精密量測與品質管制，由於許多工件成品的模具開發都從工件直接量測後開發，例如雕像、汽車外型或須參考人體工學的工件。逆向工程應用的領域從藝術品、工業設計、航太、機械、醫學工程等，特別是模具業，更是需要依賴逆向工程來大幅縮短模具開發設計的時間。

逆向工程通常是以專案方式執行一模型的仿製工作。往往一件擬製作的產品沒有原始設計圖檔，而是委託單位交付一件樣品或模型，如木鞋模及高爾夫球頭，請製作單位複製(Copy)出來。傳統的複製方法是用立體雕刻機或液壓三次元靠模銑床製作出1比1，或等比例的模具，再進行量產。這種方法屬於類比式(Analog Type)複製，無法建立工件尺寸圖檔，也無法做任何的外形修改，已漸漸為新型式數位化的逆向工程系統所取代，逆向工程流程圖如圖2-54所示。

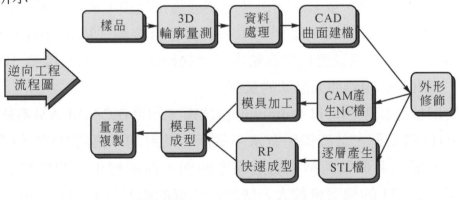

⊕ 圖2-54　逆向工程流程圖

二、逆向工程的應用

隨著時代的進步，電腦軟硬體的持續發展，使得3D電腦輔助設計及製造有了快速的進步，並在工業界已普遍被使用，尤其在醫療界及模具業的使用

上更是有驚人的改變。3D CAD/CAM大量簡化了模具開發的時間，故在產品開發及自動化生產上已有著舉足輕重的地位。

工業技術不斷的提昇和產品的需求多樣化、複雜化以及產品生命週期縮短，因此如何在最短時間內將產品設計與製造完成，以掌握市場的先機，實為工業界重要的課題。然而並非所有的產品均有設計圖面，它們的外形可能是老師傅或設計師用雙手及黏土捏造出來，再用人力以土法練鋼的方式作出造型近似的模具，其中的過程十分煩雜且仍舊無法產生3D CAD資料。為了克服這些問題，於是逆向工程技術應運而生。應用逆向工程技術可快速完成產品的設計與製造，並可應用於汽機車零組件、運動器材、醫療輔具、家電用品、玻璃、木鞋模、高爾夫球頭與陶瓷製品及快速原型製作；如精密鑄造產品及工業造型設計等。人體形狀量測如：人頭像、人造腿骨、齒模及複雜曲面量測等。

目前所稱的逆向工程是針對一現有工件(樣品或手工模型)利用3D數位化量測儀器準確和快速的將輪廓座標量得，並加以建構曲面、編輯及修改後，傳至一般的CAD/CAM系統，再由CAM所產生刀具的NC加工路徑，送至CNC加工機製作所需模具，或者送到快速原型機將樣品模型製作出來，再利用快速模具技術進行小量多樣的翻製。本系統將整合接觸式及非接觸 3D量測系統，接觸式 3D量測系統應用於高精密尺寸的幾何形狀，而非接觸 3D掃瞄量測系統主要應用於複雜曲面形狀的量測。

在使用快速原型(Rapid Prototyping)技術，即是在CAD/CAM系統中建構封閉的3D實體模型，並確保所有水平截面均為封閉。再將3D實體模型轉為STL格式，即以多個三角型來趨近模型曲面。曲率變化大的模型需要較多的三角型，故STL的檔案會較大。快速原型機的電腦中有STL Editor(Slicing Software)可將模型切割成薄片，並分析其截面積。該截面積將透過液體或粉末的固化或者將固體薄片粘接而堆疊成型。

國內廠商在產品研發、設計流程及生產方式上，大部分原屬於OEM再到ODM，然後再逐漸建立自我品牌，因此逆向工程一直是國內企業研發設計的主軸，讓企業界發揮更廣的設計創意，提升設計的品質與能力。藉由產品研發設計週期的縮短，加快產品上市(Time to Tarket)的速度，有助於企業掌握市場商機及全球化的競爭優勢。

三、矽膠模具製作流程

　　矽膠模之製程係以RP原型為母型，其外包覆矽膠，俟矽膠固化後，再以刀子切開矽膠，並將RP原型取出，並以此矽膠模製作少量塑膠件或蠟模。在此製程中應用RP原型，主要有提高母型精度、表面品質及縮短製作時間等具體效益，其製作流程參考圖2-55所示。

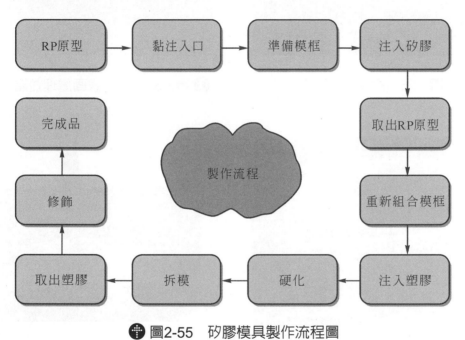

🌐 圖2-55　矽膠模具製作流程圖

（一）矽膠模的製造步驟

1. 準備原(母)模，並決定分模線，將分模線畫在原模上，參考圖2-56所示。

2. 將原模表面處理並塗上離型劑，參考圖2-57所示。

3. 準備壓克力板模框，參考圖2-58所示。

4. 將原模懸空固定在模框中間，原模距底面及四周約1～2cm左右。並固定澆口棒，參考圖2-59所示。

5. 秤好矽膠重量，將一定比率硬化劑(依各廠牌規定)與矽膠均勻攪拌，參考圖2-60所示。

6. 將攪拌好的矽膠抽真空脫泡，參考圖2-61所示。

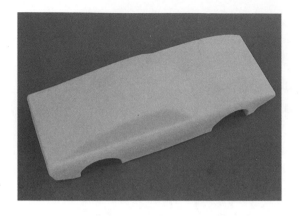

✤ 圖2-56 準備原(母)模

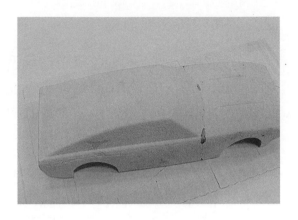

✤ 圖2-57 原模表面處理並塗上離型劑

✤ 圖2-58 準備壓克力板模框

✤ 圖2-59 將原模懸空固定在模框中間

✤ 圖2-60 準備矽膠與硬化劑

✤ 圖2-61 將矽膠抽真空脫泡

7. 將矽膠灌入模框內,高度高出原模頂面約1～2cm左右,參考圖2-62所示,並進行第二次抽真空脫泡。

8. 等待硬化,如所使用之矽膠為加熱硬化形時,可將其放入烤箱硬化(如為常溫硬化形矽膠,本步驟可省略),參考圖2-63所示。

注入矽膠

🕸 圖2-62 將矽膠灌入模框內

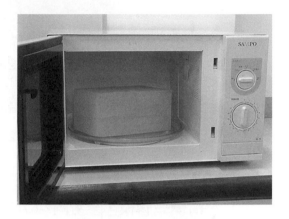

🕸 圖2-63 等待硬化

9. 拆除模框並用手術刀依原先設計的分模線切割矽膠分模面,切割時必需切成鋸齒狀或有上下模的定位裝置,成品才不會產生錯模,參考圖2-64所示。

10. 取出原模,參考圖2-65所示。

鋸齒狀

🕸 圖2-64 用手術刀依原先設計的
分模線切割矽膠分模面

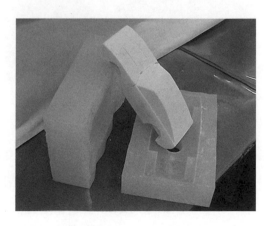

🕸 圖2-65 取出原模

11. 完成之矽膠模，參考圖2-66所示。

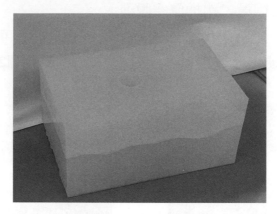

🌐 圖2-66　矽膠模

（二）樹脂成品或蠟模製造步驟

1. 清潔矽膠模，參考圖2-67所示。
2. 將模穴噴塗離型劑，參考圖2-68所示。

🌐 圖2-67　清潔矽膠模

🌐 圖2-68　噴塗離型劑

3. 準備成品的材料(樹脂或蠟液)，參考圖2-69所示。
4. 進行抽真空脫泡，參考圖2-70所示。
5. 在矽膠模澆注口插上漏斗，將材料慢慢注入矽膠模穴內，等待硬化後，完成樹脂或蠟液澆注的矽膠模，參考圖2-71所示。
6. 開模取出成品，參考圖2-72所示。

⊕ 圖2-69　準備成品的材料

⊕ 圖2-70　抽真空脫泡

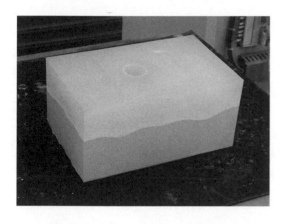

⊕ 圖2-71　完成澆注的矽膠模

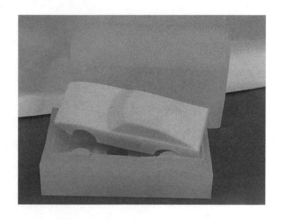

⊕ 圖2-72　開模取出成品

7.　修整成品，參考圖2-73所示。

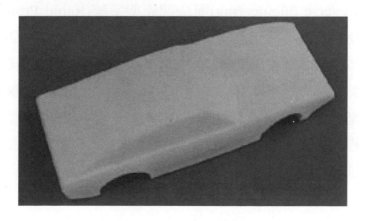

⊕ 圖2-73　修整成品

8. 完成的成品，參考圖2-74所示。

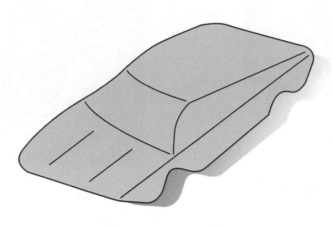

（圖示）圖2-74　完成的成品

四、產業界對逆向工程的需求

外形設計師傾向使用產品的比例模型，來提高產品外形的美學評價，最終可應用逆向工程技術將這些比例模型轉為真實尺寸的CAD模型。製造出以使用者身體為設計依據的物品時，首先須應用逆向工程，建立人體的幾何模型。其他如藝術品、考古文物的複製及醫學工程所需的人工關節，是以人體中的真實骨頭和關節進行複製而成。

五、逆向工程與快速原型系統之整合

逆向工程(Reverse Engineering)與快速原型系統(Rapid Prototyping)之整合可以加速產品設計及製造之流程。逆向工程是以3D雷射掃描儀或三次元量床(CMM)如圖2-75所示，量測自由曲面物體，再送到逆向工程後處理軟體來修整點資料，並產生三角網格STL檔。這種STL檔案便可以直接製作快速原型。當然，逆向工程不僅可用於複製複雜的3D物體，這些經掃描後的點群資料，先經由逆向工程後處理軟體鋪上曲面後，再以IGES檔案格式輸出至其他的CAD軟體來對掃描曲面作設計變更。

● 圖2-75　三次元量床(CMM)

 2-4　蠟模製作

2-4.1 包模鑄造模型材料

一、蠟

　　包模鑄造模型材料的特性，必須是可消失性的。有許多材料可用於製造消失性模型，其中最理想的材料當然是蠟。蠟目前仍是最令人滿意的模型材料。脫蠟鑄造法所用之模型蠟，是經特殊配方，以使其物理性質符合鑄造上的要求。蠟從外觀顏色分有綠色、黑色、紅色、黃色及白色等，如圖2-76所示。

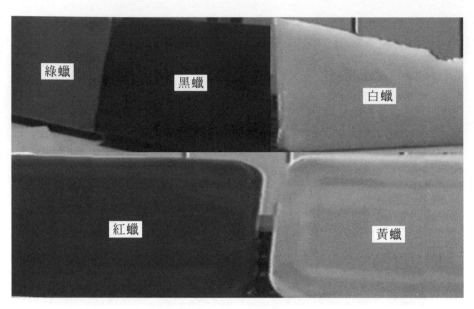

綠蠟　黑蠟　白蠟　紅蠟　黃蠟

● 圖2-76　模型蠟原料
(參照0-4頁彩色圖)

（一）脫蠟鑄造用蠟應具備之特性

1. 灰份含量低，能完全燃燒。
2. 適當的機械強度；硬度高、強度好及韌性佳。
3. 軟化點要高，即在室溫下不易軟化變形，並保持高硬度。
4. 膠狀溫度要低，不需高溫即可擠製成型。
5. 凝固時收縮要小，可控制精確尺寸。
6. 凝固時不得呈結晶性，使外表保持光滑。
7. 流動性佳，使蠟在瞬間充滿模穴，避免流不到及冷接發生。
8. 熱膨脹率要低，亦即當四週溫度變遷時，其膨脹變形要小，避免使殼模脹裂。
9. 焊接性要好，易於焊接以便組樹。
10. 燃點要高，如利用火焰加熱爐脫蠟時，其燃燒損失較少。
11. 品質穩定，價廉而易獲得。
12. 不具令人難受之味道，對人體不生傷害。
13. 可再生使用。

（二）蠟的種類

蠟可以依照它的來源區分為：

1. 石化蠟：可分為石蠟、微粒結晶蠟及其衍生物。

　　（1）石蠟：為白色半透明，無色無味之固體狀蠟，如圖2-77所示，
　　　　　為混合之固蠟。比重0.880～0.915、熔點42～60°C，純石蠟並
　　　　　不適用作為模型蠟，其特性為熔點及結晶構造非常明顯，因此
　　　　　在低溫下容易發生脆斷。但與其他蠟混合使用時，效果非常良
　　　　　好，多數模型蠟都含有相當比例之石蠟。

⬤ 圖2-77　石蠟

⬤ 圖2-78　微晶蠟

　　（2）微晶蠟：具有寬廣之熔點(一般為54～90°C)及凝固範圍，如圖
　　　　　2-78所示。微晶蠟之性質變化很大，熔點相似之微晶蠟，其他
　　　　　方面性質則未必相似，此種蠟的熔點範圍可因混合樹脂及植物
　　　　　油而改變。

2. 天然蠟及樹脂

　　蜂蠟，如圖2-79所示，自古即為脫蠟鑄造法所常用。但植物蠟則為
　　最重要的天然蠟，蠟棕櫚蠟如圖2-80所示及堪地里拉蠟(Candelilla
　　蠟)如圖2-81所示，係自南美洲之灌木及樹葉上得之，為使用最廣的
　　植物蠟。蠟棕櫚蠟有許多良好性質：堅硬、高熔點及含灰量低，為
　　一常用的添加物，可加在石蠟等較軟之蠟中混合使用。堪地里拉蠟
　　(Candelilla)性質與蠟棕櫚蠟相似，質較軟但熔點較高。

天然白蜂蠟　　　　　　天然黃蜂蠟

🌐 圖2-79　蜂蠟

🌐 圖2-80　蠟棕櫚蠟

🌐 圖2-81　堪地里拉(Candelilla)蠟

3. 礦物蠟

　　最重要的礦物蠟係蒙旦蠟(Montan蠟)又稱褐煤蠟，如圖2-82所示，熔點75～86°C爲黑褐色固體，自褐煤及軟煤提煉而來。此蠟含部分之樹脂時，十分堅硬易脆，Montan蠟的大部分性質與較佳之植物蠟相似，但粘度較高，價格較便宜。泥煤蠟是另一種有用的礦物蠟，自泥煤中提煉而來，可替代Montan蠟。

4. 改良蠟及人工合成蠟

　　將微粒蠟用氧化法或其他化學方法加以改良，可得到改良蠟。人工合成蠟可區分爲氯化與非氯化二種。雖然碳氫化氯有害人體健康，

但氯化模型蠟，並不一定對人體構成傷害，使用時必須確保氯化蠟不過熱，並須有良好之通風設備。表2-7為人工合成蠟及天然蠟之熔點與收縮特性比較。

● 圖2-82　褐煤蠟

↘ 表2-7　人工合成蠟與天然蠟之性質比較

	蠟之種類	熔點(°C)	收縮率(%)
1	動物：蜂蠟	61～65	9～10
2	植物：蠟棕櫚蠟	82～86	15
3	礦物：石蠟	42～60	11～15
4	礦物：微晶蠟	54～90	13
5	人工合成蠟：氨基及氨基酯蠟	35～200	視需要可改變

（三）包模用蠟之配製

　　脫蠟鑄造所使用的蠟非單純一種物質，如圖2-83所示。為使其性質適合需要，它是集數種不同蠟的混合物，其配方各公司視為機密而不宣佈，但所**使用原料不外三大類：**

● 圖2-83　各種蠟原料
(參照0-4頁彩色圖)

1. 硬蠟

   硬蠟為製造包模用蠟的主要成分，約佔半數左右的比例，而硬蠟亦非一種，常使用者有四、五種之多，其熔點在65～95℃之間為構成蠟型強度與硬度之骨幹。

2. 微晶蠟

   微晶蠟熔點較低、質地軟，綜合硬蠟後可顯示其各種特性，微晶蠟亦有數種，其熔點在60～87℃之間，使用量為1/4～1/3。

3. 添加劑

   為調節蠟之性能：如改善韌性、脆性及收縮率等，必須在模型蠟中加入添加劑。

   添加劑又可分為硬樹脂及軟樹脂類。硬樹脂可改善蠟之硬度與強度，軟化點為95～150℃；軟樹脂可降低蠟的熔點及調節其他特性，軟化點只有38～72℃。另外一種添加劑，專為增加硬度用的硬度改善劑，亦為樹脂之一種，有數種類型，添加以後對蠟之其他性能影響不大，但對硬度有顯著的改善，使用量為1/3～1/5。

   各鑄造廠對產品品質之要求及機械本身、操作條件之不同，因此對模型蠟條件之要求亦不同。表2-8所示之模型蠟組成，是一典型配方，至於所用是

何種材料，比例之上限或下限可視模型蠟要求特性而調整。蠟之調配，從配方之選擇，原料來源、品質控制及配製程序等等都得小心從事，才能得到最佳品質，最穩定之模型蠟，為了經濟之考慮，此一工作皆由專業廠商負責。

▶ 表2-8　模型蠟之配方

類別	名稱	最大範圍	使用範圍	代表
1	硬蠟	10～70%	30～60%	40%
2	微晶蠟	10～70%	20～50%	25%
3	松脂蠟	1～20%	5～20%	15%
4	硬樹蠟	5～40%	10～35%	20%
5	抗氧化劑	0～0.5%	0～0.5%	0.05%
6	改良劑	0～10%	0～5%	－

脫蠟鑄造使用的蠟因公司不同，其配方各異，又以射蠟方法之不同，蠟的性質又不一樣。總之，模型蠟為以上三種原料之混合物，可確定而無庸置疑的。

二、塑膠材料

塑膠材料中以聚苯乙烯(Polystyrene，簡稱PS)如圖2-84所示。應用最廣，在美國使用得非常成功，英國地區亦有少數鑄造廠使用。

（一）塑膠材料之優點

1. 比蠟具有較高的熔點，較不容易變形。

● 圖2-84　聚苯乙烯(Polystyrene 簡稱PS)

2. 質硬而且具有韌性，不像蠟易受衝擊而破裂。

3. 表面光度高，射出後經適當冷卻，儲存時較無變形之虞。

4. 可製出比蠟型更薄的斷面。

5. 因強度好，可減小澆道尺寸，增加每串蠟樹的數量，因而降低成本。

（二）塑膠材料之缺點

1. 黏性高所以在製作模型時需使用較高的射出壓力，因此無法使用低成本模具。

2. 聚苯乙烯燃燒時有相當的困擾，尤其它的熔解範圍及熔解遲緩形成嚴重的應力問題。

3. 因壓力與溫度較蠟成型時大且高，其尺寸之變化亦較大，甚至凹陷的現象亦嚴重。

4. 塑膠受熱焚去時產生大量的氣體，其膨脹壓力易將陶瓷殼模脹破。如改用蒸氣脫蠟或微波脫蠟可以改善氣體的產生。

（三）保麗龍

　　是由聚苯乙烯發泡製成。聚苯乙烯是由石油提煉出來的塑膠原料，由碳和氫組成，化學式是$(C_8H_8)_n$，保麗龍是聚苯乙烯加發泡劑後加熱成型而來，依發泡倍率的不同，可以製成各種不同密度的保麗龍材料，可以用來製作包模的模型。圖2-85所示為**南港高工鑄造科**，幫台北市政府所鑄造的編鐘，編鐘大小共有10個，是以保麗龍為模型材料，利用包模鑄造的青銅藝術品，目前裝置在台北市中山北路三段的撫順公園(大同公司前面)。

🌐 圖2-85　南港高工鑄造科，為台北市政府(撫順公園)所鑄造編鐘，及採用保麗龍模型沾漿淋砂後的形狀

2-4.2 蠟的性質

大多數的脫蠟鑄造工作者都清楚如何使用蠟來製作模型，但很多具有多年經驗的工作者，對蠟的性質及其特性也都還弄不清楚，就是因為工作者必須具備的基本知識都被忽視或不理會，才會使得蠟模變成廢品，更嚴重者使得鑄件都要報廢。

一、膨脹係數

蠟膨脹係數要比一般金屬大好幾倍。蠟從(70°C)降至(20°C)，其收縮率比鋼鐵從液態(1,600°C)降至常溫(20°C)時還大。蠟從(70°C)降至(20°C)要收縮10%上下，而且其收縮率並不平均。蠟有如此大的收縮之特性，經常帶給射蠟工作非常大的困擾。蠟型收縮成為製作蠟模最頭痛的問題，蠟的熔點低至65°C上下，降到常溫仍要縮8.5%左右。除非蠟型甚薄而且厚度均勻，否則變形、表面凸凹不平、縮孔等毛病很難避免。為了因應此種現象，有從設計上去思考改進、有從射蠟方法上著手改進、有從射蠟壓力上補救、甚至有將射出之蠟型立即投入冷水中，使其外皮迅速凝固，內部收縮與否可不加理會，惟僅限於外形尺寸要求不嚴格鑄件。

蠟收縮膨脹係數如此之大，所以從射蠟起到沾漿為止，蠟型在脫蠟之前均需保存在冷氣房間中，使溫度恆定，避免再產生脹縮。

二、熱傳導係數

蠟的熱傳導係數很低。因此較厚的機件射出蠟型後，經很久時間，蠟型中心部位仍為液態。有人利用30mm方塊的蠟在金屬模中經一分鐘後取出，放置室溫中(即25～30°C之間)，經過十五分鐘切開視之，其中心仍為液態。由於蠟的熱傳導不良，致使稍厚蠟型在射出時，外形非常標準，但經過若干小時後表面呈凹下現象，或在薄厚交界處及轉角處有縮孔。凡此種種均帶給工作人員很大困擾。

三、強度、硬度、韌性及脆性

1. 強度—蠟需要有適當的強度是無庸置疑。若強度稍低可能難以承受殼模砂的負荷而折斷；若強度過大，則脆性增大，因而減少韌性，容易斷裂，所以過大過小均非所宜。通常在20°C時強度為0.2kg/mm^{2}左右為佳。

2. 硬度—硬度通常與強度成正比，隨強度增加而增加。若硬度過大，韌性會減低，同時脆性增加，蠟型若遇些許衝擊即行折斷；若硬度不夠蠟型容易變形，故硬度應適中。

3. 韌性—韌性大固然不易斷折，但容易減低硬度而使蠟型變形，所以並非韌性越大越好，況且韌性大並非強度亦大，有時韌性雖較強，強度反而不大。

4. 脆性—脆性大蠟型易斷裂，並非所願。然脆性與強度及硬度成正比，為適應強度與硬度的要求產生脆性在所難免，故蠟型在組樹過程均應避免撞擊，以減少損失。

以上四種性質互為因果，隨需要而定，難有法則可循。為適應某種重要因子，而決定其重要性能即可。例如為防止蠟型變形及組樹後堅固性，必須注意強度及硬度，因而伴生的脆性及減少的韌性，只能從其他方面去注意或補救。四者關係如圖2-86所示。強度與韌性則無一定關係，韌性大強度不一定大，強度大韌性可大可小，視其他條件而定。

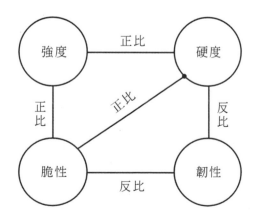

🌐 圖2-86　蠟四種機械性質相互間之關係

四、應力

蠟模冷卻速率不均時，會在內部產生應力，原因是由於不均勻的收縮，應力會使蠟型產生扭曲，較低的射蠟溫度，或較長的凝固時間與模外的冷卻都可降低應力及蠟型的扭曲。

五、黏性

黏性係指蠟熔融為液體在一定溫度之下測定其黏稠度，通常在99°C時之測定值作為黏性標準。黏性與流動性相反，黏性大則流動性低。若用低壓液態射蠟，黏性小者較適宜。若用高壓射蠟，黏性就不太重要。

六、蠟的溫度

假如蠟的恆溫溫度保持在一很小的範圍內，而射蠟工作做得好，則所得的蠟型表面一定很好。蠟恆溫時溫度若過熱，即使只有3°C之差，則蠟模表面部分就會受到影響，因此最好建立溫度控制系統，時常以精密的溫度計來計測蠟溫。較熱的蠟將使表面較佳，但平面部分卻較差，所以可以嘗試在低溫蠟中增加壓力或使模具加溫，以獲得較佳的表面。

七、蠟的恆溫

蠟是一種複雜的混合物，大部分都在它的熔點以下成型，為了確保品質均勻，在使用前最好以成型的溫度恆溫數小時，這樣下來它的流動性會變為最大，收縮會較小。經過回收後蠟的表面光度很明顯的變差，為了能重複使用，最好將蠟恆溫一段時間。每一種蠟的最佳恆溫溫度，必須由經驗得知，並由機器加以直接控制。複雜的蠟模，必須具有適當的下澆道，使得補充容易而獲得光滑的蠟模表面。

八、灰分含量

蠟的灰分含量限制在0.05%以下，是因為脫蠟後，仍約有5%以上的蠟存在殼模中，在加熱爐中燃燒後，(約900°C至1,000°C間加熱時自然燃燒)，剩餘的灰分越少越好，否則鑄件表面將有夾灰痕跡。

九、表面光度

射蠟後取出之蠟型表面，光潔平滑細緻者為佳，若表面粗糙或有皺紋者非所願也。因為蠟面光度即鑄件表面光度之翻版，不能馬虎。

十、滲透性

滲透性即所謂侵入性，此與流動性有關。滲透性佳者，蠟型上文字及花紋清晰，稜角明顯，甚薄的部位可以流到，否則稜角變成圓角，花紋顯像不佳。

十一、焊接性及焊接強度

每一蠟型必須經過「組樹」才能沾漿，故焊接性必須良好。焊接完成，其焊口必須具有良好的強度，方不易脫落或折斷。焊接性良好，則修補容易，組樹方便。沾漿脫蠟過程中穩定而堅固就依靠焊接強度。

十二、回收性

蠟必須具有重複使用的性質，歷久不變質者為佳。但使用過久難免蠟會老化及分解，使蠟質變壞。蠟為混合物，以能經得起長久不變質的考驗者為佳。

十三、毒性

在焊接修補或組樹時，少許蠟變為氣體。此等氣體是否有毒性？對人體之影響亦應注意，蠟可隨成分之變異，其氣體亦有若干程度毒性。

十四、模具溫度的影響

採用流動性佳，凝固慢的蠟，其模具溫度要比使用流動性差、凝固快的蠟時為低，但冷卻過速會使模表面產生小圓孔。採用凝固快的蠟，模溫較高些，可以獲得較佳的表面。假使蠟的黏性大，則模溫太高會使離型發生困難。

使用快凝蠟時先把模具預熱，將比蠟過熱來得好，此時凝固時間延長，但收縮會減小，平面部分的效果更佳，較冷之蠟可降低蠟模中的熱應力。表2-9所示，為各種不同射蠟條件下，模具溫度與蠟模表面之關係。

表2-9　模具溫度與蠟模表面之關係

(a)

模具溫度 (°F)	蠟模表面情形
85	流紋，波狀紋
90	流紋，波狀紋
95	流紋，波狀紋
100	一部分的波狀紋，稍具光滑
105	輕微的波狀紋
110	極光滑
115	極光滑
120	極光滑，每循環時間長

射蠟條件：溫度：140°F
　　　　　速度：3.82ft/sec
　　　　　流量：1.9×10^{-3}ft³/sec

(b)

模具溫度 (°F)	蠟模表面情形
85	波狀紋，氣泡，流紋
90	波狀紋，氣泡，流紋
95	波狀紋，氣泡，部分流紋
100	部分波狀紋，氣泡
105	部分波狀紋，氣泡
110	非常少的波狀紋，氣泡
115	波狀紋，部分的流紋
120	波狀紋，氣泡

射蠟條件：溫度：140°F
　　　　　速度：18.75ft/sec
　　　　　流量：9.4×10^{-3}ft³/sec

十五、模頭蠟

一般模頭用澆道蠟，其熔點要比蠟模用的蠟低，方能使脫蠟時先熔解流出，避免脹破殼模，這一點非常重要，但常常被我們所忽視。

十六、下澆道的大小

所有的蠟都必須經由下澆道而進入蠟模裡，通常都儘可能加大下澆道尺寸。小直徑的下澆道冷卻較快，其流動性差，特別是在快凝固蠟，為了補充蠟模在凝固時蠟的收縮，下澆道必須保持足夠的彈性來傳遞壓力。斷面狹窄或複雜的蠟模，必須具有適當的下澆道，使得補充容易而獲得表面光滑的蠟模。

2-4.3 射蠟機

　　射蠟是將蠟加溫到具有流動性，在這種狀態下，使用壓力將射蠟機的蠟壓入金屬模內，通常可使用氣壓與油壓作為射蠟壓力，這樣的動作稱為**射蠟**。要使用在射蠟機上的模具，必須為金屬模，其模穴為蠟型的形狀。

　　在現今的精密鑄造工作中，射蠟機已是不可或缺的設備，使用射蠟機可以大量的生產蠟型，而且可以節省人工的成本。

一、射蠟機的種類

（一）依射蠟模具擺放的方向來分

　　1.　立式射蠟機：其樣式如圖2-87所示，規格如下

　　　　（1）射嘴在左側。

　　　　（2）射嘴可手搖上下。

　　　　（3）單人操作手推模。

　　　　（4）須配合中央系統供蠟。

　　　　（5）白鐵手推模平台。

　　　　（6）6～10噸壓模力。

　　2.　臥式射蠟機：其樣式如圖2-88所示，規格如下

　　　　（1）油壓快速換模系統。

　　　　（2）自動多噴嘴式離型劑噴霧裝置。

　　　　（3）蠟模頂出裝置。

　　　　（4）具儲蠟桶可獨立供蠟。

　　　　（5）16噸壓模力。

　　　　（6）防蠟胚碰撞：水槽水流動噴水裝置。

　　　　（7）透明安全防護門。

（二）依射蠟機的結構及功能來分

　　1.　單頭式射蠟機：其樣式如圖2-89所示，規格如下

　　　　（1）採用油壓系統。

　　　　（2）單射嘴射蠟機。

（3）無需換蠟管，可減少換料管放氣泡的時間。

（4）可射大小件蠟模，對射大型蠟模件更加優美。

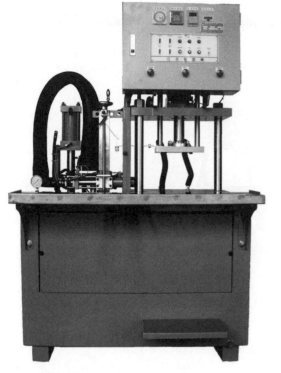

⊕ 圖2-87　立式射蠟機
(資料來源：億營實業有限公司)

⊕ 圖2-88　臥式射蠟機
(資料來源：億營實業有限公司)

⊕ 圖2-89　單頭式射蠟機(資料來源：旭嶸有限公司)

2. 雙頭式射蠟機：其樣式如圖2-90所示，規格如下
   （1）採用油壓系統。
   （2）雙射嘴射蠟機。
   （3）壓模可依模具大小左右移動，開模高低可自由調整。
   （4）射蠟口高低可自由調整。

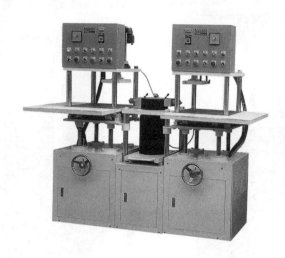

⊕ 圖2-90　雙頭式射蠟機(資料來源：旭嶸有限公司)

3. 單轉盤式射蠟機：其樣式如圖2-91所示，規格如下
   （1）單圓盤直徑80cm。
   （2）射嘴可利用油壓上下。
   （3）具儲蠟桶可獨立供蠟。
   （4）6噸壓模力。
   （5）適用固定模。
   （6）雙射蠟壓力。
   （7）自動開模機械手，並設有蠟模頂出裝置。
4. 雙轉盤式射蠟機：其樣式如圖2-92所示，規格如下
   （1）V型雙圓盤直徑66cm。
   （2）直立式射嘴。
   （3）射嘴油壓上下。

（4）　須配合中央式供蠟。

（5）　6噸壓模力。

（6）　適用固定模。

（7）　雙射蠟壓力。

（8）　自動開模機械手。

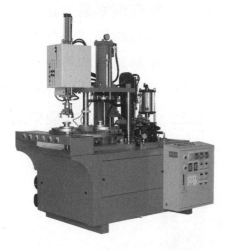

● 圖2-91　單轉盤式射蠟機
(資料來源：億營實業有限公司)

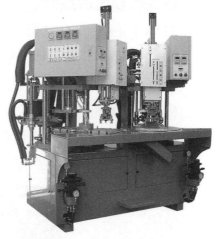

● 圖2-92　雙轉盤式射蠟機
(資料來源：億營實業有限公司)

5.　蠟模頭射蠟機：其樣式如圖2-93所示，規格如下

（1）　採用全氣壓驅動。

（2）　因以射製蠟模頭用，可以增加製作模頭的效率，減少因蠟模頭表面不光滑而產生的鑄疵。

（3）　兩個射口互成直角排列。

（4）　全自動拆模系統。

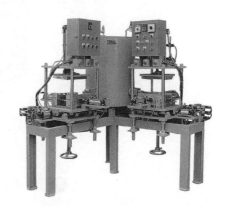

● 圖2-93　蠟模頭射蠟
(資料來源：旭嶸有限公司)

（三）依操作方式分

1.　手動射蠟機—所有的操作程序都必須由人工處理。

2.　半自動射蠟機—部分的操作程序須由人工處理。

3.　全自動射蠟機—完全自動化。

二、射蠟機的附屬週邊設備

（一）蠟保溫設備

1. 均溫桶：

均溫桶又稱為恆溫桶，參考圖2-94所示。其主要用途係用來儲存蠟熔液，使蠟維持一定的溫度。有些回收的蠟，如製作蠟型所回收者或從殼模上脫蠟回收者，蠟材料中會包含雜質與水氣，也可利用均溫桶來過濾，使雜質、水氣與蠟分離。均溫桶的構造有如射蠟機上的儲蠟桶，但中間無襯套及射蠟口，僅有加熱及溫度控制的裝置，而底部則裝設一個排洩口，以清除水或較重的雜質。蠟在放入射蠟機的儲蠟桶之前，要先在熔蠟桶中加熱，通常在熔蠟桶中溫度為60°C左右，將蠟放到儲蠟桶後再加溫至70°C。

🌐 圖2-94　均溫桶(資料來源：旭嶸有限公司)

2. 蠟缸保溫槽—配合使用蠟缸式的射蠟機，參考圖2-95。

3. 蠟條保溫槽—配合蠟條式射蠟機，參考圖2-96。

圖2-95　蠟缸保溫槽
(資料來源：旭嶸有限公司)

圖2-96　蠟條保溫槽
(資料來源：旭嶸有限公司)

（二）供蠟設備

1. 中央供蠟系統─配合自動化生產將中央供蠟的管路，如圖2-97所示
   配至每部射蠟機。此系統必須利用一只送蠟泵(氣壓式管路輸送) 如
   圖2-98所示，才能將蠟送至射蠟機。

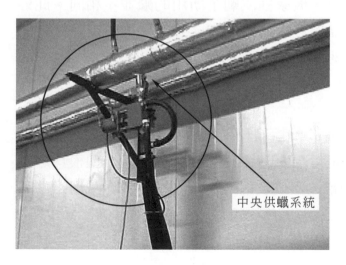

中央供蠟系統

圖2-97　中央供蠟系統的管路

圖2-98　送蠟泵
(資料來源：億營實業有限公司)

2. 活動式供蠟機—每一部射蠟機單獨由活動式供蠟機供給蠟夜。如圖 2-99所示。

● 圖2-99　活動式供蠟機(資料來源：億營實業有限公司)

2-4.4　蠟模製作

　　包模鑄造，其模型材料用得最廣泛的，也最令人滿意的莫過於蠟。因此，對於學習包模鑄造的人，確實應該先學習認識及製作蠟型。精密鑄造用的蠟是經過調配而具有特殊的性質，與家裡或廟宇所用的蠟並不相同。此外蠟型製作的好壞，直接影響鑄件品質，蠟型的形狀、外觀，幾乎就是鑄件的形狀及外觀，可見蠟型製作的重要。

一、射蠟的方法

　　所謂射蠟(Injection Process)；係將蠟熔液利用射蠟機注入到蠟型模具之模穴內的過程。傳統的蠟型製作都是以壓力將熔解的蠟材料送進蠟型模具之模穴內，如圖2-100所示。因此依據蠟的溫度及射蠟的壓力，可以分為射蠟法與擠蠟法。**射蠟法**係將蠟完全熔化為液態，然後再以較低的壓力($20kg/cm^2$以下)射入蠟型模具中。**擠蠟法**則是使用固態且開始要變軟熔化的蠟材料，以較高的壓力($20kg/cm^2$以上)將蠟擠入模具中。

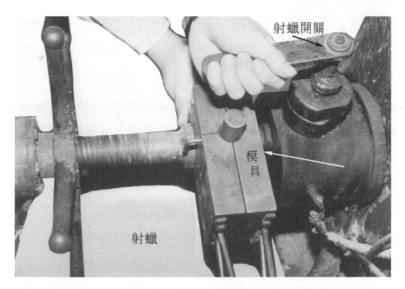

射蠟開關

模具

射蠟

● 圖2-100　射蠟操作

　　蠟因為具備熔點低、流動性佳、表面光度高、凝固後具有相當的強度、修整容易及可重複使用等優點，因此成為包模鑄造使用最廣泛的模型材料，但是蠟的收縮率高、熱傳導性差、鑄件厚薄不均等問題，所以在製作蠟型時必須採用不同方式，以因應不同條件的需求。蠟型製作的方法依據蠟熔融的狀態及射蠟壓力，可分為液態射蠟法、膏狀射蠟法、固態射蠟法及重力法等，茲分述如下：

（一）液態射蠟法(Liquid State Injection Process)

　　此法係將蠟完全熔化為液態，然後再以較低的壓力(20kg/cm^{2}以下)射入蠟型模具中。此法適合用於小型的鑄件，或厚度不大，且各部分肉厚均勻的鑄件，為台灣地區使用最廣的蠟型製作方法。但是鑄件若厚度較大或厚薄不均時，採用此法容易產生表面不平及縮孔的問題。

（二）膏狀射蠟法(Mushy Or Slush State Injection Process)

　　膏狀射蠟法屬於低溫射蠟法之一，採用半熔融狀態的蠟，以較高的壓力(20～30kg/cm^2)將蠟射入模具中，此法可以改善液態射蠟法產生縮孔及表面不平的缺點，但也只適合於中型或厚薄適中的鑄件。

（三）固態射蠟法(Solid State Injection Process)

　　此法使用的材料為固態且開始要變軟熔化的蠟，溫度比膏狀射蠟法更

低，並以更高的壓力將蠟擠入模具中，此法又稱為擠蠟法。目前國外已發展出固態蠟的射出成型，此系統不需要蠟液的收集及儲存桶。射出壓力約1,000～25,000Psi，射出溫度依所使用蠟各別凝固點之差異而不同，若用傳統型蠟射出溫度約50°C或更低一些。

此套系統最大優勢是可大幅提高生產效率，一般液態射蠟流程的時間為2～3分鐘時，若採用固態射出成型僅需5～10秒。固態射出成型的蠟型無收縮與表面缺陷之問題，而且回收蠟的品質與新蠟幾乎相同，如此可大大降低生產成本。但因擠蠟的壓力高，模具及射蠟機都必須有特別強的構造，無形中也增加製作蠟型的成本。

到底採用射蠟或擠蠟？一般來說，蠟型內有易脆的陶心或水溶性蠟心，太大的射蠟壓力可能將陶心或蠟心折斷，因此**採用射蠟法**較佳。但是斷面厚度大的鑄件，為避免蠟凝固之收縮，影響鑄件尺寸精度與品質，則以**使用擠蠟法**為宜。

（四）重力法(Gravity Process)

並不是所有的蠟型模具都有足夠的強度承受射蠟的壓力，像石膏模、橡膠模、矽膠模等，模具的強度不高，甚至是完全不具強度的撓性材料，因此無法如金屬模以高壓的方式射蠟，而採取重力法灌製蠟型。所謂**重力法**，係將熔融狀態的液態蠟，注入模穴內，藉蠟本身的重量充滿模穴。此法由於沒有外加壓力，蠟液的流動性及溫度均比射蠟法高，通常需要較大的澆口、流道來滿足蠟型收縮，因此成品率較差。但是重力法製作過程非常簡單，幾乎無需設備，製作費用低廉。

二、蠟模的心型

蠟模內部的形狀必須使用心型，才能獲得內部所需的形狀。心型的材料如下：

（一）金屬心型

對於內部形狀比較單純而不複雜的蠟模，我們可以直接用金屬材料做成活動的心型，如圖2-101所示。

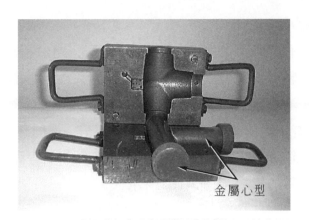

金屬心型

⊕ 圖2-101　金屬心型

（二）水溶性蠟心

如果鑄件有複雜的內部形狀，並不是一般金屬心型所能處理時，就需要採用水溶性蠟心(Water Soluble Wax)。水溶性蠟心必須先用型心盒製出備用，然後將其置於模具中射出蠟模，取出蠟模時，水溶性蠟心被蠟型包住，參考圖2-102所示，再將包有蠟心之蠟型泡於水中或加有少許鹽酸的水中或非常稀釋的氯化氫酸中，溶解的速率會更快。

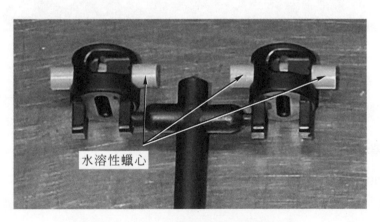

水溶性蠟心

⊕ 圖2-102　水溶性蠟心被蠟型包住
(參照0-5頁彩色圖)

水溶性蠟係聚乙二醇(Polyethylence Glycal)材料，熔點應比一般模型用蠟高出15°C以上，以免在射蠟時，蠟心因受熱而變形。

（三）預製陶瓷泥心

當鑄件的內孔深而且細小時，會產生因孔深且細而無法沾漿淋砂的問題及包模材料強度不足等，都會影響鑄件的成功率，所以必須改用預製的陶瓷泥心。陶瓷泥心與水溶性蠟心的意思一樣，唯一不同的是他與蠟模一起沾漿，成為陶瓷殼模的一部分。陶心材料可用氧化鋁、氧化矽、氧化鋯、鋁矽酸鹽(Aluminium Silicates)等耐火材料，再添加適量的黏結劑製成，參考圖2-103所示。

● 圖2-103　預製陶瓷泥心

三、蠟模型製作

蠟模型製作的工作程序：

1. 準備射蠟用金屬模具，並將其打開，如圖2-104所示。
2. 在模具之模穴內擦拭或(噴塗)一層薄薄的離型劑，如圖2-105所示。這種離型劑必須不能產生堆積物或與蠟模型產生化學作用，常用的有矽質離型劑(矽油)。
3. 將金屬泥心、水溶性蠟心或陶瓷泥心放入模穴內之泥心座位置並固定，如圖2-106所示。
4. 將上模蓋上，並將金屬泥心之固定銷插入銷孔，如圖2-107所示。

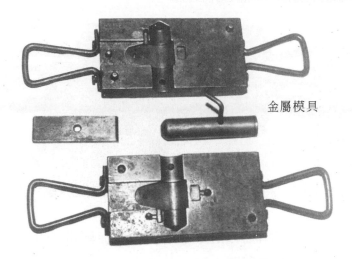

金屬模具

● 圖2-104　準備射蠟用金屬模具

在模具上擦拭離型劑(矽油)

圖2-105　將模穴擦拭一層薄薄的離型劑

定位插銷

金屬泥心

● 圖2-106　將金屬泥心放入模穴內之泥心座位置並固定

⊕ 圖2-107　將上模蓋上，並將金屬泥心之固定銷插入銷孔

5.　將模具的射嘴對準射蠟機的射口，並旋轉螺桿手輪固定模具，準備
　　射蠟，如圖2-108所示。

⊕ 圖2-108　將模具的射嘴對準射蠟機的射口，準備射蠟

6.　啓動射蠟開關，開始射蠟，如圖2-109所示。

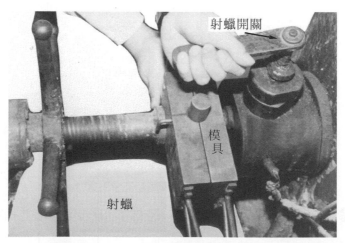

⊕ 圖2-109　啓動射蠟開關，開始射蠟

7. 取出模具，經過30秒(依蠟型大小而定)等蠟模完全凝固，打開模具，取出金屬型心，如圖2-110所示。

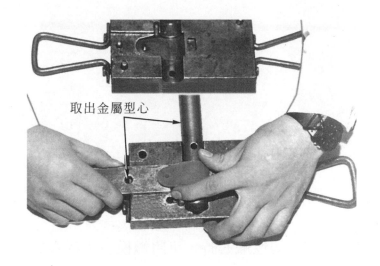

取出金屬型心

⊕ 圖2-110　取出金屬型心
(參照0-5頁彩色圖)

8. 大件可利用頂出銷將蠟模頂出，小件可利用壓縮空氣吹入蠟因冷凝而產生的微量模隙之中，利用氣體之浮力使蠟型飄出，如圖2-111所示。

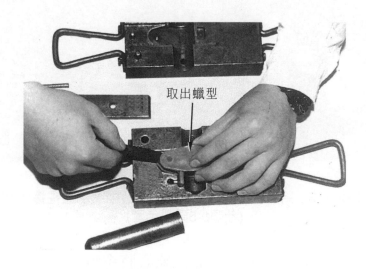

取出蠟型

⊕ 圖2-111　取出蠟型

9. 射蠟完成的蠟型，如圖2-112所示。

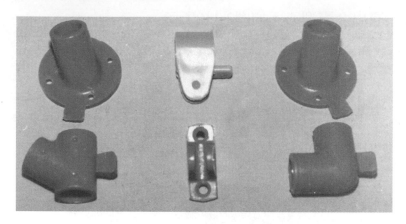

⊕ 圖2-112　射蠟完成的蠟型

10. 如果蠟模內有水溶性蠟心時，可將蠟模放入稀釋的氯化氫酸中，將水溶性蠟心溶出，如圖2-113所示。

⊕ 圖2-113　　將蠟模放入稀釋的氯化氫酸中將水溶性蠟心溶出
(參照0-5頁彩色圖)

11. 大約經8～12小時後，水溶性蠟心將會變成泡泡完全溶掉，如圖2-114所示，而得到完整的蠟模型。

⊕ 圖2-114　經8～12小時後，水溶性蠟心將會完全溶掉
(參照0-6頁彩色圖)

四、蠟型製作時應注意的事項

精密鑄件的良窳，受到蠟型的影響相當的大，良好的蠟型除了要注意蠟材料及蠟型模具的選擇外，配合蠟型製作的方法、蠟材料的性質、蠟型模具的特性等，掌握最佳的蠟型製作原則也非常的重要，以下謹針對蠟型製作時應注意的事項說明如下：

（一）射蠟機的安全操作方式

目前射蠟機在壓模射蠟時都有安全設計，必須雙手同時按壓開關，射蠟才會作動，如圖2-115所示。也就是為了避免一手未離開射蠟模具時，另外一手就啟動壓模開關，將手壓碎、壓斷。

⊕ 圖2-115　射蠟機在壓模射蠟時都有安全設計

（二）射蠟前應徹底清潔射蠟模具

無論是新模具或使用過的模具，模穴中都可能殘留有灰塵、砂粒、油脂、蠟等不潔物質，射蠟前應記得清除乾淨，不可包藏在蠟型中，或懸浮在蠟型表面上，影響蠟型的完整。

（三）避免蠟熔液中混入雜質

精密鑄造所期望的就是能獲得精密細緻的成品，蠟型中若含有雜質，除了會影響到蠟型外，若這些雜質繼續殘留在蠟型中，在脫蠟及燒結後仍無法清除而積存在殼模內，則澆鑄後必定成為鑄件的缺陷。因此清除蠟熔液中的雜質變得非常重要，尤其品質要求很高的鑄件。

（四）注意射蠟模具溫度的影響

射蠟時，射蠟模具的模穴溫度與室溫相同，雖然可以加速蠟的凝固，但是容易產生流紋，影響蠟型表面。流動性差，凝固速度快的蠟，射蠟時模具若能事先預熱，使模具的溫度略低於射蠟溫度，將可獲得較佳的蠟型表面光度，減少流紋產生。

（五）掌握蠟熔液射出的溫度

蠟熔液溫度的控制包含加熱桶及射出口的溫度，實際射出的溫度應配合鑄件的形狀與尺寸，以及射蠟壓力調整，例如發現蠟型因蠟熔液流動性不足而未能充滿時，則可提高射出溫度。反之，若發現蠟型有收縮或產生飛邊的現象，則應調降射出溫度。

（六）注意控制射蠟的壓力

射蠟壓力主要是配合鑄件的形狀與尺寸，以及所選用的射蠟方式或射蠟機型式來決定，但通常也會搭配射蠟溫度作小幅度的調整，使蠟型獲得最好的品質。例如蠟型有凹陷或流紋等表面不良情形，可考慮提高射蠟壓力。反之，蠟型有飛邊或破裂的現象時，則應採用較低的射蠟壓力。

小型且較薄的鑄件，或鑄件中含有陶心，一般係採用低壓力高射出溫度的射蠟方式，但是對於斷面厚度大，或厚薄不均的鑄件，則可以選擇以高壓力低溫度的擠蠟方式製作蠟型。

（七）離模劑塗敷必須均勻

蠟型製作時經常發生因爲離模劑塗敷不均勻而失敗的例子，離模劑不足的部位會產生離模困難，勉強離模會使蠟型表面損傷或變形。離模劑過多的部位，尤其是模穴中凹陷處，容易匯集離模劑，射蠟時因離模劑無法適時排出，造成蠟型難以修補的缺陷。由於離模劑所造成的蠟型缺損，修補不易常成爲廢品，因此製作蠟型時應特別注意。

（八）精確計算離模時間

射蠟完成後必須有足夠的時間讓蠟熔液凝固，在蠟型具備適當強度後才可以離模取出，否則蠟型一不小心就會變形，但是離模時間過長，反而使離模變爲困難，且會增加等待的時間而使成本提高，因此精確的離模時間計算是很重要的。離模時間可參考澆鑄口的凝固情形，並透過試驗後以決定最佳的離模時間。

（九）養成隨手回收蠟材料的習慣

製作蠟型時在射蠟機與工作台四周，經常有蠟材料散落，這是錯誤的工作習慣。凡是射蠟溢出的蠟、蠟型的澆道、流道、缺陷失敗的蠟型等，都應該隨手回收，用回收桶集中，避免與其他雜質混合，以保持蠟材料的乾淨與純度，如圖2-116所示，爲蠟材料回收集中的情形。如此不僅可以減少蠟的損耗、降低成本，也可以減輕對環境的污染，保持良好的工作環境。

回收廢蠟

🌐 圖2-116　廢蠟的回收

2-4.5 蠟模之缺陷及對策

蠟模之品質直接關係到未來鑄件之優劣，對於蠟模之品質控制及疵病之分析檢討，為整個包模鑄造流程中非常重要的一環，並將蠟模之各種缺陷原因及改善對策分述如後。

一、蠟模破裂(Pattern Crack)，如圖2-117所示

射蠟時使蠟模破裂情形，其原因及改善對策如表2-10所示。

斷裂

❊ 圖2-117　蠟模破裂

蠟型未充滿

❊ 圖2-118　蠟模未充滿

🔖 表2-10　蠟模破裂形成原因及改善對策

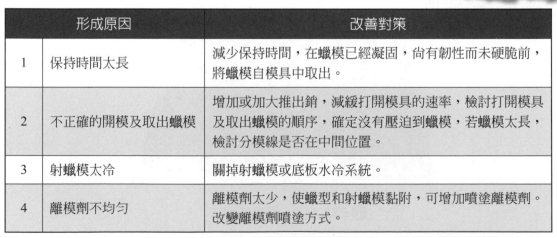

	形成原因	改善對策
1	保持時間太長	減少保持時間，在蠟模已經凝固，尚有韌性而未硬脆前，將蠟模自模具中取出。
2	不正確的開模及取出蠟模	增加或加大推出銷，減緩打開模具的速率，檢討打開模具及取出蠟模的順序，確定沒有壓迫到蠟模，若蠟模太長，檢討分模線是否在中間位置。
3	射蠟模太冷	關掉射蠟模或底板水冷系統。
4	離模劑不均勻	離模劑太少，使蠟型和射蠟模黏附，可增加噴塗離模劑。改變離模劑噴塗方式。

二、蠟模不飽滿(Non-Fill)及滯流(Misrun)，如圖2-118所示

蠟模不飽滿其原因及改善對策如表2-11所示。

表2-11 蠟模不飽滿及滯流的原因及改善對策

	形成原因	改善對策
1	排氣不良	增加射蠟模之排氣孔。
2	流速不當	一般均以降低流速來解決，若蠟溫低時，則以增加射速來解決。
3	射蠟壓力不當	低蠟溫時以增加壓力克服，若高蠟溫時則反之。
4	冷蠟	檢查射嘴是否有冷蠟，若有排除之並升高射嘴溫度。
5	模溫不足	減少冷卻冰水流量，並預熱模具。
6	射蠟流道設計不良	改變模具之流道方案系統及射口位置。
7	射口太小	加大射口及增加射蠟流速。
8	射蠟噴嘴處冷蠟堵住	清除射蠟口，調高射蠟口溫度。
9	太多離模劑	減少離模劑。

三、凹陷(Sink)、孔穴(Cavitation)、縮孔(Shrink)，如圖2-119所示

蠟模凹陷其形成原因及改善對策如表2-12所示。

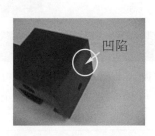

圖2-119 蠟模凹陷

圖2-120 蠟模變形

四、蠟模取出困難、蠟模變形(Pattern Distortion)，如圖2-120所示

蠟模變形其形成原因及改善對策如表2-13所示。

▶ 表2-12　蠟模凹陷、孔穴、縮孔的原因及改善對策

	形成原因	改善對策
1	蠟溫太高	降低蠟溫同時增加射蠟壓力，將冷蠟芯置於模穴以減少壁厚。
2	射蠟口位置不當	射口安置在厚壁處。
3	射蠟壓力不足	增加射蠟壓力。
4	射蠟口太小	加大射口及射嘴，使蠟缸內的蠟能一直補充模穴內蠟的收縮量。
5	保持時間太短	加長保持時間，使蠟模表面有足夠的冷硬層，而且一直有蠟缸的壓力使蠟施力於蠟模上，可保持不會縮陷。
6	模溫太高	加大模具冷卻冰水的流量，增加冷卻效果。
7	蠟模厚薄相差太大	厚壁處利用冷蠟芯以減少壁厚及增加冷速。
8	內角為尖角甚至小於90度	將尖角處改為圓角並儘可能的加大R角。
9	蠟流量不當	增加或減少蠟流量。

▶ 表2-13　蠟模取出困難、變形的原因及改善政策

	形成原因	改善對策
1	模具表面粗糙或拔模斜度不足	檢查模具之垂直面，儘量拋光並去除任何有倒鉤可能的加工毛邊，一般而言，射蠟模不留拔模斜度，若是太深長的蠟模，拔模斜度以1度為宜。
2	離型劑太少	噴塗一層薄薄的離型劑於模穴內。
3	不正確的頂出銷位置	檢查頂出銷的分佈及位置，務期均勻的將蠟模頂出。
4	蠟模放置不當	蠟模取出後，尚未冷硬至足夠的強度便放於蠟盤之中，由於沒有均勻的支撐，故蠟模會因自重而逐漸變形。最佳的方法係將溫蠟模放在冰水槽中或定型模中，待蠟模冷硬定型後再放在盤中。

(續下表)

表2-13 蠟模取出困難、變形的原因及改善政策(續)

	形成原因	改善對策
5	模具抽心使蠟模形成真空	當蠟模需要有盲孔抽心模時,往往因抽心產生的真空壓力而導致蠟模變形甚至破裂,此時應在抽心模上設排氣孔,使在抽心時,空氣會由排氣孔進入由抽心所造成的真空空間,破壞真空則不會造成抽心困難及蠟模變形的困擾,甚至可由排氣孔灌入壓縮空氣將抽心模吹出蠟模。
6	開模順序不對	重新安排開模順序,使活動塊及抽心能在開模之前移開,因抽心易造成蠟模變形。
7	不當取出蠟模	不要用力拔模,拔模時使用空氣吹蠟模平衡取出。
8	蠟溫或模溫過高保持時間不足	射蠟要等一段時間方能拔模,使蠟模有足夠強度。

五、飛邊(Flash),如圖2-121所示

蠟模產生飛邊情形,其形成原因及改善對策如表2-14所示。

飛邊

⊕ 圖2-121 蠟模飛邊

流紋

⊕ 圖2-122 蠟模流紋

六、水流線(Flow Line)、波紋(Ripples)、接線(Knit Line)、冷折(Cold Fold)、冷疊(Cold Lap),如圖2-122所示

蠟模形成流紋,其形成原因及改善對策如表2-15所示。

表2-14　蠟模飛邊的原因及改善對策

	形成原因	改善對策
1	模具不潔	清除合模面上之汙物。
2	模具磨損	合模面磨損，可降低射蠟壓力或蠟溫，如仍有太大毛邊則重做模具。
3	壓模力不足	降低射蠟壓力或增加合模壓力。
4	壓模力不均	壓模板未能全面壓住射蠟模，或模具太小使壓模板不能平壓模具，此時應設法使壓模板能平整及均勻的壓緊射蠟模。
5	未完全合模	檢查導桿及定位銷。
6	蠟溫太高	降低蠟溫。

表2-15　蠟模水流線、波紋、接線、冷折、冷疊的原因與改善對策

	形成原因	改善對策
1	射蠟方案欠佳	修正射蠟流道方案，倘單一射入口不足以快速充填模穴時，應加多入口，但應確實計算各入口的流量，務期流量均勻。
2	離型劑太多	改進離型劑的噴塗方法。
3	射嘴內有冷蠟	升高射嘴溫度，更換低導熱射嘴，放掉射嘴內的冷蠟。
4	流速不當	增加流速。
5	射蠟壓力太低	調升射蠟壓力。
6	蠟溫不足	升高蠟溫。
7	蠟質破壞	更換新蠟或增加新蠟的添加量。
8	蠟溫太高	蠟溫太高增加亂流機會。
9	射蠟模溫太低	關掉冷卻水，或加熱射蠟模。
10	通氣不良	清潔通氣孔及適當位置開設通氣孔。
11	不當射入口設計	改變位置或使射入道成彎曲狀。

七、不光滑之表面、粗大之晶粒及橘皮(Orange Peel)，如圖2-123所示

蠟模表面不光滑、粗大晶粒及橘皮，其形成原因及改善對策如表2-16所示。

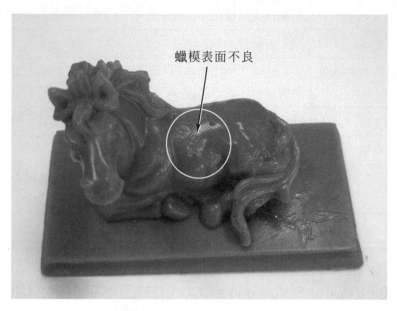

● 圖2-123　表面不光滑
(參照0-6頁彩色圖)

◤ 表2-16　蠟模表面不光滑、晶粒粗大及橘皮的原因及改善對策

	形成原因	改善對策
1	蠟溫太低	增加蠟溫。
2	射蠟壓力太低	增加射蠟壓力。
3	離型劑太多	清潔模穴，重新噴塗離型劑，噴離型劑時噴嘴要稍爲遠離模穴，使霧化的離型劑能充分擴散均勻而又薄薄的塗於模穴內。至於用塗抹法塗離型劑時，塗具或毛刷上，應有最少的離型劑，一般係將離型劑倒在罐中，使海綿將離型劑利用毛細作用吸上，再用毛刷沾刷海綿上稀少的離型劑來塗模穴。

(續下表)

表2-16　蠟模表面不光滑、晶粒粗大及橘皮的原因及改善對策(續)

	形成原因	改善對策
4	模具溫度太低	減少冷卻冰水的量及預熱模具。
5	蠟不純淨	將蠟移入射蠟機中之前，應充分過濾除去蠟中的雜質。
6	蠟流速不足	增加射蠟缸的前進速度。
7	射蠟嘴有冷凝的蠟塊	將射蠟嘴內的冷蠟排除，增加射嘴溫度，更換射嘴材料為低熱傳材料，如不銹鋼。
8	射嘴溫度太低	升高射嘴溫度，射口溫度太低會使蠟模表面呈半熔狀。
9	模具表面粗糙	重新將模具加工拋光。
10	蠟質劣化	熔蠟桶及均溫桶若長期處於110°C以上時，蠟質會遭到破壞使流動性降低，蠟模表面粗糙，應淘汰更換新蠟。
11	射蠟模髒	清潔射蠟模。

八、水溶性蠟心(Water Soluble Wax Core)缺陷，如圖2-124所示。

水溶性蠟心缺陷其成因及改善對策如表2-17所示。

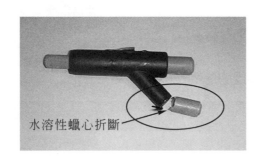

水溶性蠟心折斷

🌐 圖2-124　水溶性蠟心折斷
(參照0-6頁彩色圖)

氣泡

🌐 圖2-125　氣孔

九、氣孔(Air Bubble)及尖刺(Prickle)

蠟模產生氣孔情形，如圖2-125所示，其形成原因及改善對策如表2-18所示。

▶ 表2-17　水溶性蠟心缺陷的原因及改善對策

	形成原因	改善對策
1	射蠟速度太快	太快的射蠟速度易捲入空氣，此氣泡處於與水溶性蠟接觸處，並且因壓力變化而膨脹。
2	水溶性蠟心破裂	太大的射蠟壓力，造成水溶性蠟心損壞而形成位置偏移，此可由改進澆道流向而改善。
3	水溶性蠟心形狀設計不良	水溶性蠟心應設計為刺蝟狀，否則會產生無法包覆的缺點，倘水溶性蠟心尺寸太大，包覆層太薄無法支撐重量面破裂，此時可將水溶性蠟心製成有孔洞，增加後射入蠟的支撐強度。
4	水溶性蠟心定位	水溶性蠟心的定位心頭應為蠟模的一部分，如此便不會引起蠟模多一個凸起物的困擾。
5	蠟黏性太高	提高蠟溫。
6	熔傷	射蠟溫度太高或正對蠟心，造成局部溫度太高熔融蠟心。
7	水溶性蠟心強度不足	脆弱部分先沾上一層模型蠟，以增加強度，並須避免蠟心本身有大的內部孔洞。

▶ 表2-18　蠟模氣孔、尖刺的原因及改善對策

	形成原因	改善對策
1	射口位置不良	避免噴射射出捲氣，射口不可直對模穴，應有90度轉角後再以層流進入模穴。
2	射蠟速度太快	降低射速，避免亂流捲氣及有充足時間排氣。
3	蠟溫太高	降低蠟溫。
4	蠟內混有氣體	蠟除氣工作應徹底，最好用全閉式射蠟系統，以免捲入氣體。
5	保持時間不足	延長保持時間使蠟模表面夠冷硬，使蠟內細小的高壓氣體無法膨脹而造成表面產生痱子狀尖刺。
6	通氣孔不足或堵住	加大通氣孔或清潔通氣孔，其他各部位也要清潔乾淨，離模劑不要噴得太厚。

(續下表)

表2-18　蠟模氣孔、尖刺的原因及改善對策(續)

	形成原因	改善對策
7	水混入	熔蠟時必須將水分去除乾淨。
8	蠟模具設計不當	將模具顛倒試射看看。

2-4.6　蠟模型組合

　　在包模鑄造程序中，組樹是將做好的蠟型與澆鑄時的流路系統組合，此種工作稱為 **「組蠟樹」**。組立蠟樹是最後成品好壞的重要關鍵，在組立蠟樹時若能將蠟模型依照流路系統的條件排列整齊，那成品率和品質都會大幅的提昇，目前業界在組立蠟樹這部分大都還是仰賴人工，無法完全用機器來取代的。

一、修蠟與補蠟

　　射出的蠟型必須經過檢查，將有缺陷的蠟型挑出來，如果是分模線或毛邊就要用手術刀，將其凸出的部分修去，如圖2-126所示。如果是氣孔凹入部分，就必須用修補蠟將其補平後，再用電烙鐵加熱將其抹平。如果遇到蠟型在射蠟過程當中發生變形現象時，那就必須用蠟模整形器將蠟型加以矯正，如圖2-127所示。蠟型修整完後，要放置妥當，等到要組樹時再拿出來，如圖2-128所示。

蠟模整形器

● 圖2-126　修蠟　　　　　　　　　　● 圖2-127　蠟整形器

修蠟、補蠟後蠟型儲存室

⊕ 圖2-128　蠟型儲存室

二、蠟模頭製作

（一）蠟模頭為包模鑄件的流路系統

製作蠟模頭之流路系統包含下面所介紹各部分，如圖2-129所示。

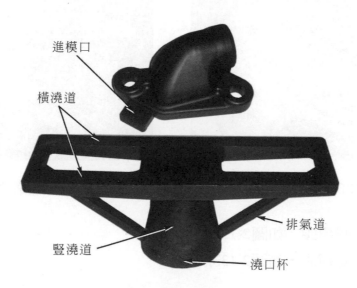

進模口

橫澆道

排氣道

豎澆道

澆口杯

⊕ 圖2-129　蠟模頭

1. 澆口杯

澆口杯的功用主要是澆鑄時更容易將金屬液體鑄入殼模中，還有整流和除渣的功能。

2. 豎澆道

豎澆道的功用主要是輸送金屬液體。

3. 橫澆道

橫澆道的功用有輸送金屬液體、除渣、除氣和整流的功能。

4. 排氣道

做為澆鑄時殼模內氣體排出的通道。

5. 進模口

進模口通常連接在蠟型上，為金屬液體從橫澆道要進入蠟型的通道，主要功用為輸送金屬液體。

（二）蠟模頭的形式

蠟模頭可以用手工製作，如圖2-130所示；亦可利用射蠟機射出，如圖2-131所示。其形式可分為下列兩種：

⊕ 圖2-130 手工製作蠟模頭

⊕ 圖2-131 射蠟機射出蠟模頭

1. 橫式蠟模頭，如圖2-132所示。

2. 直式蠟模頭，如圖2-133所示。

三、組蠟樹

組樹：將做好的蠟型與澆鑄流路系統組合，此種工作稱為「組蠟樹」或「組樹」。在手工組立蠟樹時，首先要先檢查蠟型的表面，蠟型表面要沒有瑕疵，才可以使用；在流路系統方面，由於流路系統不是重要面，所以在蠟

的使用上可以使用回收蠟，不過也要考慮到脫蠟時熔化溫度的因素，因為流路系統的蠟要先排出，所以蠟模頭用蠟的熔解溫度一定要比蠟型的熔解溫度低，這樣蠟型中的蠟才可以順利流出；在組立蠟樹時，蠟型和蠟型之間要保持一定的距離，不可以太近或太遠，太近時在沾漿淋砂時會產生架橋，造成蠟型與蠟型之間會相通；太遠時一棵蠟樹上只黏了少數的蠟型，這樣在經濟效益的考量上會增加生產成本。蠟樹組立完成後一定要送到有溫度控制的蠟樹存放室，如圖2-134所示，這樣蠟型才不會變形。

圖2-132　橫式蠟模頭

圖2-133　直式蠟模頭

圖2-134　蠟樹存放室

（一）組蠟的工具

1. 蠟工專用機

   此種加熱設備如圖2-135所示，主要用在珠寶鑄造中精細之蠟型的組樹。

2. 加熱抹刀

   加熱抹刀如圖2-136所示，利用酒精燈的熱量，先將刀片燒烤加熱，再利用刀片上的熱量來使蠟熔化，互相接合。使用酒精燈時要小心喔！最好有師長在旁邊指導。

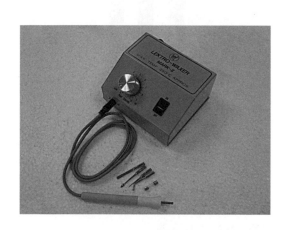

● 圖2-135　蠟工專用機

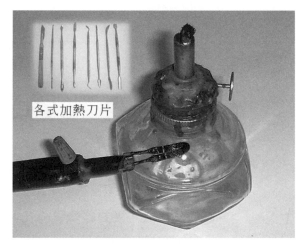

各式加熱刀片

● 圖2-136　加熱抹刀

3. 火焰筆

   使用液態瓦斯，將瓦斯注入火焰筆的儲氣筒中，利用瓦斯的燃燒高溫，來將蠟熔化後互相接合。要補充液態瓦斯時，要請師長來幫忙，不可自行使用。火焰筆如圖2-137所示，燃燒時溫度很高，使用時要小心。

4. 電烙鐵修蠟刀

   利用電熱的原理，使用110伏特的電將電烙鐵加熱，如圖2-138所示，用來熔化蠟型與蠟模頭使其接合。使用電烙鐵時要小心用電，並注意插座的負荷。

🌐 圖2-137 火焰筆

🌐 圖2-138 電烙鐵修蠟刀

5. 氫氧焰銲接機

氫氧焰銲接機(水焊機)如圖2-139所示，是利用氫氧燃燒的高溫，將蠟型和流路系統接合在一起。

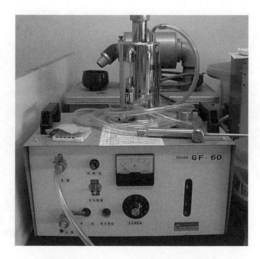

🌐 圖2-139 氫氧焰銲接機

（二）組立蠟樹的流程

1. 準備蠟型，如圖2-140所示。

2. 準備流路系統(蠟模頭)，如圖2-141所示。

⊕ 圖2-140　準備蠟型

⊕ 圖2-141　蠟模頭

3. 將蠟型和流路系統接合在一起

使用電烙鐵、加熱抹刀、水焊機或是火焰筆將蠟型與澆鑄的流路系統之間的蠟熔化，再用手穩定扶持直到蠟凝固為止，然後將接合部位處理平滑，即成為「蠟樹」(Wax Tree)。圖2-142所示為利用電烙鐵與水焊機組蠟樹的情形。

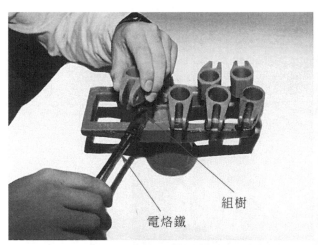

組樹

電烙鐵

水焊機

⊕ 圖2-142　利用電烙鐵與水焊機組蠟樹
(參照0-7頁彩色圖)

4. 對於小件的蠟型，可以將蠟型上的進模口在熔蠟內沾黏高溫蠟液後，迅速將進模口黏合在蠟模頭上，如圖2-143所示。

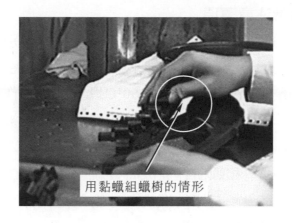

用黏蠟組蠟樹的情形

🔆 圖2-143　小件的蠟型迅速用黏蠟將進模口黏合在蠟模頭上
(參照0-7頁彩色圖)

5.　以上的組樹方法簡單，但是速度太慢，若需大量生產時，常設計成
　　每一次擠蠟過程，將許多蠟型一次同時擠出，此時的蠟型稱之為次
　　總成(Subassembly)，因其已包括進模口(Gate)及橫流道(Runner)，組
　　樹時只要將其與豎澆道(Sprue)或主澆道連接即可。

（三）將蠟樹裝上掛勾

　　當組樹完成，為了讓蠟樹存放時不會互相碰撞以及將來沾漿淋砂時有
　一個可以支撐蠟樹的重心，我們必須裝上掛勾，如圖2-144所示。掛勾
　上面有一個澆口杯的蓋子，剛好可以封住澆口杯的入口，讓以後沾漿
　淋砂時泥漿不會跑到澆口杯，使脫蠟與澆鑄的工作得以順利進行。

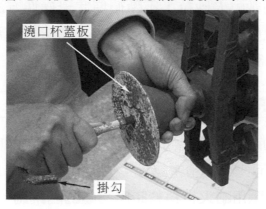

澆口杯蓋板

掛勾

🔆 圖2-144　蠟樹裝上掛勾

（四）組立蠟樹時應注意事項

1. 空氣不良：組立蠟樹時會造成空氣不良，要特別注意室內的空氣流通。空氣不良會導致人的精神不佳，更容易發生危險。

2. 高溫：蠟熔化的溫度通常都在60°C以上，在工作時要小心。蠟因為有黏性，不小心被滴到的話，可能會連皮都會被剝下來，所以工作時要特別小心。

3. 保存蠟樹：蠟型和蠟樹在完成時要統一存放，儘量放置在21～24°C之間的存放室中。有好的蠟樹，才會鑄造出漂亮的鑄件，所以蠟樹存放空間的管理非常重要。

2-5　包模作業

包模鑄造所使用的鑄模，它是只使用一次即不能再用的鑄模，唯有與金屬鑄件直接接觸的表面薄層，發揮了鑄模的全部功能，該層受到鑄件金屬的熱衝擊、物理化學及力學的作用，這些作用，決定了鑄件的性質，並影響到鑄件缺陷的發生，所以我們不得不對製作鑄模的陶瓷殼模材料有所認識與了解。

陶瓷殼模成型用的鑄模材料，是由黏結劑與耐火材料及少量的介面活性劑，共同混合所構成的泥漿，在蠟模的表面上，以沾漿的方法，附著一層緻密薄層，並在其上沾敷耐火砂粒，不斷循環此一操作方法，使陶瓷殼模達到一定厚度，來完成包模作業，所以耐火材料、黏結劑、介面活性劑為製作陶瓷殼模所應控制與管制的要項。

2-5.1　耐火材料(Refractory Maintenance)

陶瓷殼模所用的耐火材料，主要分成粒狀及粉狀兩種，粉狀用於調配泥漿用，才能鑄造出表面光滑的精密鑄件；粒狀用於淋砂用以增加包模的強度及耐火度。**包模作業在選用耐火材料料時應考慮的因素為：**

1. 必須能耐金屬熔液之急熱衝擊。

2. 必須要有最小熱膨脹性，以確保包模尺寸之穩定。

3. 必須要有良好的高溫強度。

4. 在高溫狀態下不能產生分解作用。

5. 必須要很容易自鑄件上清除。

一般包模鑄造用的耐火材料之成分及熔點，如表2-19所示。

▶ 表2-19　包模鑄造用鑄模材料之成分(%)及熔點

成分 耐火材料		Al_2O_3	ZrO_2	SiO_2	Na_2O	Fe_2O_3	TiO_2	CaO	MgO	熔點(°C)
1	石英	0.11	—	99.8	—	0.033	0.022	—	—	1700
2	熔融石英	0.05	—	99.9	—	0.02	0.015	0.01	0.005	1700
3	熔融氧化鋁	99.5	—	0.3	0.35	0.03	0.015	0.05	0.005	2050
4	氧化鋁(結晶)	99.0	—	0.1	0.02	0.4	—	0.07	—	2050
5	鋯砂		65.0	34.0	—	0.1	0.25	—	—	2300
6	氧化鋯(安定化)	0.39	94.6	0.35	—	0.19	0.21	3.52	0.46	2690
7	燒成粘土	41.6	—	52.8	1.2	1.5	2.5	0.3	0.4	—
8	Mullite(熔融)	76.2	—	23.0	0.44	0.13	0.11	0.05	0.05	1810
9	Mulite	73.5	—	22.4		0.9	3.2	—	—	1810
10	Molchite	42.5	—	54.5	1.0	0.75	0.08	0.1	0.1	—

一、常用包模耐火材料依其使用性質可分為下面四大類

（一）石膏質耐火材料

石膏之化學成分以硫酸鈣為主體，依結晶水的方式而分成無水石膏($CaSO_4$)、半水石膏($CaSO4 \cdot 1/2H_2O$，燒石膏)和二水石膏($CaSO_4 \cdot 2H_2O$)三種，石膏質耐火材料多用於生產非鐵合金鑄件，如實體陶模中之鋁、鎂、銅合金及貴金屬鑄造用合金。鑄模用石膏，係以石膏為粘結劑，配合多種添加劑，以提高其耐火度，降低乾燥時之收縮應力和加熱燒成時之膨脹應力。

（二）鋯砂(Zircon Sand)或鋯粉(Zircon Flour)

鋯砂為天然生成的矽酸鹽又稱為鋯石英，其分子式為$ZrSiO_4$，通常為非常穩定之化合物，不與任何金屬氧化物起化學作用與分解，熱膨脹與收縮係數均很低，熱傳導性佳，不產生熱裂與變形，為最佳的包模耐火材料，通常用於包模的第一層漿與第一層砂。它含有約65%的鋯石(ZrO_2)又稱為氧化鋯，熔點2,700°C。

代表性的鋯英石，即市面上所稱的鋯砂、鋯粉之類的耐火材料，其化學成分，如表2-20所示。

表2-20 鋯砂、鋯粉化學成分

組 成	ZrO_2	SiO_2	TiO_2	Fe_2O_3	Al_2O_3	CaO	MgO	Na_2O	K_2O	P_2O_2
鋯英石(1)	65.6	33.1	0.25	0.11	0.13	0.1	0.1	—	—	—
鋯英石(2)	64.98	32.54	0.16	0.052	1.42	0.1	0.16	0.14	0.04	0.26
鋯英石(3)	65.7	33.1	0.25	0.05	0.13	—	—	—	—	—

（三）熔融石英

熔融石英係純正的石英(Quartz)在電爐中經1,750°C以上的高溫燒結打碎後應用，此時的石英稱為熔融石英(Fused Quartz)，其化學性減低，變態點消失，熱裂性小，膨脹收縮性亦小，為非常良好的耐火材料。又其能溶解於苛性鈉溶液中：

$$SiO_2 + 2NaOH \rightarrow NaSiO_3 + H_2O$$

所以熔融石英可用於做預製陶心，因其清砂容易的特點，也可以使用在鑄件表面有孔、文字、花紋……等位置。

（四）矽酸鋁耐火材料

矽酸鋁耐火材料基本上是由矽石與礬土按照適當比例混合而成，國內現在所常用的高鋁矽粉(砂)，即我們所稱的馬來砂，其耐熱度由耐火材料內的Al_2O_3的含量而定，其成分及性質，參考表2-21所示。

表2-21　各種耐火材料成分(%)及性質

典型分析	Molchite	Mulocoa 47 (煆燒高嶺土)	Mulocoa 60 (煆燒高嶺土)	Mulocoa 70 (煆燒高嶺土)	Chamotte (煆燒燒磨土)	Mullite (煆燒藍晶石)
Al_2O_3	42-43	47.5	60.50	70.50	44-45	60
SiO_2	54-55	49.3	35.9	25.30	50-51	38.7
TiO_2	0.08	1.65	2.30	2.63	—	0.67
Fe_2O_3	0.75	1.0	1.25	1.50	2.0-2.5	0.16-0.94
CaO	0.1	0.02	0.02	0.03	—	0.03
MgO	0.1	0.04	0.03	0.03	Ig.Loss<0.15	0.01
K_2O	1.5-2.0	0.02	0.01	0.01	—	＞0.42
Na_2O	0.1	0.03	0.03	0.03	—	＞0.42
燒結溫度°C(°F)	—	1,621(2,950)	1,677(3,050)	1,732(3,150)	>SK35	1,810(3,290)
真比重	2.70	2.60	2.75	2.80	2.60	2.9-3.1
P.C.E.	34-35	35-36	39	40	—	36-37
硬度(Moh's)	7-8	—	—	—	7	5-7
線膨脹	4.44×10^{-6}/1,000°C	—	—	—	0.35%/1,000°C	—
冶金學上組成	56% Mullite44% 非晶質石英玻璃	Calcined Kaolin (高嶺土)	Calcined Bauxite Kaolin	Calcined Bauxite (鐵礬土)	高品質黏土在1,450°C燒成	—

　　上述皆為高鋁矽砂及高鋁矽粉的典型例子，是耐火黏土焙燒製成，由耐熱性及耐蝕性來看，非常適合作為陶瓷殼模的基本材料。

二、根據使用的情況及粒度大小，耐火材料一般分為

（一）填充料(Filler)

　　填充料爲耐火粉末，與黏結劑混合攪拌後成爲泥漿。

（二）耐火砂(Stucco)

　　耐火砂粒度較粗，爲泥漿外層沾附之砂粒。

　　選用耐火材料時，原則上耐火砂與填充料應爲同一種材料，在不得已的情況下，亦應選用其熱膨脹率相近之材料，否則在脫蠟及燒結過程中，會因膨脹率不同而使包模破裂。

2-5.2 黏結劑(Binder)

　　陶瓷殼模的黏結劑，是由有機元素的化合物或金屬的無機鹽，所形成的難熔性氧化物，陶瓷殼模形成時，負有固結基材粒子的任務，**它必須要具有下述性質的功用：**

1. 不會溶解模型材料，不與模型材料的成分起化學反應，對模型的潤濕能力良好。

2. 能夠與耐火粉攪拌成泥漿(Slurry)，而且必須要有某些程度的粘度。

3. 陶瓷殼模在常溫乾燥時，能固結基材的粒子，具有高的強度。

4. 能夠固結於陶瓷殼模的基材，形成耐火性氧化物，在陶瓷殼模加熱到澆鑄溫度之前使其具有足夠的強度與剛性。

5. 黏結劑與基材的氧化物相互之間，不會形成易溶性的共溶物。

6. 黏結劑的氧化物要和基材一樣，對鑄件合金爲不活性，即不會引起化學反應。

一、水玻璃(Sodium Silicate Na_2SiO_3)

　　水玻璃(矽酸鈉)爲各種黏結劑中最便宜的一種，台灣較少工廠採用，但中國大陸目前使用此種黏結劑廠商數約佔79%，產量佔整體73%，而產值僅佔32%，通常多以實體模生產爲主。其分子式爲$Na_2O \cdot xSiO_2$，「x」爲其分子比。水玻璃在使用時，應將其加酸中和分解，使產生矽酸(Silica Acid)，但矽酸非常不穩定，會分解爲石英及水，而這些水則依任意之含量存在於石英

內，形成化合水，這種產物便稱為膠狀石英(Colloidal Silica)。其化學反應式為：

$$Na_2Si_4O_9 + 2HCl + 7HOH \rightarrow \underline{4H_4SiO_4} + 2NaCl$$

Silica Acid

↓

$$\underline{4SiO_2 \cdot xH_2O} \rightarrow 4SiO_2 + xH_2O \uparrow$$

Colloidal Silica

但倘若將酸加入時沒有特別小心，則往往會產生膠質(Gelatinous)析出，而失去其作用。其反應式為：

$$Na_2O \cdot xSiO_2 + 2HCl \rightarrow \underline{H_2 \cdot xSiO_3} \downarrow + 2NaCl$$

Gelatinous

二、矽膠液(Coolloidal Silica)

矽膠液為透明性乳白色液體，是一種非常安定的黏結劑，也是使用最多的黏結劑，含SiO_2濃度在20～50%，表2-22為濃度30%的矽膠液性質，一般可加水分解。矽膠液除非儲存溫度低於冰點，才會破壞其特性，熔點為1713℃，此外在脫水乾燥後不會再吸收水分的特性。

◤ 表2-22　濃度30%的矽膠液性質

	矽膠液性質	成分及特性
1	SiO_2含量	30～31%
2	Na_2O含量	0.6%以下
3	酸鹼度	ph 9.5～10.5
4	粒子直徑	$10～20 \times 10^{-3} \mu m$
5	黏度(20℃)	50cps 以下
6	比重(20℃)	1.14～1.24
7	冰結點	0℃
8	安定性	半永久
9	外觀	透明性乳白色膠質液

三、矽酸乙酯(Ethyl Silicate)

矽酸乙酯中用於包模鑄造者為含SiO_2 40%之矽酸乙酯四十(Ethyl Silicate -40)最常使用，無色透明或淡黃微濁液體，氧化物含量30～52%，屬酸性，可溶於酒精或丙酮，熔點亦為1,713°C。其性質如表2-23所示。矽酸乙酯四十使用前可加水分解，因水與矽酸乙酯四十之親和力很差，故要配以酒精，為求達到催化作用，常加入各種酸如鹽酸、硫酸、硝酸、醋酸及磷酸等。至於硬化促進劑常用的有氧化鎂、碳酸鎂、NH_3之化合物。水解完成，配以耐火材料及硬化促進劑後將其注入砂箱中形成一個耐高溫的實體陶模(Ceramic Solid Mold)。表2-24所示，為矽酸乙酯與矽膠液性質比較

▼ 表2-23 矽酸乙酯四十(Ethyl Silicate-40)之性質

	矽酸乙酯四十性質	成分及特性
1	外觀顏色	無色透明油狀的液體
2	比重(25°C)	1.05～1.07
3	黏度(25°C)	3.2～4.8cps
4	SiO_2含量	40～42%
5	殘存鹽酸量(HCl)	0.015%以下
6	保存性	在密閉狀態不變質
7	溶劑相溶性	可溶於酒精系的溶劑如甲醇、乙醇、異丙酮……等，這些在加水分解反應時，作為溶媒。

▼ 表2-24 矽酸乙酯與矽膠液性質比較

	性能	矽酸乙酯	矽膠液
1	外觀	無色透明	乳白色膠質液
2	SiO_2含量	28～40%	15～50%

(續下表)

表2-24 矽酸乙酯與矽膠液性質比較(續)

	性能	矽酸乙酯	矽膠液
3	立即可用性	不，必須水解	可，立即可用
4	稀釋劑	酒精	水
5	包模種類	實體陶模	陶瓷殼模
6	殼模乾燥方法	風乾或氨氣	僅可風乾
7	實體陶模	可	不可
8	利用化學膠化	可	不可
9	風乾速度	快	慢
10	自動化	容易	困難
11	蠟型濕潤	容易	差
12	抗冰性	有	無
13	包模強度	好	佳
14	表面光度	好	佳
15	燒成強度	差	好
16	可燃燒性	可	不可

四、界面活性劑

界面活性劑主要目的為使漿液易於附著、沾黏在蠟型上所添加的溶液，其有陰離子系、陽離子系和非離子系等，但為了不影響到矽酸SiO_2的電荷，故可使用非離子系的界面性劑。

五、消泡劑

消泡劑為消除漿液中的氣泡，而添加辛醇，對泥漿不產生膠化的作用。一般加入量為矽膠液的0.1～0.3%左右。

六、濕潤劑

濕潤劑為使漿液有良好的潤濕能力，一般加入量為矽膠液的0.1～0.3%左右，以不超過0.5%為宜。一般使用矽酸乙酯當黏結劑，因其濕潤性較好，不必添加濕潤劑。

2-5.3 包模作業

一、蠟樹檢查

精密包模鑄造製程中，在製作陶瓷殼模作業時，將整個蠟樹完全包裹。因此再也看不到蠟樹表面的狀況及缺陷，而且無論品質的好壞與否，你必須繼續的往下作業，一直到澆鑄完成，去除殼模、清砂後才能再次看到產品的表面狀況，此時若發現不良，你已經浪費了前面製程作業所有的材料成本及人工費用。如圖2-145所示，為陶瓷殼模作業前之蠟樹及圖2-146所示，為沾漿後之陶瓷殼模。

圖2-145　陶瓷殼模作業前之蠟樹
(資料來源：奇鈺精密鑄造股份有限公司)

圖2-146　沾漿後之陶瓷殼模
(資料來源：奇鈺精密鑄造股份有限公司)

（一）檢查重點及缺陷

1. 表面蠟屑是否完全去除？
2. 表面離型劑是否完全洗淨？
3. 蠟型的間距是否恰當？

   蠟型之間的距離，通常根據陶模的作業次數有所調整，一般都保持在10mm以上。圖2-147所示蠟型間距太小及圖2-148所示蠟型間距太大，兩種皆不恰當。

太小　太小

● 圖2-147　蠟型間距太小

間距太大　間距太大

● 圖2-148　蠟型間距太大

4. 蠟型與澆道組合是否密合且有塡角

組合處若有空隙，在製作陶瓷殼模時將使漿體滲入空隙中，造成後續作業中產生所謂的崩砂及夾渣現象，如圖2-149所示。

5. 蠟模頭澆道的毛邊必須修整乾淨

避免金屬液從澆口滲出，蠟模頭澆道的毛邊必須修整乾淨，如圖2-150所示。

6. 澆道口是否加蓋及密合

澆道口為將來鋼水進入口，為了確保澆道口乾淨，必需維持密合以防止在陶瓷殼模作業時，漿體進入而造成夾渣，或崩砂等缺陷。圖2-151所示為澆道口與蓋板接觸未塡角及圖2-152所示為澆道口與蓋板接觸已塡角。

✤ 圖2-149　組合若有間隙必須要填角

✤ 圖2-150　蠟模頭澆道的毛邊必
　　　　　　須修整乾淨

✤ 圖2-151　澆道口與蓋板
　　　　　　接觸未填角

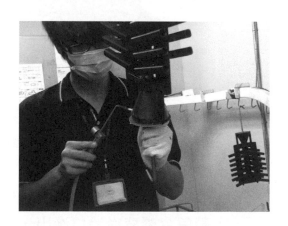

✤ 圖2-152　將澆道口與蓋板接觸填角
　　　　　（資料來源：奇鈺精密鑄造股份有限公司）

7.　蠟型表面是否滴蠟

　　組樹時若熟練度不佳，往往在組上層蠟型時，由於速度太慢造成焊
槍上的蠟滴到下層的蠟型，如圖5-153所示。

滴蠟

● 圖2-153 箭頭處為滴到蠟之現象

以上僅就蠟樹組合後可能會發生的缺陷所做的說明。

二、蠟樹清洗

蠟樹清洗為陶瓷殼模(包模)製作的第一步，射蠟時噴塗的離型劑，對於包模材料與蠟型的親和力有很大的妨礙，而且蠟樹存放時，可能沾上灰塵，將會影響包模的精密度及表面光度和耐火性，故在沾漿淋砂之前應先將蠟樹清洗乾淨。

（一）清洗液之種類

清洗液依其物性可分成二大類。

1. 揮發性清洗液

    MEK(Methyl Ethyl Ketone丁酮)、甲醇、三氯乙烷、三氯乙烯等(後二種較具毒性，不鼓勵使用)。

2. 水溶性清洗液

    界面活性劑、檸檬酸、洗手劑等。

    表2-25所示為各種清洗液特性及表2-26所示為各類清洗液之物性比較表。

 表2-25　各種清洗液特性一覽表

清洗液　　　特性	揮發性清洗液		水溶性清洗液	
	MEK(丁酮)	甲醇	界面活性劑	檸檬酸
去脂性(洗淨力)	洗淨力強，但會造成蠟型表面粗糙	洗淨力好，但會造成蠟型表面粗糙	洗淨力可，使蠟型表面光滑	洗淨力可，使蠟型表面光滑
揮發性	揮發快，味濃	揮發快，味濃	揮發慢，無味	揮發慢，檸檬味
無毒性	空氣品質差影響健康	空氣品質差影響健康	空氣品質好不影響健康	空氣品質好不影響健康
腐蝕性	會侵蝕蠟型表面	會侵蝕蠟型表面	不會侵蝕蠟型表面	不會侵蝕蠟型表面
穩定性	影響漿體使之劣化	影響漿體使之劣化	不影響漿體	不影響漿體
附著性	附著性佳	附著性佳	附著性佳	附著性佳

　　早期在蠟樹清洗過程，大部分使用MEK或甲醇等有機溶劑，但近來由於環保意識抬頭，且有機溶劑回收處理困難，因此逐漸有被水溶性清洗液取代的趨勢。

表2-26　各類清洗液之物性比較表

清洗液　　　物性	揮發性清洗液		水溶性清洗液	
	MEK(丁酮)	甲醇	界面活性劑	檸檬酸
色澤	透明無色味濃烈	透明無色味濃烈	乳白色無味	乳白色檸檬香
比重	0.80(在20°C)	0.793(在20°C)	1.02(在25°C)	0.9323(在25°C)
ph值	—	—	7～8(在25°C)	9.0～9.2(在25°C)

（二）蠟樹清洗作業

　　1.　蠟樹清洗的主要目的

　　　　（1）清洗蠟樹上殘留的蠟屑

　　　　　　　修蠟作業中蠟型表面含有少部分蠟屑無法吹除，必須以清洗液去除，如圖2-154所示。以免影響鑄造結果，產生不良鑄件。

蠟屑→

🌐 圖2-154　含有蠟屑之蠟樹

　　　　（2）清洗蠟樹表面因射蠟時所留下的離型劑

　　　　　　①　為了拔模容易，射蠟時必須噴上離型劑。

　　　　　　②　離型劑會破壞沾漿時漿體之表面張力，不利沾漿作業。

　　2.　清洗蠟樹操作步驟

　　　　（1）手拿蠟樹在你已選定之清洗液容器內上下振動三至五次，如圖2-155所示。

　　　　（2）取出蠟樹輕輕甩乾清洗液，隨後放入酒精溶液中以類似前次要領清洗三至五次。

　　　　（3）取出蠟樹置於通風處，於酒精蒸發後，等待沾漿的作業，如圖2-156所示。

圖2-155　清洗蠟樹

圖2-156　清洗後之蠟樹
(備註：若使用水溶性清洗液則不用酒精，可直接以清水取代之，
有時可配合超音波洗淨機，可更快速清洗表面油脂。)

3.　蠟樹清洗的安全預防措施

由於部分清洗液為揮發性溶劑，因此在使用前必要的安全措施須完全了解，以免操作人員受到傷害。以下為清洗作業中必要的預防措施：

（1） 必須戴有隔離揮發溶劑功能的面罩。圖2-157為不適用的口罩及
圖2-158所示為正確的面罩。

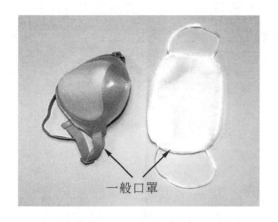

● 圖2-157　不適當的口罩

防毒面罩

● 圖2-158　防毒面罩

（2） 戴有隔離作用之手套。如圖2-159所示為不適當的手套及圖2-160
所示為耐酸鹼的橡膠手套。

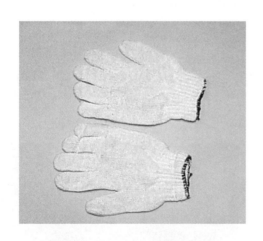

● 圖2-159　不適當的手套

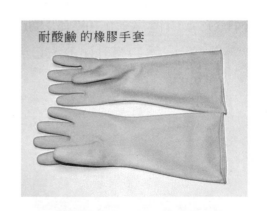

耐酸鹼 的橡膠手套

● 圖2-160　適當的手套

（3） 選擇毒性較低之有機溶劑或改變製程
① 以丁酮、甲醇取代三氯乙烷等。
② 以水溶性清洗液取代揮發性清洗液。
③ 以機械自動清洗取代人工操作。

（4）減少清洗液的揮發，就必須使用後立刻加蓋。

（5）清洗液回收處理

清洗液於使用三天至四天後，會漸漸老化，清洗效果會降低很多，通常會先過濾沉澱物後再添加新清洗液即可再使用，沉澱物於累積一定量時，送回供應商做後續處理。也有部分廠商自行購置溶劑回收機，自行做回收處理。

三、泥漿(Slurry)之調配

（一）泥漿黏度的量測

每一層沾漿用的泥漿之黏度各不相同，泥漿濃度之差異直接影響到未來鑄件之品質。又泥漿(Slurry)之調配首重濃度控制，一般用詹氏杯做為測定器。常用的詹氏杯(Zahn Cup)為4號與5號，如圖2-161所示。為量測漿液黏度之測定杯，測定時以碼表之秒數為基準，從詹氏杯裝滿漿液離開漿桶開始計時，到詹氏杯內的漿液滴完為止，如圖2-162所示。秒數越多表示漿的濃度越高，反之則越稀。其中：

NO4：口徑為—0.168"(4.267mm)

NO5：口徑為—0.208"(5.283mm)

杯內容積為44毫升(ml)，日製產品之容積有40、50毫升兩種，壁厚為2～3mm。

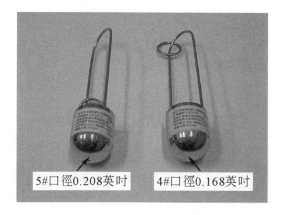

⊕ 圖2-161　詹氏杯(Zahn Cup)

⊕ 圖2-162　正在用詹氏杯(Zahn Cup)量測漿液黏度

（二）泥漿(Slurry)之調配

泥漿係將耐火材料之填充劑(Filler)與黏結劑(Binder)混合成所需黏度之漿液，供淋砂前沾漿用。表2-27中列舉四種以矽膠液爲黏結劑之泥漿調配比例及其使用的範圍。

表2-27 陶瓷殼模用泥漿調配比例及耐火砂之參考例

項目	泥漿之種類	泥漿A	泥漿B	泥漿C	泥漿D
泥漿	矽膠液(SiO₂30%)(ℓ)	13.6	11.3	11.3	36.3
	鋯砂粉末 (325 mesh)(kg)	45.3	45.3	40.8	molochite 粉末 45.3
	介面活性劑 (C.C)	10	10	10	—
	其他	—	水4.5ℓ	石英4.5kg 水4.5ℓ	—
	性狀 粘性(s)	(ZahnCup5#) 9～11	(ZahnCup5#) 8～11	(ZahnCup5#) 9～11	(ZahnCup5#) 9～14
	性狀 比重	2.90～2.95	2.70～2.75	2.65～2.70	1.75～1.85
	用途	大鑄件需強度高之殼模用	一般用	含砂心之鑄件可用苛性鈉除砂之	Cu，輕合金全層用，鐵及其他合金之背層用
耐火砂粒		第1～2層用鋯砂，第3層以後燒成鋯砂			molchite粒

1. 泥漿攪拌常用之設備

   （1）螺旋槳攪拌器如圖2-163所示，在1,725rpm之高速旋轉下，將粘結劑與耐火材料調至均勻。

   （2）旋轉台式之攪拌桶，如圖2-164所示。利用泥漿之黏滯力，隨桶旋轉而攪拌，因轉速較低，大約在40rpm左右，因只利用黏滯

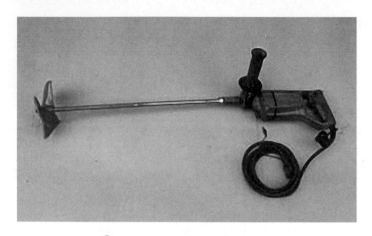

力攪拌，所以倒入耐火粉時必需慢慢加入，否則因耐火物比重大必會沉於桶底，導致攪拌工作無法進行。

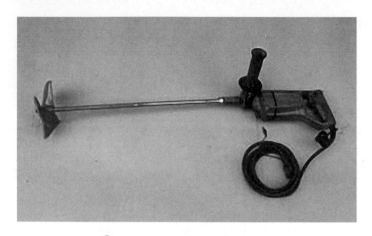

● 圖2-163　螺旋槳攪拌器

● 圖2-164　旋轉台式攪拌桶(資料來源：旭嶸有限公司)

（3）最佳的方式係利用螺旋槳攪拌器先將泥漿混合好，再傾入旋轉台之沾漿桶中，利用沾漿桶靜態混合法保持泥漿中耐火物之懸淨，並且因桶內無運動件旋轉，容易在漿桶旋轉時做沾漿工作。

　　要特別注意的是，泥漿一經調配完成，旋轉台攪拌桶，必須保持日夜24小時慢速運轉，使黏結劑與耐火物粉末，保持在最均勻的混合的情況下，才能進行沾漿。假如遇到停電攪拌桶一經停止旋轉，則耐火物立刻產生沉澱而與黏結劑分離，因此旋轉台攪拌桶最好要加裝有不斷電系統裝置。

2. 面漿調配(一般水性矽膠液，漿液的調配方式)，如圖2-165所示

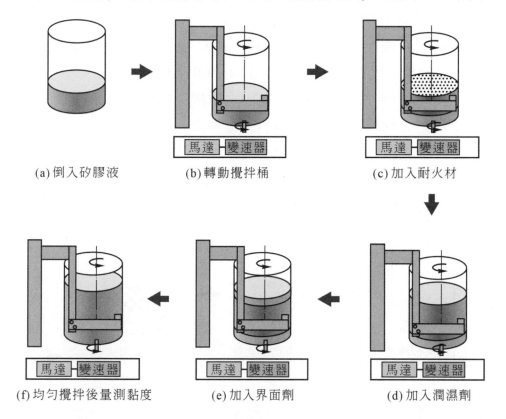

(a) 倒入矽膠液　　(b) 轉動攪拌桶　　(c) 加入耐火材

(f) 均勻攪拌後量測黏度　　(e) 加入界面劑　　(d) 加入潤濕劑

🌐 圖2-165　漿液攪拌混合示意圖
(資料來源：精密鑄造，中華民國職業訓練研發中心，2000年12月)

（1） 首先將含30%矽酸之矽膠液1000ml倒入攪拌桶中，如圖2-165(a)所示。

（2） 啟動攪拌桶，如圖2-165(b)所示。

（3） 加入粉末狀之耐火材料鋯粉(80～200目)2.25kg，均勻混合，如圖2-165(c)所示。

（4）均勻攪拌後，加入少量的潤濕劑0～5c.c.或界面活性劑0.2ml。如圖2-165(d)、(e)所示。

（5）攪拌時出現氣泡，待消失後約6～8小時再加入消泡劑0～5c.c.。

（6）均勻攪拌3小時後，攪拌速度：30～50rpm(30～50轉)，以5號詹氏杯測量其第1層和第2層漿液之黏度，1、2層漿液時間控制在40～60sec，第3層以後之漿液以4號詹氏杯量測，約控制在10～15sec之內。

（7）漿液攪拌時溫度保持在30～40°C，以不超過40°C為原則。

3. 第二層漿液的調配方式，如圖2-166(a)～(f)所示

（1）黏結劑：含30%矽酸(SiO_2)之矽膠液1000ml。

（2）耐火材選用：鋯石英粉1.7kg。

（3）耐火材的粒度：40～150目。

（4）詹氏杯量測：5號詹氏杯，量測時間40～60sec。

（5）攪拌時間：3小時以上。

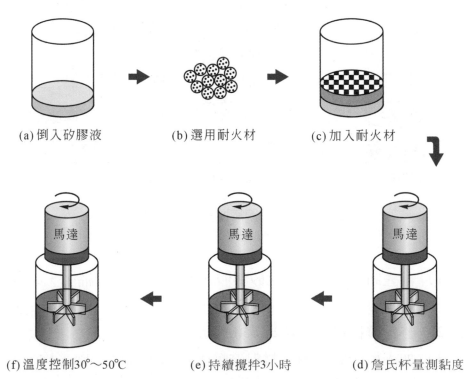

(a) 倒入矽膠液　　(b) 選用耐火材　　(c) 加入耐火材

(f) 溫度控制30°～50°C　　(e) 持續攪拌3小時　　(d) 詹氏杯量測黏度

圖2-166　第二層漿液的調配示意圖

(資料來源：精密鑄造，中華民國職業訓練研發中心，2000年12月)

4. 背漿的調配方式

調配100kg之漿液(使用重量百分比方式)。圖2-167為各層泥漿的黏結劑與耐火物的比例

（1） 泥漿選用：30%(SiO_2)之矽膠液20～35kg。

（2） 耐火材選用：熔融石英或高鋁矽粉(馬來粉)約75～80kg。

（3） 耐火材的粒度：選擇100目～325目，44μm佔50%以上，10μm以下約7%左右。

（4） 詹氏杯量測：選用4號詹氏杯，量測時間約為13～20秒。

（5） 攪拌時間：3小時以上。

（6） 攪拌速度：30～50rpm。

（7） 漿液溫度：保持30～50°C之溫度。

第一層漿液調配比例

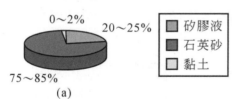

第二層漿液調配比例

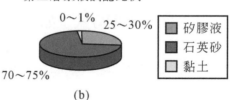

外層漿液調配方式

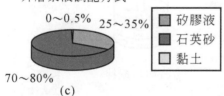

● 圖2-167　不同層次漿液調配比例圖

(資料來源：精密鑄造，中華民國職業訓練研發中心，2000年12月)

5. 矽酸乙酯黏結劑的調配方式

矽酸乙酯本身並沒有黏結劑的功能，需要加入水來加以分解，才能獲得黏結的功用。

（1） 水解含24～26%之SiO_2溶液

① 水解液的要求：SiO_2(24～26%)，酒精(15～20%)。

② 材料表：水解液配合比(1次水解)，參考表2-28所示。

表2-28　水解液配合比

	水解液材料	容積
1	矽酸乙酯40	1000ml
2	水(蒸餾水)	14ml
3	酒精	570ml
4	鹽酸	0〜6ml
5	醋酸	0〜4ml
6	其他	視需要加入硼酸或其他溶液

③　調配方式：如圖2-168所示。

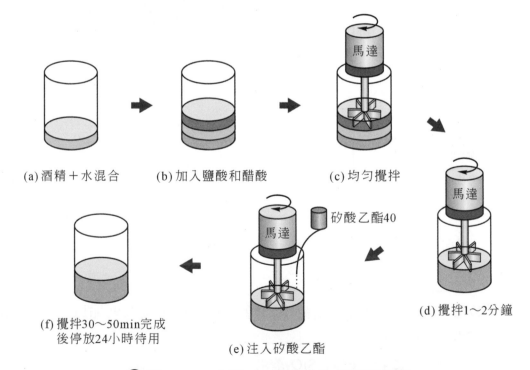

(a) 酒精＋水混合　　(b) 加入鹽酸和醋酸　　(c) 均勻攪拌

(f) 攪拌30〜50min完成
後停放24小時待用

(e) 注入矽酸乙酯

(d) 攪拌1〜2分鐘

🌐 **圖2-168　水解24〜26% SiO₂溶液示意圖**

(資料來源：精密鑄造，中華民國職業訓練研發中心，2000年12月)

(a) 將酒精和水全部混合加入水解器中。

(b) 再加入鹽酸和醋酸。

(c) 均勻攪拌1～2分鐘。

(d) 在持續的攪拌中，以細流方式注入矽酸乙酯四十。

(e) 保持水解溫度30～50°C。

(f) 當溫度升高至40～50°C時，發熱至最高溫度後即可停止攪拌。

(g) 攪拌時間約為30～50分鐘。

(h) 完成水解作業，停放24小時後待用。

（2）酒精性矽酸乙酯漿液的調配方法

利用先前水解完成之矽酸乙酯水解液與耐火材料均勻混合調配(以重量百分比方式計算，如圖2-169所示之各種材料比例示意圖)。

① 矽酸乙酯水解液—25～30%(使用前須停置24小時的時間)。

② 石英粉(40～200目)—70～75%。

③ 鹽酸—為黏結劑的0.2～0.5%。

④ 將①～②混合攪拌1～5min。

⑤ 添加0.05～0.1%的界面活性劑。

⑥ 以4號詹氏杯測量，時間為30～45秒。

⑦ 攪拌0.5～1hr後完成。

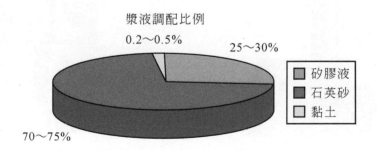

🌐 圖2-169 酒精性矽酸乙酯漿液的各種材料調配比例示意圖
(資料來源：精密鑄造，中華民國職業訓練研發中心，2000年12月)

6. 實體陶模(Ceramic Solid Mold)泥漿之調配

實體陶模(Ceramic Solid Mold)泥漿之調配與流動性自硬砂類似,首先將黏結劑與硬化促進劑先行混合,待其完全混勻後,再將粒度粗細配合良好的耐火材料倒入黏結劑中,此時應不停的攪拌,攪拌時間之長短,端視膠化時間而定;假如攪拌時間不足,便將其傾入砂箱中,如膠化時間很長,便會使耐火材料沉殿與黏結劑分離。最適當的時間為膠化過程進行到一半,即留一部分膠化時間來做傾入砂箱中的工作,如此可避免耐火物析出。

四、沾漿(Dipping)與淋砂(Coating)

沾漿(Dipping)與淋砂(Coating)為製作陶瓷殼模在整個包模鑄造製程中,極為重要的關鍵作業,關係著成品的好與壞,正確的操作,不但可以製作出優質產品、降低不良品、節省成本,甚至可能影響一家企業存亡。

(一)沾漿與淋砂所使用的設備

1. 旋轉台式沾漿桶:如圖2-170所示。這是最傳統的沾漿設備,採用減速馬達傳動,運轉穩定,桶內L型板使泥漿均勻混合,避免氣泡產生。

2. 真空沾漿機:如圖2-171所示。此為自動沾漿系統,利用PLC(可程式控制),雙筒沾漿機,真空度可達760mm水銀柱。

✤ 圖2-170　旋轉台式沾漿桶
(資料來源:旭嶸有限公司)

✤ 圖2-171　真空沾漿機
(資料來源:旭嶸有限公司)

3. 浮砂桶：如圖2-172所示。利用鼓風機將耐火砂如開水般浮起滾動。本機依耐火砂的粒度不同，分爲細、中、粗結構也不同。

4. 降雨式淋砂機：如圖2-173所示。利用轉盤自動循環過濾，使砂降下分佈均勻，對漿的附著力強，可將沾漿層的氣泡衝破。

🜨 圖2-172　浮砂桶
(資料來源：旭嶸有限公司)

🜨 圖2-173　降雨式淋砂機
(資料來源：旭嶸有限公司)

（二）陶瓷殼模製作

沾漿與淋砂是將洗淨好之蠟樹浸入預先調配好之陶瓷泥漿中，讓漿液均勻附著於蠟樹表面，如圖2-174所示，隨後在沾有漿液之蠟樹表面敷上耐火砂，如圖2-175所示，最後將蠟樹置於乾燥室中做強制性乾燥。

（三）陶模製作之操作步驟

1. 沾漿

　（1）手工沾漿

　　　① 手拿掛勾，以45度角將蠟樹緩緩浸到第一層鋯粉漿液中，直到蠟型完全沒入漿液後，再垂直浸入至鐵蓋底爲止，如圖2-176所示。

　　　② 浸入後，緩緩且稍爲轉動著提起。

● 圖2-174　蠟樹沾上陶瓷泥漿
(資料來源：奇鈺精密鑄造股份有限公司)

● 圖2-175　蠟樹淋上耐火砂
(資料來源：奇鈺精密鑄造股份有限公司)

蠟樹45度角浸入

1

浸至澆道口

2

● 圖2-176　蠟樹進入漿液中

③　迴漿。蠟樹提起後，同樣以向上45°的角度徐徐轉動，右手取空氣槍，輕輕將蠟樹表面之漿液吹均勻，及部分氣泡吹破，必要時可用刷子刷除，如圖2-177所示。

（2）自動沾漿淋砂系統

為了讓包模鑄造能夠自動作業，部分公司已採用自動沾漿淋砂系統進行沾漿淋砂工作，如圖2-178所示。

（3）真空沾漿

為了讓沾漿過程蠟樹不會產生氣泡，目前有許多精密鑄造廠已採用真空沾漿機進行沾漿工作，如圖2-179所示。

🌀 圖2-177 蠟樹迴漿動作

(資料來源：奇鈺精密鑄造股份有限公司)

空間感測器 六軸機械手臂

🌀 圖2-178 自動沾漿淋砂系統

🌀 圖2-179 真空沾漿

(資料來源：北京匯高精鑄廠網站)

2. 淋砂的方式有下列幾種

（1） 淋砂式

陶模耐火砂粒由上而下如下雨般灑在蠟樹上，如圖2-180所示。一般淋砂式作業時對於深孔凹槽產品較有利，可製造出精美成品，因此通常在第一道陶模製作均使用此方式。

① 將迴漿過之蠟樹置於淋砂機下，前後推送，並左右旋轉，如圖2-181所示。不急不徐的將面砂完全附著於蠟樹表面為止。

② 淋砂完成後，再轉動蠟樹上下傾斜，使多餘的面砂落回容器內，才不會掉到地上，蠟樹掛上臺車，送進乾燥室乾燥。

● 圖2-180　降雨式淋砂機
(資料來源：奇鈺精密鑄造股份有限公司)

● 圖2-181　蠟樹置於淋砂機下淋砂
(資料來源：奇鈺精密鑄造股份有限公司)

（2）浮砂式

陶瓷耐火砂由下往上，經由鼓風機風壓的力量將耐火砂浮起產生沸騰狀，如圖2-182所示。再將沾完泥漿之陶模置入其中，使其表面黏上耐火砂。

此方法優點為作業較淋砂式快速，但亦有其缺點，即在作業中漿液常會滴入浮砂桶中，造成耐火砂結成粒狀，使耐火砂粒度變大(原來耐火砂粒度的數倍大)，阻礙浮砂進入深孔處，造成陶模厚度不均，產生後續的缺陷。改善對策，定期做耐火砂的過濾篩選，將結塊之耐火砂去除。

（3） 自動淋砂

為了加速自動化生產，部分公司已採用自動機械手臂從事淋砂工作，如圖2-183所示。

🌐 圖2-182　浮砂式淋砂
(資料來源：奇鈺精密鑄造股份有限公司)

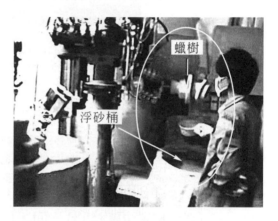

蠟樹

浮砂桶

🌐 圖2-183　自動機械手臂從事淋砂工作
(資料來源：億營實業有限公司)

3. 乾燥

淋砂後的陶瓷模，最少應置於乾燥室3小時以上，如圖2-184所示。同時要管制乾燥室內溫溼度條件是否在標準規範內。

4. 潤濕(預浸)

將第一層面漿已乾燥之陶模從乾燥室取出，浸泡入潤溼液中後立即取出，放置10～15秒，避免預浸太濕或太乾。

5. 再以步驟1的方法，將陶模浸入第二層漿液中，此時漿液為200目的氧化鋁粉配製。

✦ 圖2-184　送往乾燥室乾燥

(資料來源：奇鈺精密鑄造股份有限公司)

6. 浮砂

（1） 將迴好漿之陶模用空氣槍吹除氣泡，以15度左右將陶模輕輕放入浮砂桶中。

（2） 提起再輕翻另一面，使耐火砂完全附著於陶模表面為止，如圖2-185所示。此時耐火砂為35S氧化鋁砂。

✦ 圖2-185　浮砂作業

(資料來源：奇鈺精密鑄造股份有限公司)

7. 乾燥

同步驟3，將浮砂完成之陶模置於乾燥室中乾燥，同時管制適當的溫、濕度並置於其中至少4小時以上。

8. 重複5～7步驟

（1） 耐火砂由35S改成顆粒較大的22S的氧化鋁砂。

（2） 視成品大小做適度的調整，但最少要有5層以上的厚度。

9. 覆模

同步驟1的作業方式，將沾漿淋砂完成之陶模乾燥後再沾最後一道漿液，不同處只是不再淋砂，如圖2-186所示。沾完漿液後之陶模，直

接掛於臺車上，再放置於乾燥室中。

10. 乾燥

最後一次乾燥，最少保持在乾燥室中24小時以上，做充分的乾燥，如圖2-187所示。

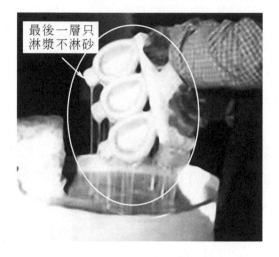

最後一層只淋漿不淋砂

● 圖2-186　沾最後一道漿液不再淋砂

● 圖2-187　最後一次乾燥

五、陶模之乾燥

乾燥的意思就是把水分去除，亦即把漿液中矽膠液內水分在一定的溫度、濕度情況下蒸發去除。

乾燥適當與否，影響陶模的品質。濕度甚大或陶模太乾會導致殼模龜裂，陶模未乾，殼模的強度將大幅下降，同時造成陶模在後續作業中(鑄造時)殼模破裂。因此乾燥的工作在陶模作業是相當重要的一環。

（一）設備

由於臺灣氣候潮濕，相對濕度通常在80～90%以上。為了控制良好的溫度與濕度條件，至少要使用冷氣機、除濕機、風扇……等。

1. 除濕機

依據空間大小，進出陶模數量，選擇適當的除濕機。但相對濕度要能控制在50～60%之間。溼度太低，水分蒸發速度太快會造成不良影響。

2. 冷氣機

由於陶模內為蠟模材料，在一般溫度下(攝氏25度以上)會熱脹，造成蠟型變形，縮凹，甚至在乾燥過程中由於蠟型變化產生陶模龜裂或陶模與蠟型分離。因此使用冷氣機控制室內溫度在攝氏20至26度中間。

3. 風扇

乾燥室內氣體的流量、流速都會影響乾燥品質，為了保持溫度、濕度的均一性，通常風速保持在每秒0.5米以上。

（二）乾燥原理

陶瓷殼模是由多層的漿液及敷砂在漿液上的耐火砂所組成的。除了瞭解使用設備外，對乾燥的原理做初步認識，將有助於對乾燥過程所造成的品質異常做充分的掌控，如圖2-188所示。

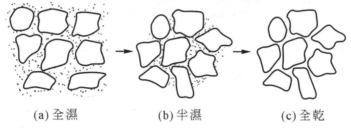

(a) 全濕　　　　　(b) 半濕　　　　　(c) 全乾

🌐 圖2-188　乾燥過程中粉粒與水分間的集聚情形

1. 圖2-188(a)所示，為剛沾完漿液所顯現之情況，表面狀況類似自由水面，乾燥為表面水分蒸發，乾燥速率保持一定，速率大小與水分含量無關，此時水分經由毛細管作用傳輸到表面，其速率至少與蒸發之損失一樣。

2. 圖2-188(b)所示，隨著乾燥進行，內部水分逐漸減少，耐火粉粒由於表面張力的關係，隨著水分的減少而逐漸靠近，最後緊縮在一起，使得液體的流動阻力加大。

3. 圖2-188(c)所示，為最後水分傳輸到表面的速率比不上蒸發損失的速率時水膜消失，乾燥速率因而降低下來，此後水分運動的路徑為內部水分先蒸發成水蒸氣，水蒸氣再擴散至表面，或水分由毛細管作用傳輸到表面，然後蒸發。

　　由上述乾燥過程可了解，乾燥隨著水份消失耐火粉粒逐漸靠近，殼模會產生收縮。如果殼模各部分的乾燥不均勻，則在已乾燥與未乾燥部分會產生內應力，當這些內應力累積到一定的程度後會促使殼模產生裂紋。

（三）乾燥作業要領

1. 殼模厚度越大水分擴散越難，乾燥時間越長。
2. 漿液的水含量愈多，乾燥產生的收縮愈大。
3. 溫度愈高，水的平衡蒸氣壓愈高，殼模表面的水分蒸發愈快。
4. 相對濕度低，則大氣中所含之水蒸氣分壓低，水分蒸發快。
5. 較高的空氣流速可以減少殼模層表面的水分蒸發滯留層的厚度，加快蒸發速率。

（四）實體陶模乾燥

　　實體陶模因體積較大，模壁較厚且有砂箱圍於外，其乾燥若靠自然揮發，所需時間甚久。一般係將陶模置於150°C以下之乾燥爐中，加熱乾燥之。至於時間之長短，則視陶模之厚薄而定。

2-6　脫蠟及預熱

　　包模鑄造的陶瓷殼模或實體陶模多要經過脫蠟的程序，所以包模法又稱脫蠟法(Lost Wax)即由此而來。包模鑄造在射蠟製程中所使用的蠟是可以回收的，蠟回收經過濾、清除雜質及再調整成分後，可以得到接近新蠟品質的再生蠟，以降低生產成本。

2-6.1　脫蠟

　　脫蠟即是利用蒸氣脫蠟機，如圖2-189所示，將包模內的蠟模頭(澆冒口)、蠟型所用之蠟熔解出，以完成鑄模之製程工作。蠟是熱的不良導體，且熱膨脹性大，脫蠟的原理是藉由高溫加熱鑄模，將蠟型表面層及澆冒口部分的蠟先行熔去，預留蠟之膨脹空間(於脫蠟時才不會因蠟膨脹而造成鑄模破裂)，然後再熔掉模穴內的蠟。

✛ 圖2-189　蒸氣脫蠟機(資料來源：旭嶸有限公司)

一、實體陶模之脫蠟

　　實體陶模是把陶模的澆冒口向下裝入爐內，再以100～150°C的溫度經數小時的加熱，使蠟熔解流出，爐下設有回收之容器，來回收舊蠟，如圖2-190所示。然後將夾雜物過濾後再生使用，全部大約可回收百分之八十左右的蠟。

蠟熔出盛蠟槽

✛ 圖2-190　實體陶模之脫蠟爐

二、陶瓷殼模之脫蠟。圖2-191所示為脫完蠟之陶瓷殼模

● 圖2-191　脫完蠟之陶瓷殼模

　　陶瓷殼模之脫蠟方法分為四種：(一)熱衝擊法、(二)蒸汽脫蠟法、(三)熱蠟浴脫蠟法、(四)沸水脫蠟法，僅就上列方法簡單介紹如下：

（一）熱衝擊法

　　此種脫蠟法也有稱為熱激法(Thermal Shock)、急熱脫蠟法(Shock Heat Dewaxing Process)、高溫燃燒脫蠟法(Flash Dewaxing Process)，熱衝擊法是在900～1,000°C之加熱爐中，利用高溫輻射熱，瞬間將蠟型表面層熔解，如圖2-192所示。預留下的空間就可容納其他的蠟因膨脹而增加的體積，然後再熔掉模穴內的蠟。因高溫而造成脫蠟過程中部分蠟燃燒而損失，蠟回收率約為80～85%。

（二）蒸汽脫蠟法(Autoclave Dewaxing Process)

　　此種脫蠟法又稱(Autoclave)法，為包模鑄造最常用之脫蠟方法，其設備是利用150°C、80psi(5.6kg/cm^2)之高壓蒸汽，穿透殼模與蠟型表面接觸，利用蒸汽之潛熱(Latent Heat)來將蠟熔解，如圖2-193所示。此種方法脫蠟，可得95%之蠟回收率。

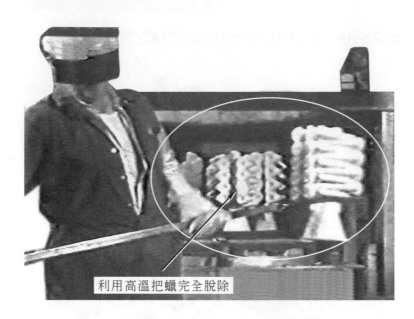

利用高溫把蠟完全脫除

🌐 圖2-192　高溫燃燒脫蠟法
(參照0-7頁彩色圖)

脫蠟

殼模

🌐 圖2-193　蒸汽脫蠟
(參照0-8頁彩色圖)

（三）沸水脫蠟法

　　將陶瓷殼模，浸泡於預先煮沸之水槽中，以水當介質，通常適用於較低熔點之蠟，或水溶性蠟之類的產品。此法優點爲設備與操作非常簡單，蠟可回收。缺點爲脫蠟時間太長、效率不佳，而且殼模浸於水中會影響殼模強度。

（四）熱蠟浴脫蠟法

此種脫蠟法是將熔蠟槽加熱，把等待脫蠟之殼模，澆口杯向下浸置於熔蠟槽中，以蠟為介質，將蠟樹熔解之蠟，流出於熔蠟槽中，此種方法因蠟長時期加溫，且陶瓷殼模之耐火材料無法避免落入熔蠟槽中，會造成回收蠟之蠟質變壞，殼模空隙中含有大量的蠟。

2-6.2 蠟回收處理的方法

一、蠟質變壞之原因

蠟質變壞的原因不外乎：

1. 矽油過多。
2. 固體不純物超量。
3. 硬蠟分離。
4. 含水分太多。

如果可將此四種雜質去除，再添加適量之新蠟，即可將蠟回收再生使用。

（一）老化作用

亦稱疲勞現象，蠟由新而舊，其性質會逐漸變質而至報廢之現象。

（二）分離作用

蠟為數種物質之混合物，新蠟混合均勻，性質安定，可達到所要求之蠟的性質，重複回收循環使用後，各種物質逐漸分離成不相溶解，或不均勻之現象，這也是老化現象之一種。高熔點之蠟及添加劑經數次使用後，於蠟溫降低時，有一部分會先行結晶而析出，造成蠟質不均，硬顆粒存在，使蠟之流動性變壞，因此射蠟工作發生困難，若分離漸多，則造成蠟性質變差而報廢。

（三）不純物影響

長久使用之蠟中，常含有矽油、炭粒、微塵或已燒焦之蠟，會影響蠟的性質。不純物可分為四類：

1. 矽油

射蠟時塗於金屬模具上之離型劑，矽油之比重與蠟相近，且黏結性強，與蠟混合存在，並無法熔解於蠟中，蠟樹如未清洗乾淨或未清

洗時，脫蠟時會混入蠟中。如矽油含量過多，會造成蠟質變軟，蠟失去韌性及硬度，蠟型容易變形。

2. 固體不純物

附於陶瓷殼模表面之灰塵、微粒(脫蠟過程進入蠟中之耐火材料)，會影響蠟之流動性。

3. 硬蠟微粒

硬蠟熔點較高，當熔蠟溫度下降時，會有部分硬蠟結晶析出，混入回收蠟中，成為結晶微粒，結晶微粒會造成回收蠟之流動性變壞，而導致射蠟困難，所以舊蠟的射蠟溫度需高於新蠟。

4. 水分

蠟中之水分未去除乾淨，會導致蠟之流動性降低、氣泡產生，嚴重影響蠟型品質。

二、蠟回收的方法

蠟中雜質清除的方法，是利用各種雜質與蠟的比重不同之特性，把它加熱後靜置，將各種雜質分離去除。即是將蠟加熱至熔點以上約20～30°C(一般約85～95°C)保溫，再將蠟液溫度緩緩下降，在凝固點(一般蠟之凝固點比熔點低約10°C)以上15°C(約70°C)左右靜置一段時間(約24小時)，即可將矽油、雜質分離，然後將回收蠟再加入適量的新蠟或添加劑，即可得到性質與新蠟相當之再生蠟。

由實驗得知蠟加熱靜置後，各種雜質分離之情況，如圖2-194所示。及蠟與不純物分離和時間之關係，如圖2-195所示。

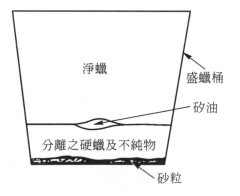

● 圖2-194　蠟加溫靜置後分離之情形　　● 圖2-195　蠟與不純物之分離和時間的關係

三、蠟回收處理之設備

（一）蠟回收桶

蠟回收之設備為加溫靜置儲蠟桶，如圖2-196所示。靜置儲蠟桶必須要裝設溫度控制器，於熔解、保溫、降溫時準確的以熱電偶【**熱電偶**：用來量測溫度之工業用儀器，是利用二種不同之金屬線，一端互相連接，若其二端之溫度不同，即發生電動勢emf(Electromotive Force)，而引發電流變化，此種藉由溫度變化，引起電動勢變化而造成電流變化來測量溫度，即是熱電偶】控制溫度，並利用熱媒間接加熱方式，桶上附有攪拌機可攪拌內部回收蠟，使水分散發。均勻之溫度除了防止蠟液局部過熱而老化外，並防止溫度變化造成蠟液對流，而無法達到靜置沉澱分離之效果；靜置儲蠟桶亦可密封，以減少熱輻射、傳導，減少蠟降溫及微塵落入造成污染。加溫靜置儲蠟桶，一般使用不銹鋼材質，儲蠟桶為雙層，內層為儲蠟槽，外層以熱煤油或水為介質。

圖2-196 蠟回收處理之加溫靜置儲蠟桶

（資料來源：旭嶸有限公司）

（二）快速蠟回收系統

本機可將回收蠟，經過過濾槽後再由蠟水分離機，將蠟與水分離，蠟水分離時間約1小時即可，是廠商新開發的專利產品，如圖2-197所示。此種蠟回收系統可節省人力，維持蠟的品質提高生產效率。

四、結論

蠟回收再生處理時，將蠟加熱靜置沉澱分離，即可將矽油、固體不存物減至最低，加入新蠟或添加劑以調整蠟適當的熔點、硬度及韌性，可避免製程中蠟型變形，加熱靜置沉澱分離之溫度、時間及新蠟或添加劑之添加量，都需依各廠之性質，自行研究調整。

🌀 圖2-197　快速蠟回收系統(資料來源：旭嶸有限公司)

2-6.3 包模燒結與預熱

　　包模脫蠟後，免不了尚有部分的蠟殘留於殼模內，這些殘蠟必須利用燒結爐，如圖2-198所示。經過900～1,000°C之高溫燒結後的陶瓷殼模，可將其放置於殼模存放室，如圖2-199所示，等待澆鑄前預熱。

🌀 圖2-198　燒結爐
(資料來源：旭嶸有限公司)

🌀 圖2-199　高溫燒結後陶瓷殼模的存放室

一、燒結與預熱的主要目的為

1. 將殘蠟燒盡。
2. 增加陶瓷殼模的強度。
3. 增加金屬熔液澆注時的流動性，往往為了鑄造較薄鑄件，而將陶瓷殼模加熱至1,100°C。

二、陶瓷殼模預熱準備及檢查

通常燒結後之陶瓷殼模，不會馬上進行預熱、澆鑄的動作，一些事前準備及檢查工作是必需的：

1. 清除殘留在陶瓷殼模內的灰燼

   陶瓷殼模在經過脫蠟後，或多或少仍有一些蠟殘留在陶瓷殼模內，而這些殘留蠟在高溫燒結後均會變成灰燼，可用壓縮空氣吹除。壓縮空氣經由澆口吹入，而將陶瓷殼模內之灰燼吹出，此一方式最為簡便，但須注意陶瓷模內深遠、深凹處之殘留灰燼清除徹底與否。因此陶瓷殼模在進行預熱與澆鑄前務必將這些灰燼清除乾淨。

2. 陶瓷殼模的修補

   如同陶瓷殼模在脫蠟後若有裂縫情形一樣，陶瓷殼模有輕微裂縫者以沾漿料填補；若有較大的裂痕或破洞者，以同材質的可塑性耐火材料填補，再以火餤緩慢加熱、烘乾，如果裂縫或破洞太嚴重時則只有將其報廢。

三、陶瓷殼模的預熱

（一）預熱燒結爐的種類

為確保澆鑄時金屬液在陶殼模內，具有良好的流動性，並能夠完全充滿各個角落，進而達到補充收縮的效果，陶瓷殼模的預熱是必須的。陶瓷殼模在完成上述的準備及檢查工作後，即可進行預熱→澆鑄。基本上，陶瓷殼模的預熱爐和其燒結爐是一樣的，**依其加熱源的不同，分為電熱式、瓦斯式及燃油式三種，其各別優、缺點如下：**

1. 電熱式

   溫控最為穩定、精確，且爐內溫度分佈均勻，沒有環保污染的問題，但最耗費能源成本，通常應用於鋁合金及較需要精確控制預熱溫度者。

2. 燃油式

   最節省能源成本，但溫控較不穩定，尤其在較低溫範圍(約700°C以下)。因此較不適合應用於鋁合金及需要精確控制預熱溫度者，另外燃燒燃油所產生的黑煙、廢氣之環保問題也是必需考慮。

3. 瓦斯式

   折衷電熱式及燃油式的優、缺點，是一種不錯的加熱方式，但儲存瓦斯用的瓦斯槽，其"工業安全"問題(大家戲稱如同一座不定時炸彈)，一直是大家最為疑慮的問題！在台灣目前階段，業界仍以燃油式最廣為使用。

（二）放置陶瓷殼模的注意事項

陶瓷殼模在做完上述的準備及檢查工作，即可將陶瓷殼模放置於預熱爐中預熱，其步驟及注意事項如下：

1. 將陶瓷殼模逐一夾入預熱爐內放置

   陶瓷殼模放置於預熱爐內預熱時，澆注口最好朝下，以避免塵埃、灰燼或任何異物，在預熱過程中經由澆注口掉入陶瓷殼模內，導致在後續的澆鑄上，造成精密鑄件表面缺陷或夾雜物。

2. 各個陶瓷殼模在預熱爐內放置，必須前、後、左、右分開

   為了整個陶瓷殼模在爐內受熱均勻，各個陶瓷殼模間必須分開，並且方便於要澆鑄時取出，以避免陶瓷殼模因碰撞而破裂(注意！陶瓷殼模在高溫狀態是非常脆弱)。

3. 陶瓷殼模(最好)不要堆疊放置於預熱爐內

   陶瓷殼模若堆疊放置於爐內預熱時，除了容易因壓迫、碰撞而造成陶瓷殼模破裂外，因堆疊過高亦會使加熱火燄直接噴打在陶瓷殼模上，而造成陶瓷殼模受熱分佈不均(針對瓦斯式、燃油式預熱爐而言)，而產生內應力容易造成陶瓷殼模破裂。圖2-200為一般陶瓷殼模在爐內預熱燒結情形。

圖2-200　陶瓷殼模在爐內預熱情形
(參照頁0-8頁彩色圖)

2-6.4　陶瓷殼模之缺陷與改善對策(資料來源：殷自力，精密鑄造鑄疵病之分析及對策，精密鑄造技術研討會／中華民國鑄造學會，2000.08.02)

一、蠟模腐蝕過度(Over-Etched)及粗糙之表面(Rough Surface)

▶ 表2-29　蠟模腐蝕過度及粗糙之表面形成的原因及改善對策

	形成原因	改善對策
1	浸洗時間過久	用有機溶劑清洗表面之離型劑，因係腐蝕清洗，若蠟樹在溶劑中浸泡過久時，會造成過度腐蝕，此時應縮短浸泡時間。現今為了改善工作環境及環保因素，許多廠家已改用中性界面活性劑的去脂劑，輔以超音波清洗機加速清洗，已無腐蝕過度的缺點。
2	清洗不完全	用有機溶劑浸洗蠟樹後，蠟樹要立即用酒精將溶劑洗除，並用清水將酒精洗除，倘工作不確定，有殘留的溶劑在蠟樹上，會繼續腐蝕蠟模，使蠟模表面粗糙。
3	浮砂力量太強	製造面層時，沾漿後沾砂工作用浮砂桶，若浮砂力量太強，則耐火砂貫穿漿層，沖擊蠟模表面，損傷蠟模而造成粗糙表面，此時可減少風壓或改用淋砂法沾砂。
4	淋砂距離太大	淋沙時，若篩網距工件太遠，因重力加速度而造成耐火砂沖擊力太大，沖擊蠟模而造成粗糙表面，此時，可降低篩網高度改善之。

二、未濕潤(Non-Wetting)

表2-30　未濕潤形成的原因及改善對策

	形成原因	改善對策
1	過多的離型劑	訓練射蠟人員正確的離型劑噴塗方法。
2	清洗不確實	用溶濟清洗時，可能溶劑效能已降低，浸洗時間沒有相對延長，致清洗不完全。若用中性界面活性劑的去脂劑清洗時，同樣亦會因使用一段時間後，效能降低。在這種狀況下，均以延長時間來解決，倘仍不能解決，惟有更換新清洗劑一途。
3	面漿內的溼潤劑不夠	不同廠牌的溼潤劑，效果不同，自然用量亦不相同，應各自試用恰當的用量，不可過多，否則會產生過多的氣泡。另外有機醇基溼潤劑會揮發，故一段時間後應繼續追加。

三、氣泡(Air Bubble)、金屬刺(Prickle)

表2-31　氣泡及金屬刺形成的原因及改善對策

	形成原因	改善對策
1	漿的濃度太高	漿的濃度太高時，流動性自然較差，蠟模的死角位置仍被空氣佔據漿液無法進入，為一氣泡形態。解決之道，先用含有濕潤劑預浸液(矽膠液或較稀的漿液)預浸蠟樹，使死角處的空氣被預浸液擠排除出去，浸漿時，漿液將順著預浸液進入死角而無氣泡。
2	不正確的浸漿作業	當浸漿時，預浸液已乾燥或已流失，則使死角地區仍被空氣佔據，失去預浸的功能。因此應訓練作業人員的迴漿作業手法，在浸漿之前，應用迴漿手法使預浸液能均勻的佔據蠟模的每一角落，以擠除空氣。
3	漿內氣泡太多	配製漿料後，必須要經過4小時以上的溼潤耐火粉料及排除氣泡，濕潤劑在過度的攪拌下會產生氣泡，故亦應檢討設備的攪拌狀況，雖然一切都沒問題，漿液中仍會因混入空氣而有小氣泡，故在漿液中要加入少量的消泡劑輔助之。

(續下表)

表2-31　氣泡及金屬刺形成的原因及改善對策(續)

	形成原因	改善對策
4	漿的濃度太低	當漿的濃度太低時，面層的漿層自然會太薄，且粉料太少會使面層有許多的小孔隙，而且因面層太薄，後面耐火砂堆集的孔隙，對漿層無支撐力，當鑄造時，金屬會穿入這些孔隙中形成痱子狀的尖刺。此時應在沾漿作業時多沾一次濃度較高漿液，迴漿均勻後再沾耐火砂。
5	耐火砂粒度太粗	面層用的耐火砂太粗時，粒間空隙太大，對面層而言無支撐力，會使金屬液穿刺而形成金屬刺，故可選用較細的耐火砂做面漿的支撐。

四、面漿剝落(Prime Coat Lift)、乾燥裂紋(Drying Crack)及鼠尾(Rat-Tail)

　　現象描述：當預浸後，面層陶殼整片剝落稱之面層剝落，若面層產生龜殼狀裂紋，但未達到剝落的地步，稱之乾燥裂紋，若在脫蠟後或燒結後，陶殼內表層產生微細的裂紋，稱之鼠尾。

表2-32　面漿剝落、乾燥裂紋及鼠尾形成原因及改善對策

	形成原因	改善對策
1	面漿與蠟模的附著力太差	改善蠟模清洗步驟，利用溶劑輕微腐蝕蠟模表面增加與漿層的吸附力。破壞寬廣之大平面，在寬廣平面上加上若干個香菇頭狀的凸出物，減少寬廣之程度，以利漿層的吸附。在蠟型中添加一些親水性物質，改善蠟的親水性，也可有效的增加面漿與蠟模的吸附力。
2	面層乾燥太快及過度	增加面層乾燥區的相對濕度，一般設定在70～75%，但在特殊有深穴如盒狀鑄件內部不易乾燥的狀況，甚至相對濕度可設定為75～80%。 減少空氣的流速，避免內外乾燥速率相差太大，外部本就較易乾燥，若再加風吹，則外部已乾燥過度，可能盒內部尚未乾燥，因此減少空氣流動，對拉近內外乾燥一致有很大助益。 相對溼度愈高，風速愈小，則室內的乾溼球溫差愈小，如此，可避免蠟模在乾燥初期，因為快速乾燥蒸發水氣，溫度急降而使蠟模收縮，待乾燥後，蠟模又因吸收室內溫度而升溫膨脹，如此縮脹，輕者龜裂、重者剝落。
3	銳角處強度不足	金屬凝固時，因表面張力的作用，在銳角處自然形成R角，故在蠟模上盡量在銳角處改為R角。 在沾漿作業時，亦可利用漿的濃度及迴漿技巧使銳角處漿層厚一點。 淋砂前不可令銳角處的漿料乾燥或滴漿過度，否則因沾不上砂而使該處強度不足。

(續下表)

表2-32　面漿剝落、乾燥裂紋及鼠尾形成原因及改善對策(續)

	形成原因	改善對策
4	溫度變化不均	選用好的空調設計，確保室溫恆定。
5	不均勻的空氣流動	避免風直接吹到蠟樹，形成迎風面及背風面的乾燥速度不一樣。
6	陶殼生態強度不夠	使用生態強度補強物。
7	面層與背層耐火材料膨脹係數不相稱	在生產中大件或尺寸較大的光滑平面鑄件時，往往因面層與背層耐火材料的膨脹率差異太大，而且鑄造時模溫又高，其龜裂的程度隨模溫的升高而加據。
8	矽膠液中SiO_2含量太高	根據美國杜邦及日本的技術資料，面層用粒度為8目的矽膠液配漿時，其最佳生態強度為含$SiO_2$25%，超過則強度下降，若超過30%，則易因膠化速度加快而易龜裂，故在漿液因失水而濃度升高時，僅可加純水稀釋，不得用矽膠液稀釋。
9	面層太厚	面層太厚的原因是由於漿液太濃，沾砂時，耐火砂僅在漿料的表面無法深入漿層，使漿層乾燥後便生微裂，因此，要解決此問題必要降低漿料的濃度。

五、架橋(Bridge)及金屬穿刺或穿透殼模(Penetration)

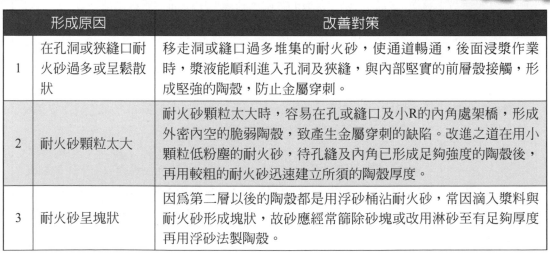

表2-33　架橋及金屬穿刺或穿透殼模形成的原因及改善對策

	形成原因	改善對策
1	在孔洞或狹縫口耐火砂過多或呈鬆散狀	移走洞或縫口過多堆集的耐火砂，使通道暢通，後面浸漿作業時，漿液能順利進入孔洞及狹縫，與內部堅實的前層殼接觸，形成堅強的陶殼，防止金屬穿刺。
2	耐火砂顆粒太大	耐火砂顆粒太大時，容易在孔或縫口及小R的內角處架橋，形成外密內空的脆弱陶殼，致產生金屬穿刺的缺陷。改進之道在用小顆粒低粉塵的耐火砂，待孔縫及內角已形成足夠強度的陶殼後，再用較粗的耐火砂迅速建立所須的陶殼厚度。
3	耐火砂呈塊狀	因為第二層以後的陶殼都是用浮砂桶沾耐火砂，常因滴入漿料與耐火砂形成塊狀，故砂應經常篩除砂塊或改用淋砂至有足夠厚度再用浮砂法製陶殼。

(續下表)

表2-33　架橋及金屬穿刺或穿透殼模形成的原因及改善對策(續)

	形成原因	改善對策
4	孔洞或狹縫處乾燥不足	改善乾燥方式及延長乾燥時間。
5	第二層或以後的漿料太濃	利用預浸法或降低陶漿濃度，使漿液能穿透前層陶殼的砂層與漿層結合形成堅實的陶殼。
6	蠟模浸漿方向錯誤，以致孔洞或狹縫浸漿不足	改變組樹方案，使利於漿液及耐火砂的流入，並考慮容易乾燥，儘量使開口向下，以利孔或縫內水分向下流至孔或縫口。
7	面層滴漿不良，留下過多的漿	過多的漿料除了會產生過厚的漿層之外，尚會在沾砂後形成面層打摺，容易造成二層漿架橋，導致穿刺及夾砂缺陷，因此應訓練作業人員的滴漿及迴漿手法。

六、殼模破裂(Shell Crack)及飛邊(Flash)

▶ 表2-34　殼模破裂及飛邊形成的原因及改善對策

	形成原因	改善對策
1	脫蠟前陶殼脹裂	浸漿室及乾燥區的溫度不穩定，造成蠟模熱脹，使陶殼脹裂，如此必須要改善空調溫控系統。
2	脫蠟時熱能不足脹裂	高壓蒸氣脫蠟，係利用每克水蒸氣冷凝為水時，所釋放出的539卡潛熱來達到瞬間熔脫蠟的目的，所以脫蠟艙中水蒸氣的量就代表熱能的多少，壓力愈高代表蒸汽量愈多，熱能愈大，附帶的蒸汽貫穿陶殼直接接觸蠟模熔脫蠟的能力也愈大。 脫蠟艙後的溫控洩壓閥無法洩氣時，艙內升壓雖快，但因有大量熱空氣佔據空間，而非熱蒸汽，其脫蠟熱能仍有不足。此時應更換溫控洩壓閥或減少單次脫蠟量。若升壓太慢時，應加大鍋爐發汽量或減少單次脫蠟量。當蠟樹的體積及表面很大時，若一次脫蠟數量太多，其所需的熱能就多，但因艙內空間減少，使蒸汽量減少，相對亦會熱能不足，此時應減少一次脫蠟量來解決。
3	陶殼生態強度不夠	因陶殼的強度與厚度的平方成正比，因此增加陶殼厚度為最簡單有效的方法。 若是乾燥不足時，則應延長對沾漿後的乾燥時間。
4	蠟液自模中排出不易	澆道蠟的熔點太高，當蠟模蠟已熔而澆道卻未熔，致蠟無法順澆道排出，而會脹裂陶殼，此時應更換澆道蠟為低熔點蠟。

七、殼模層間剝落(Spalling)

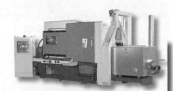

▶ 表2-35 殼模層間剝落形成的原因及改善對策

	形成原因	改善對策
1	蒸氣脫蠟後，洩壓降的太快	陶殼雖然是多孔性可透氣，但畢竟是有阻抗透氣，在維持高壓脫蠟時，陶殼內外均維持高壓狀態下的均壓。當洩壓時，外部壓力降低，陶殼內的蒸汽自會向低壓區擴散，若壓差太大則擴散力量便成為陶殼分層的推擠力，一般洩壓時間約為一分鐘。
2	面層耐火砂堆集太厚	面層的耐火砂一般均用100目左右的細砂，在面層沾砂作業時，常會產生堆集層，在浸第二層漿前，預浸時未將堆集的耐火砂清除，則第二層漿所接觸的面層後的浮砂而非面層殼，形成脆弱的漿砂砂漿的結構，而不是正常的漿砂漿砂結構，解決之道端在清除浮砂。
3	背層漿料濃度太高	背層漿的濃度太高時，漿的流動性本就不夠好，再加上前層乾陶殼的吸水作用，使漿的活動性更糟，無法滲入砂層建立堅強的陶殼，僅能沾在前層陶殼砂的外端，自然很容易形成漿砂砂漿的不良陶殼，若脫蠟洩壓太快或陶殼在脫蠟後放置乾燥時間不夠，則在燒結陶殼時的快速升溫，都會因蒸汽壓而使陶殼分層剝裂。

八、殼模鼓脹變形(Shell Bulge Out)及強度不足(Weak Shell)

▶ 表2-36 殼模鼓脹變形及強度不足形成的原因及改善對策

	形成原因	改善對策
1	寬廣平面背層乾燥時將面層拉離蠟模	製造寬廣平面陶殼時，面層雖然完全乾燥，但為了避免太厚造成微龜裂，故不可能很厚，強度自然不高。浸製第二層陶殼時，因陶殼的乾燥收縮，將面層陶殼拉離蠟模，在未脫蠟時，剖開陶殼便會發現陶殼鼓脹。解決之道有二，一是在寬廣平面上加上香菇狀的凸出物，縮小平面面積，增加面層陶殼對蠟模表面的吸附力；另一法是利用陶瓷砂芯沾附於面層陶殼之後，增加面層陶殼的強度，再浸二層時，便無法將面層拉離形成鼓脹。

(續下表)

表2-36 殼模鼓脹變形及強度不足形成的原因及改善對策(續)

	形成原因	改善對策
2	烘模溫度過高	陶殼所使用的黏結劑為矽膠，其成分為SiO_2，而二氧化矽的軟化點為1,200°C，倘為求鑄造超薄的鑄件時，不求增加水口縮短充填距離，而一味的升高烘模溫度，超過1,200°C則陶殼軟化形成鼓脹，鑄件厚度會大於蠟模。解決之道為增加陶殼厚度，使變軟的陶殼仍有足夠的強度支撐金屬靜壓而不致產生鼓脹，或者增加水口，將燒結溫度降至1,200°C以下。
3	耐火材料耐火度不夠	更換相態穩定、耐火度高的Al_2O_3或SiO_2系列熟料。
4	金屬靜壓太高	降低金屬靜壓或增加陶殼強度。
5	陶殼強度不夠	增加陶殼層數及厚度。
6	澆注溫度太高	降低澆注溫度或增加陶殼強度。

2-7 熔解與鑄造

包模鑄造的熔煉方法與傳統鑄造相差無幾，但有時由於包模法的特殊要求，導致發展出各種熔爐及鑄造法。

2-7.1 熔煉設備

台灣包模鑄造業使用最多的熔煉設備應該是感應電爐，隨著感應電爐技術的急速進步，在業界發展上，展現其特殊的貢獻，已眾所皆知，例如提高鑄件品質及生產效率、降低成本、改善工作環境、防止公害、節省勞力等。

一、感應電爐

（一）感應電爐之種類

　　1. 感應電爐依其頻率可區分為

　　　（1）高週波感應電爐(High Frcquency Electric Induction Furnace)：利用變頻裝置將電源頻率提升到5,000cps(赫茲)以上至VHF範圍，如圖2-201所示。

◉ 圖2-201　高週波感應電爐

（2）中週波感應電爐(Intermediate Frequency Electric Induction Furnace)：頻率在5000cps(赫茲)以下，但比三倍週波高。

（3）低週波感應電爐(Line Frequency Electric Induction Furnace)：係以一般用電頻率50/60赫茲～頻率180赫茲(Hz)及使用三倍週波者。

2. 依爐體結構分類

（1）無心式感應電爐：即一般所謂的坩堝型爐，使用的電源頻率為低週波、高週波皆有。

（2）有心式感應電爐：亦即槽型爐，使用的電源頻率為低週波。

各種感應電爐之特性，如表2-37所示。

高週波感應電爐具有中小型化、機動性好、可配合生產需要、間歇性操作、可冷材啓爐、熔解速度快、電力大小可任意無段調整、澆鑄溫度控制容易，故近年來其他感應爐已逐漸被高週波感應電爐所取代。

▶ 表2-37　各種感應電爐之特性

種類 項目		低週波感應電爐	高週波感應電爐	槽形感應電爐
1	用途	熔解、保溫、升溫	熔解、升溫	熔解、保溫、升溫
2	熔解量	中、大容量	小、中容量	中、大容量
3	電力密度	中密度	中、高密度	低密度
4	熔解速度	中	快	慢
5	攪拌力	強	中～強	弱
6	成分調整	容易	容易	困難
7	其他	要啟動感應塊	可熔解細小材料	要啟動感應塊
		可間歇性或連續熔解、適合大量生產	可間歇性或連續熔解	連續熔解熱效率佳、合乎經濟
		要殘湯熔解		

（二）操作感應電爐應注意事項

感應電爐係把「電能」轉換為「磁力線」切割金屬，稱為「感應」，此種「感應」能使金屬本身產生熱能，熔化成液體而澆鑄。感應電爐比其他加熱方式，如瓦斯、重油、煤炭等更為安全、簡單、容易操作。

所有的感應電爐均採用高壓電操作，其本身有一定的危險性，只要遵守操作規則，確實執行，感應電爐的設計是安全可靠的。如未能遵守操作規則可能會引起嚴重的傷害。

1.　一般注意事項

（1）　操作前，請閱讀作業標準程序，如圖2-202所示。

（2）　第一次操作前，請詳讀原廠之操作手冊，並請專人輔導。

（3） 依標準作業程序之順序，完成作業前檢查。

（4） 打開電力控制箱之前，請確認電力開關在「關」的位置。

（5） 電力控制箱或爐體檢查時，請放置警告標示，防止任何錯誤送電。

（6） 爐體傾倒熔液時，禁止非相關人員靠近。

（7） 認識各種主要電氣裝置的功能及位置，以利操作。

（8） 鎖上所有電氣箱及門，以維護作業人員之安全。

（9） 作業場所之整理整頓，可提高作業效率與減少災害。

（10） 熔解作業中，熔解爐操作台禁止非相關人員逗留。

（11） 請使用合格安全帽、安全鞋、保護面罩、護目鏡等。

（12） 請勿穿容易著火之工作服，以防燙傷。

（13） 熔解或澆鑄作業中，應保持安全通道的暢通。

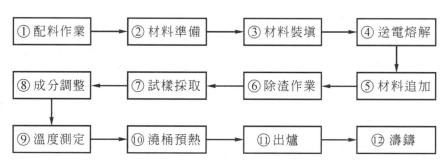

● 圖2-202　感應熔解爐，熔解標準作業程序

2. 熔解相關注意事項

（1） 已有熔液產生的狀態禁止投入濕材料，否則會引起熔液噴濺。

（2） 潮濕材料投入前請先預熱、完全去除水分。

（3） 已有熔液狀態，冷材料投入前，請先降低電力。

（4） 投入未預熱的冷材料時，熔液會噴濺，請通知附近其他人員。

（5） 投入較多的冷材料，熔液會凝固，請注意**架橋現象**(架橋：是一種不正常熔解現象。當爐體內已經有熔液時，新添加的冷材料與液面接觸，吸走了大部分熱量，使金屬熔液的表面凝固成為硬殼，阻止上端新添加的材料無法熔落的情況。此時，硬殼

下方的液態金屬如持續加熱，就很容易產生過熱現象，因而嚴重侵蝕爐襯)。

（6）管狀之材料投入熔液中，注意熔液會隨管口噴出。

（7）生銹與黏有鑄砂之材料，容易產生爐渣而造成架橋。

（8）熔解鑄鋼較容易架橋，請時常用鐵棒擊落材料與熔液接觸。

（9）材料未熔落之前，繼續投入材料，請確認上面是否有熔液狀態。

（10）儘可能低溫熔解，投入過多的薄鋼板，熔液溫度高，爐體耐火材料容易受損。

（11）添加低熔點材料時要從液面慢慢投入。如鋅的氣化溫度為$960°C$，如果急速的投入於$1,200°C$以上的熔液中，會快速汽化而使熔液沸騰或噴出。

（12）請勿使用鍍鋅鋼板料熔解，會導致爐襯耐火材壽命減短。

（13）慎選適當的耐火材，並依照耐火材廠商之規格與推薦，確實地燒結爐襯。

（14）若耐火材監測器已有不安定之信息，應立即出爐請勿因趕工而強迫熔解。

3. 出爐時之注意事項

（1）出爐時請降低電力到最小，因通電狀態之下，爐體傾倒容易造成熔液噴濺。

（2）出爐時以笛聲或警示聲，通知相關人員準備出爐。

（3）爐體傾倒時，熔液會噴散，請知會其他人員注意配合，禁止非相關人員靠近。

（4）爐體上升時，操作面須確認，如爐蓋定位、爐嘴流漕、雜物清除等。

（5）熔解或澆鑄作業中，應保持通道暢通，不得有障礙物阻擋。

（三）操作感應電爐之步驟(本操作說明以熔解鋁合金為例)

1. 熔解前之準備

（1）認識感應電爐各部名稱

如對此一感應電爐係第一次操作者，務必請專人解說：認識該感應電爐之設備各部名稱功能，如圖2-203所示，及操作時應注意事項。各種廠牌之感應電爐設計不盡相同，操作規範請參考原廠說明書，本文以湯祥電機出廠之感應電爐為例加以說明。

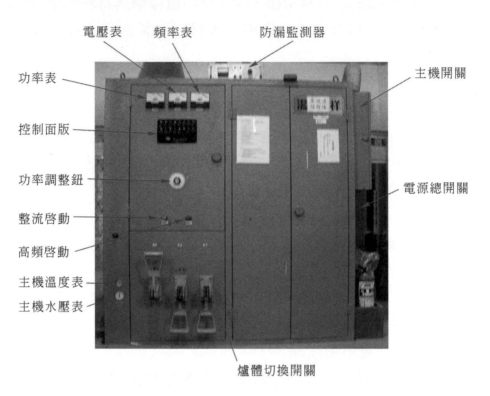

電壓表　　　頻率表　　　　防漏監測器

功率表

控制面版

功率調整鈕

整流啟動

高頻啟動

主機溫度表

主機水壓表

主機開關

電源總開關

爐體切換開關

🌐 圖2-203　感應電爐各部名稱

（2）選擇爐體

依所熔解之金屬選擇適當之爐襯材料之爐體。

（3）準備熔解材料

依所熔解之金屬成分，準備熔解之材料且材料於裝填前，須先清理乾淨(除銹或清除殘留鑄砂)。

（4）材料裝填

裝填材料要儘量密集，以大塊搭配小塊材料更能增加熔解效率，如圖2-204所示。

⊕ 圖2-204　爐體內填料要密集

（5） 開啟電源總開關

通常都將此開關設在主機旁的牆壁上，如圖2-205所示；如大型感應電爐則裝設在配電室。

（6） 開啟爐體冷卻泵開關

爐體冷卻泵，如圖2-206所示，冷卻泵開關如圖2-207所示。當啟動開關後，檢視水壓(約2kg/cm²)如圖2-208所示，是否正常。當水壓過高或太低時，則調整節流閥(節流閥：為管路開關的一種，可控制管路流量大小的開關)。

（7） 開啟主機冷卻泵開關

主機冷卻泵，如圖2-206所示。主機冷卻泵開關，如圖2-207所示。啟動開關，檢視主機水壓約(2kg/cm²)是否正常，如圖2-203所示。當水壓過高或太低時，則調整節流閥，如圖2-206所示。

（8） 開啟冷卻水塔馬達開關

冷卻水塔，如圖2-209所示，通常安置在屋頂上或另以高塔安置。啟動冷卻水塔馬達開關後，如圖2-207所示。檢查其運轉是否正常。

（9） 開啟主機開關：如圖2-210所示。

✦ 圖2-205　電源總開關

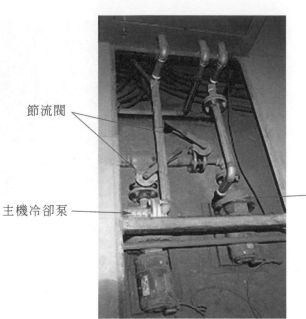

節流閥

主機冷卻泵

爐體冷卻泵

✦ 圖2-206　冷卻泵

冷卻水塔
馬達開關

主機冷卻泵
開關

爐體冷卻泵
開關

定時開關

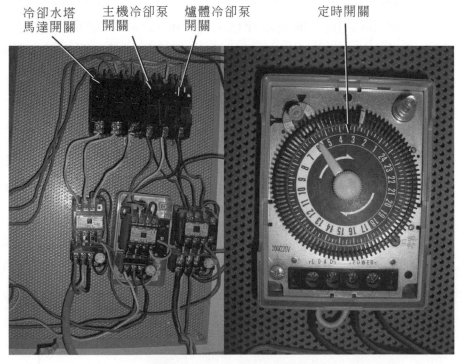

✦ 圖2-207　冷卻泵開關

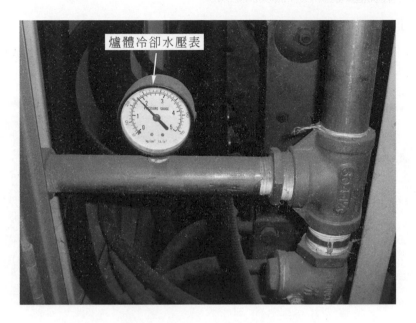

圖2-208　冷卻水壓力錶

圖2-209　冷卻水塔

圖2-210　主機開關

（10）檢查爐體循環水切換閥

　　　當一部主機裝置搭配多部爐體時，要檢查當時的循環水切換閥
是否切換到要熔解之爐體上，如圖2-211所示。

（11）檢查爐體感應線圈切換開關

　　　　當一部主機裝置搭配多部爐體時，要檢查當時的感應線圈開關
是否切換到要熔解之爐體上，如圖2-212所示。

● 圖2-211　循環水切換閥

● 圖2-212　爐體感應線圈切換開關

（12）檢查控制面盤

　　　　觀察控制面盤指示燈，如圖2-213所示。此時的主電源、溫度
正常、水壓正常及所使用爐體之燈，每燈均亮起表示正常；如
其中發現部分指示燈不亮，則表示感應電爐異常。感應電爐指
示燈異常及狀況處理，如表2-38所示，依表處理要領所示排除
異常原因。

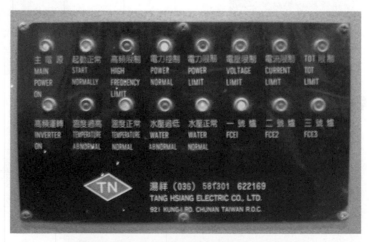

● 圖2-213　感應電爐面盤指示燈

表2-38　感應電爐指示燈顯示異常原因及狀況處理表

燈別＼狀況		亮	不亮	原因	處理要領
1	主電源燈	正常	不正常	未送電	檢查電源總開關、主機開關是否開啓。
2	溫度正常燈	正常	不正常	冷卻水溫度過高	檢查主機、爐體冷卻泵及冷卻水塔馬達運轉是否正常。
3	溫度過高燈	不正常	正常		
4	水壓正常燈	正常	不正常	水壓不足	1. 檢查主機、爐體冷卻泵運轉是否正常。 2. 檢查水壓力表顯示是否正常，否則調整冷卻泵節流閥，水塔水量是否充足。
5	水壓過低燈	不正常	正常		
6	使用爐體燈	正常	不正常	未通電	檢查感應爐體切換開關是否正確切換。
7	起動正常燈	正常	不正常	主機故障	請求協助。
8	高頻運轉燈	正常	不正常	主機故障	請求協助。
9	高頻限制燈	不正常	正常	功率調整太快	降低功率調整鈕的功率輸出，俟爐體溫度升高，再加大功率。
10	電力控制燈	不正常	正常		
11	電壓限制燈	不正常	正常		
12	電流限制燈	不正常	正常		
13	TOT限制燈	不正常	正常		

（13）按下高頻啓動鈕及整流啓動鈕：如圖2-214所示，此時面盤上的起動正常燈及高頻運轉燈亮起，否則請參考表2-38處理。

（14）測試防漏監測器功能

按住防漏監測器主機面盤上「TEST」鍵，如圖2-215所示，並檢視微安培錶顯示是否正常。

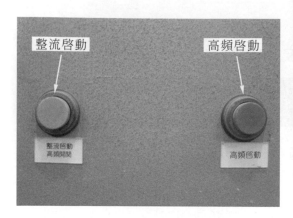

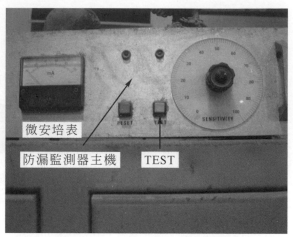

✦ 圖2-214　高頻、整流啓動鈕　　　　✦ 圖2-215　防漏監測器主機

（15）穿著安全防護裝備
　　　安全裝備包括：防火圍
　　　兜、安全帽附面罩、耐
　　　熱手套、耐熱綁腿、安
　　　全鞋，如圖2-216所示。

（16）轉動功率調整鈕
　　　初期爐體及爐料溫度尙
　　　低，不宜立即用高功率
　　　加熱，否則會產生跳電
　　　(斷電)現象；應先以低
　　　功率加熱，俟爐體及爐
　　　料溫度昇高後(此時目
　　　視爐料成紫紅色)，再
　　　逐漸加大功率加熱。如
　　　圖2-217所示。

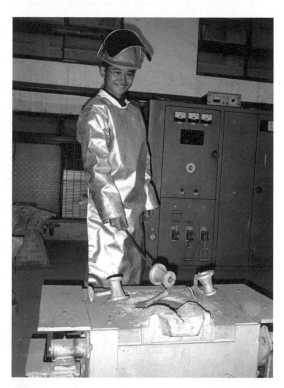

✦ 圖2-216　穿著安全防護裝備填料情形

冷爐啓動時，在熔出金屬液之前，要確定爐襯所有裂縫已經密
合，所加材料必須清潔且緻密。當加熱至低於金屬熔點100°C
左右時，稍做保溫使爐襯裂縫完全密合。

功率調整大小，除了參考調整鈕上的刻度之外，尚可參考功率錶，如圖2-218所示。指針顯示之刻度為額定功率之百分比計算。

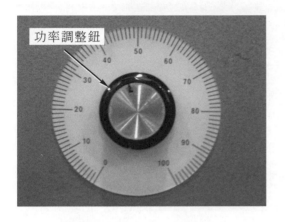

● 圖2-217　功率調整鈕

● 圖2-218　面盤上之功率指示錶

2. 熔解中之處理

（1）熔解材料追加

　　① 新添加的材料要確保乾燥清潔。

　　② 當爐體內開始有熔液之後，追加材料時，應保持在爐體內材料尚未熔化之前繼續投入材料，如圖2-219所示。並置於爐內材料之上方，使新加的材料有充分時間預熱。不可讓熔液淹沒爐內材料後再追加新材料，如此新加冷料接觸到熔液表面後，容易引起噴濺及架橋現象。

　　③ 新追加的材料，如體積較大且為冷材料時，應先降低感應電爐的功率後再加入，否則會引起噴濺及跳電現象。

　　④ 當熔液將到達爐口且淹沒爐體內材料時，追加的材料應以小塊少量慢慢的放入熔液內，避免熔液表面凝固，引起架橋現象。

（2）除氣作業

依所熔解之金屬，選擇適當之除氣方法及材料。

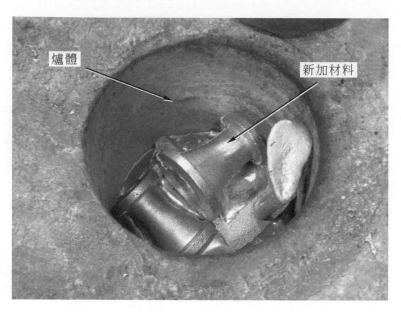

爐體　　　　　　新加材料

圖2-219　追加材料時，應保持在爐體內的材料未熔化之前繼續投入材料

（3）除渣作業

① 依所熔解之金屬，選擇適當之除渣劑。

② 除渣的溫度要比金屬之熔點溫度略高100～150°C，方能順利除渣。

③ 除渣器具應先預熱，如圖2-220所示。直到除渣器完全沒有水分，方可使用，否則冒然將除渣器具伸入熔液中會引起噴濺，發生危險。

圖2-220　除渣器預熱情形

④　除渣時，除渣器具先沿著爐壁周圍慢慢伸入熔液內，刮除附著在爐壁上之爐渣後，如圖2-221所示。當刮除之爐渣浮上熔液表面，再灑除渣劑，待除渣劑與爐渣起作用後，立即用除渣器具將爐渣撈起置於除渣桶內，如圖2-222所示。

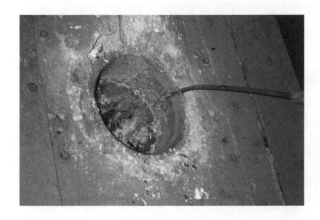

⊕ 圖2-221　除渣器具由爐壁周圍慢慢伸入刮除附著在爐壁之爐渣

⊕ 圖2-222　爐渣浮起後灑除渣劑之情形

（4）採取試樣做爐前檢驗

先倒出少量熔液鑄入樣品鑄模內，待其凝固後，送到檢驗室分析成分，目前以分光儀，如圖2-223所示。是目前檢驗金屬成分最為快速簡便，測定金屬液成分(**分光儀：**是一種分析材料成分的儀器，它利用各種成分元素的光譜波長不同，以電極將試片激發出火花後，將各種不同元素的光譜分析、累積並轉換成所佔成分的百分比)。

試片

爐前檢驗(用分光儀分析成分)

⊕ 圖2-223　分光儀分析成分

（5） 成分調整

依檢驗室分析報告再添加成分不足之合金元素，然後再次取樣
分析成分，直到成分分析合乎標準為止。

（6） 溫度測定

利用紅外線或浸入式熱電偶測量熔液之溫度，如圖2-224所示，
各種金屬之熔解溫度與澆鑄溫度參考表2-39所示。

溫度顯示計

熱電偶

⊕ 圖2-224　出爐前以浸入式熱電偶測量爐內熔液之溫度

◥ 表2-39　常用金屬的熔解溫度及澆鑄溫度參考表

	金屬種類	熔解溫度(°C)	澆鑄溫度(°C)
1	鋁合金	720～780	670～740
2	黃銅	1,050～1,100	980～1,030
3	青銅	1,200～1,250	1,100～1,150
4	鑄鐵	1,350～1,400	1,300～1,350
5	鑄鋼	1,550～1,600	1,450～1,500
6	不銹鋼	1,650～1,700	1,600～1,650

3. 出爐

（1）當溫度測定完成之後，即可準備出爐。出爐前要先吹哨音或鳴笛，警示周圍人員注意安全。

（2）在倒出熔液之前，澆桶要先預熱到完全沒有水份，否則盛裝熔液時，會引起非常嚴重的噴濺。通常澆桶內之耐火襯材料，都在前一天築好，並經200°C烘烤2～6小時(視澆桶大小而定)。如非新築的澆桶可於澆鑄前，將澆桶置於爐口上面預熱，如圖2-225所示。

🌐 圖2-225　出爐前澆桶預熱之情形

（3）降低感應電爐輸出功率，約只剩下10～20%的功率即可，再啟動傾倒爐體油壓馬達，倒出爐體內金屬熔液，如圖2-226所示。

🌐 圖2-226　倒出爐體之金屬溶液

（4） 手提式澆桶第一次盛裝要先經數次洗盆(**洗盆**：澆鑄時，為防止金屬降溫過快，將澆桶先用熔液反覆溫熱，直到澆桶內襯溫度接近澆鑄溫度為止，這種操作謂之洗盆)，如圖2-227所示，避免澆鑄時，熔液溫度下降太快，影響澆鑄之成功率。

✦ 圖2-227　澆鑄前澆桶先用熔液溫熱洗盆

（5） 操作感應爐，除了高週波感應爐外，每爐次應留1/3～1/4熔液在爐體內，方便下一爐次快速熔解。最後停爐時，澆鑄剩餘的熔液注入預先準備好之鑄錠模內，做為下一次開爐之啟動塊。(注意：鑄錠模要完全乾燥，否則容易引起噴濺。)

（6） 通常包模鑄造都採用直接澆鑄法。

4. 停爐之工作

（1） 澆鑄完成後，可先關閉主機開關，及主機的冷卻泵。

（2） 爐體冷卻泵及冷卻水塔馬達，尚須繼續運轉，直到爐體完全冷卻為止，若有定時斷電裝置，可設定斷電時間(依原廠提供之資料設定)。

（3） 大型感應爐除非遇到假日，才將爐體完全冷卻下來，否則通常都是在爐體內置入金屬塊，以低功率加熱保溫爐體，延長爐體使用壽命。

5. 停爐應注意事項
   （1） 清除爐嘴及爐襯之接合面，在最後澆鑄完成後，立刻鑿除此接合面，確定爐襯可自由垂直伸縮移動。
   (注意：保持爐襯與線圈耐火泥自由移動是非常重要的，除了清除爐襯及爐嘴之接合面外，爐襯與線圈耐火泥也需有一層滑動面(即石棉板或雲母片等)。
   （2） 爐嘴與爐襯接合面清除後，以空氣管懸於爐體中央，對準爐底送風。或使用風扇置於爐頂上，一旦架設完成後立即送風，直到爐襯冷卻到500°C以下。
   （3） 用上述方法冷卻爐體完畢後，可以看到一個現象，就是爐襯產生許多細小裂縫且任意分佈；而不是像傳統慢慢冷卻方式，結果其裂縫反而較大。所以停爐後，爐體快速冷卻，其爐襯產生較細小的裂縫，有助於縮短下次開爐時，爐襯裂縫密合的時間。
   （4） 檢查爐襯，先以目視檢查爐襯裂縫，不可有超過2mm寬之裂縫，再用量具測量爐襯浸蝕的情形，了解爐襯狀況，必要時，修補爐襯或重新修築爐襯。

二、真空電弧爐(VAR，Vacuum Arc Remelting)

非消耗性電極真空電弧爐，如圖2-228所示。主要在真空或保護氣氛條件下對貴金屬或合金材料進行熔化處理。通過電弧放電的方式加熱並熔化金屬原料，使之成為合金。真空電弧爐由爐體、上電極、下電極及升降機構、真空系統及電源系統等組成。爐體採用雙水冷結構，內層為不銹鋼，外層為鋼板焊接而成。下電極可裝七個坩堝(可選配可傾倒式坩堝)，移動上電極，可選擇其中一個進行熔化，下電極可上下移動，觀察窗上裝有黑色玻璃保護操作者的眼睛。真空系統採用二級泵，即K-200油擴散泵和2X-30機械泵，機械泵上設有電磁放氣閥避免停電後返油。真空機組上設有水冷擋板、放氣閥。

電源控制採用可控矽整流、大電源變壓器及電流調節器等組成。電路設有斷水警報及保護功能。

⬣ 圖2-228　　非消耗性電極真空電弧爐

三、真空感應電磁懸浮爐(VIM，Vacuum Induction Melting)

　　水冷坩堝電磁感應真空懸浮熔煉方法，是近年來快速發展的一種熔煉方式，主要用來熔煉高熔點、高純度和極活潑的金屬如鈦合金等，如圖2-229所示。在冶金和高尖端材料製造等許多重要領域得到了廣泛的應用，顯示出良好的應用前景。

　　水冷坩鍋懸浮方法，是通過高頻或中頻交叉磁場，在金屬熔煉中形成與重力相抵消的電磁力，使熔體懸浮，與坩鍋內壁脫離接觸，從而得到高溫加熱，並防止坩鍋污染的熔煉方法。該熔煉方法是一項集高溫加熱、流體學、熱力學、力學、物理化學及冶金學等多學科於一體的綜合冶金技術。因此受到人們廣泛的關注，在許多材料設備領域得到應用。由於電磁懸浮的作用，使爐體和坩鍋內壁脫落接觸，這樣熔體與坩鍋之間的散熱行為由傳導散熱改變為輻射散熱，從而讓散熱速度驟減。使熔體達到很高的溫度，約1,700～2,000°C，適用於熔煉高熔點金屬或其合金。更重要的方面是：熔煉時爐料的懸浮將有效的防止爐料與坩鍋壁接觸所帶來的污染，可獲得高純度或極活潑的金屬。再者，水冷坩鍋是通過感應線圈的中頻和高頻電流，來控制熔體的

升溫和懸浮，因而能實現很好的控制能力，同時感應加熱本身就是一種非接觸的加熱方式，避免了用離子束、電子束等加熱方法給坩鍋和金屬溶液的衝擊和揮發。

🌐 圖2-229　真空感應電磁懸浮爐

2-7.2 鑄造方法

　　陶瓷殼模在預熱爐內預熱好後即可自爐內取出進行澆鑄作業，但是為了因應鑄件的大小及重量、鑄件的厚薄、金屬液的種類，則有不同的澆鑄方式。

一、重力(大氣)澆鑄

　　所謂重力澆鑄即金屬液靠地心引力所產生之自重，經由流路系統的導引而注入模穴內成型。一般陶瓷殼模之重力澆鑄又可分為：

(一) 直接澆鑄法

　　將預熱好之陶瓷殼模自預熱爐中以叉桿取出，直接拿到熔解爐前(愈快愈好)，將陶瓷殼模之澆鑄口，對準熔解爐之出水口而進行澆鑄，如圖2-230所示。用這種方法澆鑄時不得讓金屬液噴濺、間斷，陶瓷殼模在澆滿後隨即移開，立即進行下一個陶瓷殼模的澆鑄。用這種方法澆鑄之鑄件(含澆流道)不可太重(通常是在20kg以下)，以免人力無法負荷，普遍多用於澆鑄高爾夫球頭、五金零件……等。

澆鑄殼模

● 圖2-230　直接澆鑄法

（二）盛桶澆鑄法

　　首先將預熱好之澆斗抬至熔解爐前盛接金屬液，隨即抬至預定澆鑄位置，在此同時陶瓷殼模亦應自預熱爐中取出，而移到預定澆鑄位置放置，以便進行澆鑄作業。圖2-231所示，為一雙人抬的澆斗澆鑄陶瓷殼模情形。根據鑄件的大小澆斗澆鑄可採人工手抬澆斗(一或二人)，或以天車吊運澆桶。

澆鑄

● 圖2-231 盛桶澆鑄法(資料來源：美國精密鑄造學會網站)

二、翻轉鑄造法

　　陶瓷殼模從燒結爐取出後，將鑄模上下顛倒，放置於熔解爐的爐頂，並將澆口杯覆蓋爐喉後固定，如2-232所示。再將整個設備翻轉180度，使金屬熔液自爐內流入陶模內，而使亂流現象減至最小且因不與空氣直接接觸，因此減少了氧化的發生及澆鑄時熱量的損失減至最少，有助於金屬液充滿鑄模較細部分。

將經燒結的殼模翻轉固定在熔爐上

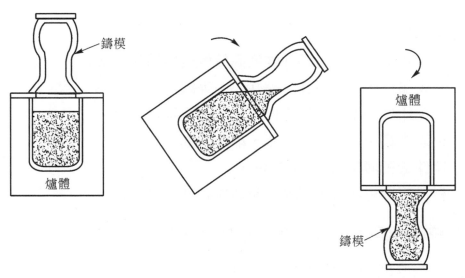

(a) 鑄模夾緊定位於　　(b) 熔爐開始翻轉，金屬　　(c) 最後熔爐翻轉180°
　　熔爐上　　　　　　　液平靜地流入鑄模　　　　之情形

🌐 圖2-232　翻轉鑄造法(將澆口杯翻轉覆蓋爐喉後固定)

三、真空澆鑄

　　某些合金(如鈦合金、超合金)由於其含有特定的活性元素(如鈦、鋁、鋯等)，如果大氣中熔解這些元素很容易與氣體形成氧化物、氮化物等介在物，不但無法正確控制成分，而且會影響合金的物理性能、化學性能及成型性，使得鑄造性變差而無法澆鑄成型。為了因應此一需求，這一類合金的熔解、澆鑄均在真空爐內進行(一般其真空度在$10^{-1} \sim 10^{-3}$torr)，如圖2-233所示。

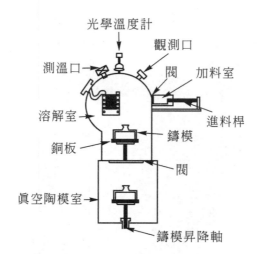

● 圖2-233　真空熔解澆鑄程序

真空鑄造法的特點：

1. 晶粒組織較細緻，鑄件強度高於傳統鑄造20%以上。
2. 減少鑄件內部之氣孔、縮孔……等缺陷。
3. 避免鑄件與空氣之氧化作用，表面更細緻完美。
4. 更適合細小零件大量生產，縮短交期。
5. 鑄件最細薄斷面可達0.3mm。
6. 材質選擇更多樣，更適合製造流動性差之材質。

四、離心鑄造法(Centrifugal Casting Method)

　　對於一些厚度特別薄的鑄件，採用真空爐內離心鑄造法，如圖2-234所示。可以增加鑄件的成品率，減少不良率的產生。

🕂 圖2-234 真空離心澆鑄方式

五、真空上吸鑄造

眞空上吸鑄造(CLA，Counter-Gravity Low-Pressure Casting Of Air-Melted Alloys)如圖2-235示意圖所示。在眞空上吸鑄造過程中，首先將陶瓷殼模置入減壓容器內且注入口朝下，接著將整個鑄模注入口緩緩下降，直到注入口浸入金屬液中為止，此時金屬液即藉由鑄模內與周圍金屬液的壓力差而上吸注入鑄模內。此一鑄造法並非是在完全眞空狀態下進行，而是利用減壓產生壓力差來反向吸引金屬液的鑄造方式，通常是應用於形狀複雜、肉薄之中、小型精密鑄件，且由於金屬液比重的關係(比重愈大者愈不容易上吸鑄造，鑄鋼比重約7.8、鑄鐵比重約7.2、鈦合金比重約4.5)，先前所鑄造的材質是以鋁合金(其比重約2.7)爲主，但由於技術的精進，以及設備的改良，目前已能應用於各種材質的生產；此外，近來亦發展出眞空狀態下之眞空上吸鑄造(CLV，Counter-Gravity Low-Pressure Casting Of Vacuum-Melted Alloys)。

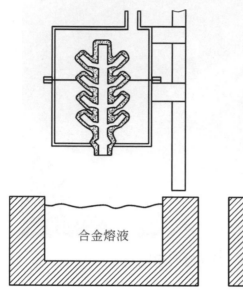

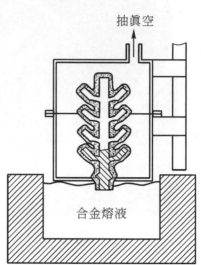

(a) 將陶瓷殼模置於密閉容器中　　　(b) 將澆口杯浸入熔池中

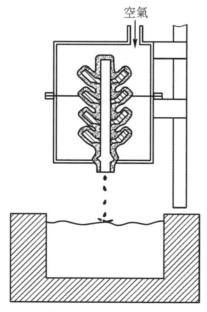

(c) 鑄件凝固使澆道內未凝固　　　(d) 鑄後處理
　　鋼水流回熔池內

🌀 圖2-235 真空上吸鑄造示意圖

2-7.3 鑄件鑄疵之分析與改善對策(資料來源：殷自力，精密鑄造鑄件疵之分析及對策，精密鑄造技術研討會／中華民國鑄造學會，2000.08.02)

一、表面粗糙、表面凹洞及表面脫碳

現象描述：鑄件清理或噴砂後，表面形狀類似風乾橘子皮的粗糙表面，尤其在碳鋼及低合金鋼鑄件最常見，局部出現密集的點狀凹坑稱表面凹坑，鑄件表皮含碳量低於內部含碳量，尤其在中、高碳鋼鑄件最常見。

▶ 表2-40　鑄件表面粗糙、凹洞及脫碳形成的原因及改善對策

	形成原因	改善對策
1	蠟模表面粗糙	改善射蠟作業，因包模鑄造是複製蠟模的工作方法，蠟模不光滑，鑄件不可能光滑。
2	表面氧化	當金屬在陶殼中凝固後，到冷卻至700°C以下需一段時間，在此區間，高溫金屬會與空氣中的氧起氧化反應，會破壞表面光潔度及產生表面脫碳現象。在英國他們將石墨粉加到背漿中，使穿透陶殼要與金屬氧化的空氣，與石墨反應達到阻絕氧化的目的。在美國有兩種作法：一是類似英國，但不是將石墨加到漿內，而是在背層淋砂時混在砂中，其功能與英國相同，這兩種方法有共同的缺點，就是要嚴格的控製燒結爐的氣氛為還原性，否則在燒結時把石墨燒掉便沒有用了。另一種方法，在金屬鑄入陶殼後，放在砂盤上，在澆口杯上加易燃的乾木屑、稻殼、稻草或石蠟，並在最短時間用鐵筒將其罩住，使筒內的氧被燒除後便不會有氧化反應。
3	模壁反應	澆注時，金屬液和陶殼的溫度偏高，金屬液中之氧化鐵與陶殼內的氧化矽反應生成熔渣，當噴砂後便出現凹坑，此皆發生在水口附近高溫區。解決之道，降低金屬液及陶殼溫度及加入還原氣氛保護。

二、夾渣(Slag)、砂孔、陶瓷夾雜物(Foreign Material)及陶殼破裂引起的過量金屬(Plus Metal)

現象描述：鑄件表面有平滑表面的孔洞或凹陷含或不含爐渣，稱為夾渣或渣孔。鑄件表面或內部包夾有耐火砂、除渣劑、陶殼落砂等均稱之為砂孔。

表2-41 鑄件夾渣、砂孔、陶瓷夾雜物及陶殼破裂引起的過量金屬形成的原因及改善對策

	形成原因	改善對策
1	熔煉時金屬中之不純物(如渣、耐火材料、銹等)	使用清潔的金屬入爐,及選用合適的耐火材料。澆注時採間接澆注,選用燒結的高強度耐火材料製的茶壺型澆斗(Tea-pot),使渣及其他雜質浮於液面,而乾淨的金屬液從下面經擋板注入陶殼中。不過此方法會有另外的缺點:一是雖然已烘烤到1,200℃以上,但因無熱源繼續加溫效果,故必需要控製澆注時間在1分鐘之內完成以確保溫度的穩定,另一問題是耐火材料仍然會因金屬液的沖擊而產生另外的渣。
2	不正確的除渣作業	改善除渣作業方法,高週波爐熔煉時,會因磁力攪拌作用攪拌金屬液,自然稀軟的爐渣有部分會隨之攪拌流動,因此除渣時,應關掉電力使金屬液靜止而使比重比金屬輕的爐渣得以飄浮於液面以利清除。
3	陶殼澆口杯落砂	脫蠟後立即清除杯口處之毛邊,防止因破裂而造成的碎陶殼及耐火材料進入模穴。若在浸漿製殼作業中產生蠟模斷落情形,應立即用漿把斷口補好封死,避免在補斷口時落入耐火砂。 若是在脫蠟時或澆注前產生斷落時,在修補缺洞時,應小心消除斷口的浮砂,若有掉落時,應用濕毛筆將落砂沾附取出。脫蠟後的陶殼澆口杯除了在澆注時向上外,任何時候都必須要向下以免異物進入模穴。
4	組樹縫隙	組樹焊蠟時不得有縫隙及倒鉤(Undercut),若有,則可利用浸蠟法將銲口封住,或是用50%甲苯或煤油與50%蠟的混合蠟溶液用筆塗刷於封口處封死,另外也可用小火焰將缺陷處的蠟熔合解決之。否則,浸漿時此處會產生脆弱的陶片及陶殼,當金屬液充填模穴時會將其沖毀而進入模穴形成砂孔。
5	陶殼破裂剝落	參考前述之陶殼缺陷解決方案。
	方案不良	儘量少用頂注式澆道系統,最好是用底注式澆道系統,或者用側注式澆道系統以減少異物及爐渣進入的機會。

三、冷接(Cold Shut)、流不到(Non-Fill)及滯流(Misrun)

現象描述:兩股金屬液流相遇在一起而形成的接縫,稱之為冷接,在接縫處可見到兩股液流的前端均呈球面。若液流沒有閉合,則稱之為流不到或滯流。

■ 表2-42　鑄件冷接、流不到及滯流形成的原因及改善對策

	形成原因	改善對策
1	澆注溫度太高	降低澆注溫度，一般在澆注薄件時，往往認定提高金屬液溫增加流動性可容易澆滿，殊不知往往因提高液溫後，模穴內空氣受熱膨脹升壓的關係，反而逆壓增強阻擋金屬液前進，會造成澆不足的缺點。
2	澆注溫度太低	升高金屬液溫度增加流動性。
3	燒結溫度太低	升高燒模溫度，陶殼溫度太低時，金屬液面的熱被陶殼吸收降溫太快，在還沒有充滿之前便已凝固而產生澆鑄不足的缺陷。在凝固理論上，陶殼每升高 1 度，相當於金屬液升高3度的延遲凝固效果，故升高模溫比升高金屬液溫更有效。
4	水口(進模口)太小	加大水口，增加進水量，縮短澆注時間。
5	鑄造方案不佳	改進鑄造方案，水口充填距離太長，造成沿途散熱降溫，導致澆不足的缺陷，若增加水口縮短充填距離便可改善。
6	金屬液流動性太差	改進熔煉技術，減少金屬溶液內雜質及含氧量可增加流動性。
7	陶殼透氣性太差	用較粗的耐火粉料配漿及降低漿的濃度，可增加透氣性減少氣阻，鑄造鋁合金時，甚至用僅有半個大氣壓的減壓艙鑄造。
8	澆注速度太慢	加高澆道系統，增加澆注速度。

四、氣孔(Gas)、捲氣(Blow Hole)及針孔(Pin Hole)

　　現象描述：當鑄件表面產生圓形或淚珠狀的孔洞，但並不含有氧化膜，這種現象稱之為表面氣孔，當此孔洞位於鑄件內部或熱點區並呈表面光滑的球狀，稱之為皮下氣孔或捲氣。倘孔洞呈圓形之小點且有一定的深度，如同一支針的孔洞，稱為針孔。

▶ 表2-43　鑄件氣孔、捲氣及針孔形成的原因及改善對策

	形成原因	改善對策
1	烘模作業不佳	烘模時，模穴內的殘蠟未燒除乾淨，表面有積碳現象，當金屬液注入模穴後與氧作用燃燒產生氣體，要解決便要增加燒結爐中的氧氣及升高燒結溫度。
2	陶殼透氣性太差	增加陶殼的透氣性，可避免因排氣不良而產生薄件因包氣產生氣孔破洞，甚至可在容易包氣處設排氣孔。
3	澆注溫度太高	降低澆注溫度，因太高的澆注溫度會增加金屬液的溶氣量，當金屬凝固時，氣體溶解度大大降低而排出氣體形成氣孔。
4	方案設計不佳	改善熔煉方案設計避免亂流捲氣產生氣孔。
5	除氣工作不佳	改進熔煉除氣技術。
6	熔煉材料潮溼	凡進入熔爐內與金屬液接觸的材料均要充分烘烤乾燥除去潮溼，因潮氣中的水會氧化金屬液及增加氫含量，造成氫脆及針孔。
7	熔煉作業不佳	金屬液裸露於空氣中，常因爐口的大氣蒸氣壓而使液中氫含量增加，此時應利用熔劑覆於液面隔絕與空氣的反應。

五、飛邊(Flash)、鼠尾(Rat-Tail)或龜殼

現象描述：鑄件表面產生薄而長的不規則凸出物稱為飛邊。鑄件表面產生細長不規則的淺凹陷稱為鼠尾或龜殼。

▶ 表2-44　鑄件飛邊、鼠尾或龜殼形成的原因及改善對策

	形成原因	改善對策
1	陶殼破裂	陶殼破裂之縫隙，若金屬液能進入，就會產生飛邊及夾砂缺陷，解決方案參考前述之陶殼缺陷。
2	陶殼微龜裂	陶殼有微龜裂時，金屬液不會流入縫隙之中，但是縫隙中的空氣受金屬液加溫產生瞬間膨脹高壓，會在鑄件表面產生壓痕，解決之道參考前述之陶殼缺陷。
3	面層與背層耐火材料膨脹率相差太大	選用熱膨脹相近的耐火材料製殼。

六、熱裂(Hot Tear or Hot Crack)、縮孔(Shrinkage)及疏鬆(Shrink Porosity)

現象描述：具有氧化膜的不規則裂縫破壞面，裂縫處前端為尖銳之角，此稱之為熱裂，通常發生在厚薄交接處或內角為尖角處。當鑄件的熱點區沒有適當的熱梯度補縮，便會產生不規則的孔洞，孔內可見到樹枝狀結晶，此為縮孔。當鑄件為均勻的大平面薄件時，因澆口的補縮距離不足，會在平面上看到許多分散的不規則、樹枝狀的小孔，此稱為疏鬆。

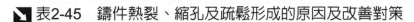

▶ 表2-45　鑄件熱裂、縮孔及疏鬆形成的原因及改善對策

	形成原因	改善對策
1	不適當的澆道系統	澆道系統不能產生順序凝固補縮，往往源頭先凝固，自然補縮不足產生縮孔。
2	陶殼太強	陶殼強度太高，阻絕金屬收縮造成熱裂，此時應減弱收縮區的陶殼強度。
3	轉彎處銳角	銳角改為圓角減少熱點效應，可改善銳角處的縮孔及熱裂現象。
4	鑄件設計不良	鑄件結構不合理，有難以補縮的區域，最簡單的方法是改進鑄件結構，但往往設計無法更改，或是會增加加工困難，又不被客戶接受。此時唯有利用散熱原理來解決，採用保溫棉包覆以減緩凝固，達到補縮的目的。
5	不適當的鑄造與陶殼溫度	根據鑄件的形狀詳細規劃其凝固熱梯度，往往可利用金屬液的過熱溫度及其液流途徑加熱陶殼，產生一個熱能形成的虛擬厚度，創造熱梯度達到順序補縮的要求，解決縮孔問題。
6	方案系統不良	改進鑄造方案，澆注補縮系統設計不合理，造成鑄件局部過熱或收縮受阻。若因澆道熱輻射而干擾熱梯度時，應加長水口減少澆道的熱輻射干擾。
7	補縮不足	澆道為補縮的主幹，若尺寸大小而不夠補縮時，應加大澆道或在澆道上包保溫棉延緩其凝固，使澆口杯內的金屬能通過澆道補縮鑄件。
8	陶殼產生局部熱點	鑄造後的陶殼放在砂盤上，而且砂為熱砂，會使局部過熱而產生縮孔，此時應在砂盤上放耐火磚，陶殼放在磚上，可避免縮孔。

七、鑄件黑點【非金屬介在物(Inclusion)及腐蝕孔(Pitting)】

現象描述：鑄件清除陶殼及表面的氧化皮後，便可見到表面有許多深色的黑點，而且有相當的深度，稱之為孔蝕。若鑄件經加工及拋光後才發現的黑點，顆粒很小、很容易磨除，但卻又會在別處出現，此稱之為非金屬介在物。

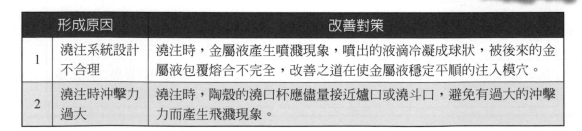

📍 表2-46　鑄件黑點及腐蝕孔形成的原因及改善對策

	形成原因	改善對策
1	金屬液成分問題	當431不銹鋼含矽量低於0.7%以下時容易發生腐蝕孔，經試驗結果知當含矽於0.9%左右時，對抗腐蝕有最大的效果。
2	鑄件氧化腐蝕	400系不銹鋼在高溫時，甚易發生晶粒的粒間腐蝕，顯示於外的便是黑點，解決之道在鑄件鑄造後要在還原氣氛中凝固冷卻。即澆鑄後丟入廢蠟，再將鑄件罩上鐵桶，遮斷流通之空氣，使成為還原氣氛之環境。另可由高溫澆鑄改為低溫澆鑄。
3	金屬液不淨、非金屬介在物	金屬在熔煉的過程中，會受不乾淨的金屬錠、回爐料及空氣中的氧污染氧化，使液內有許多的金屬氧化物雜質。除部分可隨爐渣浮出除去外，尚有許多小顆粒存在其中，分散於鑄件各處，當300系列不銹鋼加工拋光後才會發現。要改善這個缺點可用過濾網、選用高淨度鋼錠或利用精煉法淨化鋼液來克服。

八、冷豆(Cold Shut)

現象描述：鑄件表面有未熔合的金屬圓顆粒。

📍 表2-47　鑄件冷豆形成的原因及改善對策

	形成原因	改善對策
1	澆注系統設計不合理	澆注時，金屬液產生噴濺現象，噴出的液滴冷凝成球狀，被後來的金屬液包覆熔合不完全，改善之道在使金屬液穩定平順的注入模穴。
2	澆注時沖擊力過大	澆注時，陶殼的澆口杯應儘量接近爐口或澆斗口，避免有過大的沖擊力而產生飛濺現象。

九、精度不足或尺寸偏差大

現象描述：鑄件之尺寸精度產生偏差。

表2-48 鑄件尺寸精度偏差形成的原因及改善對策

形成原因		改善對策
1	蠟模尺寸不穩	嚴格控制射蠟的壓力、溫度、保持時間及冷卻條件等參數和射蠟間的溫度。
2	陶殼燒結溫度不均	利用燃油或瓦斯加熱燒結陶殼時，若爐內溫度不均時，陶殼的熱膨脹量亦不一致，鑄件尺寸精度自然不足。改善之道在改善煙道的熱分佈，若調整良好時，可將原來 200°C 誤差修正爲 50°C，精度可大大提高。
3	陶殼變形	更換耐火材料或降低燒結溫度。因耐火材料耐火度不足或燒結溫度太高，超過陶殼的軟化點。
4	鑄件氧化	在還原氣氛中凝固及冷卻。金屬表面氧化層有厚有薄，乾燥空氣氧化少，潮濕空氣氧化多，將氧化皮去除後，尺寸變化自然大。

十、切傷

現象描述：鑄件澆鑄完成後，切割流路系統，產生鑄件被切傷。

表2-49 鑄件切傷形成的原因及改善對策

形成原因		改善對策
1	組樹方案不佳	改善組樹方案，預留切割空間。
2	操作人員不慎	訓練作業人員工作方法。

資料來源：精密鑄造鑄件疵病之分析及對策。

2-8 鑄後處理及加工

包模鑄造完成陶瓷殼模的澆鑄工作，對一般人而言，常認為工作已經完成，其實那只是完成了前製程而已，後製程的後處理加工作業的流程，還有相當繁複的工作要處理；這些工作包括陶瓷殼模的清除、澆冒口的切除、整修研磨、焊補作業、熱處理、表面清潔處理、噴砂、檢驗及最後包裝出貨……等，都是後製程很重要的工作。

2-8.1 清砂(Sand Strip)

鑄件澆鑄完成後必須將附著於外層的陶瓷殼模清除，才能看到金屬鑄件的成品，這個清除陶瓷殼模的過程也可稱為清砂或除砂。清砂只是許多鑄後加工的工作項目之一，在學校或小型的非專業工廠，清砂的工作多是以人工的方式處理；但是在專業的生產工廠，大都是由自動化機械或以特殊方式來處理，當然，機械處理或特殊方式沒辦法完全清除者，仍須要以人工處理。**茲將幾種常見的清除陶瓷殼模方法及其使用的器具介紹如下：**

一、清除陶瓷殼模

（一）手工除殼

澆鑄工作完成後，將包模集中移至除殼室，等鑄件完全冷卻後，以榔頭、鑿子、夾鉗、氣動工具的震動槌等輕便手工具，敲擊陶瓷殼模易碎的地方，以使陶瓷殼模與鑄件分離，其工作程序如下：

1. 請確定鑄件已經凝固並冷卻到接近常溫，要注意避免燙傷。
2. 將陶瓷殼模鑄件夾至清殼場地，請帶防護手套或用防火鉗。鑄件放置在砂床上應避免東倒西歪。
3. 將陶瓷殼模鑄件安置在穩固的砂床上，如圖2-236所示。
4. 用榔頭輕輕敲擊殼模外緣，使殼模碎裂，如圖2-237所示。
   （1）敲擊時以榔頭面碰觸殼模面，讓殼模自然碎裂後脫離鑄件。
   （2）應避免用力敲擊，損傷鑄件表面。
   （3）實在無法敲除者，如鑄件上凹陷、內孔處，無須勉強，應改用其他除殼工具去殼。

🌐 圖2-236　將陶瓷殼模鑄件安置在穩固的砂床上

🌐 圖2-237　用槌頭輕輕敲擊殼模表面

（二）機械除殼

　　自動化鑄造廠在鑄件澆鑄完後，通常將包模鑄件送到震殼機，如圖2-238所示。以空壓缸推動震動槌，震動鑄件使殼模快速脫落。由於這種除殼工作會產生極大的噪音及粉塵，因此最好能加裝隔絕噪音與粉塵的裝置。至於無法震落部分也可以用手工具清除，如圖2-239所示。或利用化學方式除砂。

🌐 圖2-238　震殼機
(資料來源：旭嶸有限公司)

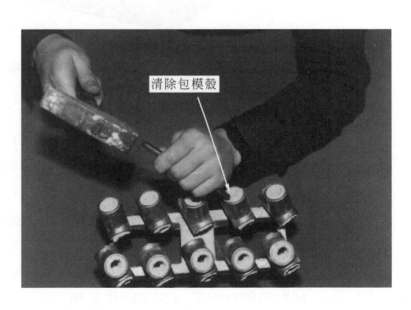

清除包模殼

🌐 圖2-239　無法震落部分也可以用手工具清除

二、機械除砂

當你將陶瓷殼模清除乾淨之後，你會發現在包模鑄件表面，尤其細部，有紋路部分，還殘留有未清除乾淨的陶瓷殼或金屬毛邊，這時我們必須利用機械來除砂。

（一）滾筒加工(Barrel Finishing)

滾筒加工是一種既簡單而又有效的除砂方法，如圖2-240所示。尤其對於形狀小，數量多的鑄件，清砂、去除毛邊等工作既省時又省力。操作時是把鑄件、磨料、研磨劑等放入旋轉或震動的箱中，使鑄件與磨料接觸，或與滾筒相衝擊，以去除鑄件表面的殼模或凹凸不平的部分。

● 圖2-240　滾筒加工機(資料來源：詮賀鐵工廠網站)

（二）滾筒式噴洗機(Shot Blaster)

這是一種比滾筒加工效果更佳、效率更高的加工方式，如圖2-241所示。鑄件除了在滾筒中與磨料接觸外，機器同時會高速噴出鋼珠於鑄件表面，減少清砂的時間。

（三）平台式噴洗機(Plain Table Type Shot Blaster)

此機器是針對中型及小型鑄件，不適用在滾筒式噴洗機操作者，如扁平、薄而易斷或重量較重的鑄件，去砂除銹所設計的，如圖2-242所示。缺點為鑄件與平台或與鑄件接觸之面無法噴洗到，因此必須停機後翻轉鑄件，重新噴洗。

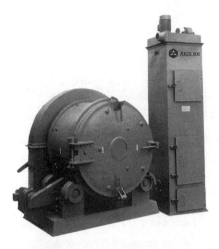

🌐 圖2-241　滾筒式噴洗機

(資料來源：大鎪企業股份有限公司)

🌐 圖2-242　平台式噴洗機

(資料來源：大鎪企業股份有限公司)

（四）鏈條輸送型連續懸吊式噴洗機(Chain Conveyor Continuous Hanging Type Shot Blasting)

本機主要是為了大型鑄件之清砂、除銹或表面處理之用，如圖2-243所示。因處理效率高，頗為鑄造廠歡迎。

（五）高壓噴水機(Hydro Blaster)

噴水機的最大特色是在操作過程中不產生砂塵，而且較易除去凹部附著的砂或大型鑄件的砂心，如圖2-244所示。

🌐 圖2-243　鏈條輸送型連續懸吊式噴洗機

(資料來源：大鎪企業股份有限公司)

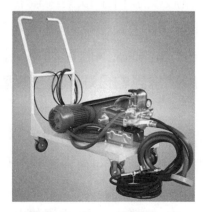

🌐 圖2-244　高壓噴水機

三、特殊方式清砂

（一）化學清砂

陶瓷殼模若包含有陶心，不容易用機械法及人工法清除時，可使用鹽酸、硝酸或不同濃度的氫氟酸水溶液清除，有時也可再輔以超音波震動器，來加速溶解的速度，或用溶融苛性鈉鹼溶液於$500\sim550°C$進行鹼煮清除陶心及陶瓷殼模的工作。此法雖然可以很容易將陶瓷泥心溶出；但應注意這些酸鹼溶液不能與鑄件材料起化學腐蝕作用，尤其氫氟酸為很強的化學溶液含有劇毒，使用時必須特別小心，並應避免造成環境污染。最後所有鑄件都必須再用清水清洗所殘留的酸鹼液。

（二）壓力波震碎法

這是一種利用機械波來產生張力或壓縮力以震碎陶瓷殼模的方法，當波傳達平行於金屬與陶模的介面時，由於波在兩種材料的傳遞速度不相同，所產生的剪力會破壞陶模而不損傷鑄件，這種方法就好比醫學上用超音波震碎腎結石的原理一樣。

四、陶瓷殼模廢料之處理

　　無論是採用人工清砂、機械清砂或特殊方式清砂，清除下來的陶瓷殼模幾乎沒有再回收使用的價值，但是這些陶瓷殼模廢料也不可以任意丟棄或以一般垃圾掩埋處理，以免衍生環保問題。因此，多數的鑄造工廠都會將陶瓷殼模廢料予以集中儲存，然後再交由專業工廠處理。當然在清除陶瓷殼模時，這些殼模廢料可能與鑄砂、磨料、金屬塊等混雜，有必要予以分類，讓有用的資源回收再利用，沒有用的廢料能更有效的管理與處理。**以下僅介紹幾種常見的分離陶瓷殼模廢料的方式：**

（一）機械震搗分離法

自動化的鑄造專業生產工廠，在生產線上完成澆鑄的工作後，會以輸送帶將澆鑄過的陶瓷殼模鑄件送到機械震殼機，利用機械的震動來震碎陶瓷殼模，形狀簡單的陶瓷殼模經過震動後，通常會碎裂得比鑄件還小，再透過機械震殼機上的篩子與鑄件及金屬碎片分離，或者直接

由輸送帶送到廢料集中槽儲存。此種分離法最爲簡單而且快速，但是機器設備費用昂貴且佔空間爲其缺點。

（二）磁鐵分離法

在清除陶瓷殼模時，有時會將澆冒口、流路系統等金屬件混雜在殼模廢料中，這些金屬塊如果沒有分離出來，把它當成廢料處理，不僅增加廢料的處理成本，也浪費掉這些可以回收再利用的資源。爲了資源的永續利用，可以利用磁鐵來分離磁性金屬(如鋼、鐵、鎳、鈷等材料)與殼模廢料。磁鐵分離法的原理是利用電磁鐵產生強力的磁性，吸引磁性金屬材料，使與非金屬的陶瓷殼模分離。此法可以有效分離金屬與陶瓷殼模，但是僅限於磁性的金屬，且金屬件與陶瓷殼模已經脫離者。如果陶瓷殼模尚未與金屬件脫離，則應先搗碎後再予以分離。

（三）砂篩分離法

陶瓷殼模若與鑄砂、磨料或金屬件混雜，而不便採用機器設備或磁鐵分離時，可使用砂篩來分離。砂篩篩網可依所欲篩選的目的物不同，選用不同號數的篩網。**篩目(Mesh)號數**是以每英吋長的絲數決定，因此號數大者，代表孔徑越小，反之，號數小者，代表孔徑越大。砂篩的震動也可以選用機械式及手動兩種，小量篩選採用手動式，中量及大量篩選則以機械式爲佳。由於陶瓷殼模與鑄砂、磨料及金屬件的粒度大小不同，因此可以用篩孔大小來分離陶瓷殼模廢料。此法使用上最爲經濟方便，學校或小型非專業鑄造工廠多數採用此法，但是較不適合於大量生產的專業工廠。

以上三種分離方法，目的都是要分離出陶瓷殼模廢料，這些廢料在鑄造廠中雖然都沒有再回收利用的價值，但卻不能隨一般垃圾任意掩埋，否則廢料中的黏結劑、膠化劑等日久之後可能造成環境污染。而專業處理工廠集中了大量陶瓷殼模廢料後，則可以經過加工碾碎，再拌合混凝土等製成建築材料，成爲有價值的資源。

2-8.2 切除澆冒口

當包模殼清除完畢後,可將鑄件移至澆冒口切除區,用切除設備,將流路系統自鑄件切除。

一、高速砂輪切割機(Abrasive Cut-Off Machine)

砂輪切割係以直徑大(150～450mm)而薄(3mm以下)的砂輪片,高速迴轉(200～300m/min)產生磨削鋸切作用。此法適用於各種材料的切割,尤其常用於切割一般鋸床無法鋸切的硬質合金鑄件,因此是鑄造工廠應用得最普遍的切割方式,如圖2-245所示。但是此法在切割時,容易引發切割面附近的材料產生高溫,造成材質改變的問題,因此使用此切割法者應特別注意。

図2-245　高速砂輪切割機
(參照0-9頁彩色圖)

二、帶式鋸床

此法是利用帶狀鋸條上的鋸齒進行鋸切工作,因其切削係連續作用,不像往復鋸床有空歇衝程,故較為經濟快速。帶式鋸條較薄,可作精密之鋸切,也可配合工作物外形,作簡單的曲線切割。帶式鋸床又可分為立式如圖2-246所示及臥式如圖2-247所示兩種。

圖2-246 立式帶鋸床
(資料來源：台鉅精機廠有限公司網站)

圖2-247 臥式帶鋸床
(資料來源：沅群機械有限公司)

三、圓盤式鋸床

此法是以高速迴轉的圓盤產生鋸切，如圖2-248
所示。依圓盤的設計，也可以分為鋸片圓盤鋸及磨擦
圓盤鋸兩種。磨擦圓盤鋸則是以高速迴轉的磨擦輪
片，與工作物磨擦產生高熱，將工作物熔化而進行鋸
切。

圖2-248 鋸片圓盤鋸

2-8.3 鑄件焊補作業

在鑄造過程中，必須控制各種操作流程，以確保鑄件的品質，若鑄疵不
太嚴重時，可用焊補方法來補救，使鑄件得以再生，由此可知焊補作業在鑄
造上之重要性。一般而言，**常見的各種焊補的方法如下：**

一、電焊法(Arc Welding)

電弧焊係將電力轉換為電弧，以其熱量來熔接金屬的方法，如圖2-249所
示。而所使用的焊條兼備電極及填補金屬兩種作用，因而焊補的難易，與所
選用的焊條之品質有著密切的關係，故選用及操作時應特別注意。

電焊的焊條大部分使用被覆焊條，即在金屬條上面被覆一層助熔劑，此被覆劑主要是用以產生電弧光及改進電弧的安定性與持續性，並且保護熔融金屬。

● 圖2-249　電焊機之焊接工作
(參照0-9頁彩色圖)

焊條長期儲存，它會吸收空氣中水份而受潮，使焊道引起輕微龜裂，**電焊條受潮後之外觀徵兆如下：**

1. 電焊條上之焊藥發生膨脹。
2. 焊藥上長出白色層。
3. 電焊條蕊徑發生銹蝕，導致焊藥因膨脹而裂開。
4. 火花飛濺物增多。
5. 焊補時電弧處會生成塊狀焊藥剝落。

因此電焊條使用前，最好先經烘乾後再使用，茲將常用電焊條烘乾溫度及時間，參考表2-50所示。

◥ 表2-50　電焊條烘乾溫度

	焊藥種類	須烘乾之吸濕度(%)	烘乾溫度(°C)	烘乾時間(min)
1	E4301，E4303，E4313	≧3	70～100	30～60
2	E4311	≧6	70～100	30～60
3	E4316，E5016	≧0.5	300～400	30～60
4	E4320，E4327	≧2	70～100	30～60

　　為了識別焊條之性能和種類，美國材料試驗協會和美國焊補協會，即共同制定統一標準之色別，以及色別之位置。在電焊條未上塗料之末端點平面，塗著顏色者即稱為「端色」(End Color)亦稱「主色」，若在電焊條赤踝處之柄部，再著比端部為小之顏色稱為「點色」(Spot Color)，倘在接近點色之塗料上，著以顏色稱為「組色」(Group Color)亦稱「輔色」。因此優良之電焊技術員必須熟記各種電焊條之主色和輔色，才可避免尋找焊條之苦。依ASTM-AWS色別之位置，如圖2-250所示。

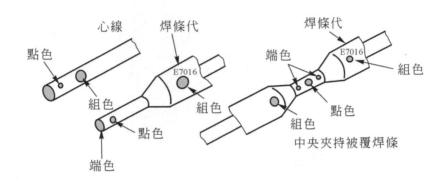

🕸 圖2-250　ASTM電焊條性能識別的三種色別之位置

二、氣焊法

　　所謂氣焊法，乃利用氧與乙炔混合燃燒，放出大量熱量，加熱接合處的金屬使其達到熔點後，加進熔填焊條或不加熔填焊條，使熔融金屬結合在一起，待其凝固而結合焊件之操作，氧與乙炔氣焊設備如圖2-251所示。

　　氧乙炔氣焊之火焰依氧與乙炔供應之比例不同，而會產生不同的火焰，一般分為還原焰、中性焰、氧化焰等三種，現分述如下：

（一）還原焰

　　　　打開乙炔點火後，再打開氧氣開關，讓少許氧氣加入燃燒，直到白色的內焰心在火嘴的末端出現，乙炔羽狀焰包圍著它，這種焰謂之「還原焰」。大都應用於加熱一般軟焊、焊補高碳鋼及非鐵金屬等，如圖2-252所示。

（二）中性焰

調節火焰直至氧、乙炔氣供應剛好平衡，沒有多餘的氧氣或乙炔氣存在，如圖2-253所示之火焰，謂之「中性焰」，一般使用於輕金屬之硬焊及軟鋼、鉻鋼、鎳鉻鋼等之焊補。

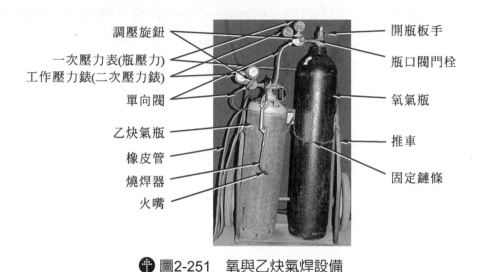

調壓旋鈕
一次壓力表(瓶壓力)
工作壓力錶(二次壓力錶)
單向閥
乙炔氣瓶
橡皮管
燒焊器
火嘴
開瓶板手
瓶口閥門栓
氧氣瓶
推車
固定鏈條

⊕ 圖2-251　氧與乙炔氣焊設備

⊕ 圖2-252　還原焰

⊕ 圖2-253　中性焰

（三）氧化焰

若再加大氧氣流量，使火焰之白色內焰心變短，且顏色變為藍白色，如圖2-254所示，謂之「氧化焰」。一般用在較高溫之硬焊、焊補黃銅及火焰切割等。

⊕ 圖2-254　氧化焰

三、氬焊TIG(Tungsten Inert Gas Arc Welding)

氬焊之正式名稱為氣體鎢極電弧焊補(Gas Tungsten Arc Welding，GTAW)，是利用非消耗性的電極(鎢或鎢合金)與母材間產生之高熱電弧來熔化材料，並使用惰性氣體為保護氣體，再視需要添加或不添加焊條，而使材料達到接合目的之焊補方式，因其所使用的保護氣體一般為氬氣，故俗稱為氬焊，圖2-255所示，為氬焊機。亦稱為TIG(Tungsten Inert Gas Arc Welding)。氬焊焊補原理，如圖2-256所示。

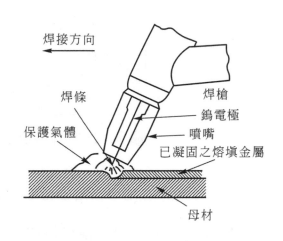

焊接方向

焊條　焊槍

保護氣體　鎢電極　噴嘴　已凝固之熔填金屬

母材

● 圖2-255　氬焊機　　　　　　● 圖2-256　氬焊焊補原理

四、發熱焊補法(Exothermic Welding)

鑄件上如有甚大的空穴、裂縫、缺口、收縮處或大量氣孔，常可利用發熱焊補填充之。此法係加入Fe_2O_3及Al，利用氧化金屬鋁的脫氧反應所生之熱，焊補空穴，亦即將反應熱與還原的金屬熔液應用於焊補，不需電焊與氣焊所需之設備及材料。**其操作步驟如下：**

1. 依照一般焊補前之操作，清理焊補處。
2. 以砂或其他耐火材料圍堵焊補處，形成一小堤壩之結構。
3. 混合氧化鐵、鋁及合金組成之粉末，調成適當的比例。

4. 將混合之發熱填料投入坩堝融化，再傾注入焊補處(如圖2-257所示)；或直接填入焊補處，而予以點火融化。但以直接焊補法，在反應開始前，必須先將母材預熱成900～1,000°C。

5. 在融化填補之同時，生成填補之金屬及大量之熱，其鋁金屬則生成Al_2O_3上浮，所需填補處之孔穴，因熱而融化，與填焊料結合，成一堅固之組織。

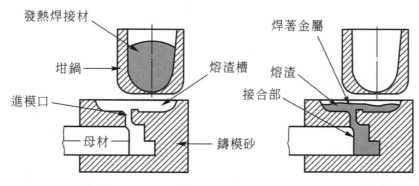

● 圖2-257　利用鑄造熔接法的發熱焊補

五、軟焊法與硬焊法(Brazing and Soldering)

軟焊與硬焊是指將第三種材料加熱變成液體狀，引入欲連接二塊金屬(材質相同或不相同)之接合處，藉著毛細管作用，使三者連接為一體之方法，此時母材並沒有達到熔化的溫度。軟焊與硬焊以其加熱溫度來區分之，溫度在800°F(427°C)以下者，稱之為**軟焊**，溫度在800°F(427°C)以上者，稱之為**硬焊**。

軟焊(Soldering)又稱之為「錫焊」，以應用在薄板金，日用器具、防漏設備、低電阻接頭、電子儀器線路連接以及容器儲槽等為主。其焊補熱度較低，母材不易變形，防漏性高，但是焊補強度較弱。

硬焊(Brazing)一般以含銅或含銀焊條為填充金屬，又稱之為「銅焊」或「銀焊」，其焊補強度較軟焊為高，一般用在管路及碳化物刀具之焊補。

進行軟硬焊時，要特別注意焊件接合處的清潔，以提高焊補之品質。而且在焊補時因須使用焊劑，焊劑熔化後形成揮發性氣體，具有毒性，應避免

吸入體內，於焊畢後更應注意身體的清潔，以確保焊補工作的安全。

　　硬焊(Brazing)之使用大部分都在其他方法不宜使用時，例如易產生缺裂，材料因高溫變形等情形，使用黃銅以作可鍛鑄鐵之焊補即為常用之方法，如圖2-258所示。

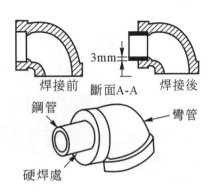

3mm

焊接前　　斷面A-A　　焊接後

鋼管

彎管

硬焊處

✦ 圖2-258　彎管與鋼管硬焊法

六、浸入法(Impregnation)

　　對於一些氣油壓機械的各式氣油壓閥、引擎的氣缸頭或機械類的潤滑油容器及各種管類與管接頭，若有氣泡孔、粗晶組織、夾渣部分，經常產生漏氣、漏油或漏水，此種缺陷部分，範圍大或細孔分布細密且極分散時，不易焊接修補，在機械加工後才發現缺陷時更難修補，往往為可達到氣密的效果，可將鑄件浸入於水玻璃(矽酸鈉)(Sodium Silicate)為主成分之金屬粉或合成樹脂之浸入劑中，如此非但可改善品質並補救鑄件，更可降低成本。**經浸入法後之鑄件，可獲得下列之功效：**

1. 氣泡孔之封閉後，可改善耐壓性。
2. 可阻止漏出表面之氣泡孔，故可增加耐蝕性。
3. 於表面處理時，可防止表面處理劑侵入各種X射線缺陷，避免電鍍塗裝之剝離膨脹與腐蝕，來幫助表面處理之前處理及後處理之效力。

　　浸入補漏的原理是利用真空和壓力作用，使浸入處理劑進入鑄件的氣孔內，使鑄件內部成為堅實而沒有空隙，以達到氣密的效果。

2-8.4 鑄件熱處理

鑄件熱處理是利用熱處理爐，如圖2-259所示。在控制溫度與時間下，鑄件經加熱、持溫及冷卻等過程，而改變其內部材質的組織，以增進鑄件之機械性能或達成特殊目的之用途。

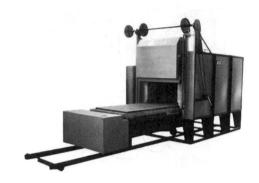

🌐 圖2-259　熱處理爐

鑄件熱處理的分類大致上可分為：

一、應力消除

鑄件由於斷面的厚薄不同，冷卻速率的快慢，同時鑄模對鑄件冷卻收縮的抵抗，均會導致鑄造狀態下的鑄件(即鑄胚)產生殘留應力，致使強度降低，使用中易生變形，甚或發生裂痕。為改善此種現象，一般鑄件均實施應力消除處理。

二、退火(Annealing)

鑄鐵件軟化退火的目的在改善切削性，去除因激冷而致白口化部分，以提高延展性等。

大型鑄鋼件如只單純施以完全退火是不夠的，因大型鑄鋼件凝固後將生成極為粗大之樹枝狀結晶組織，各處晶粒含碳量都不同，當被加熱至完全退火溫度時，無法獲得完全均質之沃斯田體，因此，為了去除晶粒間偏析現象，須先施行均質化退火，亦即在900～1,000°C持溫數小時(通常為5～10hrs)，以使組織均勻。

至於非鐵鑄件則將常溫加工的合金鑄件加熱於再結晶溫度以上，使其發生再結晶而易於冷加工。

三、正常化(Normalizing)

正常化處理之目的在於使鋼鐵鑄件，基地組織成微細的波來體，以提高強度及耐磨性。

四、淬火(Quenching)及回火(Tempering)

為增加鑄件之硬度，提高耐磨耗性及韌性，將鋼鐵鑄件從A_1變態點以上的高溫施行淬火(油淬)處理，以非常快的速率，使鑄件溫度降低以抑制波來體或肥粒體的形成。最後，再以適當的溫度予以回火處理，以降低其脆性。

五、表面硬化(Surface Hardening)

表面硬化可分為火焰硬化(Flame Hardening)及高週波硬化(Induction Hardening)兩種。表面硬化處理的目的在使鑄件表面形成一層麻田散體(Martensite)的硬化層，具優異耐磨耗性。而內部加熱因未達A_1變態點而無法硬化。表面硬化處理在工業上最大的意義，在於鑄件須要強度及硬度的部分加以處理，提高其硬度及耐磨強度，而對於其他不須要硬化處理的鑄件內部，則仍然可以保有其甚佳的加工性及韌性。表面硬化處理後，須再加熱至150～200°C恆溫數小時做回火處理，以除去其內應力，增加強度。表面硬化對機械性能改變最明顯的是疲勞強度。

六、溶解處理

非鐵合金鑄件經常實施溶解處理，然後淬水以獲過飽和的固溶體，這種處理通稱之為溶解處理。

七、析出硬化

非鐵合金鑄件於溶解處理後，接下來再利用合金的溶質，原子的溶解度隨溫度降低而減少的現象，來進行所謂的析出硬化處理。

八、時效處理

非鐵合金鑄件於溶解處理後，隨時間的經過，常利用在室溫下或在某溫度下會有金屬間化合物，漸漸從固溶體內呈微細而均勻的析出，使合金硬度及強度大增，且逐漸趨於穩定，此種處理稱之爲時效處理。

2-8.5 表面處理(Surface Treatment)

一、表面修整研磨

通常鑄件在去除澆冒口之後，進行表面處理之前，鑄件表面仍留有澆冒口的根部、飛邊等突出部分，這些不需要的部分則須要用研磨方式加以整修。研磨作業最常用的方式爲機械輪磨，茲將其使用的設備分述如後：

（一）手提式砂輪機

手提式砂輪機依驅動的方式，可分爲電動式與氣動式兩種，如圖2-260所示。若依裝置砂輪的型式，可分爲圓盤式、柱狀式、小砂輪式。其中小砂輪又可以依據需要製成各種不同的大小及外型，種類很多，如圖2-261所示。手提式砂輪非常方便，機動性又高，幾乎適合各種型式、尺寸大小鑄件的研磨，但是其研磨速度相對其他輪磨方式則較慢，且研磨精確度較難掌控爲其缺點。

● 圖2-260　各式手提式砂輪機

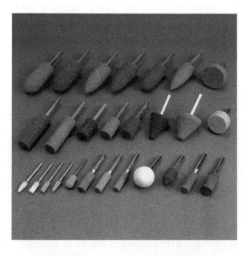

● 圖2-261　各式手提式砂輪
（資料來源：右晟實業網站）

（二）擺動式砂輪機

此砂輪機適合於大型或過於笨重，而不易搬動之鑄件的研磨，研磨時鑄件置於砂輪機下方，並且須擺設穩固後，再推動砂輪至待研磨位置處進行研磨，如圖2-262所示。鑄件若無法平穩放置時，則必須將鑄件支撐或用夾具固定，以免研磨時發生危險。

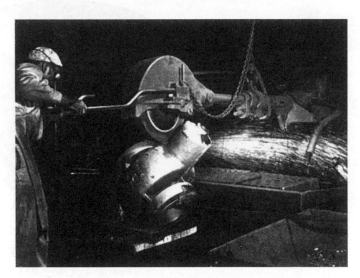

🌐 圖2-262　擺動式砂輪機研磨情形

（三）立式砂輪機

立式砂輪機，如圖2-263所示。一般都是固定在地面上或工作台上，因此研磨時通常是以手操作，將鑄件需要切除的部分對準砂輪面並施予適當的壓力進行研磨，不宜將鑄件固定於一點研磨，必須在砂輪面左右來回移動，避免砂輪面發生凹槽。

二、表面振動研磨

（一）原理

三次元振動研磨機，搭配專用的高效能振動馬達，帶動裝有大量工件、混合適當比例的研磨石、研磨劑及水的工作槽，配合底座和工作槽間的彈簧彈力，而產生高頻率且連續不斷的三次元振動，使工作槽內的工件、研磨石、研磨劑和水，因振動產生不斷的磨擦作用，能夠

均勻的研磨工件，使工件達到加工所要求的精緻表面的品質，如圖2-264所示。所加工之工件包含各種手工具類零配件、五金類零配件、工作母機零配件、鍛造及鑄造工件、金屬合金等各類金屬及非金屬製品皆可處理。

● 圖2-263　立式砂輪機

● 圖2-264　三次元振動研磨機
(資料來源：九富企業有限公司)

（二）研磨石種類的應用及研磨劑的功能

研磨加工作業，由研磨機、研磨石、研磨劑和工件四大因素來決定加工品質的成敗。因此，除須選擇性能良好的研磨機外，研磨石、研磨劑的配合比例也極為重要，配合比例不當，輕則降低研磨效率又無法達到研磨效果，嚴重時，可能致使研磨石卡入工件孔洞中，甚至因為損壞工件而蒙受更重大損失；配合比例得當，不僅研磨品質能大幅提升，並且節省加工成本及時間，讓您事半功倍。假如研磨工件的品質未達到預期的標準，必須找出其原因，改善前次加工方法或修正研磨條件，使研磨工件的品質達到標準後，訂出標準研磨作業流程，如此就能做好研磨工件的品質管制。

因研磨石及研磨劑種類繁多，必須以工件特性做為考慮的首要因素，並依用途及品質要求選用。以下簡單介紹研磨石種類的應用及研磨劑的功能，以供選用參考。

1. 研磨石的種類：如圖2-265所示

● 圖2-265　各種研磨石及研磨劑(資料來源：九富企業有限公司)
(參照0-9頁彩色圖)

（1）陶瓷類研磨石

陶質研磨石有較大的研削力，適用於粗磨、細磨、精磨……等
處理；瓷質研磨石，幾乎無研削力，適用於拋光和鏡面處理。

（2）塑膠類研磨石

一般用於材質硬度較軟的工件，如鋅、鋁、銅合金、 塑膠射
出、壓克力、波麗……此類的工件。

（3）金屬類拋光介質

一般以銅、鋼、不銹鋼、鋁合金……材質，以粉狀物為主，無
研削作用，主要用於金屬工件的拋光和研磨。

2. 研磨石的選擇與使用

（1）形狀尺寸

依工件的凹槽、彎角、邊角、孔、洞的形狀和尺寸，來選擇研
磨石的形狀和尺寸，研磨效果要好，且不能使研磨石卡入工件
的孔洞，同時亦須考慮其篩選的方便性。

（2）材質

依工件的材質、硬度、密度……來決定研磨石材質。

（3）細緻度

依工件的製程，如粗磨、細磨、拋光……等，不同的表面要求來選擇不同種類的研磨石。相對於工件的大小和重量；研磨石和工件的大小和重量若配合不當，將使研磨石無法帶動工件，而使工件聚集，互相碰撞造成撞痕。

比例考量，依工件要求的品質和加工成本來考慮研磨石和工件的比例，一般為 3：1；要求須較精細的研磨，可用6：1的比例。

（4）補充時機

定期補充新的研磨石，包含磨耗的量和篩選過小研磨石量的總和。

（5）更新時機

當大部分的研磨石皆因磨耗變小，容易卡入工件的孔洞時，則須整批換新，但是全新的研磨石須在工作槽內預先研磨掉其粗糙毛邊，以免傷到工件的表面。

（三）三次元振動研磨機的特點，圖2-266為利用振動研磨機研磨後的各式零件

1. 加工量大，可縮短加工循環時間。

2. 無設有選料功能之機型加工容量，可達總容量95%以上。

3. 圓弧形工作槽，高效率馬達搭配高彈性彈簧，使其加工效率比一般振動研磨機高1/3倍以上。

4. 振動槽內襯採用橡膠或PU披覆，耐酸、耐鹼、耐油、耐磨及減少工件互相碰損及噪音之產生。

5. 底座加裝防震腳墊，重心穩固。

6. 能夠彌補傳統手工研磨的缺失，是一種可徹底改善表面粗細度的拋光研磨處理設備。

7. 操作簡易，單人可操作多部，並採取自動化日夜運轉，大量生產，大幅度節省人力以及降低成本。

8. 無粉塵污染環境問題，充分改善工作環境品質，提昇企業形象。

9. 工件不易變形，利於有效控管加工進度與產品品質。

🔵 圖2-266　利用振動研磨機研磨後的零件(資料來源：九富企業有限公司)
(參照0-10頁彩色圖)

三、輪磨(Grinding)

輪磨是利用輪磨機具上的砂帶小顆粒磨料去切削工件表面，如圖2-267所示。精密鑄件的表面光度、尺寸要求較為嚴格的工件，其表面、毛邊處須經由砂帶的磨光修整，使表面的光度、圓角等都符合要求。

當精密鑄件澆注完成，經清砂、切除澆冒口之後，部分的鑄件經修磨即進入外觀處理的輪磨作業區，在此一區域的工作是使用較精細的研磨工具或輪磨機具等，將鑄件的一些毛邊、圓弧面、表面修整、打平或打光磨順，使鑄件在外觀尺寸上符合客戶的要求，甚至在交角處、圓弧位置、表面等處加以處理，使鑄件隨時隨地可接受品管部門的抽檢、取樣，是極為重要的工作。鑄件經過輪磨作業後，才能進行後續之拋光或被覆等工作。

⊕ 圖2-267　輪磨砂帶機

四、表面噴砂處理

鑄件外表因製造流程，殘留一些細小的砂粒、陶瓷殼模材料、銹蝕的表面等影響鑄件外觀及後續的作業時，通常會對鑄件施以噴砂處理。噴砂作業時須考量鑄件材料而選用不同的磨料如金鋼砂、碳化矽、氧化鋁、玻璃珠、鋼珠、不銹鋼珠、銅珠、鋁珠、陶瓷珠、鋼礫、樹脂砂、 塑膠砂、核桃粒等。噴砂機是以壓縮空氣高速帶動研磨砂材，噴擊金屬及非金屬表面，使之

形成**霧面**處理之機器，如圖2-268所示。其用途廣泛，可為各種材質，不同目的之加工，不需高度熟練技巧，操作容易，加工費低，提昇產品之高附加價值。噴砂的作業原理是利用噴砂機，以高壓的壓縮空氣($2\sim7kg/cm^2$)，將"砂"吹至鑄件表面，此高速的砂打擊在鑄件表面上，而將雜物去除，如圖2-269所示，為噴砂作業示意圖。而在清砂作業上亦有利用"砂和水"混合衝擊鑄件外表的陶殼模、陶殼模砂心，而將之清除。常用的噴砂機如滾筒式、離心式、連續式、濕式、迴轉式等不同型式的噴砂機。然其主要目的仍是以除去鑄件的表面殘留物為主。

● 圖2-268 手動噴砂機之構造

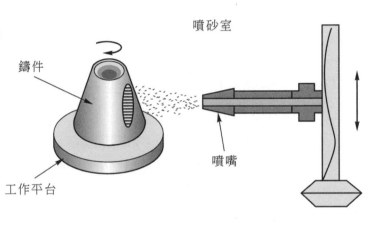

● 圖2-269 噴砂作業示意圖

（一）噴砂機功用

1. 表面加工—金屬氧化層、碳化物黑皮、金屬或非金屬表面污銹清除，如重力壓鑄模、橡膠模之氧化物或離形劑之去除，陶瓷表面黑點、鈾色去除、彩繪重生。

2. 美化加工—各種黃金、K金飾品、貴金屬製品之消光或霧面處理，水晶、玻璃、波麗、壓克力等非金屬之霧面加工以及能使加工物表面成金屬光澤。

3. 蝕刻加工—玉石、水晶、瑪瑙、半寶石、印章、雅石、古董、大理石墓碑、陶瓷、木材、竹片等之蝕刻美工。

4. 前處理加工─鐵氟龍(Teflon)、PU、橡膠、塑膠被覆、橡膠滾桶(Roller)、電鍍、金屬噴焊、鍍鈦等之前處理，使表面附著力增加。

5. 去毛邊加工─電木、塑膠、鋅、鋁壓鑄品、電子零件、磁芯等之毛邊去除。

6. 應力消除加工─航太、國防、電子零件、精密工業之零件、除銹、除漆消光、整修等之應力消除加工處理。

7. 模具之加工──一般模具表面之噴砂、模具咬花後霧面處理、線切割模、玻璃模、輪胎模、導電橡膠模、鞋模、電木模、電鍍模、按鍵模、塑膠製品模。

8. 大工作物之加工─大型工件如油槽、化學槽、船殼、鋼構、鐵皮屋、貨櫃、汽車工業等之除銹、除漆、維修及大片平板玻璃自動霧面處理。

9. 大玻璃自動加工─5尺寬之玻璃一次加工完成，省時省力。

（二）噴砂機操作要領

1. 噴砂機操作步驟為；開啟壓縮空氣開關、開啟噴砂機室內燈、開啟真空開關、雙手伸入噴砂機中握持鑄件、用腳啟動噴砂開關開始噴砂。

2. 噴砂時應均勻移動鑄件，不可固定噴於某處，可透過噴砂機上的視窗，觀察鑄件上的殼模砂是否已清除，或關閉噴砂機取出鑄件，直接檢查殼模表面清除的情形。如此重複噴砂，直到殼模表面殘砂完全清除為止。

3. 開啟噴砂機箱門時，應先關閉真空開關。箱門確實關閉後才可開啟真空開關。

4. 取出鑄件，完成清除陶瓷殼模表面砂的工作後，請確實關閉噴砂機的所有開關。

五、拋光(Polishing)

拋光是改善鑄件表面光度最佳的方式之一，類似擦光，也就是所謂**鏡面處理**。拋光機如圖2-270所示。是利用拋光布或拋光輪作為工具，如圖2-271所

示，將氧化鋁粉末、矽砂、碳化矽、鑽石等
拋光液當作介質，使工件的表面得到如鏡面
的光亮，更可利用拋光液，不同粒度大小的
級數而得到表面光度不同的等級，可控制鑄
件表面光度的程度。

　　拋光的工作對於外表需求嚴格的鑄件十
分的重要，拋光做的好，不但提高了產品的
附加價值，而且也會增加賣點，對顧客產生
吸引力。例如一些手錶配件、藝術配件、高
爾夫球球具等等，外觀有極大部分皆經由拋
光處理，以增加產品的質感。

● 圖2-270　拋光機
(資料來源：旭嶸有限公司)

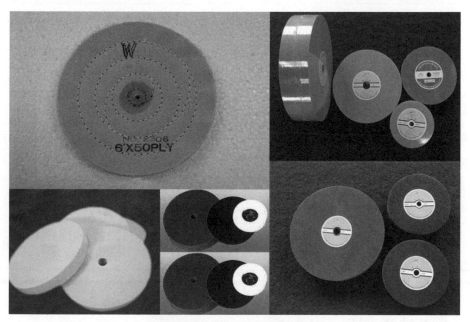

● 圖2-271　各式拋光輪
(參照0-11頁彩色圖)

拋光時須注意事項：

1.　拋光液選用

　　對於表面光度要求極高的表面，使用拋光機時需要選用適當的拋光
液，不但要在拋光液的粒度、號數或材料上有所區別，對於尺寸要
求極高的鑄件表面更需要注意。常用的拋光輪用磨料，參考表2-51。

▶ 表2-51　拋光輪用磨料

品名	出產	主要成分	顏色	莫氏硬度	比重	主要用途	組織
金剛石	天然產	Al_2O_3	淺褐色	9	4	硬質材料加工	六角形
土耳其產金剛砂	天然產	Al_2O_3 Fe_2O_3	黑色	8-9	3.8	金屬寶石之加工	粒狀
矽砂	天然產	SiO_2	無或白色	7	2.64	金屬塑膠之加工	針狀
阿拉伯石	天然產	SiO_2	紅或灰白色	7	2.15	Cu、Al、Fe 黃銅之加工	多孔質
矽土	天然產	SiO_2	白色	1-1.5	2.1	軟金屬類樹脂之加工	矽藻
碳化矽	人造	SiC	綠黑	9.5-9.75	3.12	硬金屬之加工	針狀或立方形
溶融氧化鋁	人造	Al_2O_3	淺褐色	9.2-9.6	3.94	不銹鋼等	立方形
過氧化鐵粉	人造	Fe_2O_3	紅色	6	5.2	貴重金屬透鏡	圓形
過氧化鐵粉	人造	Fe_2O_3	紫紅色	6	5.2	鐵等擦光加工	圓形
氧化鉻	人造	Cr_2O_3	綠色	7	5	鉻電鍍、不銹鋼之加工	立方形
石灰	人造	CaO	白色	2	3.5	鎳電鍍之最後鏡面加工	無定形

2. 拋光前置工作

   須先行輪磨或酸洗去除不必要的毛邊或不潔面，最好是以輪磨方式加工至最細的紋路後，再進行拋光為宜。

3. 不同凹凸面或曲面

   對於表面不平或凹凸面的拋光作業，可利用布狀或軟質拋光頭，配合不同的拋光液進行拋光。

六、電鍍(Electroplating)

電鍍是利用電流將金屬"鍍"在金屬或非金屬的表面上，主要是為了改善工件表面狀況、增加美感，甚至增加工件的表面硬度、防蝕、防銹等功用，常用的表面電鍍金屬有金、銀、銅、鎳、鉻等，都可利用電鍍的技術將欲鍍金屬鍍上去，對於非金屬的電鍍作業，則須在表面加上一層導電液才可進行電鍍工作。

鑄件的電鍍工作，一般須先將表面清潔、磨光或酸洗(Pickling)等工作完成後，才可進行電鍍，電鍍時被鍍物須放置於陰極的位置，犧牲金屬則放於陽極，如圖2-272所示為電鍍工作示意圖。並選擇適當的電鍍液，例如在鐵的鑄件上欲鍍上銅的金屬，則將工件放在陰極；銅放在陽極位置，而電鍍液選擇硫酸銅溶液，通上電流後，調整適當的電流電壓，數小時後，工件上即可鍍上一層金黃色的銅附著在表面上。

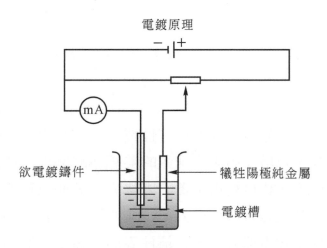

🌑 圖2-272　精密鑄件表面電鍍示意圖

（一）電鍍的用途

在日常生活中，電鍍產品隨處可見，而精密鑄件施以電鍍處理可用來改善鑄件表面的顏色、光澤、材質等不勝枚舉，例如皮帶扣環、首飾珠寶配件、藝術品、燈飾、模具等等用途十分廣泛。

（二）電鍍作業時須注意事項

1. 鑄件前處理

   欲電鍍件需要以噴砂或輪磨等方式將鑄件表面整修的非常清潔，並施以酸洗清潔後再放入電鍍槽中進行電鍍。

2. 鑄件放置位置

   電鍍時被鍍物(鑄件)，須放在陰極，電鍍金屬放在犧牲陽極位置，因電流是由正極流向負極，不可倒置弄錯。

3. 電鍍液的選用

   電鍍液與電鍍物有密切的關係，因為電鍍時金屬又隨電流而置換至鑄件表面上，例如在鑄件上欲鍍上銅，則電鍍液選用硫酸銅溶液。

4. 蒸鍍

   很多貴重的物件，例如表面鍍金、鍍銀，則是利用電子蒸鍍的方式完成，不須經由電鍍液，直接利用電離子蒸鍍方式完成。

七、被覆(Coating)

被覆為表面處理的方式之一，精密鑄件在外觀的要求或特殊品質要求的狀況下會利用被覆的方式來完成，被覆的方式主要是利用被覆機具，如圖2-273所示。將材料被覆在鑄件外表的材質或金屬附著在鑄件外表上，以增進鑄件外觀、硬度、耐蝕性、耐磨性等性質，例如高爾夫球頭外表被覆氮化鉻或氮化鈦的材質，以增加高爾夫球頭的美感與耐磨性，或鑄件外表被覆氮化鈦以增進耐磨性等，皆是利用被覆的方法完成表面改質的工作。近年來有利用雷射、電離子蒸鍍等方式進行表面改質的工作，有些鑄件為了增加表面的耐磨性亦利用軟氮化處理方式，在鑄件表面被覆上一層耐磨性極佳的氮化物，以增加產品的附加價值。

（一）被覆的用途

被覆的方式在近年來已被廣泛的使用，它的優點不僅品質穩定而且可利用不同的被覆技術來達到表面改質的目的。鑄件表面可被覆上薄薄的一層耐磨、耐蝕或極硬的材料，以保護或改善母材的性質。另一方面也可藉由不同被覆材料的特性，改變鑄件的表面光度或顏色。

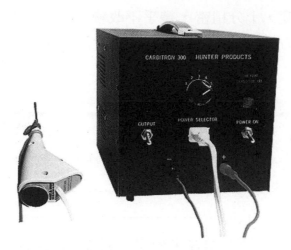

● 圖2-273　被覆機

（二）被覆時注意事項

1. 被覆前置工作

   欲使用被覆來改善鑄件表面的性質時，須利用輪磨或拋光等作業將工件表面細化到一定的光度，才能得到一良好的被覆面。

2. 離子氮化被覆

   利用離子氮化技術可在鑄件表面上被覆一層耐磨耗、高硬度且為金黃色表面的氮化鈦或是銀灰色的氮化鋁等材質，以提高鑄件的附加價格。

3. 雷射被覆

   利用雷射被覆方式，可在鑄件表面上被覆一層耐磨金屬以增加機械性質，亦可用雷射加工方式被覆字型或刻字甚至被覆耐磨性極佳的陶瓷材料等。

4. 軟氮化

   利用軟氮化方式，在鑄件表面上被覆一層耐磨性佳、硬度高的氮化物，以增加鑄件表面的機械性質。鑄件經軟氮化處理後，表面會形成氮化層，顏色和性質也會產生改變。

5. 尺寸的變化

   使用被覆方式可改變鑄件尺寸，然而如離子氮化，幾乎可被覆至

1μm的厚度，十分精密，幾乎不改變鑄件厚度的大小，亦可利用其它被覆的方式改變外觀尺寸，如雷射被覆法、噴焊被覆法(或金屬噴覆法)等。

2-9 品質管制與檢驗

2-9.1 品質管制

「**品質**」(Quality)是由顧客來衡量，是要滿足顧客需求，讓顧客滿意的。品質是由使用者來評價的，他不含有任何「好壞的程度」之意義。

通常品質是相對的，而非絕對的：某一個產品在某一個目的上可能是為好的品質；但如用在另一個不同用途時，可能極不適用，而被認為品質不佳或完全不合格。在工程應用上，產品是否合用，是被限制在是否合乎「規格」，以確定不同情況之下所需要的品質標準及能接受的範圍。這樣才能訂定應維持的品質標準，應在可以容許的誤差或變化。

所謂「**規格**」是由生產者與使用者雙方共同所擬定，係將全部生產過程所需要的鑄件狀況予以確定。規格不只規定鑄件的可能情形，希望情形或必須情形，而且也須規定現在或將來實際上的可行性。規格必須能反應制定者的原意，清楚溝通供應者與使用者的意願。

「**品質管制**」(QC，Quality Control)運用品管部門的檢驗員做最後的把關，對於改善產品品質並無直接幫助，只是儘可能不把不良品送出給客戶。國際標準化組織(ISO)對品質管制之定義為：「**品質管制(QC)**是用以達到各項品質需求的一切作業技術或活動」。而**品質保證**(QA)，運用統計分析找出影響品質的因素，除QC的檢驗功能外，重點為製程管制及品質改善，以提供客戶良好品質的保證。

包模鑄造的品管工作，除了在每一操作過程中，發現有不良品時自動剔除外，在蠟模的製作至沾漿前，必須實施**第一站的品管工作**；此時必須先將不合規格者剔除。**第二站的品管工作**，是在澆鑄後，鑄後加工處理前，對

於嚴重鑄疵，而無法用其他方法補救者，立即給予淘汰。**最後的品管工作**應在成品加工後，包裝出廠前，依據雙方合約所訂之規格，做仔細而徹底的檢驗工作。其中任何一站的品管工作不落實，到最後始發覺無法依合約標準交貨，那只會徒增生產成本。尤其出廠前的品管工作有所疏忽，導致大批訂單遭到退貨，造成公司財務結構動搖，那時想挽救也來不及。由此可見，品管工作在整個生產流程，是何等的重要。

2-9.2 檢驗

應用於包模鑄造之檢驗工作確實十分繁雜，一般的檢驗工作分述如下：

一、外觀檢察

通常最簡易又普遍被採用的檢驗方式為目視法，藉著你的眼睛與過去的經驗累積，將鑄件外觀有明顯之瑕疵剔除，主要是檢驗鑄件的外觀是否有缺陷或不符合要求，例如鑄件表面有出現鑄疵、錯位、毛邊未修、未刻字、被覆不全等等，直接用外觀目視判定，並逐一檢驗，以防止不符合要求的鑄件送至客戶手中。目視法通常可配合用低倍率的放大儀器來做檢查。

二、尺寸之精度檢驗

精密鑄件的種類繁多，尺寸和公差的要求也因客戶的不同而有所不同，鑄件由接受委託製造到製造出來之後，最後至尺寸檢驗出貨才算完成此一鑄件的完整流程，而在最後的尺寸檢驗方面是極為重要的一個流程，尺寸的檢驗若發生錯誤或未將有問題的鑄件檢驗出來，則公司將受到商業利益的損失。

尺寸檢驗的原則：

1. 所有鑄件的檢驗應以圖面為準，圖面未標示完整時，則應事先與客戶討論，是否依中國國家標準CNS或其他規範為準。

2. 鑄件外觀的要求應以規範為主，表面不得有鑄疵的出現，表面出現氣孔、渣孔、鼠尾痕等皆視為不合格。

3. 尺寸檢驗時，檢驗的順序應由基本面開始，再由主要尺寸、次要尺寸、其它尺寸依次檢驗，主要尺寸若不合格，則鑄件將視為不合格。

4. 尺寸量測時，須選擇適當精度的量具，並符合圖面最小公差刻度的要求，以增加量測的準確性。

5. 精密檢驗量具，使用前應先行歸零校正，以確保尺寸的正確，使用後應擦拭乾淨放在量具室或固定地方，切勿任意污損，以防精度磨損，影響量測的正確性。

6. 貴重精密儀器，應定期送檢校正，以符合規範要求。

7. 對於立體3D件等複雜尺寸的量測，若精度要求十分的精確，則建議送往專業檢驗室以「三次元量床」等機具，做為量測手段。

三、品質檢驗

品質檢驗可分為破壞性檢驗與非破壞性檢驗，常用的檢驗方法，如表2-52所示。

▶ 表2-52 鑄件檢驗分類

鑄件檢驗	破壞檢驗	非破壞檢驗
1	拉力試驗	目視法
2	衝擊試驗	敲擊法
3	硬度試驗	滲透探傷檢驗
4	金相試驗	超音波探傷法
5	成分分析	磁粉探傷法
6		放射線檢驗

（一）破壞性檢驗

1. 拉力試驗(Tensile Test)

材料的抗拉強度(Tensile Strength)是最常被客戶要求的試驗，圖2-274所示，為附有電腦裝置的萬能試驗機(Universal Testing Machine)，此機可以試驗各種鑄件之抗拉強度、伸長率、撕裂、膠著力、抗拉應力、剝離、剪力……等，亦可測試降伏點、彈性模數、楊氏模數

等。實施抗拉試驗時，可將試桿固定在萬能試驗機的上下夾頭，然後施以不同的荷重，看破斷時所承載的荷重，即可計算出材料的抗拉強度。

● 圖2-274　附有電腦裝置的萬能試驗機

2. 硬度試驗(Hardness Test)

   硬度試驗與拉力試驗同樣被廣泛採用的鑄件檢驗方式，硬度是金屬堅硬程度的很好表示方法，不管鐵金屬與非鐵金屬之鑄件，若能將硬度與化學成分及熱處理相對照，則硬度試驗是非常便捷的控制方法，更可做為該鑄件被客戶接受與否的依據。主要的硬度試驗機有勃氏(Brinell)、洛氏(Rockwell)、維克氏(Vickers)、蕭氏(Shore)硬度試驗機等四種。

3. 金相檢驗

   如果欲了解鑄件的顯微組織，如晶粒的粗細、雜質的多寡、微細的針孔、金屬相的分佈及熱處理的效果等，就必須透過金相組織的檢查。

   金相實驗一般流程如下：

   (1) 取樣

   ① 利用金相砂輪切割機，如圖2-275所示。切取試片的部位及方向，須符合觀察的需要。例如經滲碳處理的試片必須取材料表面至中心的方向觀察。

圖2-275　金相砂輪切割機(資料來源：三朋儀器股份有限公司)

②　試片取樣不可太大或太小。通常取10～25mm直徑或邊長材料，
　　厚度約10mm以下。

③　取樣應避免過熱影響材質，切取時應加充分冷卻劑。

④　金相切割機的操作

　　(a) 開照明燈。

　　(b) 打開保護蓋、夾緊試片。

　　(c) 調整冷卻劑出口、關上保護蓋。

　　(d) 開冷卻劑沖到試片上。

　　(e) 開動砂輪機以手動槓桿緩慢切削。

　　(f) 切斷後關閉砂輪及冷卻劑電源。

　　(g) 打開保護蓋、取下試片。

（2）粗磨

利用#100號的水砂紙，磨去材料因加工或過熱所形成的變質層。

（3）鑲埋

鑲埋主要目的在方便試片握持及保持試片邊緣研磨平整。鑲埋
分成熱鑲埋及冷鑲埋兩類。

①　金相熱鑲埋機，如圖2-276所示，操作步驟如下

　　(a) 鑲埋機幫浦開關打開，下模上昇。

　　(b) 將試片欲觀察面朝下模具放置。

(c) 將下模具下降4～5cm倒入鑲埋粉。

(d) 將上模鎖緊。

(e) 設定鑲埋溫度(如110度)並加熱。

(f) 溫度將到達設定溫度前(如80度)開始加壓。

(g) 壓力保持($150kg/cm^2$)一段時間(如8min)。

(h) 關電熱開關，開冷卻系統(保持3min)。

(i) 關冷卻系統模具降壓退出取試片。

● 圖2-276　金相熱鑲埋機(資料來源：三朋儀器股份有限公司)

② 冷鑲埋步驟如下，如圖2-277所示。

(a) 冷鑲埋材料　　　　　　　　　　　　(b) 冷鑲埋

● 圖2-277　冷鑲埋及鑲埋材料(資料來源：三朋儀器股份有限公司)

   (a) 將試片模框金屬管或塑膠管塗上凡士林。

   (b) 將試片欲觀察面朝下放在模具內。

   (c) 依比例調配鑲埋材料，注意流動性。

   (d) 將鑲埋材料倒入模具中。

   (e) 待材料硬化後脫膜。

（4） 細磨

  細磨是由粗(號數小)到細(號數大)的水砂紙依序研磨試片，其目的一則是要去除材料表面變質層，再則是使材料表面平整光滑。常用的水砂紙號數有#120、240、400、600、800、1000、1200。細磨可以利用手工研磨或用迴轉研磨機研磨。

① 手工研磨步驟為

   (a) 將玻璃墊板、砂紙、試片清洗乾淨。

   (b) 玻璃板傾斜放置使水及研磨粒易流掉。

   (c) 研磨至試片平整且去除前次加工痕跡。

   (d) 更換細的水砂紙重複(a)、(b)、(c)步驟。

② 手工研磨應注意事項

   (a) 每換一號數砂紙時必須徹底清洗試片、砂紙及墊板。

   (b) 每更換一號數砂紙時，試片最好轉90度方向再研磨。

③ 迴轉研磨機

  迴轉研磨機如圖2-278所示，使用方法與拋光機大致相同，研磨機以水砂紙研磨，拋光機以拋光絨布及拋光劑拋光。

④ 迴轉研磨機操作方法如下

   (a) 研磨輪裝上適當水砂紙。

   (b) 打開電源，設定迴轉數約200～300rpm。

   (c) 打開水清洗研磨紙。

   (d) 由研磨輪中心向外逆迴轉方向研磨。

   (e) 研磨盤清洗，可用手指由內向外清洗直至水不再混濁。

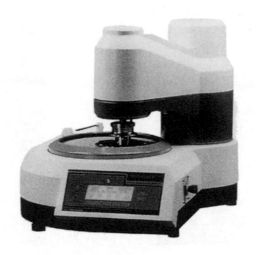

🌀 圖2-278　金相迴轉研磨機(資料來源：三朋儀器股份有限公司)

（5） 拋光

拋光的目的是使試片達到鏡面以利顯微鏡反光。採用氧化鋁粉或鑽石膏，鑽石膏的拋光痕跡較細且拋光較快但較貴。一般以氧化鋁粉使用較多，粗拋光可用0.3CR或0.1CR拋光懸浮液，細拋光用0.05CR拋光懸浮液。拋光機如圖2-279所示，與研磨機相似，但須注意粗細拋光絨布不可互相混用。

（6） 乾燥處理

乾燥處理的目的在防止試片氧化並避免試片留有水紋。一般處理步驟為：

① 試片直立握持。

② 酒精清洗。

③ 水洗。

④ 熱風吹乾。

（7） 觀察

觀察金相必須使用金相顯微鏡(Metallograpic Micrloscope)，如圖2-280所示。第一次觀察目的在觀察拋光效果、材料缺陷、碳化物析出、石墨組織(鑄鐵)。

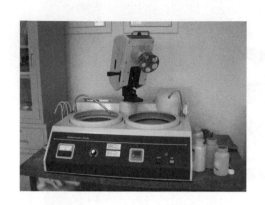

🌀 圖2-279　全自動拋光機

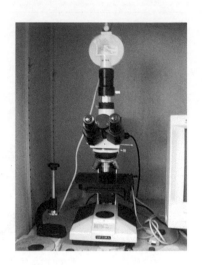

🌀 圖 2-280　金相顯微鏡

金相顯微鏡的操作方法：

① 用黏土和壓平器，將試片固定在載物片上。

② 試片放到置物台上，將載物片固定。

③ 打開顯微鏡電源，並調整亮度。

④ 調整明暗對比。

⑤ 調整置物檯移動鈕、選定觀察位置。

⑥ 選用低倍率鏡頭(如物鏡10X)。

⑦ 試片上升到接近物鏡。

⑧ 試片緩慢下降且從目鏡觀察對焦。

⑨ 更換倍率時直接轉動物鏡盤。

⑩ 微調對焦。

（8）腐蝕

腐蝕的目的是使試片組織有光線反射差異，而造成成像的黑白區間。腐蝕條件須依照試片材質選用。一般腐蝕條件最好選用較低濃度，長時間腐蝕，其主要原因為安全顧慮，如腐蝕不足可再繼續腐蝕，若腐蝕過度而燒蝕則必須重新拋光再做腐蝕。

（9） 觀察

第二次觀察主要在觀察材料的組織與分析，操作方法同第一次觀察。

（10） 照相

為了讓金相的組織留存，我們可由數位照相機或熱感式印表機照出金相組織，**照相工作應注意的項目包括：**

① 焦距調整：由於每個人視力不同因此清晰影像焦距的調整，必須事先校正一般金相照相，大多先在目鏡上將雙十字線，對至清晰再對準試片焦距後照相。

② 比例標示：照片經顯微鏡放大再經沖洗放大，因此組織比例有所改變若要觀察組織尺寸，則一般會在拍照時加拍微縮尺(Micrometer)，以顯示相對比例。

4. 成分分析

鑄件在熔解過程中需要做爐前檢驗，以確定其成分。鑄件完成後再做成分分析檢驗，主要檢測鑄件的材料成分是否合乎客戶要求，過去都使用化學分析法，可得正確的成分含量，但分析工作相當費時；目前都採用分光儀(Quantovac)，如圖2-281所示，做成分分析速度相當快速。

● 圖 2-281　分光儀

（二）非破壞檢驗

使用染色探傷(Color Check)、磁粉探傷(Magnetic Particle Testing)或X光(X-Ray)檢驗等方式進行鑄件的非破壞性檢測，主要針對鑄件中某一鑄件或部位，做一詳細的外觀與內部缺陷的檢測，以符合客戶要求，通常除非鑄件有特殊要求或使用環境十分特殊，否則較少作如此要求，以符合降低成本要求，因為這些檢測工作會增加鑄造成本。

1. 滲透性檢驗法

（1）滲透染色探傷檢驗

非破壞檢驗項目之染色探傷檢驗步驟：

① 使用紅色滲透液，在鑄件表面上均勻的噴塗滲透液，使鑄件的表面或缺陷處充滿滲透液。

② 將表面上的滲透液以清潔液充分清除，當然此時若干鑄件有裂縫則滲透液會浸透"滲入"裂縫中。

③ 此時再以白色顯像液均勻噴塗在表面上，由於顯像液的虹吸原理，使紅色的滲透液被吸出，而出現在鑄件的表面上。

④ 此顯現的紅色細點即為鑄件的缺陷或裂縫。

（2）螢光滲透劑法

鑄件用螢光性滲透劑，浸或包塗鑄件表面，並使其保留一段時間，再自鑄件表面除去多餘的滲透劑，然後把鑄件置於黑暗處，利用紫外線檢視鑄件，而由殘留之滲透劑，經由螢光顯示出表面瑕疵，如圖2-282所示。

2. 超音波探傷法

鑄件內部缺陷可用超音波探傷機來檢查，如圖2-283所示。係利用石英結晶體發出高頻率波傳入金屬，使其發出間歇之信號，利用陰極振盪器計量，振盪器能分析鑄件內部，缺陷之位置及大小。

3. 磁粉探傷檢驗

磁粉探傷只能用在鐵金屬材料，利用磁粉探傷機，如圖2-284所示。檢驗鑄件表面是否有缺陷或裂縫，首先是先將鑄件表面通上電磁，使鑄件表面產生不同之磁力線，而使N、S極(南北極)在洩漏磁力線處出現磁粉集中的異常現象，再觀察磁粉處，則可得出缺陷所在之處。

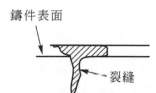

鑄件表面

裂縫

(1) 滲透液－浸縫

(2) 清潔液－洗淨

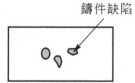

鑄件缺陷

(4) 完成－鑄件表面缺陷顯現

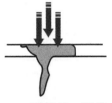

(3) 顯像液－顯像

🌐 圖2-282　螢光滲透劑法探傷檢驗

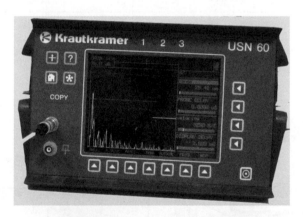

🌐 圖2-283　超音波探傷機

🌐 圖2-284　磁粉探傷機

4. 放射線檢驗

X光檢驗是利用放射線照相檢驗技術，檢驗出鑄件內部等缺陷，檢驗時機可在鑄造後、熱處理後、修補後、加工前等，依不同的需求而定，其依據中國國家標準CNS11379，Z8059所區分的瑕疵種類可分為5種，如表2-53所示。其檢驗示意圖如圖2-285之(1)與(2)所示。

表2-53　X光檢驗瑕疵種類

瑕疵種類	第一種	氣孔
	第二種	夾渣
	第三種	縮孔
	第四種	裂縫
	第五種	嵌入物

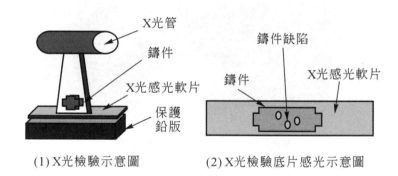

(1) X光檢驗示意圖　　　(2) X光檢驗底片感光示意圖

圖2-285　X光檢驗示意圖

本章習題

問答題：回答下列問題。

1. 試述包模鑄造法的定義？

2. 試述包模鑄造的特性？

3. 何謂淨形零件？

4. 試述包模鑄造法的種類？

5. 試述包模鑄造法之鑄造程序？

6. 試述決定射蠟模具分模線的原則？

7. 金屬模具之預留收縮量包括那些？

8. 目前主要的快速成型(Rapid Prototyping，簡稱 "RP")法有那些？

9. 試述逆向工程的意義？

10. 脫蠟鑄造用蠟應具備那些特性？

11. 試述蠟依照它的來源可分為那幾種？

12. 試述蠟模用蠟的基本配方？

13. 說明蠟強度、硬度、韌性及脆性之間的關係？

14. 試述射蠟法與擠蠟法有何不同？

15. 試述液態射蠟法、膏狀射蠟法、固態射蠟法及重力法有何不同？

16. 採用射蠟法或擠蠟法的標準如何？

17. 試述蠟模心型的種類？

18. 試述蠟模可能產生之缺陷的種類？

19. 試述陶瓷殼模之泥漿黏結劑的種類？

20. 試述陶瓷殼模泥漿黏結劑必須要具備那些功用？

21. 試述清洗蠟樹前應做那些檢查？

22. 試述詹氏杯(Zahn Cup)所測的秒數與黏度的關係？

23. 試述陶瓷殼模之脫蠟方法？

24. 試述回收蠟中的不純物如何分離？

25. 試述燒結與預熱的主要目的？

26. 試述感應電爐依其頻率可分為那些熔爐？

27. 試述為何熔煉金屬會產生架橋現象？

28. 試述感應熔解爐，熔解標準作業程序？

29. 試述真空鑄造法的特點？

30. 試述軟焊與硬焊之異同？

31. 試述機械除砂的種類？

32. 試述化學除砂是用在那些地方？

33. 試述鑄件熱處理的種類？

34. 試述品質與規格的定義？

35. 試述品質管制之定義？

36. 試述常用鑄件檢驗方法？

37. 試述金相顯微鏡的操作要領？

38. 試述染色探傷檢驗步驟？

EXERCISE

CHAPTER 3

高壓鑄造(壓鑄)

3-1 前言

　　我們鑄造工程上有一個名詞「Die Casting」，其原意為「**模鑄**」；意即指利用金屬模(Permanent Mould)施行重覆複製一個鑄件的名稱，這個名稱並未表達金屬熔液進入金屬模時的壓力，因此英國把普通的金屬模鑄造稱為「Gravity Die Casting」，我們把它翻譯為**重力金屬模鑄造**；即利用傳統的普通澆鑄法，使金屬熔液利用本身的重力，不另加其他壓力流入金屬模裡；其目的只是利用金屬模取代傳統砂模，可以做多次反覆的複製一個鑄件。故此法並不需特別的鑄造設備，模具之製作也簡單，而生產成本低。惟澆鑄過程因金屬模的散熱速度快，使熔液黏度遽增。流動性減低，在不加壓的情況下，對於斷面極薄而複雜的鑄件，經常失敗，所以此法僅適用於一般簡單形狀的鑄件生產。因此才有**高壓鑄造**(Pressure Die Casting)的產生；其意義係

利用高壓將金屬熔液壓入具有精密而複雜的金屬模之模穴內，鑄成我們所需要的零件，為現代各種車輛、飛機、船舶、電子通訊、家電、生活日用品、工業用零件……等，所需零件大量生產的一門專業鑄造工程，其發展極其迅速。本章所要談的高壓鑄造即為一般所稱呼的**「壓鑄」**；也有些國家把壓鑄工作稱為「Die Casting」。

高壓鑄造為精密鑄造的方法之一，所鑄出的成品尺寸公差極小，表面光滑度特高。在大多數的情形下，鑄件毛胚不需車削加工，即可裝配應用，外螺紋亦可直接鑄出。

3-1.1 台灣壓鑄工業發展的經過

國內最早的壓鑄工業，為屏東市的「台灣壓鑄工作所」，歷史最為悠久。其他大多數的壓鑄工廠，均成立於民國四十年以後。由於地理環境的關係，絕大多數的壓鑄工廠，集中在台北三重、台中豐原、彰化及台南等四個地區；**三重地區**大多使用日本的東芝的壓鑄機，生產正廠的機車及縫紉機的鋁合金零件；**豐原地區**使用台製的壓鑄機，生產電扇及部分的縫紉機鋁合金零件；**彰化地區**除新力、遠大兩家公司外，全部使用台製壓鑄機，生產日用五金的鋁合金件；**台南地區**使用台製壓鑄機，生產機車鋁合金零件內外銷及純鋁餐具外銷，產品價格競爭激烈。

近十幾年來，由於大陸及東南亞市場開放，工資低廉導致台灣的壓鑄廠紛紛外移，又由於3C產業發展快速，許多3C產品多已被質量輕、強度好的鎂合金壓鑄產品所取代，因此鎂合金壓鑄的發展近幾年來更是一日千里。

3-1.2 台灣壓鑄工業的現況與展望
(資料來源：壓鑄業動向與前景分析，經濟部技術處，路全勝)

一、台灣壓鑄產業的現況

壓鑄工業是低熔點合金如鋁、鎂、銅、鋅、錫、鉛……等大量成型之最經濟的生產方法，壓鑄品的特性在台灣產業環境與文化的特質，我們可以從兩方面來分析：

（一）外在的表現

　1.　目前多應用於成熟的產業

　　　就壓鑄件銷售的數量而言，汽機車、五金建材、工具電器設備及3C產業等所用的壓鑄零配件，就佔了總銷售量的九成以上，這些產業雖然持續推出新產品，惟其產業發展的程度，對壓鑄件使用的情況都已經相當穩定。

　2.　壓鑄產業市場的自主性低

　　　壓鑄的成品，主要是做為產品的零配件，鑄件的規格、型式、品質均由客戶提出要求，壓鑄廠最多再就鑄造的可行性進行修正，廠商無法設計新產品爭取客戶，反而是憑本身製造能力來吸引顧客，對市場開發相對於製造最終產品者較為被動。

　3.　壓鑄產品行銷國內外市場

　　　壓鑄品的成熟度高，台灣壓鑄業的發展也相當成熟，製造技術已達臻化境界，除內銷外，美、歐、日、東南亞等國家是主要的外銷地區。

　4.　壓鑄產業前段分工，後段整合

　　　國內壓鑄業所需模具，大多交由專業模具廠設計開發，壓鑄廠則參與方案設計的討論，模具開發完成後再送回壓鑄廠試模，這是屬於前段分工；壓鑄毛胚產出後，常須經許多加工程序才能組裝，如鑽孔、整邊、拋光及電鍍塗裝……等，客戶為確認品質責任，減少麻煩，多會委由壓鑄廠一併完成，此謂後段整合。

　5.　壓鑄品應用產業廣泛

　　　凡非結構件、高精密尺寸、需大量生產的物件，都適合以壓鑄方式製造，故從汽機車、自行車、機械五金、工具、電器設備、運動用品、玩具、家用器具及3C產業等都不乏應用的實例。

（二）內在的體質

　1.　壓鑄產業技術成熟度高

　　　全球壓鑄技術的發展已近百年的歷史，國內壓鑄技術的發展也有五、六十年，由於使用的材質種類單純，且因製程特性，鑄件不能

熱處理，用途多集中於各類殼體，在來源與產出範圍有限情況下，技術發展已相當穩定，亦即壓鑄廠的良品率已達95%以上的水準。

2. 壓鑄產業投資生產的障礙低

受用途考量，某些鑄件品質要求並不高，加上生產小型鑄件所需中古壓鑄機，只需數百萬元的投資，再加上一百坪左右的廠房，即可承接小量、簡單的訂單生產，故其投資生產障礙不高。

3. 壓鑄產業以中小企業居多

國人喜好創業，產業投資障礙低，許多熟悉壓鑄技術者，累積經驗與資本後，常會自行設廠，故小型工廠林立，而客戶不喜歡庫存亦漸使訂單多樣少量化，讓中小型工廠更有生存的空間。

4. 壓鑄產業研發創新動力小

壓鑄廠對市場的自主性低，壓鑄技術成熟度又高，使廠商對新產品開發和技術研發投入誘因有限，現有成長動力僅集中在再改善現有的生產力，使良品率更高、交期更短。

5. 壓鑄產業製造能力集中

國內壓鑄廠中小企業居多，整體技術層次差異不大，多年發展下來，許多新廠係由原有廠商中自行脫離創業生產，其購買的壓鑄機，噸數頗為類似，使生產鑄件範圍較為集中，競爭也較為激烈。

二、未來展望

國內壓鑄業在競爭的激流中生存成長，為求脫離現況，必須更新設備、擴大產能、提升自動化程度及跨入其他領域找尋新的生機。對國內壓鑄產業而言，現階段經營所思考的兩大主軸；一為成熟的鋁、鋅合金壓鑄業如何突破經營瓶頸，在穩定中求發展，二為是否要投入新興快速成長的鎂合金壓鑄業。

我國壓鑄業者，經營管理上主要的瓶頸，在於擴大訂單的來源與數量不易、人力不足，以及不良率偏高等三項，此三項互有關聯性，其中**不良率偏高**關係到壓鑄業經營的基礎，**人力不足**關係到壓鑄業成長的動力，**不易擴大訂單來源與數量**則關係到市場的擴張，由裡到外，從根本到發展，壓鑄業在

成長過程中會面臨這三項的問題。

鎂壓鑄是近年來業內，業外所注目的新興產業，在這發展的過程中有許多的困難與風險要一一的去突破，進而邁入量產，才能承接大量訂單。目前已有許多廠商投入鎂壓鑄生產的行列，如果尚未進入者若僅有資金，而無法在短期內擁有技術，即時量產的話，不妨考慮轉投資鎂原料的回收，或壓鑄件周邊相關的加工產業，此一部分投入的廠商仍少，經營風險較低。

最後，就產業的市場面、技術面、人力面、管理面等幾個經營的重要層面來看台灣壓鑄業所提供的「供給面」，與外面環境所需要的「需求面」，兩者之間仍存在著一些差距，即供大於求或供小於求，這些供需缺口，正是業者將來發展的潛在機會，或經營上應該調整的地方。

技術方面：鋁鋅壓鑄幾乎已成熟穩定，能製造國際一流水準鑄件所需的技術，對國內廠商幾乎不成問題，鎂壓鑄技術這幾年已有很大的突破，因此累積豐富的模具開發與生產經驗，則是強化競爭力的關鍵。

管理方面：無論何種鑄件，多應該繼續將作業標準化、縮短交期，以及更深入地與客戶互動。

人力方面：則是成就前述三個構面的基本動力，無論何種鑄件都亟需要強化國際行銷的人力，以擴大海外市場。而鎂壓鑄方面，技術人力積極培養則是刻不容緩之事。

總而言之，壓鑄產業若以更長遠宏觀的角度來規劃與經營，則此成熟產業將有更多的發展機會。

3-1.3 台灣鎂合金產業的發展現況與未來展望

一、台灣鎂合金產業的發展現況(資料來源：鎂合金壓鑄產業市場—台灣及中國產業現況，科技產業資訊室)

鎂合金材料密度低，具有較佳之比強度、比剛性、切削性、制震性及可回收等特性，以及優良的鑄造性能和機械加工性能，是迄今在工程應用中的最輕金屬結構材料。鎂的比重為1.74、鋁為2.7、鋅為6.96、鋼為7.85，鎂合金約為鋁的64%、鋅的25%、鋼的23%。鎂是繼鋼鐵、鋁之後的第三大金屬工

程材料，在礦產原物料趨於枯竭的21世紀，鎂作為一種輕質工程材料，開發利用技術還遠不如鋼鐵、銅、鋁等成熟。被譽為21世紀綠色金屬結構材料的鎂合金材料。在輕量化的需求下，受到全球的重視，歐美的大汽車廠更是紛紛與鎂合金生產大廠結盟，以求供料穩定。應用前景極為廣泛；汽車、自行車、電子通訊、消費類電子、運動器材、機械、航太國防……等領域，如表3-1所示。金屬鎂的需求量每年以20%的速度快速增長，這在近代工程金屬材料的應用是前所未有的。

▶ 表3-1　鎂合金零件應用

	應用產業	應用產品
1	汽車零件	車座支架儀表板及托架電動窗馬達殼體、升降器及輪軸電框、油門踏板、音響殼體、後視鏡架
2	自行車零件	避震器零件、車架、曲柄、花轂、三／五通零件、輪圈、煞車手把
3	電子通訊	筆記型電腦外殼、MD外殼、行動電話外殼、投影機外殼
4	航太國防	航空用通信器和雷達機殼、飛機起落架輪殼
5	運動用品	網球拍、滑雪板固定器、球棒、射弓之中段與把手
6	器材工具	手堤電動鋸機殼、魚釣自動收線匣、控制閥、相機機殼、攝錄放影機殼

資料來源：金屬中心ITIS計畫，2004年。

　　我國的鎂合金產業由於缺乏上游原料供應鏈，所以以鎂合金加工成型為主體，且大多採用壓鑄及半凝固射出成型製程，並以生產3C產品為主要應用，如筆記型電腦、行動電話、投影機及其他可攜式電子產品，至於非3C產品，則有電動工具外殼、自行車前叉、踏板及車架等。

　　由於我國鎂合金產業當初投入的主要動力，來自於筆記型電腦外殼的供應，但是，在投入廠商眾多、3C產品應用不如預期以及3C產業變化速度快等不利因素衝擊下，除了部分大廠有穩定的訂單來源及獲利外，大多數廠商都面臨僧多粥少的局面，以至於廠商間彼此競爭相當激烈。但是若從鎂合金產業的應用範圍來看，鎂合金材料除了3C產品應用之外，亦可應用於運動休閒

器材及車輛零組件等產品，尤其是汽車零組件更是全球鎂合金市場最大的應用產品，而且需求量遠超過3C產品外殼。

不過，切入鎂合金汽車零組件市場，對於我國鎂合金廠商來說，有較多進入障礙尚須克服，像是我國本身並無汽車的設計能力、與汽車母廠的合作關係、低價原料的取得等，特別是車輛零組件產品的利潤遠低於3C產品，更是影響國內鎂合金廠商進入該市場的考量。但是若以產業綜合效益來看，鎂合金汽車零組件具有相當大的未來成長空間，且我國鎂合金廠商也有相當的技術能力，若徒然放棄該市場也甚為可惜。因此，若是我國鎂合金廠商及相關研究單位能運用既有技術基礎，朝向研發和設計部分，從事新產品設計或新製程設計，或是在品牌和行銷部分投入輪圈以開發自有品牌，相信投入鎂合金汽車零組件市場將不會如一般所謂的只有低利潤可圖，甚至於有機會再開創我國鎂合金產業的另一個版圖。

二、台灣鎂合金產業的未來展望

就全球鎂合金產業的趨勢而言，在輕量化已成世界性潮流的趨勢下，鎂合金已為最輕的材料之一。目前汽車業及可攜式產品採用鎂合金的腳步都十分積極，尤其汽車業只要有少數零件改用鎂合金製造，由於數量龐大，馬上就會造成鎂合金產業的訂單爆滿狀態，這也是過去3～5年以來全球鎂壓鑄產業大幅成長主要的因素；加上最近2～3年來，可攜式電子資訊產品鎂合金化的助力下，全球的鎂金屬產業正在快速發展中。預期今後至少5～10年內，全球鎂結構材(以壓鑄品為主)對鎂金屬的用料需求成長率至少將維持在約15%的水準，亦即以全球的觀點來看，10～15年後，鎂金屬將有可能成為如鋼、鋁一樣的主要結構金屬之一。

另一個對鎂金屬產業極為有利的趨勢是環保的考量，目前世界各主要國家皆已逐漸立法，其重點為要求製造商必須負責將商品廢棄以後的廢料回收，鎂金屬與鎂合金為可回收再生的高價金屬，其可回收性遠高於塑膠，因此主要商品(如汽車、3C產品)在輕量化的競爭及環保法規的考量下，鎂合金極具優勢，因此已成為新世代結構材的明日之星。

　　臺灣的鎂合金壓鑄業，在全球鎂金屬產業的發展過程中，展現台灣產業行動快速的本色，迅速投入設廠，目前在亞洲地區已遙遙領先，臺灣傳統上的競爭對手(如南韓)，且在產品市場上又有一個筆記型電腦機殼的大型市場，形成一股促進產業發展的拉力，因此在發展上較許多國家有利得多，未來並有逐漸取代日本，成為3C產品機殼主要供應者的潛力；雖然投入的廠商眾多，有產能過剩(單就筆記型電腦機殼而言)之虞，但鎂合金產品的應用區域也正在迅速擴張中，不僅在3C產品的商機日漸增多，在汽機車零組件方面，更是一個較3C產品遠為龐大的市場，因此未來臺灣的鎂合金壓鑄業，在全球市場上仍大有可為，端視各廠商如何建立本身的技術能力及國際接單能力而定。

　　能源使用效率與環保資源回收是未來產業必須面對的課題，而汽車工業與3C產業均受其影響，且屬於市場價值高之產業，植基於廣大的市場性與社會責任，再加上鎂合金成型之高技術門檻，鎂合金業者考慮3C產業景氣循環變化之快速；價格並非其考慮下單的唯一因素，反應迅速，短期供貨及品質穩定更是其關注的重點。未來，業者在鎂合金元件產品的開發與製造上，應致力於更經濟、安全、使得價格更大眾化普遍化，鎂合金元件產品才不致於曲高和寡、後繼無力，甚至於有機會再另行開創我國鎂合金產業的另一個版圖。

3-2　壓鑄的特性與應用

3-2.1　壓鑄的特性

　　傳統的壓鑄是將鋁、鎂、鋅、銅、錫、鉛等合金熔融後，以高壓高速射入金屬模具中，然後急速凝固的鑄造方法。

一、壓鑄特性

（一）高速充填

　　通常金屬熔液通過澆口(Gate)時，其速度應為30～60m/s之間，由於速

度很高，造成金屬熔液產生霧狀噴出，當這些微粒與金屬模具表面接觸時便立即固化，形成一層緻密的表層，使得壓鑄件表面平滑，也由於高速，所以可充填薄壁，使壓鑄可作極薄的鑄件。

（二）充填時間很短

由於金屬熔液以高速射入模具，所以通常只要幾毫秒到幾十毫秒的時間就可將模穴充滿，加上金屬熔液冷卻速度快，使得壓鑄成為鑄造方法中最適合大量生產的製程。

（三）高壓

在金屬熔液充滿整個模穴後，通常壓鑄機會繼續施以一定壓力；熱室壓鑄機為70～350kg/cm²，冷式壓鑄機則在300～1,100kg/cm²。由於高壓使鑄件的尺寸精度更好。

（四）熔液的冷卻速度快

由於壓鑄使用金屬模，因此冷卻速度快。加上高壓使鑄件與模壁接觸良好，傳熱良好，有助冷卻。冷卻速度快的結果會使鑄件結晶組織細化，機械性質良好。

二、壓鑄的優點

（一）可鑄造複雜形狀的鑄件

如照相機本體、化油器、汽機車引擎體及3C產業零件等。

（二）可得肉薄而強度高的鑄件

一般肉厚，鋁合金為1～4mm、鋅合金為0.6～2.5mm、鎂合金為0.4～2.0mm。設壓鑄件的強度為100，則金屬模鑄品約80，砂模鑄物約為60。

（三）鑄件的尺寸精度高

經由壓鑄而成的鑄件尺寸公差小、表面精度高，在大多數的情況下，壓鑄件不須再加工即可裝配使用，可省去許多機械加工費用。

（四）鑄件表面光度好

壓鑄件的表面光度取決於壓鑄模表面的加工程度。表3-2所示，為壓鑄與其他加工法的表面粗糙度之比較。

表3-2 壓鑄及其他加工法所致的表面粗糙度

表面粗糙度的表示	0.1-S	0.2-S	0.4-S	0.8-S	1.5-S	3-S	6-S	12-S	18-S	25-S	35-S	50-S	70-S	100-S	140-S	200-S	280-S	400-S	560-S
三角記號		▽▽▽▽				▽▽▽			▽▽						▽				
鍛造									精密		←───────────→								
鑄造									精密			←────────────→							
壓鑄																			
砂紙加工 米				精密 ←──────→			精密 ←──────→			←───→									
銼修 米							精密 ←───→												
牛刨（包含插削）																			
銑削 米							精密					←───────→							
擦光 米				精密 ←──────────────→															
電解研磨																			

米為壓鑄鑄模工作粗糙度

（五）可大量生產節省成本

由於壓鑄模採用強韌特殊鋼製造，壽命長及冷卻速度快每一鑄造循環時間短，可在極短時間大量生產。尤其目前結合電腦操縱控制的高性能壓鑄機，動作非常迅速，最適於大量生產。在大量生產的條件下，生產成本比其他鑄造方法低廉。

三、壓鑄的缺點

（一）材料的選擇受限制

目前壓鑄用的合金，皆限於較低熔點的合金，如銅、鋁、鎂、鋅、錫、鉛等六種合金。對於鐵金屬的壓鑄，目前還是無法克服壓鑄模材質及其他技術上的困難。

（二）鑄件之氣密性差

由於熔液經高速充填至壓鑄模內時，容易產生亂流現象，且局部形成氣孔或收縮孔，影響鑄件之耐氣密性。目前有一種含浸處理的方法，可以用來改善壓鑄件的氣密性。

（三）設備費用昂貴

壓鑄生產所需的設備諸如壓鑄機、熔化爐、保溫爐及壓鑄模等費用都相當的昂貴，因此每批的生產數量，必須有一最低產量的限制。

（四）不適於大型鑄件的生產

鑄件最大尺寸受模具容量及壓鑄機合模力的限制，每一模的鑄件重量應在50kg以下。

3-2.2 壓鑄應用的產業與產品

壓鑄品應用在各個行業，非常的廣泛。

1. 汽車零件，如圖3-1所示

   如變速箱、搖臂蓋、油底壺、汽缸體、汽缸蓋……等。

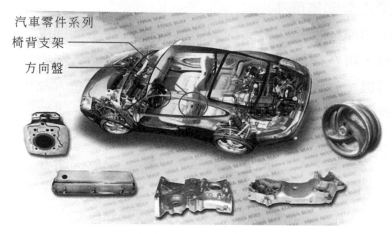

汽車零件系列
椅背支架
方向盤

🌐 圖3-1　汽車零件(資料來源：華鎂金屬科技公司網站)
(參照0-12頁彩色圖)

2.　機車零件，如圖3-2所示

變速箱、曲軸箱及蓋、離合器蓋、汽缸蓋……等。

機車零件系列

🌐 圖3-2　機車零件(資料來源：華鎂金屬科技公司網站)
(參照0-12頁彩色圖)

3.　自行車零件，如圖3-3所示

座桿、前叉、煞車器、腳踏板、把手、豎管……等。

腳踏車零件系列

● 圖3-3 自行車零件(資料來源:華鎂金屬科技公司網站)
(參照0-12頁彩色圖)

4. 3C 產業,如圖3-4所示

手提電腦(NB)外殼、磁碟機座、行動電話零件、MP3/PDA、照相機
外殼……等。

● 圖3-4 3C 產業MP3/PDA(資料來源:華孚科技公司網站)

5. 產業機械,如圖3-5所示

縫紉機機體、木工機械零件、機座轉子、氣壓控制閥、皮帶輪……
等。

(a) 縫紉機零件

(b) 木工機械零件

 圖3-5　產業機械縫紉機機體、木工機械零件(資料來源：欣諾德公司網站)

6. 工業用零件，如圖3-6所示

　化油器、浮箱本體及蓋、油泵本體、瓦斯器具、衛星接收盤架、汽車座椅滑動齒輪架、機車鎖、車燈內殼……等。

圖3-6　工業用零件

7. 家電日用品，如圖3-7所示

　手提氣、電動工具殼、電熨斗底板、溜冰鞋底板、瓦斯爐具……等。

🌐 圖3-7　手提氣、電動工具殼(資料來源：日偉機械公司網站)

8.　生活日用品，如圖3-8所示

衛浴用品、門把手、門鎖、獎杯、領帶針、燈具、樂器、兒童玩
具、鑰匙鍊……等。

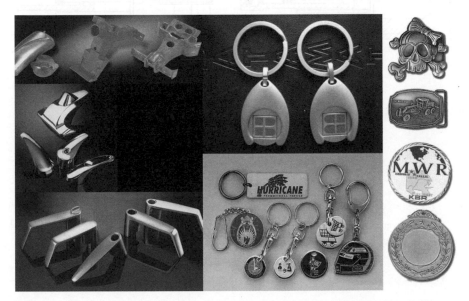

🌐 圖3-8　生活日用品衛浴用品、門把手(資料來源：伍鎰工業、東長興五金公司網站)
(參照0-13頁彩色圖)

3-3 壓鑄原理

壓鑄工作，金屬熔液在有壓力狀況下，產生噴射流動行為，常因澆口之形狀及模穴結構之變化，而產生許多不同的流動現象。壓鑄製程中金屬熔液的流動方式可分兩方面來討論。

3-3.1 射料套筒內的流動情形

一、射料套筒內衝射過程大致可分為三個階段(參考圖3-9所示)

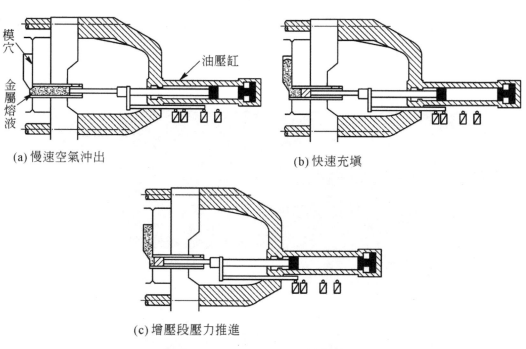

(a) 慢速空氣沖出

(b) 快速充填

(c) 增壓段壓力推進

🌐 圖3-9　射料套筒內衝射過程

（一）第一段為慢速衝射

衝射距離較長，衝射速度較慢；以慢速將射料套筒內的合金熔液送入澆道，使熔液有足夠的時間將射料套筒及澆道內的空氣驅除乾淨(如圖3-9(a)所示)，減少鑄件氣孔的形成。

（二）第二段為快速衝射

　　以快速將已進入澆道的合金熔液衝射進入模穴內，利用快速衝射可將模穴內的空氣及水氣驅除乾淨，減少鑄件氣孔的產生，如圖3-9(b)所示。

（三）第三段為增壓衝射

　　其衝射距離相當短，增壓的作用在於使尚未凝固的合金熔液受到瞬間強大之壓力，使鑄件組織緻密，晶粒結構均勻，如圖3-9(c)所示。

二、各種衝射速度所產生的液流(參考圖3-10所示)

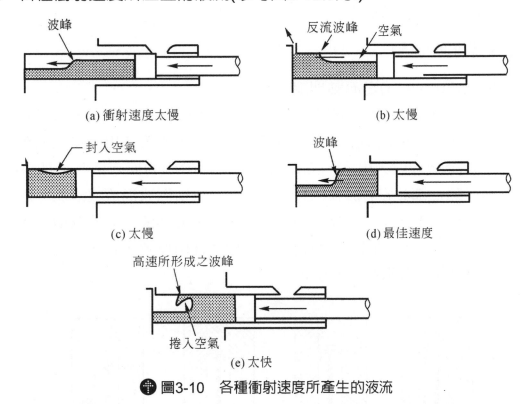

圖3-10　各種衝射速度所產生的液流

　　衝射期間所產生的液流與第一段的衝射速度有相當密切的關係：

（一）柱塞衝射速度太慢

　　如圖3-10(a)、(b)、(c)所示，易使空氣封入合金熔液內。

（二）柱塞衝射速度太快

　　如圖3-10(e)所示，反而使空氣被合金熔液捲入而成氣孔，並且容易造

成噴濺現象。

（三）合理的柱塞衝射速度

如圖3-10(d)所示，能順利將射料套筒內的空氣趕出。

3-3.2 模穴內的流動情形

壓鑄模穴內的合金熔液由於溫度較高，且壓鑄模為非透明體，實驗不易。所以有關壓鑄的流動理論，皆以耐熱玻璃取代鋼製模具所做的實驗得知。其中以1933年佛氏(Frommer)所提出的有關金屬熔液的壓鑄流動與各種可控制因素的報告最具完整性。

一、模穴斷面的流動

（一）佛氏(Frommer)之流動理論

佛氏的理論主要是針對鋅合金所做的實驗；圖3-11所示，為方形模穴斷面，澆口厚度小於鑄件肉厚的液流情形，佛氏指出壓鑄流動理論，為合金熔液射入模穴，立即衝射到澆口對側的模穴壁時，即形成亂流，除一部分附著於模穴壁外，其餘經反射形成渦流與層流，繼續附著於模穴上，至模穴充滿為止。流動的情形與澆口位置及鑄件肉厚與澆口厚度之比有關，若澆口厚度大於鑄件肉厚時，將產生亂流，尤其在鑄件肉厚較薄時易發生。

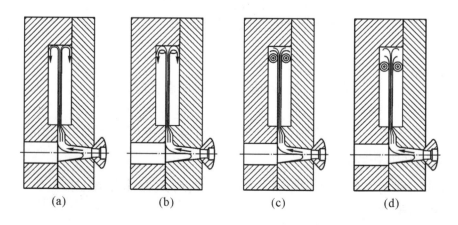

(a)　　　　(b)　　　　(c)　　　　(d)

🌐 圖3-11　佛氏(Frommer)之流動理論

利用佛氏流動理論可以計算出澆口之斷面積，其公式如下：

$$A = \frac{G}{\rho \cdot t \cdot W}$$

A＝澆口面積(cm²)

G＝鑄件的重量(包括溢流井、澆道)(g)

ρ＝合金密度(g/cm³)

t＝模穴充填時間(sec)

W＝澆鑄速度(cm/sec)

（二）寇世與高氏(Koester & Gohring)的流動理論

寇世與高氏(Koester & Gohring)所提出的流動理論與佛氏(Frommer)甚為接近，如圖3-12所示。他們認為熔液進入模穴時先衝射到澆口對側的模穴壁，除部分附著模穴壁外，其餘反流到澆口處與後面再流入之熔液混流，這種現象一直到模穴充滿為止。

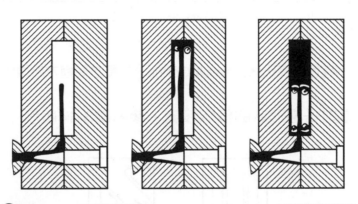

● 圖3-12　寇世與高氏(Koester & Gohring)的流動理論

二、模穴平面的流動

模穴平面的流動，大都與澆口位置設置有關，澆口處的噴射速度、噴射量及澆口形狀對液流也有很大的影響：

（一）寇世與高氏(Koester & Gohring)在長方形模穴所做的液流實驗

1. 澆口位置為中央澆口，參考圖3-13(a)所示。
2. 澆口位置為邊緣澆口，參考圖3-13(b)所示。

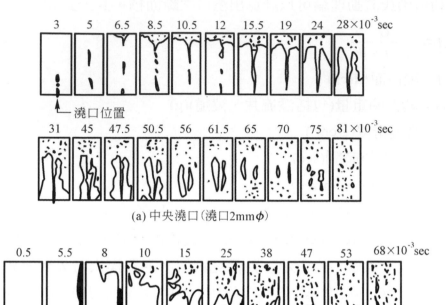

(a) 中央澆口（澆口2mmφ）

(b) 邊緣澆口

● 圖3-13　寇世與高氏(Koester & Gohring)在長方形模穴所做的液流實驗

（二）澆口位置對各種形狀的模穴液流，參考圖3-14所示

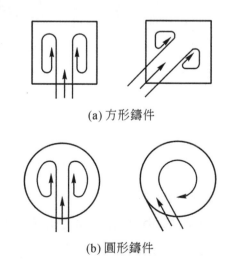

(a) 方形鑄件

(b) 圓形鑄件

● 圖3-14　澆口位置對各種形狀的模穴液流

（三）噴射速度高的熔液流動情形，其澆口為噴出型澆口(Jet Type Gate)，參考圖3-15所示

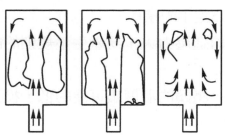

🌐 圖3-15　噴射速度高的熔液流動情形，其澆口為噴出型澆口(Jet Type Gate)

（四）噴射速度低時的熔液流動情形，其澆口為連續沖填型澆口(Solid Front Fill Gate)，參考圖3-16所示

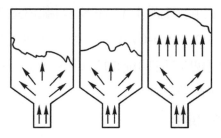

🌐 圖3-16　噴射速度低時的熔液流動情形，其澆口為連續沖填型澆口

三、溫度對流動的影響

　　溫度的高低直接影響壓鑄的金屬熔液在模穴的流動，壓鑄工程依不同的鑄造溫度分成：

1. **高溫鑄造**—凡鑄造溫度高過金屬熔點以上，為完全液體流動狀態者。
2. **黏性鑄造**—溫度較低在凝固點稍上方壓鑄者。
3. **半熔糊狀鑄造**—溫度更低在凝固點稍下方有固體和液體共存狀態壓鑄時。

　　以上這三種鑄造，假如單從壓鑄結晶密實而言，以半熔糊狀壓鑄最佳，黏狀體壓鑄次之，而以夜體壓鑄最差；另從流動性的觀點而論，以半熔糊狀壓鑄最困難，必須提高鑄造壓力才能勝任。

綜合而論，溫度對流動的影響可以得到以下兩個結論：

1. 壓鑄溫度低及鑄造壓力小，則產生規則的流動，可以鑄造精度高，氣孔少及尺寸公差小的鑄件。

2. 壓鑄溫度高及鑄造壓力大，易產生不規則的亂流，結果捲入空氣而形成氣孔。

   所以可能的話，壓鑄的溫度儘可能的低，模溫也要控制適當，才能獲得良好的鑄件。

四、鑄造的模流分析

鑄造的熔湯填充與凝固過程會產生許多缺陷，如果無法在鑄造生產前掌握此等問題，就會造成增加設計變更次數及過多廢料產生，這些均會使整體鑄造成本大量增加。目前市面上有許多有關鑄造的模流分析軟體，例如FLOW-3D、CAE、AFS-3D、Pro-Cast……等。通常它們是屬於高階計算流體力學的軟體，是一套全模塊完整功能的軟件，可以在模具設計完之後，開始製作之前做精確的金屬模流分析。

模流分析具有下列的功能：

1. 高精確度與仿真度的充填與凝固分析。

2. 開模前精確預測鑄造的缺陷位置。

3. 更快速檢討鑄模設計的可行性。

4. 檢討設計改善的次數。

5. 降低廢料的比率。

6. 降低整體鑄造的成本。

目前模流分析軟體除了具有全面仿真功能外更可以提供下列完整的分析結果：

1. 表面缺陷及包風分析

   具有自由液面追蹤能力，可以非常精確指出鑄件氧化膜及包風位置，以供決定正確的設計改善方案。

2. 凝固及收縮分析

   當熔湯冷卻及收縮後，鑄件內部會有縮孔缺陷，當縮孔在重要部位產

生時會造成不良品，它具有完善的分析工具可充分仿真凝固和收縮以預測熱點和收縮位置，提供冷卻及澆冒口系統之改善依據。

3. 微縮孔

鑄件在凝固收縮時，內部壓力遞減會造成許多微縮孔，可以精準的預測其範圍，以供改善對策。

4. 空蝕氣穴分析

當熔湯充填時因流線分離及過高流速，產生壓力遞減而降到臨界壓力以下，造成空蝕現象產生氣穴，這會導致模具的損壞，可協助預測那些位置會有空蝕，以採取調整措施。

5. 熱應力

可以精準預知因凝固產生的應力，可能造成鑄件變形或熱裂紋，對鑄件的生產是非常的重要。

3-4 壓鑄機械與操作

3-4.1 壓鑄機的種類

壓鑄機(Acurad Die Cast Machine)起源於1838年，布魯氏(Bruce)所發明的簡單活字製造機，發展至今，演變成為現代一門不可或缺的新興鑄造工業；但壓鑄的基本原理則無多大變化，通常壓鑄設備都必須具備壓入熔液與鎖緊壓鑄模的兩種加壓機構，其使用壓力之來源，依機械構造分別為機械力、空氣壓力及液體壓力。壓鑄時，金屬熔液進模之射入壓力，我們稱作「**鑄造壓力**」；模具抵抗這種壓擠之合緊力，我們稱為「**鎖模力**」，一般鎖模力須大於射入壓力的4～5倍或更高。壓鑄機的大小通常以鎖模力之大小來表示，鎖模力之大小通常自10噸至數千噸左右。

壓鑄機的類型，一般分為熱室壓鑄機和冷室壓鑄機及真空壓鑄機三大類：

一、熱室壓鑄機(Hot Chamber Die Casting Machine)，如圖3-17所示

熱室壓鑄機即在壓鑄機上設有熔解爐，熔解爐之熔液池內裝置有一個固定鵝頸(Gooseneck)，另有柱塞(Plunger)可將熔液壓入鑄模之模穴裏。主要用於鋅合金以下之較低熔點合金的壓鑄如鋅、錫、鉛合金的壓鑄。所能壓鑄的鑄件大小通常從0.1kg到22kg不等，操作週期為50～500次／小時，特殊用機械在200～5,000次／小時。這種壓鑄機的優點是生產程序簡單、效率高、金屬液損耗少、產品穩定。但壓入設備及壓射柱塞頭長期浸在金屬液體中，影響使用壽命，熔液吸鐵量多。

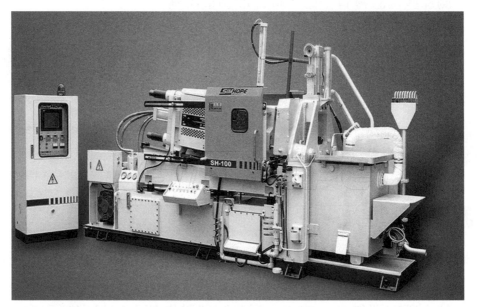

● 圖3-17　熱壓室壓鑄(資料來源：信鋐工業股份有限公司網站)

二、冷室壓鑄機(Cold Chamber Die Casting Machine)

冷室壓鑄機的壓入室與保溫爐是分開的，在機旁另設熔解爐儲存金屬熔液。壓鑄時以長柄的勺子，從保溫爐中取出金屬液再注入射料套筒後，立即以壓力推動柱塞，把熔液推入模穴裏，進行壓鑄。柱塞的前進的速度為130～1300mm/sec，主要依合金的種類及鑄件的厚薄酌予增減；通常厚斷面澆口與厚斷面鑄品，使用低速。冷室壓鑄機主要用於較高熔點非鐵金屬的壓鑄，如鋁、鎂、銅合金的壓鑄。其鑄造壓力較高，因此鎖模力也相對提高。

冷室壓鑄機可分為：

（一）橫型(臥式)冷室壓鑄機水平鑄入，如圖3-18 所示

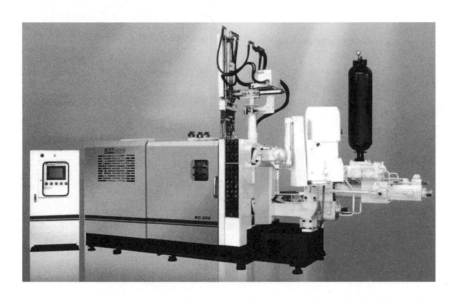

🌐 圖3-18　橫型(臥式)冷室壓鑄機水平鑄入(資料來源：信鋐工業股份有限公司網站)

（二）橫型(臥式)冷室壓鑄機垂直鑄入，如圖3-19 所示

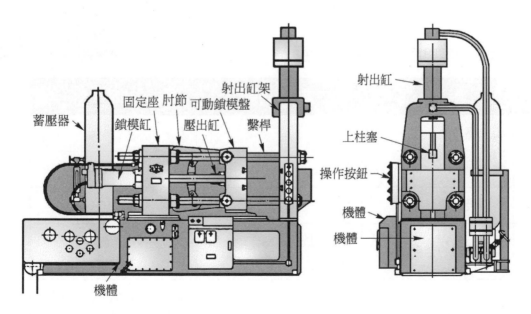

🌐 圖3-19　橫型(臥式)冷室壓鑄機垂直鑄入(資料來源：模具學，施議訓等，全華)

（三）立式壓鑄機，如圖3-20 所示

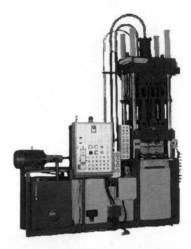

● 圖3-20　立式壓鑄機(資料來源：欣諾德公司)

熱室與冷式壓鑄機的特性，如表3-3所示。

↘ 表3-3　熱室與冷式壓鑄機的特性

	項別	熱室壓鑄機	冷式壓鑄機
1	鑄造壓力	小	大
2	鑄造速度(次／每小時)	大	小
3	熔液吸鐵量	大	小
4	適合壓鑄的合金	以鑄造較低熔點合金，如鋅、錫、鉛合金	能鑄造較高熔點合金，如鋁、鎂、銅合金
5	鑄品的大小	宜壓鑄小型物品	適用於少含氣泡需高壓鑄造之大件物品

三、真空壓鑄機(Vacuum Die Casting Machine)，如圖3-21所示

由於傳統的壓鑄製程中無法避免將空氣捲入鑄件中，因此若能將模穴中的空氣抽走，必能改善鑄件的品質，基於這個想法，才有真空壓鑄的產生。

真空壓鑄透過在壓鑄過程中，抽除模穴內的氣體而消除或顯著減少壓鑄件內的氣孔和溶解氣體，提高壓鑄件的力學性能和表面質量。目前已成功在冷室壓鑄機生產出AM60B鎂合金汽車輪轂，在鎖模力為2940kN的熱室壓鑄機上生產出AM60B鎂合金汽車方向盤，鑄件伸長率由8%提高至16%。

⊕ 圖3-21　真空壓鑄機
(資料來源：金池金屬壓鑄有限公司網站)

3-4.2　壓鑄機的各部構造

壓鑄機的基本構造，如圖3-22所示。主要的機構包括鎖模機構、壓入機構、推出裝置、油壓迴路、附屬裝置。

一、鎖模機構

鎖模機構包括固定模板、可動模板、開閉鎖模的裝置、支持強大鎖模力的繫桿等。鎖模的行程通常是先高速閉模，再以低速鎖模。鎖模機構的形式有肘節式、直壓式、楔鎖式及輔助缸式等。

（一）肘節式，如圖3-23所示

圖3-23(a)為開模時的肘節位置，圖3-23(b)為以液壓缸推動肘節，將可動模板移至關模位置，使肘節之連桿機構將模鎖住，如此可增大鎖模

力。肘節機構的作用原理，隨著 θ 的減小而增大鎖模力，如圖3-24所示。此種鎖模機構為最常用的形式。

鎖模時鎖模力須均勻施加於4支繫桿，模板的間隔需與模的厚度相同；模板間隔比鑄模間隔大時，完全不發生鎖模力，太小時肘節機構不能完全伸直，無法充分發揮鎖模力，因此為獲得所定鎖模力與兼顧因熱而膨脹的伸長量，應仔細計算出兩模板的適當間隔，以得到正確的鎖模力。此時繫桿螺帽調節不良時，鎖模力不會均勻施加於各繫桿，另外金屬模因加熱而膨脹時，無法鎖緊模具，大型機械須經常調節是其缺點。

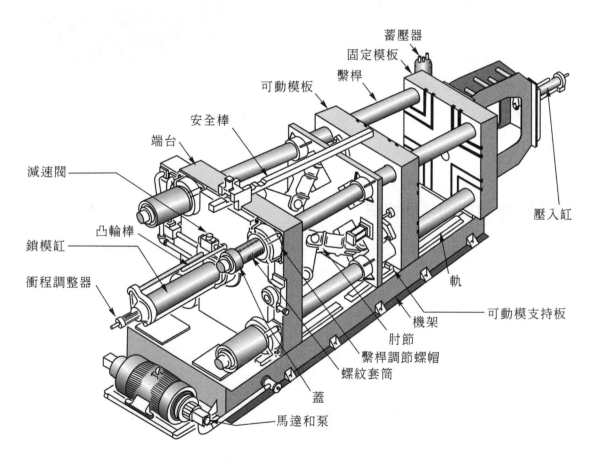

● 圖3-22　壓鑄機的構造

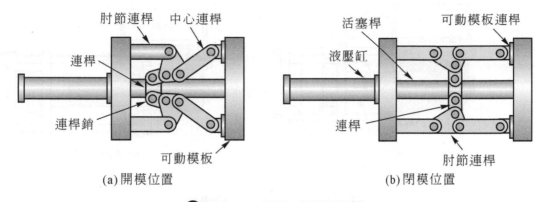

(a) 開模位置　　　　　　　　(b) 閉模位置

🌐 圖3-23　肘節式鎖模機構

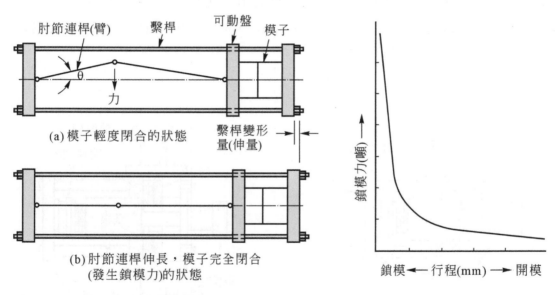

(a) 模子輕度閉合的狀態

(b) 肘節連桿伸長，模子完全閉合
(發生鎖模力)的狀態

🌐 圖3-24　肘節式鎖模裝置的原理

（二）直壓式，如圖3-25所示

直壓式鎖模機構原理是藉著油壓缸的壓力，驅動鎖模盤，閉模時先以
昇壓滑塊，快速合模，直到接近合模終了時，再以主滑塊(主缸)全部
的壓力慢速鎖模。

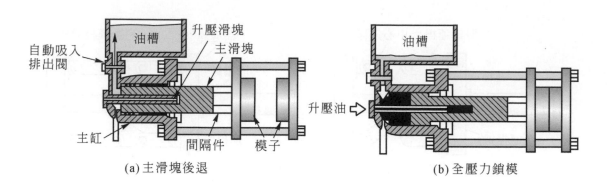

● 圖3-25　直壓式鎖模機構

（三）楔鎖式，如圖3-26所示

此種鎖模系統是由液壓缸與楔型塊組合應用的，需要利用三個方向的液壓缸來配合發生動力。圖3-26(a)為開模時的位置，圖3-26(b)為利用楔型塊鎖模的關模位置。

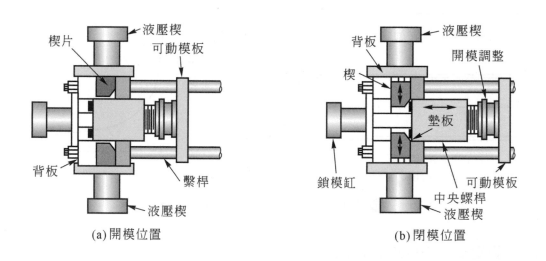

● 圖3-26　楔鎖式鎖模機構

（四）輔助缸式，如圖3-27所示

輔助缸式的鎖模裝置，主要是利用上下兩個輔助油壓缸來增加鎖模力。

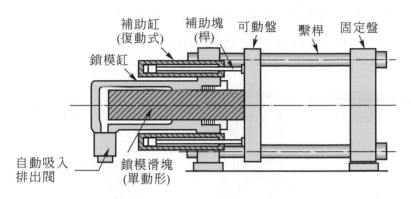

補助缸(復動式)　補助塊(桿)　可動盤　繫桿　固定盤

鎖模缸

自動吸入排出閥　　鎖模滑塊(單動形)

圖3-27　輔助缸式鎖模機構

二、壓入機構

壓入機構主要功能為將金屬液利用液壓壓入金屬模內。

（一）熱室壓鑄機的壓入裝置

熱室壓鑄機鑄入的主要用具有壓力缸、動力(油壓)缸、柱塞桿、柱塞頭、活塞環、鵝頸管、噴嘴等，如圖3-28所示。鵝頸管與浸在合金熔液的壓力缸連接，當柱塞上升至頂端位置，熔液就從入口進入壓力缸，模具閉合鎖緊後，動力缸作動柱塞，向下移動，此時熔液受柱塞的壓力，經由鵝頸管和噴嘴進入模具之模穴。

熱室壓鑄機鵝頸管常用的形式有三種，如圖3-29所示。其材料通常運用軟鋼、鑄鋼或合金鋼，端視操作壓力及壓鑄合金而定。噴嘴材料則選H-13、高速鋼、氮化鋼、不銹鋼等特殊材料製作。柱塞頭一

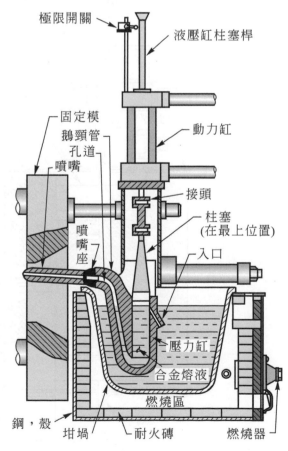

極限開關

液壓缸柱塞桿

固定模
鵝頸管
孔道
噴嘴

動力缸

接頭

柱塞(在最上位置)

噴嘴座

入口

壓力缸

合金熔液

燃燒區

鋼，殼　坩堝　耐火磚　燃燒器

圖3-28　熱室壓鑄機的壓入裝置

般用鑄鐵製成，不須經熱處理，柱塞外緣須設柱塞環(類似活塞環)，以幫助壓力之保持。圖3-30所示為熱室壓鑄機利用真空進給裝置的壓入機構。

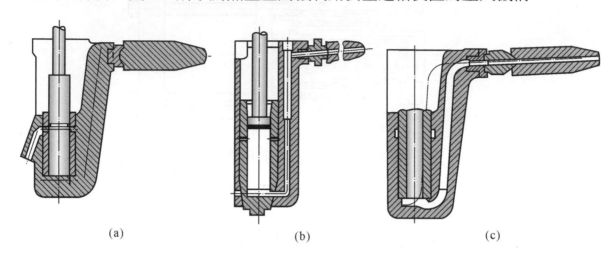

(a)　　　　　　　　(b)　　　　　　　　(c)

💠 圖 3-29　常用鵝頸管常用的形式

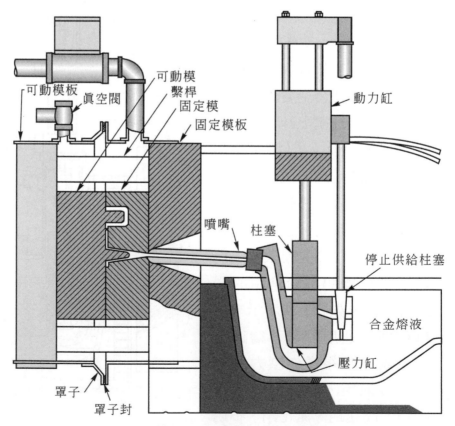

💠 圖 3-30　真空進給裝置的壓入機構

（二）橫型(臥式)冷室壓鑄機壓入裝置

橫型冷室壓鑄機的壓入裝置包括射出缸、射料套筒、壓入柱塞桿、柱塞頭、杓子，如圖3-31所示。冷室壓鑄機的優點是合金的熔液不易侵蝕壓入設備和較高的射出壓力，鋁合金其射出壓力高達180～220kg/cm^2。其缺點為需要較長的循環週期，及合金熔液熱損失較大。圖3-32所示為其壓入時之操作情形。

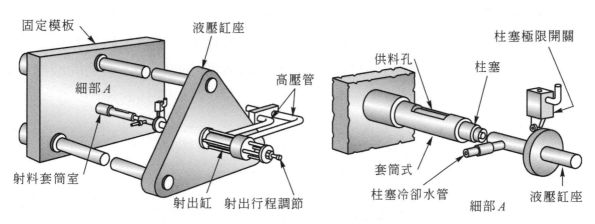

● 圖3-31　橫型(臥式)冷室壓鑄機壓入裝置

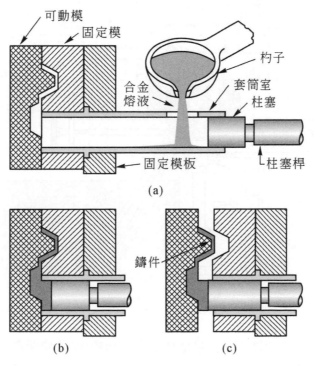

● 圖3-32　橫型(臥式)冷室壓鑄機壓入時之操作

（三）垂直鑄入冷室壓鑄機的壓入裝置

垂直鑄入冷室壓鑄機有兩種形式，圖3-33所示為模具開閉方向成垂直，合金熔液由下向上射入模具的。圖3-34所示為模具開閉的方向成水平，其壓入裝置包括直接與豎澆道襯套連接的立式套筒室、下柱塞與上柱塞，其作業程序依圖之各位置所示，以杓子將合金熔液倒入壓入套筒室，再以上下柱塞壓入模具內。

（四）射出壓力系統

壓入系統的壓力是由液壓缸所產生的，液壓系統通常包括泵和氮氣蓄壓器，蓄壓器提供射出熔液充填模穴時所需的液壓油。典型的液壓系統，如圖3-35所示。

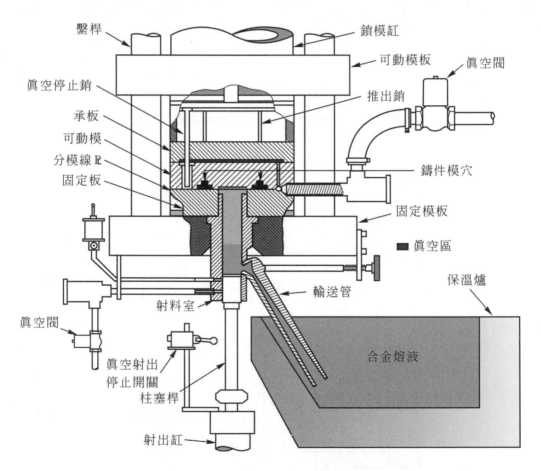

● 圖3-33　垂直鑄入冷室壓鑄機的壓入裝置(模具開閉方向成垂直)

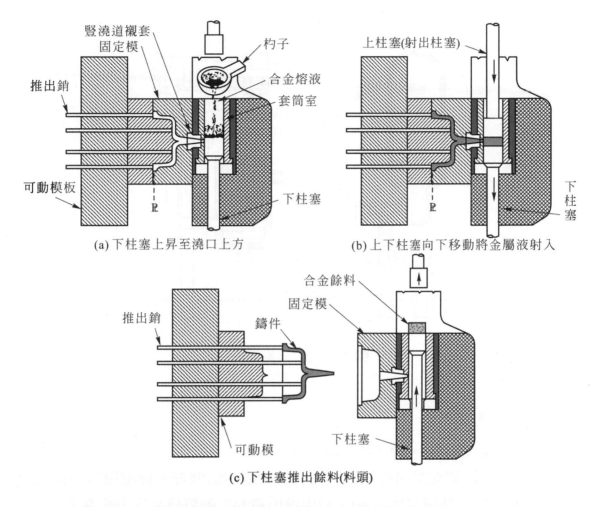

● 圖3-34　垂直鑄入冷室壓鑄機的壓入裝置(模具開閉的方向成水平)

射出液壓系統操作程序如下：

1. 馬達轉動泵，將液壓油壓入氮氣蓄壓器將氮氣壓縮，直到極限壓力。

2. 當壓入合金熔液時，打開射出控制閥，利用被壓縮氮氣的高壓力迫使液壓油作動液壓缸的活塞，活塞再帶動柱塞將熔液壓入模內。

3. 在熱室壓鑄機系統，注射完了後，射出控制閥關閉，促使油流入液壓缸，活塞回到原位。而在冷室系統，壓入終了，待合金凝固後，柱塞推進頂出金屬餘塊(料頭Biscuit)再回到原位。

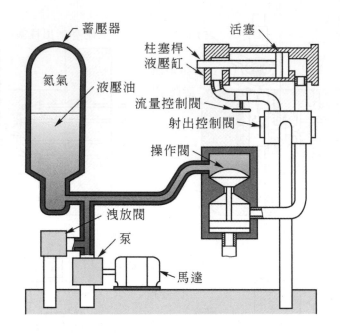

圖3-35　液壓系統

三、推出裝置

（一）液壓推出裝置，參考圖3-36所示

將液壓缸固定於可動模板，再以油壓缸的活塞桿，推出模具的推出板
(推出板上裝置有推出銷)，利用推出銷的作動將鑄品推出的方式。

（二）機械推出裝置，參考圖3-37所示。

機械推出裝置是藉開模行程，使安裝於壓鑄機台的緩衝器及推出桿發
生動作，在可動模板後退時推出可動模的推出板，推出鑄品，回銷也
同時伸出，此種推出裝置推出板必須藉回銷或彈簧的力量退回原位。

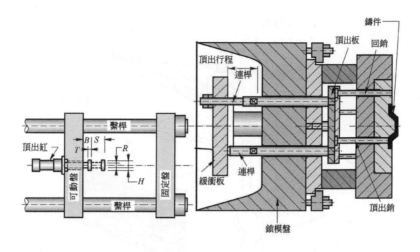

● 圖3-36 油壓缸推出裝置(資料來源：模具學，施議訓等，全華)

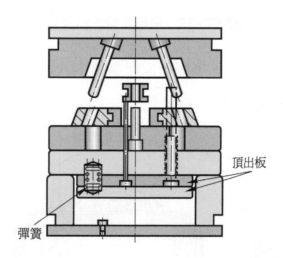

● 圖3-37　機械推出裝置(資料來源：模具學，施議訓等，全華)

四、壓鑄機的附屬裝置

（一）自動給液裝置

這是冷室壓鑄機對鑄入缸(射料套筒)供給熔液的裝置。可利用機械式、重力式、真空式、液壓式等方法。

1. 利用機械手臂，以杓子連接槓桿將合金熔液從保溫爐送入鑄入缸(射料套筒)，如圖3-38所示。

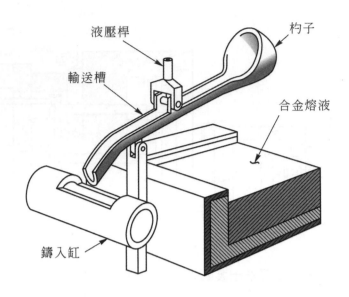

液壓桿

輸送槽

杓子

合金熔液

鑄入缸

🌐 圖3-38　機械手臂送料裝置

2.　利用空壓系統裝置，將熔液從保溫爐送入鑄入缸，如圖3-39所示。

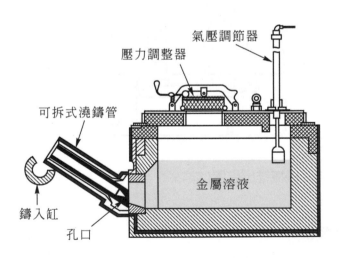

氣壓調節器

壓力調整器

可拆式澆鑄管

金屬溶液

鑄入缸

孔口

🌐 圖3-39　利用空壓系統裝置，將熔液從保溫爐送入鑄入缸

3.　利用真空供給系統，將熔液從保溫爐送入鑄入缸的情形，如圖3-40
所示。

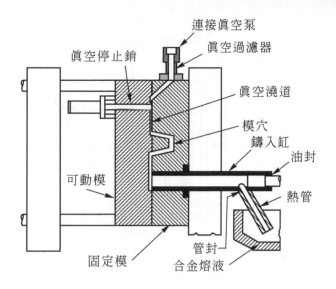

連接眞空泵
眞空過濾器
眞空停止銷
眞空澆道
模穴
鑄入缸
油封
可動模
熱管
管封
固定模
合金熔液

圖3-40 利用眞空供給系統,將熔液從保溫爐送入鑄入缸

4. 以重力方式供給系統,送入鎂合金熔液,如圖3-41所示。

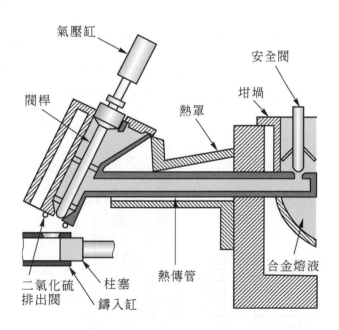

氣壓缸
安全閥
閥桿
熱罩
坩堝
二氧化硫
排出閥
柱塞
鑄入缸
熱傳管
合金熔液

圖3-41 重力方式供給系統,送入鎂合金熔液

5. 以恆壓離心泵運送鎂合金熔液,如圖3-42所示。

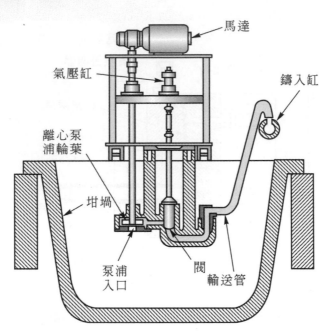

● 圖3-42　以恆壓離心泵運送鎂合金熔液

（二）自動噴射離型劑裝置

很多離型劑的噴射裝置，安裝於如圖3-43所示的機械，運動於可動模
與固定模之間；此噴射裝置當機器開模後，鑄品從金屬模取出後，利
用氣壓缸推動噴射裝置在金屬模面移動，噴射一定時間的離型劑再復
位。

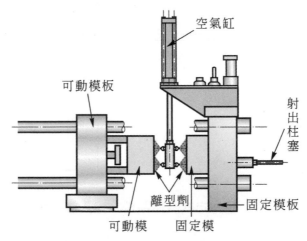

● 圖3-43　自動噴射離型劑裝置

（三）自動射料套筒潤滑裝置

在射料套筒設潤滑用槽，如圖3-44所示。藉橡膠軟管，對射料套筒供給潤滑油的裝置，柱塞壓入後，在退回時藉馬達供給一定量的潤滑油。

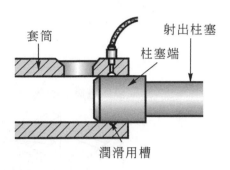

● 圖3-44　自動射料套筒潤滑裝置

（四）自動鑄品取出裝置

以往的自動鑄品取出裝置是以壓鑄機控制的桿，撞落製品而置於運送設備上，如此鑄品會因撞擊而變形或留傷痕，所以目前不常使用。目前以利用空壓或油壓系統控制的機械手臂的裝置，大都夾著取出方式，如圖3-45所示。

● 圖3-45　自動鑄品取出裝置

（五）壓鑄自動化裝置

自動不只自動取出鑄品，還必須將壓鑄機與附屬裝置一體化，使壓鑄作業全面自動化，如圖3-46所示。

1. 為壓鑄機本體。
2. 自動取出鑄品。
3. 將其放入水槽而冷卻，在一定方向、一定間隔，搬運鑄品。
4. 裝入壓鑄機的沖壓模機，進行衝壓作業，使鑄品與毛片分離。如圖3-47所示
5. 完成鑄品，利用鑄品輸送機將其輸送至後處理區，如圖3-48所示。

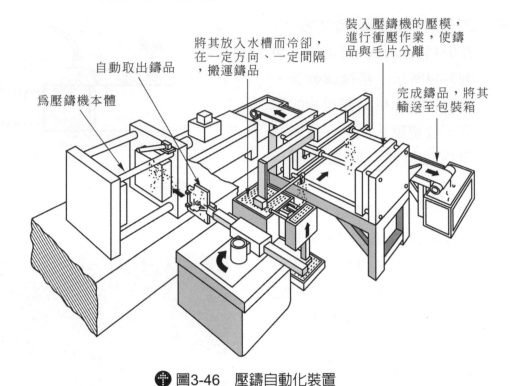

將其放入水槽而冷卻，在一定方向、一定間隔，搬運鑄品

裝入壓鑄機的壓模，進行衝壓作業，使鑄品與毛片分離

自動取出鑄品

完成鑄品，將其輸送至包裝箱

為壓鑄機本體

✦ 圖3-46　壓鑄自動化裝置

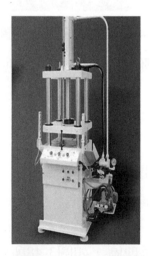

✦ 圖3-47　沖壓模機
(資料來源：信鋐工業股
份有限公司網站)

✦ 圖3-48　鑄品輸送機作業情形

（六）壓入衝擊力的緩衝裝置

壓鑄機壓入完成後，急遽的停止壓入柱塞，發生衝擊力，打開金屬模，容易發生毛片，需要很大的鎖模力。因此可在射出裝置，設置特別的蓄壓器，吸收壓入時的衝擊力。

3-4.3 壓鑄的工作程序

壓鑄作業之工作程序，可分為運轉前的準備工作、壓鑄時的工作程序和停車後的檢查。現在將各項之工作內容詳列於後：

一、運轉前的準備工作

1. 清掃油箱，將液壓油裝入油箱至規定油位。
2. 調整各控制閥門與開關於適當的數據位置。包括柱塞的衝射壓力、衝射速度、鎖模壓力、鎖模速度、心型柱銷之速度、推板速度、開模時間、柱塞衝射時間與每一油壓缸之極限開關等。
3. 蓄壓器的充填。連接蓄壓器和氮氣鋼瓶的氣閥，使壓力充填到所定蓄壓器壓力的50～70%，然後驅動泵、壓縮蓄壓器內的氮氣，反覆數次，使蓄壓器達到規定壓力。如一支氮氣瓶無法充填到該壓力，則須更換新的氮氣瓶。
4. 裝入潤滑油，潤滑油壓送管若有破損時應隨時更換。未設置壓送潤滑油部分，要預塗油脂。
5. 檢查模具各模心柱銷是否正常操作。
6. 裝入壓鑄模於可動模板與固定模板上，並校模使其在適當位置。
7. 空車試轉二次，確定各機構是否正常，檢查緊急停止開關是否有效，並核對各量表計之數據。
8. 檢查冷卻器之溫度指示計，已確知冷卻劑之溫度。
9. 打開蓄壓器與壓鑄機連通之閥門。
10. 準備所需工具、壓縮空氣、離型劑、潤滑劑等。
11. 檢查爐內之合金是否已達可澆鑄溫度(鋅合金390～420°C、鋁合金為650±20°C、鎂合金為650～700°C、銅合金為870～1050°C、錫、鉛合金為220～240°C)。

二、鑄造的工作程序

（一）作業流程圖

1. 冷室壓鑄機的作業流程圖，如圖3-49所示。

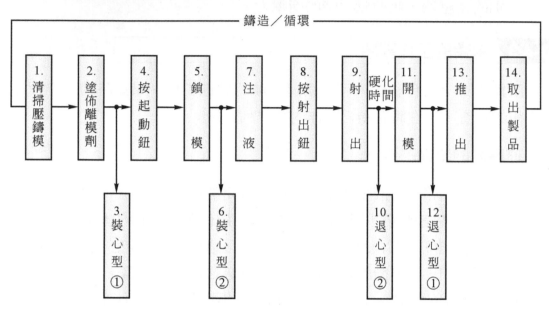

● 圖3-49　冷室壓鑄機的作業流程圖

2. 熱室壓鑄機的作業流程圖，如圖3-50所示。

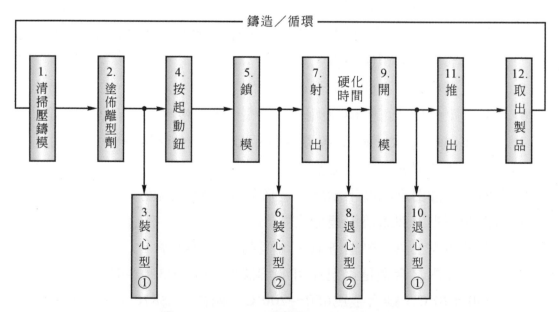

● 圖3-50　熱室壓鑄機的作業流程圖

（二）壓鑄機鑄造操作步驟(含有心型之壓鑄模)

1. 戴上安全帽、手套與護目鏡。
2. 清掃壓鑄模。
3. 使用煤氣或石油類噴燃器、氧乙炔或電熱氣(Heater)預熱模具至適當之溫度(一般合金應為220°C±20°C)。
4. 依柱塞或射料套筒直徑調整鑄造壓力，參考表3-4所示。

▶ 表3-4　鑄造壓力與柱塞直徑之關係

	柱塞直徑(mm)	鑄造壓力kg/cm²
1	ϕ60	160～170
2	ϕ70	170～180
3	ϕ80	180～190
4	ϕ85	190～200
5	ϕ90	200～210

5. 打開冷卻水管試驗冷卻水系統是否正常，打開蓄壓器之閥門。
6. 噴塗離型劑與潤滑劑於模具上。
7. 裝心型(1)進入模穴。
8. 合緊模具並關上安全門(Safety Door)。
9. 裝心型(2)進入模穴。
10. 依鑄品大小，提起適量之合金熔液注入壓入套筒內。
11. 啟動射出開關，進行壓入工作。
12. 俟鑄件凝固後令心型(2)退出模穴。
13. 打開模具並開安全門。
14. 令心型(1)退出模穴。
15. 推出板的推出銷推出鑄件脫離模穴。
16. 利用鑄品取出裝置將鑄品取出，於是完成一循環。

三、停車後之檢查

1. 關緊蓄壓器之閥門。
2. 關閉冷卻水與壓縮空氣。
3. 清掃模具上之金屬殘屑與污物。
4. 清掃機器及其四周之污物與金屬餘塊。
5. 將模具關閉至合模位置並使兩分模面打開相距2mm左右。
6. 所有開關與控制閥門數據歸零。
7. 切斷一切與工作母機相連之電源。
8. 清理熔爐及其四周之金屬浮渣與雜質。
9. 使用過的工具與離型劑及潤滑劑放回定位。

四、離型劑與潤滑劑(Dressings and Lubricants)

壓鑄操作時每當鑄件脫離模穴後，常需於模腔內噴塗上一層離型劑與潤滑劑，方可進行下一循環之壓鑄操作。

（一）離型劑與潤滑劑有那些作用

1. 防止合金熔液黏附於模穴內，造成黏模故障。
2. 揮發模穴內的溫度，以免模穴過熱使鑄件不良。
3. 減低模具鋼料因高溫所生之熱應力，以延長模具壽命、保護模具。
4. 增加合金流動性使壓鑄工作更順利進行。
5. 使模具移動部分，活動模塊(Slide)、銷子、型心得到適當之潤滑不黏緊。

（二）離型劑與潤滑劑的種類

離型劑與潤滑劑之使用，沒有一定規則可循，有使用石蠟(Paraffin)、蜂蠟(Beeswax)及石墨(Graphite)者，有噴塗一種叫矽油(Silicone)與水混合的膠狀乳液者，亦有些廠商使用一種微細石墨或膠狀石墨混合物，為目前廣泛應用於高溫合金壓鑄。此種膠狀石墨為一種高純度而極細(約萬分之一公分直徑)的石墨顆粒(一般石墨顆粒粒度約為200mesh，不能和水或油混合成膠體)，具有潤滑、離型、導熱效能。潤滑劑多為不易揮發之重油，但牛脂絕不可作為潤滑劑，因其會對模穴產生腐蝕

作用。

鋅、鋁合金之壓鑄用潤滑劑大致相同，惟鋅合金宜盡量少用離型劑與潤滑劑為佳。

水質石墨膠狀物(Colloid Graphite in Water)與油質石墨膠狀物(Colloid Graphite in Oil)**離型劑其特性及優劣點如下：**

1. 若模子溫度未達某一臨界溫度以上時，水質石墨膠狀物離型劑不易依附於模穴壁，離型效果不佳。

2. 水質石墨膠狀物離型劑，常易積存於模穴深槽，影響鑄件之品質與尺寸精度。

3. 油質石墨膠狀物離型劑揮發之蒸氣，會凝成液體薄膜，當高溫之金屬進入時，又使之揮發而產生一反壓力，致壓入衝射力減弱。同時氣體留於模腔內，而使鑄件產生流紋(Flower)與氣孔，影響鑄件外觀。

4. 油質石墨膠狀物離型劑之油狀微粒瀰漫漂浮於空氣中，對人體呼吸器官有害，增加工作母機維護保養之困難。

（三）理想潤滑劑與離型劑應具備下列各特性

1. 極易形成一薄膜，緊黏附於模穴內壁，不因高溫合金之衝擊而被移走。

2. 一次潤滑與離型可使用數次壓鑄過程。

3. 有良好之覆蓋面，分佈平均且迅速。

4. 不侵蝕模具鋼料，不使模具生銹。

5. 發煙性少，點火點(Fire Resistance)高。

6. 不結成塊狀存於模穴角落內。

7. 無毒性及產生臭味。

8. 價格便宜，使用簡單方便。

3-4.4 壓鑄品缺陷之原因與解決對策

一、尺寸上的缺陷及其對策

參考表3-5所示。

表3-5　尺寸上的缺陷及其對策

項目	原因	缺陷狀態	改善對策
尺寸不良	鎖模不完全	作業中，熔液飛散，鑄物形成厚毛片	1.檢查模具的導銷接觸情形，接觸不良時要修正。 2.有可動心型的模還須檢查可動心型的咬住，與對應模的配合情形、停止器的磨耗狀態，修正不理想的部位。 3.檢查機械運轉是否正常，不正常者修正之。 4.清掃模穴，勿積滯毛片、塵汙等。
	不適當的射出力	鑄物、澆道、溢流部等的周圍形成毛片	檢查施加於模的荷重，大而不當時，減低射出壓力，但會降低合格率時，要改造或再設計新模。
	模的裝配不良		1.檢查嵌入物的下凹程度，修正嵌入物。 2.檢查、修正母模的表面。
	模溫度變動		1.冷卻水管的位置。 2.澆口的位置。 3.溢流井部的位置。 4.合金溫度。 檢討上述項目，儘量使模穴的表面溫度均勻，模的溫度取決於鑄物的肉厚、大小、形狀、最好憑經驗決定。
	鑄物的收縮		1.合金溫度。 2.模溫度。 3.可動心型的拔出，開模時期。 4.推出時期。 檢討上述條件而調整，若以上的條件都滿足，卻不在界限尺寸範圍內時，須再檢討鑄物的形狀，特別注意肉厚的分配，再設計成肉厚度均勻化。

(續下表)

表3-5　尺寸上的缺陷及其對策(續)

項目	原因	缺陷狀態	改善對策
尺寸不良	對應於可動心型的部分肉厚不同	可動心型成型部的肉厚超過尺寸限度	修正滑動部、停止器的磨耗部或損壞部。
	固定及可動心型的彎曲、變形	成型部形狀錯誤、孔彎曲、變形	修正或更換心型或銷。
	推出銷不一致	推出銷痕跡的凹凸	1.修正或更換推出銷。 2.調整推出銷推板，重鎖螺栓。
偏合	固定及可動模的配合不完全	偏合	檢查推出銷的磨耗，嵌入物的安裝狀態，修正或更換。
變形	鑄物肉厚急激變化	變形	在不妨礙機能的範圍內，使肉厚徐徐變化或設肋。
	推出不足	1.最差時，製品殘留可動模中，或推出銷折損。 2.鑄物變形或破壞。 3.推出銷痕跡裏面成為凸狀。	增設推出銷，改變推出銷直徑。
	推出位置不適當	最差時，不適當部分變形或破裂。	變更推出位置。
	可動心型孔細深而薄肉	成型部變形(薄斷面時)	此時易形成心型孔細深而薄肉的鑄物，增加肉厚或設肋。分2階段退出心型或再設計模。

二、材質上的缺陷及其對策

參考表3-6所示。

表3-6　材質上缺陷的原因及其改善對策

項目	原因	缺陷狀態	改善對策
硬點	Fe含量太多	發生於鋁合金的場合，將鑄物機械加工時，工具損傷或切削面起肉削。	使Fe含量適當
金屬性硬點	1.合金的化學成分不適正 2.偏析 3.熔解溫度與熔解法不適當		1.使合金成分中的不純物量抑制於規格內，防止增量。 2.熔液溫度勿在低溫保溫。 3.再檢討鑄造方案。
非金屬性硬點	1.混入爐材所致，鋁合金的反應		1.正規實施助熔劑處理(在680°C進行助熔劑處理)。 2.檢修爐，清掃爐的周圍。
初晶矽的硬點	1.矽成過共晶而析出 2.初晶因鈣而變大		1.Al-Si合金的矽含量勿成過共晶。 2.鈣的含量在0.1%以內。 3.經常昇高爐的溫度，攪拌、熔化浮游的初晶矽。
化學成分不合要求	熔解管理不適當		使合金成分的不純物量在規格內，防止增量：鋁合金要特別注意鐵、鋅合金要防止鉛及錫所致的污染、鎂合金要防止銅及鎳所致的污染。
氧化物	1.與助熔劑中的結晶體水分的反應 2.熔液表面的氧化物混入		1.使用適當的助熔劑及適當的助熔劑處理。 2.除去表面的浮渣，勿激烈攪拌鍋中的熔液，除去附著於杓的浮渣。

三、鑄件內部缺陷及其對策

參考表3-7所示。

表3-7　鑄件內部缺陷的原因及其改善對策

項目	原因	缺陷狀態	改善對策
氣孔巢	1.澆口過厚 2.排氣不良	氣孔巢的深度或大小不一，幾不呈現於外觀，一般易出現於肉厚大的部分；以X光觀察，或切斷，或以一定間隔測定樣品的重量而比較檢查狀態。	1.將澆口厚度減薄。 2.注意排氣孔設置的位置。
收縮孔	對肉厚大的部分，熔液補給量不夠	鑄件表面凹陷或內部成孔穴。	1.增加射出壓力(但受限於鑄物的大小)。 2.變更澆口的配置及厚度。 3.變更排氣孔。 4.檢查冷卻裝置，使模溫均勻。 5.避免鑄物肉厚急激變化，改造模(但須協調零件設計者)。
捲入氣體所致的氣孔巢	捲入氣體		1.變更排氣孔。 2.注意塗佈離模劑，與其定期大量塗佈不如每次少量塗佈較有效。
熔液所含氣體所致的氣孔巢	凝固過程含有的遊離氣體		1.熔解過程的熔液管理要適當。 2.注意塗佈離模劑，與其定期大量塗佈不如每次少量塗佈較有效。
充填不完全	澆口部分早期凝固	澆口部分凝固，熔液流完模穴前，沒有充分的熔液量到達模穴所有部分。	1.檢討澆口、澆道容量，容量不足時增大。 2.檢討液流方向，變更澆口位置。

四、鑄件表面缺陷及其對策

參考表3-8所示。

▼ 表3-8　鑄件表面缺陷的原因及其改善對策

項目	原因	缺陷狀態	改善對策
鼠尾	1.模的溫度低 2.模溫度與熔液溫度差大 3.離模劑塗佈量多	形成於表面的極薄部分，成為細接縫。	1.昇高模的溫度(必要時增設保溫溢流井部)。 2.節制離模劑的塗佈量。 3.再檢討鑄造方案。
隔層	1.壓入速度太慢 2.壓入壓力不足 3.模溫度低	由於模內的噴流在於模內中失去熱量，前端部生成氧化膜，這些噴流最後未完全熔合時發生，成為深接縫而侵入鑄物內部。	1.增快射出速度。 2.增高射出壓力。 3.增高模溫度。 4.增高熔液溫度。以上的措施還不能改善時。 5.增加澆口厚度(澆口斷面積)。 6.在噴流的合流點設溢流井部。 7.變更澆口位置，在對應部位設溢流井部。
燒焦	模表面局部過熱	局部過熱的模與熔液熔著反應，生成此缺陷時，不易從模中取出鑄物，取出的鑄物表面殘留難看的傷痕。	1.在機能上無妨礙的範圍，使鑄物形狀圓化，修正模。 2.鋁合金可增多鐵含量(0.7～0.2%)，注意離模劑，改成適用者，檢討塗佈方法。 3.模內有熔液長期滯留處時，改變澆口形狀。
粗肌	1.壓鑄合金附著模空洞面 2.模空洞面的熱裂 3.離模劑浮渣附著模中	模空洞表面變粗，直接呈現於鑄物	1.除去附著物。 2.熱裂程度只屬早期時，在機能上不妨礙的範圍內研磨模面，但嚴重時更新模。 3.銼除浮渣等。

(續下表)

▶ 表3-8　鑄件表面缺陷的原因及其改善對策(續)

項目	原因	缺陷狀態	改善對策
變色	用不適當的離模劑	離模劑含有碳時，或不適當時，會使鑄物表面變色，有時附著碳。	注意離模劑，改用適當的離模劑
凹下(外收縮)	模表面局部過熱	局部過熱處熔液的凝固比周圍熔液慢時，該部分的體積減少而下凹，易發生於鑄物厚、局部增厚的部位。	1.控制模的溫度，消除過熱部分。 2.檢討鑄物肉厚，若有較厚的局部，宜使斷面變化緩和。 3.改良澆口形狀，必要時改變位置(在模溫度控制上也可能有此必要)。
破裂	1.退模斜度不夠 2.不均勻收縮 3.銳角隅 4.推出裝置不適當 5.清角	通常出現於鑄物的某一定部分，連接不同肉厚部的圓角小時，輪轂根部圓角小時容易發生，從模中取出鑄物後容易發生，這是由於凝固收縮中發生的內部應力大於合金的延性及強度，退模斜度不足時，鑄物表面形成咬痕。	1.再檢討鑄物的形狀，只要機能上無妨礙，可增大圓角，或設肋。 2.機能上無妨礙時，增大退模斜度。 3.檢討推出位置，變更或增設推出銷。
缺損	1.往澆口、溢流井部的連接部形狀不良 2.不小心	鑄物一小部分缺損。	在澆口、溢流井部的連接部設R角，或用手鋸切斷。
咬入毛片	毛片附著模而鑄造	凹下。	除去毛片。

五、其他物理化學性質及耐壓不良及其對策

參考表3-9所示。

表3-9　其他物理化學性質及耐壓不良的原因及其改善對策

項目	原因	缺陷狀態	改善對策
物理化學性質	1.材質不良 2.鑄造方案不適當	不合規格	1.檢討、調查材質，徹底管理。 2.再檢討鑄造方案。 3.再檢討鑄物形狀。
耐壓不良		漏壓	

3-4.5 壓鑄廠現場管理的觀念

　　一個企業吸引人來求職的手段，不是高薪，而是靠企業所樹立的經營形象，一個成功的企業必定有一套成熟的管理系統，我國壓鑄廠的管理現在還處在起步階段，還存在許多問題，推行全面高效率的管理系統，營造良好的企業文化氛圍勢在必行，順應發展所謂「7S」現場管理和三不政策，勢在必行。

一、「7S」的定義

　　所謂「7S」即整理(Seiri)、整頓(Seiton)、清掃(Seiso)、清潔(seikeetsu)、素養(Shitsuke)、節約(Saving)、安全(Safety)。為了讓員工便於記憶，茲將「7S」描述如下：

（一）整理(Seiri)—要與不要，一留一棄

　　推行整理的步驟：

1.　現場檢查

　　對工作場所要進行全面性的檢查，包括眼睛看到的和看不到的地方，例如我們壓鑄廠的壓鑄機、中央熔解爐、噴砂機等機台死角、現場工具櫃底部和頂部、倉庫等。

2. 區分必需品與非必需品

   管理必需品和清除非必需品同樣重要，現在我們如果還在試模階段，工具一般都整理排放在現場工具櫃中，便於取放，其他非必需品放在備品庫中。

3. 清理非必需品

   將不要物品清理出工作場所。

4. 養成每天迴圈整理的習慣(每天收工時利用5分鐘的時間將現場進行整理歸位)

   整理是一個永無止境的過程，現場每天都在變化，昨天的必需品，今天就有可能是多餘的。整理貴在日日做、時時做，如果僅是偶爾突擊一下、做做樣子，就完全失去了整理的意義。所以整理，是一個迴圈的工作，根據需要而隨時進行，需要的留下、不需要的馬上放在另外一邊。通過整理可以使現場無雜物、行道通暢、增大作業空間面積，提高工作效率、減少碰撞、保障生產安全、提高產品品質、消除混料差錯、有利於減少庫存、節約資金、使員工心情舒暢、工作熱情高漲。

（二）整頓(Seiton)─科學佈局，取用快捷

   推行整頓的步驟：

1. 分析現狀，現在壓鑄廠員工整體綜合素質還有待提高，要給員工灌輸品質意識，使他們明白公司與個人利益息息相關。

2. 物品分類，將現場的物品整理分類，模具整理放在模具架上，現場物品定位，員工必須按照標準執行。

3. 決定儲存方法，根據實際情況我們對備品庫進行管理。

   我們推行整頓可以提高工作效率；將尋找時間減少為零。異常情況(如丟失、損壞)能馬上發現，非當事者也能明白要求和做法，不同的人去做，結果是一樣的(已經標準化)。

（三）清掃(Seiso)─清除垃圾，美化環境

   推行清掃的步驟：

1. 準備工作。

2. 從工作崗位掃除一切垃圾、灰塵，將壓鑄鋁料進行清掃歸類，並將地面上垃圾，機器灰塵打掃乾淨。特別是研磨過程中產生比較多的鋁塵，每天收工要進行打掃。

3. 清掃檢查機器設備，對壓鑄機、中央熔解爐、噴砂機、發電機、空壓機進行定期點檢，即時發現問題，解決問題。

4. 整理在清掃中發現問題的地方，要即時解決。

5. 查明污染的發生源(跑、冒、滴、漏)，從根本上解決問題。

（四）清潔(Seikeetsu)—形成制度，貫徹到底

推行清潔的步驟：

1. 對新進人員進行教育，使員工自發的進行清潔工作。

2. 整理工作區的必需品和非必需品。

3. 向作業者進行確認說明。

4. 撤走各崗位的非必需品。

5. 整頓必需物品的擺放場所。

6. 規定擺放方法，一些物品必須定位。

7. 進行標示。

8. 將放置方法對作業者進行說明，制定作業標準化流程。

9. 清掃並在地板上劃出區域線，明確各負責區和負責人，壓鑄機確定了機長，模具、發電機和空壓機都進行了人員定位。

進行清潔可以將整理、整頓、清掃後取得的良好作用持續下去，成為公司的制度，對已取得的良好成績，不斷進行持續改善，使之達成更高的境界。

（五）素養(Shitsuke)—形成制度，養成習慣

1. **推行素養的步驟：**

（1）制定共同的有關規定、規則。

（2）制定服裝、儀容、識別證標準。

（3）制定禮儀守則。

（4）教育訓練(新進人員強化7S教育與實踐)。

（5）推動各種精神提升活動(晨會，禮貌運動等)，壓鑄廠可進行早操和晨會，這樣加強了領導和員工的交流，並提出由員工進行晨會講話，使每個人都有鍛煉的機會。

2.　推行素養可以提升人員的品質、改善工作意識、提高工作效率。

（六）節約(Saving)─形成制度，養成習慣

推行節約的步驟：

1.　培養員工意識，使員工敬業愛崗。

2.　從小事著眼比如看見一個渣包、鋁屑要揀起。

（七）安全(Safety)─安全操作，生命第一

推行安全的步驟：

1.　制定現場安全作業基準，壓鑄機已經制定了安全作業標準，並做了教育訓練。

2.　規定員工著裝的要求，我們壓鑄廠統一了服裝、鞋子和帽子。

3.　預防火災的措施，在壓鑄過程中，由於在高溫情況下作業，存在火災隱患，所以壓鑄廠必須購買滅火器並做教育訓練，還需要加強員工的安全意識和處理發生火災的方法。

4.　應急措施，這個需要請專業人員進行對員工進行教育訓練。

5.　日常作業管理，確保按照標準作業。

　　推行安全管理可以讓員工放心，產生更好的效率；沒有安全事故，生產更順暢；沒有傷害，減少經濟損失；有責任有擔當，萬一發生時能夠應付；管理到位，客戶更信任和放心。

　　推行「7S」現場管理必定會經歷形式化、行事化、習慣化三個過程，「7S」活動的物件是現場的「環境」，它對生產現場環境全局進行綜合考慮，並制訂切實可行的計畫與措施，從而達到規範化管理。「7S」活動的核心和精髓是素養，如果沒有職工隊伍素養的相對提高，「7S」活動就難以開展和堅持下去。在以後的生產過程中，每一個壓鑄廠要嚴格按照「7S」進行現場管理，在實踐中探索，建立一套適合壓鑄廠的管理系統，創建壓鑄自己的品牌。風雨同舟，每一個壓鑄廠在全體同仁的努力下，朝著現代化企業道路上發展，終會有出人頭地的一天。

3-5 壓鑄用材料

3-5.1 壓鑄合金的選擇

目前壓鑄品所使用的合金皆限於低熔點合金，如銅、鋁、鎂、鋅、錫、鉛等合金。在選用這些材料作為壓鑄材料時必須考慮該合金下列的特性：

1. 壓鑄性—如鑄件的最小厚度等，如表3-10所示。
2. 機械性質—如強度、硬度、延展性等，如表3-11所示。
3. 物理性質—如導電度、導熱度、熔點等，如表3-12所示。
4. 金屬老化(Aging)對該合金所產生的各種影響。
5. 壓鑄過程中該合金的冷卻，對鑄造之影響，如流動性、縮收性與模具之親和力等。

▶ 表3-10 各種壓鑄合金壓鑄性質比較表

性質	種類	單位	鋅 (Zn)	鋁 (Al)	鎂 (Mg)	銅 (Cu)	錫 (Sn)	鉛 (Pb)
鑄件最大值		kg	16	9	4.5	2.5	4.5	7.5
鑄件斷面最小厚度	大件	mm	1.3	2.0	1.5	3.2	1.5	1.5
	小件	mm	0.4	0.8	0.8	1.3	0.8	0.8
每吋牙數	螺栓	牙	24	20	20	10	32	32
	螺帽	牙	24	—	—	—	32	32
鑄件孔最小直徑		mm	0.8	2.4	2.4	3.2	0.8	0.8

表3-11　壓鑄合金的機械性質

合金名稱	鋁合金						鋅合金		Mg 合金
JIS 記號	一般用合金			特殊用合金			一般用	稍特殊用	一般用
項目	ADC1	ADC10	ADC12	ADC3	ADC5	ADC7	ZDC2	ZDC1	−
抗拉強度 (kg/mm²)	*(29.5) 24.5	*(33.0) 30.2	*(33.7) 30.2	*(32.3) 30.1	*(31.6) 28.8	*(23.2) 21.0	×(29) 25	×(33) 28	23.9
降伏點 (kg/mm²) (0.2%變形)	14.8	17.6	19.0	17.6	19.0	11.2	−	−	16.2
伸長率(%)	1.8	2.0	2.0	3.0	7.5	5.0	×(10) 10	×(7) 5	3
剪斷應力 (kg/mm²)	17.6	19.7	19.7	19.0	19.7	13.4	−	−	11.1
疲勞強度 (kg/mm²)	13.4	13.4	13.4	13.4	16.2	12.0	−	−	9.8

性質與常數

註：1.打*記號者為ASTM B85-61T的數值。
　　2.打×記號者為JIS H5301的數值。

6.　機械加工性與抗腐蝕性。

7.　表面精光。

8.　鑄造的生產成本。

▼ 表3-12 壓鑄合金的物理性質

合金名稱		JIS 記號	比重	熔點 (°C)	熱傳導率 (CGS)	熱膨脹係數 (20～200°C) (deg⁻¹)	電氣傳導率 (以銅為標準%)	特色
鋁合金	一般用合金	ADC1	2.65	580	0.29	21.4×10^{-6}	31	耐融性和鑄造性良好
		ADC10	2.71	590	0.23	21.8×10^{-6}	23	機械性質，切削性良好
		ADC12	2.70	580	0.23	21.0×10^{-6}	23	機械性質，鑄造性良好
	特殊用合金	ADC3	2.63	600	0.27	22.0×10^{-6}	29	耐壓性良好
		ADC5	2.57	620	0.23	25.0×10^{-6}	24	耐融性最好
		ADC7	2.65	630	0.34	23.2×10^{-6}	37	歛縫性良好
鋅合金	一般用	ZDC2	6.6	386.1	—	27.4×10^{-6}	26	薄肉而尺寸精度良好，電鍍性良好
	稍特殊用	ZDC1	6.7	386.1	—	27.4×10^{-6}	26	
Mg合金	一般用	—	1.80	660	0.17	26×10^{-6}	10	輕而耐壓縮

3-5.2 鋅基壓鑄合金(Zinc-Base Alloys)

一、鋅基壓鑄合金的性質

　　鋅基合金比重約為7.13、熔點419°C、沸點906°C、比熱為0.092、膨脹係數為39.2×10^{-6}，鑄件最大重量為16kg。目前有一半以上的壓鑄件以鋅基合金鑄造，其優點為易於鑄造、機械性質佳、表面光度好、強度與耐衝擊值比鋁合金高，延展性僅次於銅合金。又因鑄造性佳，可壓鑄斷面極薄與形狀甚為複雜的鑄件，尺寸精度亦甚高。惟鑄品往往產生時效收縮變形，致使尺寸安定性較差。

1. 鋅合金各國編號對照表，參考表3-13所示。

▶ 表3-13 鋅合金各國編號對照表

商業習用編號	JIS H5301	FS QQ-Z-363B	ASTM B86	SAE J468b	NF A55-010	BS 1004	DIN 1743	ISO301	UNS
No.3	ZDC2	AC40A	AG40A	903	Z-A4G	A	GD-ZnAl4	ZnAl4	Z33521
No.5	ZDC1	AC41A	AG41A	925	Z-A4UIG	B	GD-ZnAl4Cul	ZnAl4Cul	Z35530

2. 壓鑄鋅合金成分標準，參考表3-14所示。

▶ 表3-14 壓鑄鋅合金成分標準

種類	編號	化學成分								備註	
		Al	Cu	Mg	Pb	Fe	Cd	Sn	Zn	合金特性	應用例
鋅合金錠1種		3.9〜4.3	0.75〜1.25	0.03〜0.06	0.003	0.075	0.002	0.001	餘	機械性質耐腐蝕性佳	煞車缸體、汽車安全帶機構
鋅合金壓鑄件1種	ZDC1	3.5〜4.3	0.75〜1.25	0.02〜0.06	0.005	0.1	0.004	0.003	餘		
鋅合金錠1種		3.9〜4.3	0.03	0.03〜0.06	0.003	0.075	0.002	0.001	餘	鑄造性、電鍍性佳	水箱飾罩、化油器
鋅合金壓鑄件1種	ZDC2	3.5〜4.3	0.25	0.02〜0.06	0.005	0.1	0.004	0.003	餘		

3. 為壓鑄鋅合金種類，參考表3-15所示。

表3-15　壓鑄鋅合金種類

合金代號	商業習用編號	No.3		No.5		No.2		No.7	
	ASTM	AG40A		AC41A		—		—	
	UNS	Z33521		Z35530		—		Z33522	
	SAE	903		925		921		—	
機械性質		Die Cast	Aged	Die Cast	Aged	Die Cast	Aged	Die Cast	Aged
	抗拉強度 (kg/mm^2)	28.8	24.6	33.7	27.42	36.4	33.6	28.7	24.5
	降伏強度 (kg/mm^2)	—	—	—	—	—	—	—	—
	伸長率(%)	10	16	7	13	7	2	13	18
	剪切強度 (kg/mm^2)	21.8	—	26.7	—	32.3	—	21.8	—
	硬度(勃式)	82	72	91	80	100	98	80	67
	衝擊強度(J)	30.2	28.8	33.7	28.1	24.6	3.5	30.2	28.8
	疲勞強度 (kg/mm^2，$5\%10^3$週)	4.85	—	5.76	—	5.98	—	4.78	—
	壓強度 (kg/mm^2)	42	—	60.9	42	—	21.7	—	65.1
成分		錠	鑄件	錠	鑄件	錠	鑄件	錠	鑄件
	Al	3.9-4.3	3.5-4.3	3.9-4.3	3.5-4.3	3.9-4.3		3.9-4.3	3.5-4.3
	Mg	0.025-0.50	0.02-0.05	0.03-0.06	0.03-0.08	0.025-0.50		0.01-0.02	0.005-0.020
	Cu	0.10max	0.25max	0.75-1.25	0.75-1.25	2.6-2.9		0.10max	0.25max
	Fe	0.075	0.10	0.075	0.10	0.075		0.075	0.075
	Pb	0.004	0.005	0.004	0.005	0.004		0.002	0.003

(續下表)

表3-15　壓鑄鋅合金種類(續)

	商業習用編號	No.3		No.5		No.2	No.7	
成分	Cd	0.003	0.004	0.003	0.004	0.003	0.002	0.002
	Sn	0.002	0.003	0.002	0.003	0.002	0.001	0.001
	Ni	—	—	—	—	—	0.005-0.020	0.005-0.020
	Zn	餘	餘	餘	餘	餘	餘	餘
特性	密度g/cm^3	6.64		6.64		6.64	6.64	
	熔解溫度°C	382-387		381-386		379-390	381-387	
	導電係數 (%IACS)	27		26		25	27	
	熱傳導係數 (w/m°k)	113		109		105	113	
	熱膨脹係數 (20-100°C) (μm/m°k)	27.36		27.36		27.72	27.36	
	比熱kg°C	0.419		0.419		0.419	0.419	
	收縮率	6/1000		6/1000		6/1000	6/1000	

二、鋅基壓鑄合金的壓鑄性

鋅的流動性極佳，壓鑄溫度為420～450°C，不可超過450°C，如果壓鑄溫度太高易使結晶粗大，韌性銳減，模具溫度宜維持在150～220°C之間，模溫過低時鑄件表面易生流紋；過高則鑄件表面易生鬆孔，壓鑄鑄造壓力在105～176kg/cm^{2}之間。精密之鋅鑄件需在100°C加熱3～6小時後回火，以降低可能發生之時效變形，使鑄件尺寸穩定

三、鋅基壓鑄合金的用途

由於鋅基合金鑄造成本低廉、生產速度快、鑄造溫度低又有良好的機械加工性，故在工業上應用甚廣。汽車零件如化油器、喇叭、散熱器、燃油泵、門把手、廠牌標誌，日常用品如打字機、計算機、洗衣機、電熨斗、照明設備、電話底座、家用五金等。

3-5.3 鋁基壓鑄合金

一、鋁基壓鑄合金的性質

鋁合金比重約為2.7、熔點為660°C、沸點2060°C、比熱為0.215、膨脹係數為23.9×10^{-6}，鑄件最大重量為9kg，展性甚高、耐蝕性優良。

1. 各國鋁合金壓鑄材料編號對照表，參考表3-16所示。

↘ 表3-16　各國鋁合金壓鑄材料編號對照表

合金系	CNS編號	JIS編號(H5302)	AA/ASTM(1984)	SAE J452	ISO(DIS3522)	NFA57-703/2(1981)	BS1490	DIN1725(1986)	Italy(UNI)
Al-Si系	1種	ADC1	A413	305	Al-Si12CuFe	A-S12Y4	LM20	GD-AlSi12(Cu)	5079
Al-Si-Mg系	3種	ADC3	A360.0	309	—	A-S9GY4	LM9	GD-AlSi110Mg	5074
Al-Mg系	5種	ADC5	518.0	—	—	A-G6Y4	LM5	GD-AlMg9	3058
Al-Mg系	6種	ADC6	515.0	—	—	A-G3T	—	—	—
Al-Si-Cu系	10種	ADC10	B380.0	306	AlSi8Cu3Fe	A-S9U3Y4	LM24	GD-AlSi9Cu3	5075
Al-Si-Cu系	10種Z	ADC10Z	A380.0	306	AlSi8Cu3Fe	—	—	GD-AlSi9Cu3	
Al-Si-Cu系	12種	ADC12	383.0	383.0	—	—	LM2	—	—
Al-Si-Cu系	12種Z	ADC12Z	383.0	383.0	—	—	LM2	—	—
Al-Si-Cu系	14種Z	ADC14	B390.0	A23900	—	—	LM30	—	—

2. 美國鋁合金壓鑄材料編號對照表，參考表3-17所示。

▶ 表3-17　美國鋁合金壓鑄材料編號對照表

美產業習用編號		13	A13	380	A380	360	A360	43	218	383	384
主要成分		Si12%		Cu3.5% Si8.5%		Mg0.5% Si9.5%		Si5%	Mg8%	Cu2.5% Si10.5%	Cu3.8% Si11%
協會	規範	編號									
ASTM	B85	S12B	S12A	SC84B	SC84A	SG 100B	SG 100A	S5C	G8A	SC102A	SC114A
SAE	J453b		305	308	306		309	304	—	—	303
FED	QQA-591E	13	A13	380	A380	360	A360	43	218	—	SC114A
AA		413.0	A413.0	380.0	A380	360	A360	443	518	383	384.0

3. JIS鋁合金壓鑄材料成分規範表，參考表3-18所示。

▶ 表3-18　JIS鋁合金壓鑄材料成分規範表

編號	化學成分								
	Cu	Si	Mg	Zn	Fe	Mn	Ni	Sn	Al
ADC1	1.0	11.0-13.0	0.3max	0.5max	1.3max	0.3max	0.5max	0.1max	其餘
ADC3	0.6max	9.0-10.0	0.4-0.6	0.5max	1.3max	0.3max	0.5max	0.1max	其餘
ADC5	0.2max	0.3max	4.0-8.5	0.1max	1.8max	0.3max	0.1max	0.1max	其餘
ADC6	0.1max	1.0max	2.5-4.0	0.4max	0.8max	0.4-0.6	0.1max	0.3max	其餘
ADC10	2.0-4.0	7.5-9.5	0.3max	1.0max	1.3max	0.5max	0.5max	0.3max	其餘

(續下表)

表3-18　JIS鋁合金壓鑄材料成分規範表(續)

編號	化學成分								
	Cu	Si	Mg	Zn	Fe	Mn	Ni	Sn	Al
ADC10Z	2.0-4.0	7.5-9.5	0.3max	3.0max	1.3max	0.5max	0.5max	0.3max	其餘
ADC12	1.5-3.5	9.6-12.0	0.3max	1.0max	1.3max	0.5max	0.5max	0.3max	其餘
ADC12Z	1.5-3.5	9.6-12.0	0.3max	3.0max	1.3max	0.5max	0.5max	0.3max	其餘
ADC14	4.0-5.0	16.0-18.0	0.45-0.65	1.5max	1.3max	0.3max	0.3max	0.3max	其餘

以上摘自 JIS H5302

4.　美國鋁合金壓鑄材料成分規範表，參考表3-19所示。

表3-19　美國鋁合金壓鑄材料成分規範表

編號AA/ASTM	化學成分									
	Cu	Si	Mg	Zn	Fe	Mn	Ni	Sn	雜質	Al
413.0/S12B	1.0	11.0-13.0	0.1	0.5	2.0	0.35	0.5	0.15	0.25	其餘
A413.0/S12A	1.0	11.0-13.0	0.1	0.5	1.3	0.35	0.5	0.15	0.25	其餘
380.0/SC84B	3.0-4.0	7.5-9.5	0.1	3.0	2.0	0.5	0.5	0.35	0.5	其餘
A380.0/SC84A	3.0-4.0	7.5-9.5	0.1	3.0	1.3	0.5	0.5	0.35	0.5	其餘
443.0/S5C	0.6	4.5-6.0	0.1	0.5	2.0	0.35	0.5	0.15	0.25	其餘
518.0/G8A	0.25	0.35	7.5-8.5	0.15	1.8	0.35	0.15	0.15	0.25	其餘
360.0/SG100B	0.6	9.0-10.0	0.4-0.6	0.5	2.0	0.35	0.5	0.15	0.25	其餘
A360.0/SG100A	0.6	9.0-10.0	0.4-0.6	0.5	1.3	0.35	0.5	0.15	0.25	其餘
383.0/SC102A	2.0-3.0	9.5-11.5	0.1	3.0	1.3	0.5	0.3	0.15	0.5	其餘
384.0/SC114A	3.0-4.5	10.5-12.0	0.1	3.0	1.3	0.5	0.5	0.35	0.5	其餘
390.0/—	4.0-5.0	16.0-18.0	0.45-0.65	0.1	0.6-0.1	0.1	—	—	0.2	其餘

二、鋁基壓鑄合金的壓鑄性

由於鋁合金連續與鋼料接觸，極易侵蝕鋼料，致使鋼模受到嚴重的侵蝕，減低壓鑄模的壽命。故鋁合金宜採用冷室壓鑄法。壓鑄溫度宜控制在670～760°C之間，模溫應保持在200～240°C，模溫過低鑄件易發生流紋。鑄造壓力常在180～220kg/cm²。

三、鋁基壓鑄合金的用途

鋁基合金的用途以汽機車零件為主，如汽缸蓋、輪轂、曲柄箱、變速箱、離合器外殼、機車引擎體、化油器，另外也可製作音響零件、照相機本體、放映機、冷氣機零件、儀器用台架等，都可應用鋁合金為原料。

3-5.4 鎂基壓鑄合金

一、鎂基壓鑄合金的性質

鎂基合金比重約為1.8、熔點為650°C、沸點1,110°C、比熱為0.25、膨脹係數為26.9×10^{-6}，鑄件最大重量為4.5kg，鎂合金的耐蝕性不佳，容易受酸、鹼、鹹等物質侵蝕，所以壓鑄後須加上塗層處理，切削性非常良好，可高速度切削。鎂合金高溫易氧化燃燒，壓鑄時宜加惰性氣罩加熱。

1. 壓鑄用鎂合金材料化學成分表，參考表3-20所示。

▼ 表3-20　壓鑄用鎂合金材料化學成分表

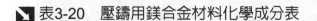

商業編號\成分	AZ91D Ⓐ	AZ81 Ⓑ	AM60B	AM50A Ⓐ	Ⓑ AM20	AE42 Ⓑ	AS41B Ⓐ
標稱成分	Al 9.0 Zn 0.7 Mn 0.2	Al 8.0 Zn 0.7 Mn 0.2	Al 6.0 Mn 0.3	Al 5.0 Mn 0.35	Al 2.0 Mn 0.55	Al 4.0 RE 2.4 Mn 0.3	Al 4.0 Si 1.0 Mn 0.37
鋁(Al)	8.3-9.7	7.0-8.5	5.5-6.5	4.4-5.4	1.7-2.2	3.4-4.6	3.5-5.0
鋅(Zn)	0.35-1.0	0.3-1.0	0.22max	0.22max	0.1max	0.22max	0.12max

(續下表)

表3-20 壓鑄用鎂合金材料化學成分表(續)

商業編號	AZ91DⒶ	AZ81Ⓑ	AM60B	AM50AⒶ	ⒷAM20	AE42Ⓑ	AS41BⒶ
錳(Mn)	0.15-0.50Ⓒ	0.17min	0.24-0.6Ⓒ	0.26-0.6RⒸ	0.5min	0.25Ⓓ	0.35-0.7Ⓒ
矽(Si)	0.10max	0.05max	0.10max	0.10max	0.1max	—	0.5-1.5
鐵(Fe)	0.005	0.004max	0.005	0.04	0.004max	0.005	0.0035
銅(Cu)·max	0.030	0.015	0.010	0.010	0.008	0.05	0.02
鎳(Ni)·max	0.002	0.001	0.002	0.002	0.001	0.005	0.002
稀土元素·總量	—	—	—	—	—	1.8-3.0	—
其他	0.02	0.01	0.02	0.02	0.01	0.02	0.02
鎂	餘	餘	餘	餘	餘	餘	餘

註：ⒶASTM B94-94，以鑄件測試所得值。Ⓑ國際鎂合金協會(IMA)合金錠IMA規範。Ⓒ當
AS41B，AM50A，AM60B和AZ91D之Fe成分不合時，則需各別符合Fe/Mn<0.01，
0.015，0.021和0.032。ⒹAE42若Mn或Fe成分超過時，只要Fe/Mn<0.02材料仍可用。

2. 鎂合金材料的機械性質與物理性質，參考表3-21所示。

表3-21 鎂合金材料的機械性質與物理性質

(下面為試棒值，非鑄件切片值)

商業編號 機械性質	鎂合金壓鑄件						
	AZ91Ⓓ	AZ81	AM60Ⓑ	AM50Ⓐ	AM20	AE42	AS41Ⓑ
抗拉強度(MPa)	230	220	220	220	185	225	215
降伏強度(MPa)	160	150	130	120	105	140	140
壓降伏強度(MPa)	165	n/a	130	n/a	n/a	n/a	140
伸長率% (51mm)(20°C)	3	3	6-8	6-10	8-12	8-10	6
硬度BHN	75	72	62	57	47	57	75
剪強度(MPa)	140	140	n/a	n/a	n/a	n/a	n/a

(續下表)

表3-21　鎂合金材料的機械性質與物理性質(續)

商業編號 機械性質	鎂合金壓鑄件						
	AZ91Ⓓ	AZ81	AM60Ⓑ	AM50Ⓐ	AM20	AE42	AS41Ⓑ
衝擊強度(J)	2.2	n/a	6.1	9.5	n/a	5.8	4.1
疲勞強度(MPa)	70	70	70	70	70	n/a	n/a
潛熱(KJ/kg)	373	373	373	373	373	373	373
楊氏係數(GPa)	45	45	45	45	45	45	45
物理性質							
密度(g/cm³)(20°C)	1.81	1.80	1.79	1.78	1.76	1.79	1.77
熔解範圍°C	470-595	490-610	540-615	543-620	618-643	565-620	565-620
比熱(J/kg°C)(20°C)	1.05	1.05	1.05	1.05	1.00	1.00	1.02
熱膨係數(μm/m°k)	25.0	25.0	25.6	26.0	26.0	26.1	26.1
熱傳導係數 (w/m°k)	72	51	62	62	60	68	68
電阻($\mu\Omega$cm)	14.1	13.0	12.5	12.5	n/a	n/a	n/a
波桑比(mm/m)	0.35	0.35	0.35	0.35	0.35	0.35	0.35

二、鎂基壓鑄合金的壓鑄性

　　鎂基合金的鑄造方法大致與鋁基合金相同,用冷室壓鑄法可得較佳的結果。壓鑄溫度宜控制在650～700°C範圍內。其流動性甚佳,肉厚甚薄之鑄件仍可鑄出,但鎂合金具高溫脆性,容易氧化及破裂,因此需特別注意壓鑄技術。

　　模具溫度宜控制在200°C左右,若模溫過高,則易生氧化膜及在肉厚處如轂部、肋部發生表面縮收;模溫過低易在鑄件表面產生流紋與鬆孔。

三、鎂基壓鑄合金的用途

　　近十幾年來,由於資訊產業急速的發展,鎂合金具有與塑膠相近質輕的優勢,又強度比塑膠更佳,因此在3C產業的應用,快速的成長:如手提電腦(NB)外殼、磁碟機座、行動電話零件、MP3/PDA、照相機外殼……等。

3-5.5 銅基壓鑄合金

　　一般所指的銅基壓鑄合金，通常指黃銅而言，其他的銅合金因鑄造溫度較高。所以較少作為壓鑄材料。銅基合金比重約為8.96、熔點為1,080°C、沸點2,600°C、比熱為0.092、脹係數為16.5×10^{-6}，鑄件最大重量為2.5kg。銅合金的流動性甚佳，具有高強度及耐蝕性、耐磨性，雖可壓鑄極薄鑄件，但對形狀複雜者，不易壓鑄，具有高溫脆性，易破裂及產生縮孔之缺點。

　　銅合金的壓鑄溫度在870～1,050°C範圍內，由於溫度甚高，致使模具壽命減短，模具材料需以耐高溫之含鎢合金鋼製成。銅壓鑄合金產品用於汽車變速齒輪、軸承、蒸汽閥門、水管接頭及冷凍設備等。

1.　壓鑄用銅合金材料的化學成分，參考表3-22所示。

▶ 表3-22　壓鑄用銅合金材料的化學成分

商業代號	857	858	865	878	997.0	997.5
UNS	C85700	C85800	C86500	C87800	C99700	C99750
標稱成分　　成分	Cu 63.0 Al 0.3 Pb 1.0 Sn 1.0 Zn 35.0	Cu5 58.0 Pb 1.0 Sn 1.0 Zn 40.0	Cu 58.0 Al 1.0 Fe 1.0 Sn 0.5 Zn 39.5	Cu 82.0 Si 4.0 Zn 14.0	Cu5 6.5 Al 1.0 Pb 1.5 Mn 12.0 Ni 5.0 Zn 24.0	Cu 58.0 Al 1.0 Pb 1.0 Mn 20.0 Zn 20.0
銅(Cu)	58.0-64.0	57.0min	55.0-60.0	80.0min	54.0,om.	55.0-61.0
錫(Sn)	0.5-1.5	1.5	1.0	0.25	1.0	—
鉛(Pb)	0.8-1.5	1.5	0.4	0.15	2.0	1.5-2.5
鋅(Zn)	32.0-40.0	31.0-41.0	36.0-42.0	12.0-16.0	19.0-25.0	17.0-23.0
鈦(Fe)	0.7	0.5	0.4-2.0	0.15	2.0	0.5-2.5
鋁(Al)	0.8	0.55	0.5-1.5	0.15	0.5-3.0	0.25-3.0
錳(Mn)	—	0.25	0.1-1.5	0.15	11.0-15.0	17.0-23.0
銻(Sb)	—	0.05	—	0.05	—	—
鎳、鈷(Ni、Co)	1.0	0.5	1.0	0.2	4.0-6.0	5.0

（續下表）

表3-22　壓鑄用銅合金材料的化學成分(續)

商業代號	857	858	865	878	997.0	997.5
硫(S)	—	0.05	—	0.05	—	—
磷(P)	—	0.01	—	0.01	—	—
矽(Si)	0.05	0.25	—	3.8-4.2	—	—
砷(As)	—	0.05	—	0.05	—	—
鎂(Mg)	—	—	—	0.01	—	—
以上合計	99.1min	99.1min	99.0min	99.5min	99.7min	99.7min

2.　銅合金的機械性質及物理性質，參考表3-23所示。

表3-23　銅合金的機械性質及物理性質

商業代號	857	858	865	878	997.0	997.5
UNS	C85700	C85800	C86500	C87800	C99700	C99750
機械性質						
抗拉強度MPa	344	379	489	586	379	488
降伏強度MPa	124	207	193	344	172	220
伸長率%(51mm)	40	15	30	25	25	30
硬度洛氏HRB	45	55-60	65-75	85-90	60-70	77
衝擊強度J	—	54	43	95	102	—
疲勞強度MPa	—	—	138	—	—	127
揚氏係數GPa	96.5	103.4	103.4	137.8	113.7	117.1
物理性質						
密度g/cm^3	8.4	8.41	8.3	8.3	8.19	8.0
溶解範圍°C	913-940	871-899	862-880	821-933	879-902	819-843
比熱kJ/kg°C	0.377	0.377	0.377	0.377	0.377	0.377
熱膨脹係數μm/m°K	21.6	—	20.3	19.6	19.6	24.3
熱傳導係數W/m°K	83.9	—	86.5	27.7	27.7	—
導電係數%IACS	22	—	22	6.7	3.0	2

3-5.6 鉛基及錫基壓鑄合金

鉛基合金比重約為11.3，純鉛熔點為327°C，但若加銻9～16%則熔點降為244°C，銻可使純鉛硬度增加，減少縮收，沸點1,740°C、比熱為0.031、膨脹係數為29.3×10^{-6}，鑄件最大重量為7.5kg。

鉛基材料的機械性質甚低，但價格低廉容易鑄造，故多用於與機械性質不甚重要的地方，如消防器材、電池及X光設備(因鉛具有抗X光穿透能力)。鉛壓鑄時會產生有毒氣體，故應用於工業界受到相當的限制。但其能耐硫酸(H_2SO_4)與(HCl)之腐蝕。

錫基合金比重約為7.3，純錫熔點為232°C、沸點2,275°C、比熱為0.054、膨脹係數為23×10^{-6}，鑄件最大重量為4.5kg。通常多用作製奶與製糖設備，具有極高的耐蝕性與抗銹性。

鉛基及錫基壓鑄合金成分表，參考表3-24所示。

▼ 表3-24　鉛基及錫基壓鑄合金成分

ASTM 名稱 (號數)	所含合金成分%							
	錫Sn	鉛Pb	銅Cu	Sb銻	鐵Fe	砷As	鋅Zn	鋁Al
No.1	90-92	0.35以下	4-5	4-5	0.08以下	0.08以下	0.01以下	0.01以下
No.2	80-84	0.35以下	4-6	12-14	0.08以下	0.08以下	0.01以下	0.01以下
No.3	64-66	17-19	1.5-2.5	14-16	—	0.15以下	0.01以下	0.01以下
No.4	4-6	79-81	0.5以下	14-16	—	0.15以下	0.01以下	0.01以下
No.5	—	89-91	0.5以下	9.25-10.75	—	0.15以下	0.01以下	0.01以下

註：ASTM1.2.3號合金為錫基壓鑄合金，4.5號為鉛基壓鑄合金。

3-6 壓鑄用模具

在壓鑄的作業中，壓鑄模與壓鑄機擔負著壓鑄作業成敗的關鍵，壓鑄的模具最大使命是如何延長模具的壽命，及能經濟地持續生產一定品質的鑄件。因此**壓鑄模具必須具備下列特性：**

1. 必須具備強大壓力的剛性—固定模與可動模是藉著壓鑄機的高鎖模力，彼此強力壓著。

2. 要能承受很大的熱衝擊—因壓鑄操作時，反覆射入高溫高壓的熔液。

3. 須兼具抵抗急熱急冷之應力的強度與韌性—壓鑄模必須用水冷卻，使模具從很高的溫度降至適當的模溫。

   所以製作壓鑄模時，其模具的設計、所使用的鋼材及熱處理都必須非常的注意。

3-6.1 壓鑄模的構造

壓鑄模基本上可分為固定模(Stationary Die)與可動模(Movable Die)兩大部分：固定模加工成型後，被安裝在壓鑄機的固定模板上，故稱為固定模；可動模是安裝在壓鑄機的可動模板上，可做開閉模的往返運動。兩模的分型面必須非常光滑平整，以免壓鑄操作時，金屬熔液自不平的之分模面噴濺出，灼傷工作人員。

壓鑄模具的構造可分為下列兩部分：參考圖3-51為冷室壓鑄模的構造及圖3-52為熱室壓鑄模的構造。

1. 可動側模框(Moving Die Block)—裝置可動側嵌模。

2. 固定側模框(Stationary Die Block)—裝置固定側嵌模，強度必須能承受壓鑄時所發生之所有壓力。

3. 固定側嵌模(Stationary Cavity)—通常做成凹形穴模稱為雌模，為模具的模穴成型部分。

4. 可動側嵌模(Moving Cavity)—也是模穴的一部分，溢流井、澆道、澆口大多設於此模，通常做成凸模。使鑄件露於其上，便於推出鑄件。

5. 定位銷或導銷(Guide Pin)—與導套配合，做為固定模與可動模定位用，使其能精確的對準密合。

6. 導套(Guide Bush)—與導銷配合使用。

7. 射料套筒(Injection Sleeve)—為冷室壓鑄模的鑄入口裝置，其大小以內徑稱呼，可視需要與柱塞套筒配合使用。

8. 冷卻水套(Water Jacket)—用水做循環，防止射料套筒過熱，影響循環週期。

9. 分流子或散播器(Sprue Spreader)—熱室壓鑄模的鑄入口為分流子，有人稱為散播器，是使金屬液能均勻進入澆道的的流路系統之一；冷室壓鑄模的鑄入口為凸起的金屬塊。

10. 回送銷(Return Pin)—裝置在推出板上，其作用為支撐推出板及使裝在推出板的頂出銷，能在頂出鑄件後回到原位。

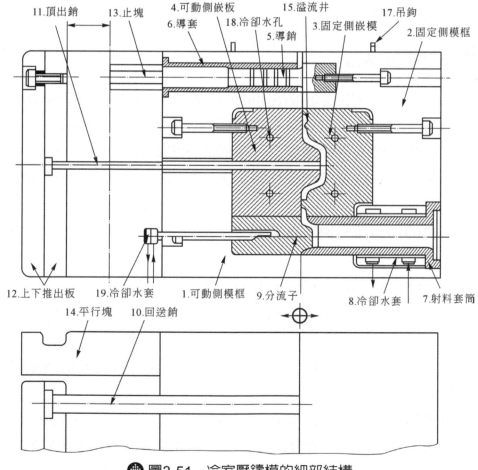

圖3-51 冷室壓鑄模的細部結構

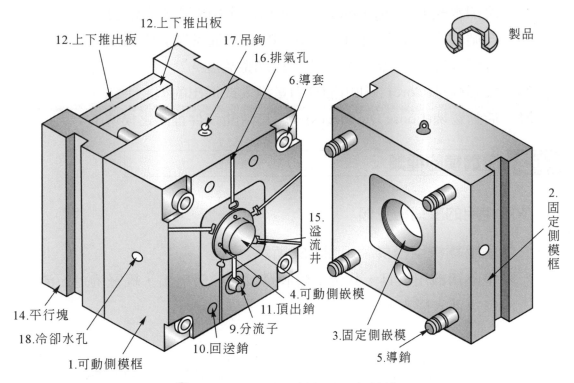

12.上下推出板
12.上下推出板
17.吊鉤
16.排氣孔
6.導套
製品
2.固定側模框
15.溢流井
14.平行塊
18.冷卻水孔
1.可動側模框
4.可動側嵌模
11.頂出銷
9.分流子
10.回送銷
3.固定側嵌模
5.導銷

● 圖3-52　熱室壓鑄模的細部結構

11. 頂出銷(Ejector Pin)—頂出銷為開模後將鑄件頂出的裝置。其形式除頂出銷外，尚有頂出套筒、頂出板(脫料板)、頂出環等方式。

12. 上下推出板(Ejector Plate)—用以支持推出銷及回送銷的板。

13. 止塊(Stopper)—止塊的作用為限制推出板作動的長度，壓鑄機雖然設有頂出長短控制裝置，但在試模時，往往一疏忽，即將分流子的冷卻水套壓壞，有止塊設置則可避免。

14. 平行塊或稱模腳(Spacer Block)—左右各一塊，用以支承可動模之用，設計時應注意高度，必須要能容納上下推出板的厚度及推出衝程長度，而且左右兩塊高度必須一致，否則分模面不易密合。

15. 溢流井(Over Flow)—主要作用在收集模穴的金屬餘料或空氣。

16. 排氣孔(Air Vent)—當進行壓鑄作業時金屬熔液所產生的氣體，或留在模穴的空氣，經排氣孔溢出，可改善鑄件品質。

17. 吊鉤(Hook)—主要作用在裝卸模具時，利用起重機吊起模具之用。

18. 冷卻水孔(Cooling Hole)—為通入冷卻水以調整模溫之用。

19. 自循環冷卻水套(Spot Cooling Pipe)—通常裝於壓鑄模的的鑄入口，(射入套筒或分流子的內部)，以調整溫度。

20. 模心柱銷(Core)—利用油壓力量推入或退出的型心大銷。

21. 活動鬆塊(Loose Die Pieces)—壓鑄時隨鑄件推出之模塊。

3-6.2 壓鑄模的種類

一、依所使用的壓鑄機分類

（一）熱室壓鑄機用模具，如圖3-53所示

　　熱室壓鑄機用模具，其合金熔液是以鵝頸管射出，經豎澆道、澆道、澆口再進入模穴。

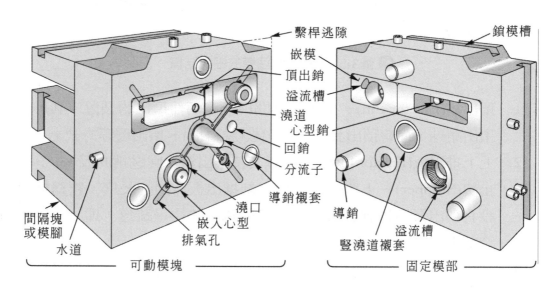

● 圖3-53　熱室壓鑄機用模具

（二）冷室壓鑄機用模具，如圖3-54所示

　　冷室壓鑄機模具之合金熔液是以柱塞壓入射料套筒，經流道、澆口再進入模穴。

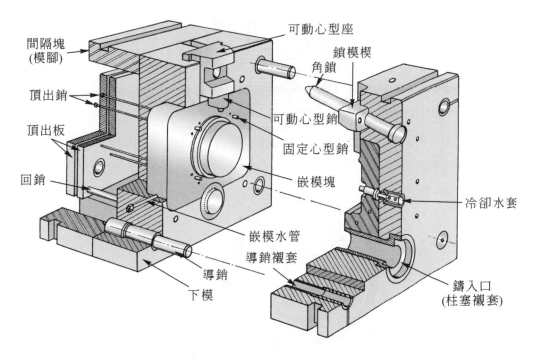

可動心型座

鎖模楔

角鎖

間隔塊
(模腳)

頂出銷

頂出板

回銷

可動心型銷

固定心型銷

嵌模塊

冷卻水套

嵌模水管

導銷襯套

導銷

下模

鑄入口
(柱塞襯套)

● 圖3-54　冷室壓鑄機用模具

二、依模穴的個數分類

（一）單品模(Single Impression Dies)

這是一付模具只有單一模穴，每壓鑄一次只能生產一件成品，此種模具較單純，製作費較低，但是生產速度慢，如圖3-55所示。

（二）同型多品模(Multiple Impression Dies)

此種壓鑄模在一付模具內具有兩個(含)以上相同形狀與相同尺寸之模穴，可同時製造出兩個(含)以上相同形狀與相同尺寸的鑄件。專門用於短時間要大量生產的場合，模具製作費用比單品模高。圖3-56為同型二品模。圖3-57為同型四品模。至於各個模穴的空間的配列方法，參考圖3-58所示。可沿圓周配列，排成一列或二列，取決於鑄件的形狀、可動心型之有無、澆口、澆道及鑄入口的位置。

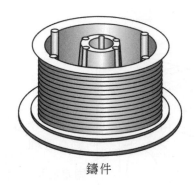

鑄件

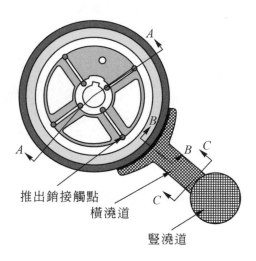

推出銷接觸點

橫澆道

豎澆道

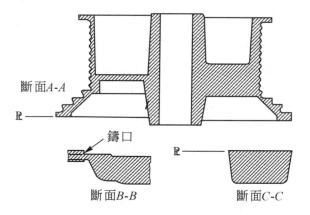

斷面A-A

鑄口

斷面B-B   斷面C-C

✦ 圖3-55　單品模(Single Impression Dies)

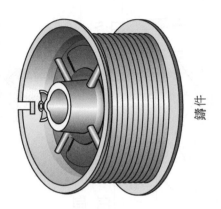

鑄件

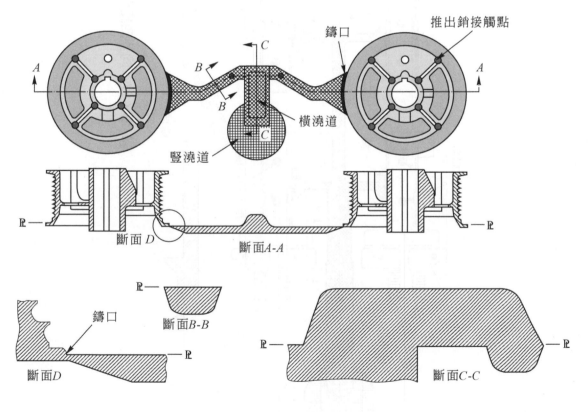

推出銷接觸點

鑄口

橫澆道

豎澆道

斷面 D

斷面A-A

鑄口

斷面B-B

斷面D

斷面C-C

● 圖3-56　同型二品模

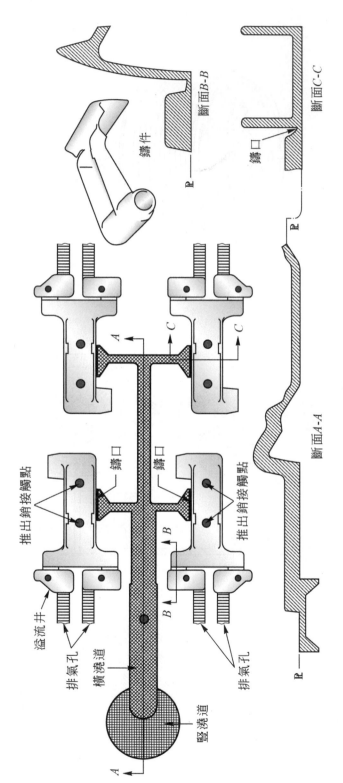

● 圖3-57 同型四品模

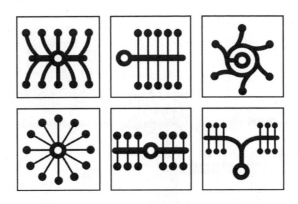

🌐 圖3-58　同型複數模腔配置範例

（三）異型多品模(Combination Die)

異型多品模，在一付模具內具有兩個(含)以上不同形狀與尺寸之模穴，可同時製造出兩個(含)以上不同形狀與尺寸的鑄件。通常配置的原則是將可裝配成一組製品的各零件集中雕入在同一模內，以一次射出可同時鑄出一組零件。圖3-59為異型二品模，圖3-60為異型四品模。此方式比起將各零件分別製造，製模的總費用與鑄造費用都較便宜；但是如果一付模具的零件並非一組零件的組合時，由於零件的利用率不同，易使生產不均衡，此種模具大都用於小零件及少量生產的場合。

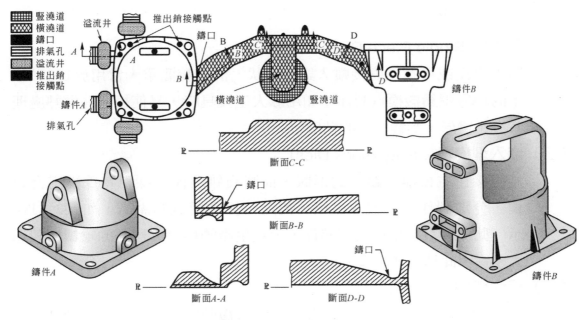

🌐 圖3-59　異型二品模

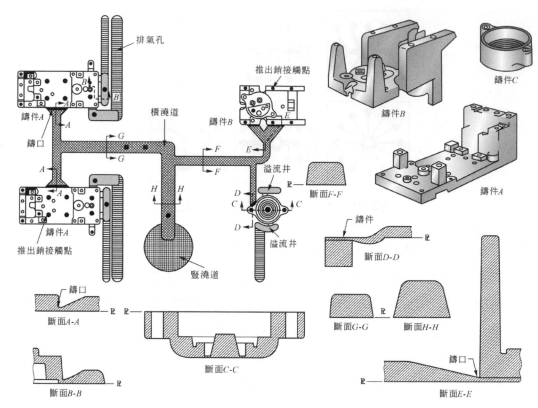

● 圖3-60　異型四品模

三、依模具構造分類

（一）直雕模(Single Piece Dies)

將固定模或可動模直接雕入鑄件形狀，構造較簡單，常用於150噸以下的小型壓鑄機模具製作；如用於大型模具時，易使模具在做熱處理時發生變形，影響鑄件的精度。

（二）嵌入型模具(Cavity Block Dies)

不直接在主模雕入鑄件的形狀，而將複雜的模穴採用特殊模用合金鋼，分別製作，再嵌入主模，如此可提高模具的壽命，如圖3-61所示。此種模具常用於大型鑄件，大量生產的場合。目前的壓鑄模製造大多採用此種方式生產。

（三）單元模(Unit Dies)

單元模為特殊組合式模具，其主模具有複數凹入的模腔，並標準化、共通化，以便嵌入做成標準尺寸的各種鑄件形狀的單元模，可同時一

次鑄造，生產效率高。單元的外型通常做成圓形或矩形，如圖3-62所示。如欲更換生產鑄件時，只需拆下單元模更換即可，可節省拆模換模的時間是單元模的最大優點。

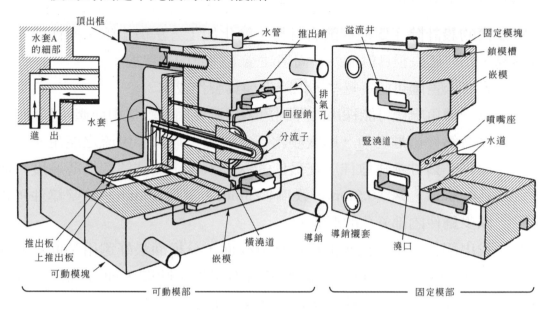

● 圖3-61　嵌入型模具

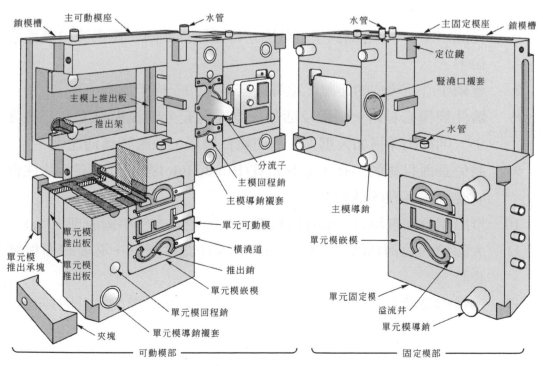

● 圖3-62　單元模

3-6.3 壓鑄模的設計

一、壓鑄模的設計的原則

　　壓鑄模的設計除了要把握節省材料、簡化加工方法與步驟、操作簡單、保養容易、如何延長模具壽命外，尚須注意下列原則的保握：

1. 容許公差儘可能定寬些，以降低模具製作成本。

2. 每一轉角處儘可能採用內外圓角，以避免因熱點集中而產生裂縫。

3. 保持鑄件壁厚均勻，厚度變化不宜過急，以減少擾流之產生。一般而言，鑄件愈薄愈佳，在最佳的狀況下，小面積鑄件最薄厚度，鋅為0.5mm、鋁為0.9mm、鎂為1.25mm、銅為1.6mm。薄壁鑄件可以減少鑄件內部氣孔的形成。

4. 找出鑄件之最大投影面積作為分模面，分模面最好選用平面，使模面趨於簡單化，藉以減低製造成本與加工時間，而且澆口、橫澆道、溢流井、排氣孔均應設在分模面上。

5. 製模費用以機械加工費所佔比例最大，故模具設計得愈簡單，則製模成本愈低。

6. 從澆口(Gate)中心點到模具截面邊緣之最佳距離，應為澆口直徑的一倍半。

7. 導銷中心至模穴的距離，以導銷套半徑的三倍半為宜。

8. 鑄件與模心柱銷、滑塊及活動塊均需有充分的拔模斜度。若斜度太小，則推出銷需加大壓力，易使鑄件變形，並影響鑄造速度。

9. 避免長而且細的小孔，尤其盲孔(Blind Hole)處，因為細孔往往會形成漩渦與沉孔(Sink)。

10. 推出銷分佈要均勻，而且數目要適當，使其合乎平衡原理。

11. 大面積的扁薄鑄品，在推出操作中易使鑄件變形，必要時需做補強設計。

12. 適當的溢流井數目與位置，可減少鑄件氣孔的形成，且因鋅合金較鋁合金流動性為佳，此點尤為重要。

13. 採用數塊之單元模，嵌入一廉價之外模框內，可簡化加工方法，減少模具熱處理時之變形。

14. 電鍍異種金屬之鑄品，必須把它的形狀設計得能完全電鍍均勻，所以有凹槽部分宜淺，隅角應避免尖銳。

15. 鑄件的裝飾文字或數字應為凸體字，亦即模具為凹體字，藉以減輕字模之磨損。

16. 加放收縮量應參考下列合金之收縮率，如表3-25所示。再依作業溫度、成品大小、模具操作情況等條件，並依實際經驗來訂定。

表3-25　各種壓鑄合金收縮率參考值

合金種類	收縮條件		
	阻礙收縮	混合收縮	自由收縮
	L_2	L　L_1　L_2　L_3	L
	計算縮水率(%)		
鉛錫合金	0.2～0.3	0.3～0.4	0.4～0.5
鋅合金	0.3～0.4	0.4～0.5	0.6～0.8
鋁矽合金	0.3～0.5	0.5～0.7	0.7～0.9
鋁矽銅合金 鋁鎂合金 鎂合金	0.4～0.5	0.6～0.8	0.8～1.0
黃銅	0.5～0.7	0.7～0.9	0.9～1.1
鋁青銅	0.6～0.8	0.8～1.0	1.0～1.2

註：1.L1、L3—自由收縮；L2—阻礙收縮。
　　2.表中數據為模具溫度、澆注溫度等工業參數為正常時的縮水率。
　　3.在收縮條件特殊的情況下，可按表中推薦值適當增減。

二、流路系統設計

（一）澆道(Runner)

澆道為連接進料射道與澆口之供應流道，通往各鑄件模穴的分歧澆道斷面積之總和，應等於主澆道之斷面積。長澆道的斷面積要比短澆道之斷面積大一些。

1. 澆道的斷面形狀，如圖3-63所示

   （1）圓形—流動性最佳，但必須在固定模與可動模設置，製作困難。

   （2）梯形—流動性次之，最常使用。

   （3）矩形—熱損失大。

   （4）方型—不常使用。

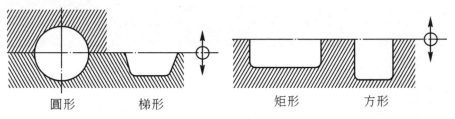

🌐 圖3-63　澆道的斷面形狀

2. 澆道大小

   澆道的厚度應小於鑄件的厚度，若特別要求鑄件的物理性質及尺寸精度時，最大厚度可增至與鑄件同樣的厚度。一般厚鑄件取寬而薄，薄鑄件取窄而厚的澆道。

   （1）澆道厚度與寬度的設計，參考圖3-64所示。

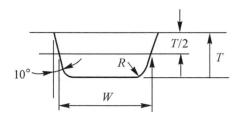

🌐 圖3-64　澆道厚度與寬度

$$\frac{W}{T}=\frac{1.6\sim1.8}{1}$$

$T=$ 澆道厚度(mm)

$W=$ 澆道寬度(mm)

$R=$ 內圓角半徑(mm)

① W 在13mm以下時，$R=1.6$mm

② W 在13mm以上時，$R=2.5$mm

（2）橫澆道斷面積與澆口斷面積的比值

$$\frac{A_R}{A_g}=\frac{1.25\sim1.6}{1}$$

$A_R=$ 橫澆道斷面積

$A_g=$ 澆口斷面積

（3）澆道的佈置

如果一付模具有數個模穴，澆道的佈置可作直線形、星形、片形以及其他任何形狀的分佈，參考圖3-65所示。佈置的要領要注意其均衡性，務使流程最短，轉彎處成圓弧狀。

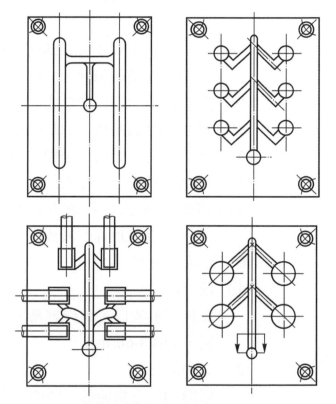

🌐 圖3-65　澆道的佈置圖

（二）澆口(Gating)或鑄口

澆口為溶液從澆道進入模穴的入口，須具備充填、控射及遏阻回流等多項功能。適當的澆口斷面積，應依鑄件合金種類與平均厚度、鑄件表面積與鑄件總重量來決定。

1. 澆口位置的決定

（1）最好在鑄件最厚處開設澆口，讓熔湯自厚處流向薄處。

（2） 對於有急遽肉厚變化的澆口位置，一般經驗上的通則是高壓鑄造將澆口系統設於薄肉處，重力鑄造恰與此相反。

（3） 開設澆口時，應讓熔湯容易流入肋或深槽部。

（4） 要容易去除澆口，且不影響外觀。

（5） 澆口處應避免心型銷經過，以免使銷發生彎曲或產生亂流現象。

（6） 選擇熔湯可同時到達鑄件各部分的位置做澆口。

（7） 澆口應儘可能從一個方向充填模穴，避免在射出流兩側引起渦流，而造成亂流。

（8） 澆口應避免設在受彎曲使用處，因澆口附近常留有殘留應力，會降低該處的強度。

（9） 澆口應避免設於管壁處，以防因鑄疵而產生漏氣。

（10） 使用鑄件最長而不間斷的位置做澆口。

（11） 澆口應選擇熔湯通過模穴的流程最短的位置。

（12） 開設澆口應注意模穴的通氣問題。

（13） 謹慎選擇分歧澆口的位置及形狀，避免在這些澆口附近形成漩渦，或互成反向的液流。

2. 澆口形狀的種類

（1） 扁平澆口

為長方形澆口，製作容易，在大型模穴中使用，為標準澆口形狀，如圖3-66所示。

（2） 扇形澆口

扇形澆口通常能於短時間內充填大面積的模穴，能夠避免在模穴內產生擾流的現象，用於薄斷面大面積之鑄件，如圖3-67所示。

（3） 片狀澆口

澆口處呈薄膜狀，澆口寬度儘量與鑄件同寬，與澆道成梯型連接，適用於薄板狀鑄件，如圖3-68所示。

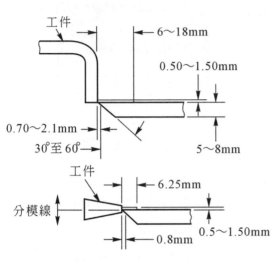

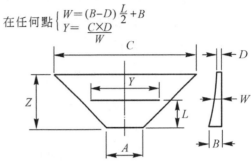

在任何點 $\begin{cases} W = (B-D)\dfrac{L}{2}+B \\ Y = \dfrac{C\times D}{W} \end{cases}$

在任何點 $\begin{cases} Y = (C-A)\dfrac{L}{2}+B \\ W = \dfrac{C\times D}{Y} \end{cases}$

● 圖3-66　扁平澆口

● 圖3-67　扇形澆口

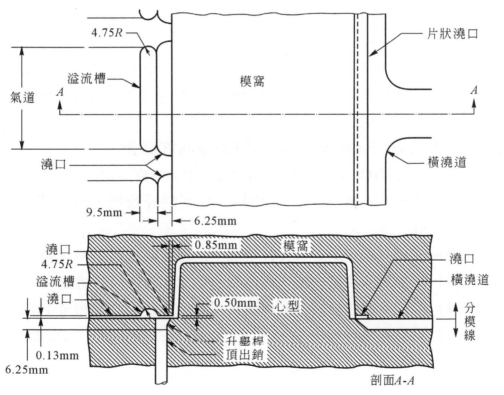

● 圖3-68　片狀澆口

（4）環狀澆口

圓型鑄件若有大孔時，熔湯可從中心向周圍射入模穴，如圖3-69所示。由於熔湯能均勻進入，不易產生熔接線，可得密度均勻的成品。

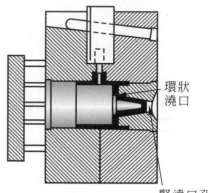

環狀澆口

豎澆口孔

● 圖3-69　環狀澆口

3.　澆口的數目及大小

（1）小鑄件通常設澆口一處，寬度大到可一掃壓鑄模。

（2）大鑄件要增加澆口，一般3處，最多5處。

（3）一般鋁合金壁厚2mm以上者，其澆口厚度應為1.5mm左右。鋅合金流動較佳，澆口可以薄些，為0.6～0.8mm。

（4）厚澆口熔湯進入模穴時不像薄澆口成霧狀，而是成流線形，如此熔湯可充分運行於模穴內，得到較佳的鑄品面及組織。厚澆口的柱塞衝射速度需較慢，有足夠的時間驅除模穴內的空氣與蒸汽，以減少鑄件氣孔的形成。

（5）薄澆口可得一非常光滑的鑄件表面，但因熔湯未能充分運行於模穴內，而使鑄件的組織較差，且易生黏膜現象，澆口過薄時會引起燒焦。

（三）溢流井(Over Flow Well)和排氣孔(Vents)的設計

1.　設置溢流井(Over Flow Well)和排氣孔(Vents)的功用

（1）用於積存模穴內的氧化物及離型劑等雜物，防止鑄件產生氣孔。

（2）使模具溫度均勻，提高金屬模的溫度而達到平衡狀態。

（3）用於導入滯留於模穴角落及心型周圍等較冷的熔湯。

（4）溢流井應設於鑄件較厚處，以減少鑄件因收縮而產生的縮孔。

（5）可作為鑄件脫模平台，以便以推出銷頂出鑄件，而鑄件不留頂出痕跡。

2. 溢流井

溢流井在壓鑄應用上都是一些盲冒口，鄰接模穴而設置，溢流井與溢流井間不宜連通，以免流入溢流井之熔湯，再經過其他溢流井，逆流回模穴內，擾亂模穴內的液流，使排氣不良，如圖3-70所示。圖3-70(a)為單一大型溢流井，不如多數個小型溢流井的設計，如圖3-70(b)。圖3-70(c)的設置，一旦中間部分缺少溢流井而產生缺陷現象，就無法在必要的位置追加溢流井，不得不做成圖3-70(a)之溢流井。

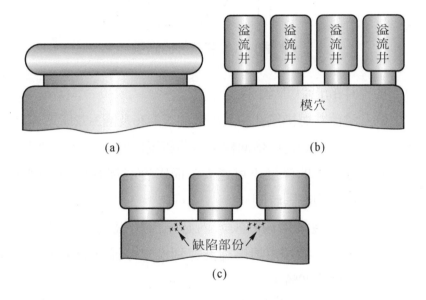

(a)　　　　　(b)

(c)

💠 圖3-70　溢流井設置

（1）溢流井的位置

① 溢流井可設置於固定模側、可動模側或在兩模均設置，如圖3-71所示。

② 溢流井設於模穴內氣體不易排出處。

③ 溢流井設於模具溫度較低處。

④ 溢流井設於模穴內熔液熔接的位置。

⑤ 若為脫模用，溢流井位置應注意推出力量的均衡。

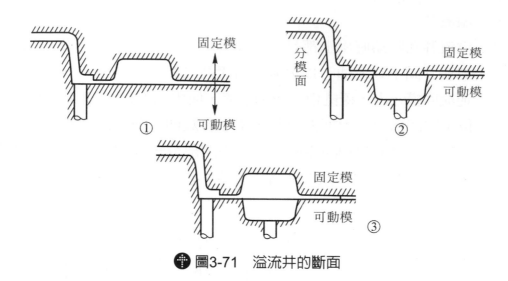

圖3-71 溢流井的斷面

（2）溢流井的形狀與大小

① 溢流井與排氣孔的大小，如表3-26及圖3-72所示。

② 溢流井的進口斷面積至少要與澆口的入口斷面積相等。

③ 溢流井的深度不可過大，而影響溢流井熔液的固化速度及增長鑄件的凝固時間。

④ 假如金屬熔液在模穴內必須流經很長的距離，溢流井必須增大，一般規定熔湯從澆道到模穴每流動250mm的距離，益流井宜增大20%。

⑤ 溢流井的斷面形狀應採容易加工的方式，在底部和角落處均做成寬大的半徑。

表3-26 溢流井的大小

合金部位	A	B	T	S
高溫壓鑄合金	15～35mm	15～30mm	3.5～6.0mm	5.0～8.0mm
低溫壓鑄合金	10～30mm	15～30mm	5.0～10.0mm	4.0～8.0mm

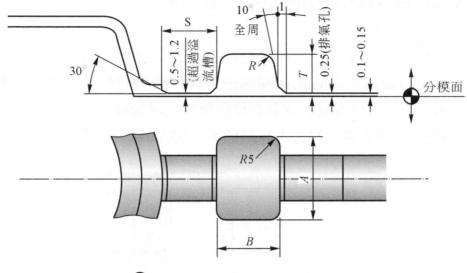

● 圖3-72　溢流井與排氣孔大小

4.　排氣孔

（1）排氣孔的功用

將模穴內的氣體藉流入模穴內的熔液推出外部的通路，在壓鑄模內非設不可。

（2）排氣孔設置的位置

排氣孔的位置應設於溶液最慢到達之處，並需個別考慮熔湯進入模穴內之流體分佈狀況，以確保熔湯充填時，模穴內之氣體充分排出。一般排氣孔與溢流井一起設置效果較佳。

（3）排氣孔之形狀與大小

一般排氣孔之截面積應為澆口截面積之半，但若金屬液進入模穴之速度減低，則排氣孔之截面積亦可相對減少。

一般模具設計者多把排氣孔與溢流相連，但排氣孔不可深至壓鑄合金熔液外溢，發生衝閃(Flash)現象。一般小鑄件約為0.25mm，大鑄件約為0.40mm，且排氣孔絕不可自一模穴相連至另一模穴，以免因氣體互相干涉而減低效用，影響鑄件品質。

（4）排氣孔之影響

當排氣孔不能有效作用時，模穴內的氣體無法排出，模穴的背壓上升延長充填時間，射出壓力起波動，可能會發生氣孔巢。

（四）導銷(Guide Pin)與導銷套(Guide Bush)

1. 導銷(Guide Pin)

又稱為固定銷或定位銷，其作用為使可動模與固定模之模穴充分而正確的密閉，以防止兩模塊閉合操作時發生偏差，使合金熔液噴濺，灼傷工作人員，或引起鑄件撕裂之現象發生。導銷有A型與B型兩種。A型如圖3-73及表3- 27所示，B型如圖3-74及表3-28所示。

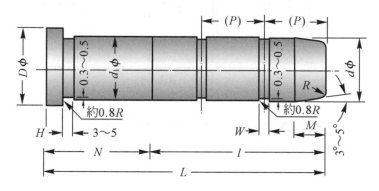

圖3-73　A型導銷

表3-27　A型導銷各部位之尺寸

標頭尺寸	d		d_1		D	H	M	R	W	*P(參考)
	尺寸	尺寸公差(記號)	尺寸	尺寸公差(記號)						
20	20	-0.020 -0.041 (f7)	20	$+0.015$ $+0.002$ (k6)	25	6	10	25		20
25	25	-0.020 -0.041 (f7)	25	$+0.015$ $+0.002$ (k6)	30	8	12	25	3	25
30	30	-0.040 -0.061 (e7)	30	$+0.015$ $+0.002$ (m6)	35	8	15	3		30
35	35	-0.050 -0.075 (e7)	35	$+0.018$ $+0.002$ (m6)	40	8	15	3	4	30
40	40	-0.050 -0.075 (e7)	40	$+0.027$ $+0.002$ (m7)	45	10	20	4		40

（續下表）

表3-27　A型導銷各部位之尺寸(續)

標頭尺寸	d		d₁		D	H	M	R	W	*P(參考)
	尺寸	尺寸公差(記號)	尺寸	尺寸公差(記號)						
50	50	-0.050 -0.075 (e7)	50	$+0.034$ $+0.009$ (m7)	56	12	25	5	4	50
60	60	-0.060 -0.090 (e7)	60	$+0.041$ $+0.011$ (m7)	66	15	25	5		50

備考：1.L及N由使用者指定。
　　　2.未註公差之公差，適用JIS B 0405中級之公差。
　　　3.為使導銷滑動容易，在 l 段上如圖所示，設置油槽。

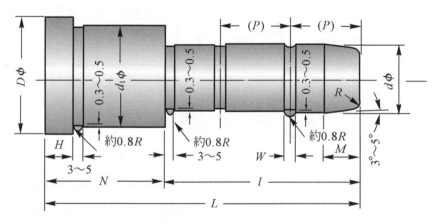

● 圖3-74　B型導銷

表3-28　B型導銷各部位之尺寸

標頭尺寸	d		d₁		D	H	M	R	W	*P(參考)
	尺寸	尺寸公差(記號)	尺寸	尺寸公差(記號)						
20	20	-0.020 -0.041 (f7)	30	$+0.015$ $+0.002$ (k6)	35	8	11	2.5	3	20
25	25	-0.020 -0.041 (f7)	35	$+0.018$ $+0.002$ (k6)	40	8	12	2.5		20

(續下表)

表3-28　B型導銷各部位之尺寸(續)

標頭尺寸	d		d₁		D	H	M	R	W	*P(參考)
	尺寸	尺寸公差(記號)	尺寸	尺寸公差(記號)						
30	30	-0.040 -0.061 (e7)	42	$+0.027$ $+0.002$ (k7)	47	10	15	3	3	30
35	35	-0.050 -0.075 (e7)	48	$+0.027$ $+0.002$ (k7)	54	10	15	3		30
40	40	-0.050 -0.075 (e7)	55	$+0.041$ $+0.011$ (m7)	61	12	20	4	4	40
50	50	-0.050 -0.075 (e7)	70	$+0.041$ $+0.011$ (m7)	76	15	25	5		50
60	60	-0.060 -0.090 (e7)	80	$+0.041$ $+0.011$ (m7)	86	15	25	5		50

註：1.L及N由使用者指定。

　　2.未註公差之公差，適用JIS B 0405之中級公差。

　　3.為使導銷滑動容易，在 l 段上，如圖所示，設置油槽。

註有*者在JIS中未有規定，以供參考。

通常一套壓鑄模具有四支導銷鑲於可動模分模面四周之幾何平行點上；導銷孔的位置三個相同，其中另外一個特別向內偏3～5mm，其用意在於防止模具裝配時上下模方向倒置。導銷中心點至模穴之距離，以導銷套之半徑三倍為宜，如圖3-75所示。

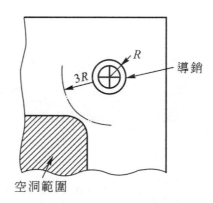

● 圖3-75　導銷中心點至模穴之距離

2. 導銷套(Guide Bush)

在固定模外模塊上的相對位置具有相同數目的導套，以容導銷之進入，其形式亦有A、B兩形，如圖3-76及表3-29所示。壓鑄模之導銷與導銷套多以含碳量0.8～1.3%之高碳(過共析鋼)製造。

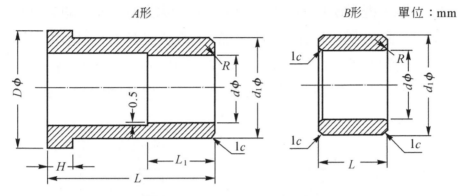

A形　　　　　　　　　　B形　　單位：mm

● 圖3-76　A形、B形導銷套

▶ 表3-29　A形、B形導銷套各部位之尺寸

標頭尺寸	d		d₁		D	H	R
	尺寸	尺寸公差(記號)	尺寸	尺寸公差(記號)			
20	20	$+0.021 \atop 0$ (H7)	30	$+0.015 \atop +0.002$ (k6)	35	8	3
25	25	$+0.021 \atop 0$ (H7)	35	$+0.018 \atop +0.002$ (k6)	40	8	3
30	30	$+0.021 \atop 0$ (H7)	42	$+0.027 \atop +0.002$ (k7)	47	10	3
35	35	$+0.025 \atop 0$ (H7)	48	$+0.027 \atop +0.002$ (k7)	54	10	4
40	40	$+0.025 \atop 0$ (H7)	55	$+0.041 \atop +0.011$ (m7)	61	10	4
50	50	$+0.025 \atop 0$ (H7)	70	$+0.041 \atop +0.011$ (m7)	76	12	4
60	60	$+0.030 \atop 0$ (H7)	80	$+0.041 \atop +0.011$ (m7)	86	12	4

註：1.L及L₁由使用者指定。
　　2.未註明公差之尺寸公差，適用JIS B 0405之中級公差。

（五）心型拔出裝置與滑件

1. 心型拔出裝置

（1）固定心型─是在模具開閉方向形成的凹部或孔而設的心型，固定於固定模或可動模的心型。如此可以簡化模具製作或修補工作，提高模具的精度，大幅減輕製模成本，如圖3-77所示。

（2）可動心型─是在模具開閉的垂直或夾角方向拔出的凹部或孔而設的心型，固定於固定模或可動模的心型，須將心型的拔出裝置設計在模具中。如圖3-78所示，為齒條與齒輪式心型拔出裝置。

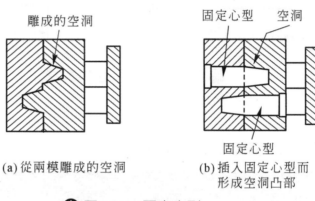

(a) 從兩模雕成的空洞　　　　(b) 插入固定心型而
　　　　　　　　　　　　　　　　形成空洞凸部

⊕ 圖3-77　固定心型

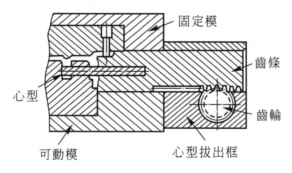

⊕ 圖3-78　齒條與齒輪式心型拔出裝置

2. 滑件(Slides)

一般的壓鑄模具的滑件設計都與心型配合作用，採用推拔式滑件(Taper Slides)，以油壓或彈簧操作，滑件底部與模塊接觸都有滑油套之設置，以減低滑件滑動時所受之阻力。

（六）推出裝置之設計

壓鑄模的另一重要的滑動機構是從模中取出鑄品的推出裝置，最常用的為推出銷形式。推出銷的作用為當鑄件凝固後，將可動模打開，把鑄件自模穴推出，推出銷完成推出工作後，必須隨推出板(Ejector Plate)依回送銷(Return Pin)於合模時回到原來位置。

無論何種模具之設計，應儘可能把推出銷，置於鑄件的外緣。如此可使鑄件表面較為美觀，推出銷的數目與位置之分配，須合乎力的平衡，務必使鑄件推出時不致發生斜推出或某部分難以推出的現象，而使鑄件產生變形。

常用的推出裝置如下：

1. 機械式頂出裝置，如圖3-79所示。

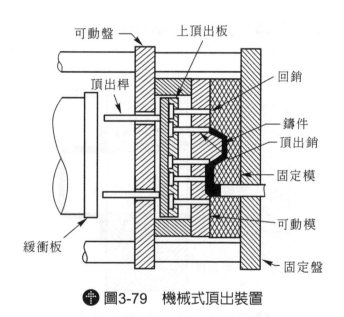

● 圖3-79　機械式頂出裝置

2. 頂出套筒推出裝置，如圖3-80所示。
3. 頂出環的推出裝置，如圖3-81所示。

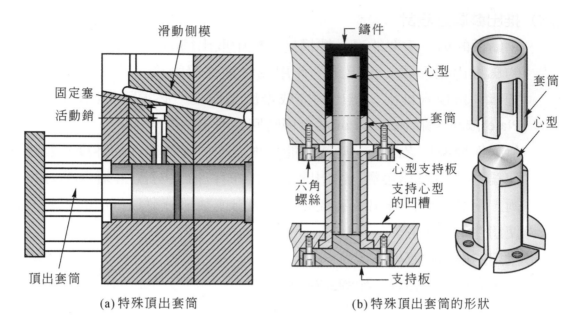

(a) 特殊頂出套筒　　　　　　　(b) 特殊頂出套筒的形狀

● 圖3-80　頂出套筒推出裝置

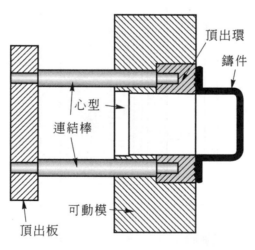

● 圖3-81　頂出環的推出裝置

（七）冷卻系統設計

在模具內部設置一適當的冷卻系統，不但可使可動心型、滑塊、模具滑動部分，避免黏模的故障發生，而且可使鑄件不良率減低，模具壽命得以延長。圖3-82所示，為模具冷卻水管設計例。

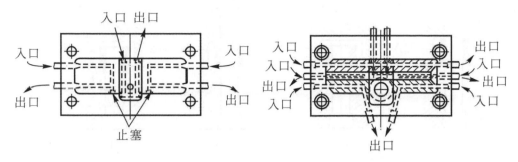

● 圖3-82　模具冷卻水管設計例

下面為冷卻系統設計注意事項：

1. 冷卻水以使用軟水為佳，避免產生水垢，減低冷卻效果，甚至堵塞冷卻水管，進入模具之前的水溫以不超過30℃為宜。

2. 冷卻管與模穴壁的距離不得少於20mm，以避免模具發生熱震(Thermal Shock)，造成模具鋼料破壞。

3. 定期以稀酸清洗管道內的水垢。

4. 裝置過濾設備，使混於水中的污垢不至流入冷卻管。

（八）埋入物的保持法

　　埋入物一般稱為鑄包物，是在鑄件裏鑲入異類或同類金屬做特殊用途，其做法是將埋入物事先置於模穴的適當位置，當壓鑄時，埋入物即被合金溶液包圍而連成一體。

1. 套筒埋入物的保持法，如圖3-83所示

　　(1) (a)圖為較理想的保持法。

　　(2) (b)圖常使埋入物產生浮動。

　　(3) (c)圖以銷固定埋入物。

　　(4) (d)圖往另一方向的模具中下沉3mm，但事後必須切除多餘部分。

2. 簡單埋入物保持法，如圖3-84所示

　　(1) (a)圖保持於固定模時，在插入狀態下幾乎不會移動。

　　(2) (b)圖保持在可動模或可動心型時，可能因振動而晃動，此時宜用彈簧式的簡單停止裝置。

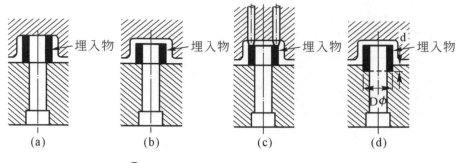

● 圖3-83　套筒埋入物的保持法

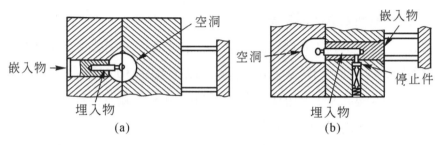

● 圖3-84　簡單埋入物保持法

3-6.4　壓鑄模溫度(Die Temperature)

　　模具本身像一部熱交換器，他的溫度條件必須根據模具截面積、厚度及外型來保持平衡，同時模具溫度由開始的低溫達到理想溫度，必須依據合金種類、重量、表面積、鑄造速度、形狀、冷卻設備、厚度及所要求外觀程度來定。

　　當理想溫度設定後，就必須保持±5°C以內的溫差，鑄件特定點所需之溫度可由加熱器、澆道、溢流井及冷卻系統之設置來改善調整。例如鑄件太薄又離鑄入口太遠，此時必須在其附近增加溢流井的個數，或埋入加熱器及把澆道位置調整以增加模溫；反之鑄件太厚，又無法插入心型或進口處因溫度太熱時，則必須增加冷卻管以減低模溫。

　　模溫太低、溢流井無法充滿、鑄件無法排油、氣或冷斷(Cold Shut)有油紋，會使鑄件不美觀不完整；模溫太高，能充滿溢流井，使鑄件外觀美麗，但會因高熱產生熱裂、縮短模具壽命、導致黏模、心型不易推出脫模。

各種合金的模具溫度如下：

一、鋅合金的模具溫度

一般爲165～245°C，大鑄件採較低溫，表面要求美觀的五金飾品最低220°C，最高不超過245°C。

二、鋁合金的模具溫度

一般爲220～315°C，平均約在285°C，但像較薄細的五金飾品，鋁合金比鋅合金較難得到表面美麗的鑄件，因鋁合金溫度較高，易黏模，最好將心型銷氮化處理。

三、鎂合金的模具溫度

鎂合金約爲245～275°C之間。

四、銅合金的模具溫度

一般爲315～538°C之間，爲了延長模具的壽命最好以低溫爲之。

五、錫合金的模具溫度—約爲70°C左右，此溫度對模具壽命沒有影響。

本 章 習 題

問答題：回答下列問題。

1. 試述高壓鑄造的定義？

2. 試述台灣壓鑄產業的現況？

3. 試述金屬熔液在射料套筒內衝射過程？

4. 試述壓鑄的特性？

5. 試述壓鑄的優、缺點？

6. 試述鑄造壓力與鎖模力有何不同？

7. 試述壓鑄機的附屬裝置有那些？

8. 試述理想潤滑劑與離型劑應具備那些特性？

9. 試述「7S」的定義是甚麼？

10. 試述做為壓鑄材料時必須考慮該合金的那些特性？

11. 試述那些合金可適用於壓鑄合金？

12. 試述壓鑄模具必須具備那些特性？

13. 試述壓鑄模具的種類？

14. 試述設置溢流井(Over Flow Well)和排氣孔(Vents)的功用？

15. 試述各種壓鑄合金的模具理想溫度如何？

CHAPTER 4

無氧化鑄造
(粉末冶金)

4-1 前言

4-1.1 定義

　　無氧化鑄造即俗稱的「**粉末冶金**」(Powder Metallurgy，P/M)，從英文原名或從中文譯名的字面上去認識粉末冶金，也許你會認為粉末冶金是一門冶煉材料的科學，事實上粉末冶金既為一種冶煉材料的科技，也是一種鑄造的技術。因為粉末冶金的燒結氣氛都在無氧或真空的氣氛下來做燒結工作，所以粉末冶金被稱為「**無氧化鑄造**」。

　　日本JIS Z2500對**粉末冶金之定義**為：將主要金屬粉或合金粉製造後，再將它們的粉末裝入模具內，加壓或不加壓成型，然後在熔點以下之溫度進行燒結做成金屬製品或金屬塊的製造技術。

「Technology Of Machine Tools」一書，對**粉末冶金所下的定義**爲：所謂粉末冶金者，是藉著下列三個程序而製成金屬零件的方法。

1. 混合粉末狀的金屬或合金。
2. 將混合好的粉末壓製於欲成型的模具內。
3. 將其燒結使金屬粒子熔合在一起，形成一個堅固的實體。

由上述的說明，**「粉末冶金」**的定義是「以金屬與非金屬製成粉末，再以各種粉末材料爲原料經調配混合後，於常溫或高溫下成型，然後在控制氣氛下施以燒結或熱處理(低於主成分熔點的溫度下)，使成爲堅固的各種機械的零件之冶金技術，亦簡稱P/M。」。

4-1.2 粉末冶金發展史

人類在學會金屬熔煉技術之前，古埃及人於西元3000年前卻已使用鐵器，經後人的推斷，認爲古埃及人在鐵礦豐富的山野升火，火中赤熱之焦炭將鐵礦經固態還原而生成鐵粉，鐵粉進而於火中燒結而成鐵塊，古埃及人再以石頭捶擊，經過長時間之不斷摸索遂製成鐵器。此種由礦砂不經熔煉，直接固態還原而生成類似金屬粉末之中間產品。再經塑性加工而製成金屬的過程，事實上就是原始的粉末冶金技術。

近年**粉末冶金大量應用在工業上的幾個里程碑如下：**

1. 1910年Coolidge所發明的電燈泡鎢燈絲製造技術奠定了近代粉末冶金之基礎。
2. 1914年Voigtlander & Lohman將WC與Mo_2C燒結(德國專利)。
3. 1922年Sauerwald研究燒結現象。
4. 1927年德國克魯(Krupp)開始生產碳化鎢超硬合金刀具。
5. 1930年銅系自潤軸承之發明。
6. 1931～1941年日本加藤&武井發明鐵氧磁石，以粉末冶金之技術製造磁性材料。
7. 1945年Frenkel、Kuczynski、Rheines、Herring等，建立燒結的理論。
8. 1952年Buoycof(音譯，蘇聯：布依可夫)建立以粉末冶金技術製造陶

瓷刀具。

9. 1956年後大量鐵基及鋁基燒結零件開始上市。

10. 1962年後發展成功BeO、UO_2、Si_3N_4、Be、Ta等特殊金屬及陶瓷零件。

11. 1980年代之飛機渦輪引擎零件。

12. 1981年中華民國粉末冶金協會成立。

表4-1表示，為粉末冶金的發展史。

表4-1 粉末冶金之發展史

年代	粉末冶金
BC3000年左右	埃及之海棉鐵器具
800～600	希臘之鐵器
AD300年左右	印度Dary(音譯)之柱子Dehli Piller，6噸之鐵塔，希臘及埃及之Au粉
1000年左右	Au、Ag、Cu、Sn粉
1200年左右	印加人(Incas)之Pt器具
1700年	京都井筒屋之Au、Ag、Cu、Sn粉
1798年	Rochen把Pt粉做成塊
1800年	英國Knight將Pt粉經高溫加熱加工鍛造成塊
1826年	Soblewskey用模具加壓Pt粉，高溫燒結，得到收縮20～30%的塊體
1856年	俄羅斯尼古拉二世(NikolaiII)從粉末製Pt錠
	英國Wollaston將高純度Pt粉壓縮、燒結而成的塊鍛造成板
1870年	Gwyn將Sn、Bronze粉和橡膠混和成型，燒結成軸承(美國專利)
1897年	Moissan製作高熔點金屬及其碳化物
	Welsbach將Os微粉與蜜糖做成膏狀，抽成細線，經押出(擠壓)成絲，Ta、Zr、V、W，亦採同法
1908年	福田重助在京都山科開設Cu、Brass、Sn粉工廠

(續下表)

年代	粉末冶金
1909年	Hilpert之鐵氧磁體合成(德國專利)
1910年	Coolidge花三年確立W細絲的製造法,近代粉末冶金工業於焉開始
	Gilson以石墨40Vol%做爲潤滑劑,製作Bronze軸承
1911年	柏林設立W的工廠,爲Metallwerk Plansee之前身
1914年	Voigtlander及Lohman之WC、Mo_2C燒結(德國專利)
1916年	南京電氣製造W細絲
1920年	美國用氫還原鐵粉製作高頻磁芯
1922年	Sauerwald研究燒結現象
1923年	Claus製作球形粉,作成過濾器
1925年	Schroter、Skaupy、Oslam研究所燒結WC-Co成功(德國專利)
	此時開始燒結摩擦材的開發
1927年	德國Krupp公司銷售超硬合金Widia
1928年	美國G.E.公司開發超硬合金(美國專利)
1929年	日本開始超硬合金之開發、生產
1930年	I.G.Farben公司製造Carbonyl鐵粉;Wellman製造燒結摩擦材
1933年	加藤、武井的鐵氧磁體磁石(日本專利)
1934年	此時瑞典由Hoganas公司提供海綿鐵粉
1937年	福田金屬製作日本最早的電解銅粉
1938年	在德國生產燒結鐵彈帶,產量達4000噸／月;其他小槍、燙斗、住宅門、窗等的小型燒結機械零件亦在德國生產
1940年	Wulf及Huttig進行燒結研究
1941年	南京工試製Carbonyl鐵粉
1942年	Lenel將汽車用Oil Pump Gear燒結化,Koehring進行燒結鍛造研究
1944年	上瀧壓力機、彈帶用加壓試制
1945年	Frenkel、Kuczynski、Rheines、Herring等之燒結理論

(續下表)

年代	粉末冶金
	至1950年左右為止
1947年	此時開始研發、改良壓模機及燒結爐
1950年	開發TiC超耐熱材，Irmann之SAP研究
1952年	Philips公司完成Ferroxdure
	Buoycof(音譯)(蘇聯)開發純氧化鋁工具、Mikrorite M332之開發
	Kennametal公司研究爆炸成型法
1958年	Hirsch之Hot Forming研究
1965年	Timken Roller Bearing公司之燒結鍛造
1968年	G.M.公司燒結鍛造之Pilot Plant運轉
1969年	Walter及Knoop之Forged P／M Steel特性開發，此時起美、日、歐研究燒結鍛造很熱絡
	臺灣保來得公司成立
1973年	此時隨著汽車無鉛化的風潮，積極研究開發燒結Valve Seat
1981年	中華民國粉末冶金協會成立
1986年	每部汽車使用燒結機械零件量：美國達8kg／部，日本4kg／部

資料來源：粉末冶金技術手冊，中華民國粉末冶金協會。

4-1.3 粉末冶金之特性

一、粉末冶金之特性

1. 省料(節省材料)

   以傳統切削加工方法製造形狀複雜之零件時，產生很多廢料，但以粉末冶金方法製造零件時廢料很少，可節省材料成本。粉末冶金在製造零件時，材料利用率可高達95%以上，材料損耗小，而一般切削加工法之材料利用率僅為40～50%。

2. 省工(節省製程時間)

以傳統加工方法製造形狀複雜之零件時,所需之加工步驟及所費時間較多,其成本及費用較高,但以粉末冶金方式製造形狀複雜之零件時,所需之加工步驟較少,所費時間較短,其成本及費用降低很多。

3. 適宜大量生產(降低成本)

模具經粉末成型機加壓成壓結體,其成型速度比切削加工的方式快很多,故適宜大量生產,可自動量產及產品成本低等優點。

4. 尺寸精度高,尺寸重複性佳(精密尺寸)

以粉末冷壓成型與燒結之機械零件最高精度可達$12\mu m$(0.0005吋),且表面光滑,此種品質與傳統加工之中度研磨工件品質相似,而所需之製造過程僅為加壓與燒結,故以粉末冶金方式來生產零件為最便宜之加工方式。粉末冶金製造零件以模具成型,零件與零件之尺寸變化值差異性極小,故其尺寸重複性佳、精密度高。

5. 成型體的密度是可以在製程中控制的。

6. 可製成多孔質材料

由於是將金屬粉末壓實成型再燒結,所以燒結完成的產品中,相互結合的粉末粒子之間會形成間隙(氣孔);此一特性便可應用在含油軸承用途,在氣孔間可儲存潤滑油。

7. 可使用複合材料

鑄造與鍛造等作法是以金屬熔融來製作,在材料混合上有所限制。相較於此,以金屬粉末作為材料的粉末冶金就可以自由地運用多種金屬來混合使用,此外亦可使用金屬以外的材料粉末。

8. 粉末冶金和鑄造品比起來,燒結成品的晶粒較細緻,組織較均勻,偏析較少,但難免殘存空孔(Pore)。

9. 粉末冶金製程中許多變數會影響成品的物理性質,但其他鑄造方法中,物理性質大多由材料所決定。

10. 粉末冶金法可直接完成製造工程中所需的高精度,與提昇生產速度之要求,而其他正常冶金或材料工程多與製造工程分段實施。

11. 粉末冶金法不必經過熔解、凝固之液固態轉變，僅經由再結晶及固態擴散的過程，就可達成原子結合之目的，亦即可彌補傳統冶金工程之不足。

12. 粉末冶金技術將陶瓷工藝與冶金工程納入同一材料科技領域，雖然施工細節各有所需，如陶瓷之煆燒或造粒，但整體之製程與燒結機構並無不同。

二、粉末冶金之限制

1. 粉末特性影響最終產品之品質很大，其原料價格較貴，大量生產小型製品時，粉末價格影響較少，但對單件重量約30克以上產品製作，原料粉比例較高，對生產成本有相當影響。

2. 對低熔點金屬粉末如錫、鋅、鎘等，燒結作業發生困難，因為這些金屬大部分的氧化物均無法在低於其本身熔點的溫度下還原，如果這些氧化物存在，他們對燒結過程有不良影響而產生較差的產品品質。

3. 成型模具費用高，若不大量生產同一形狀的製品，就不具經濟性。如用合金鋼模具，可壓製20～50萬個，其最低生產量約在五千～一百萬個之間。

4. 對於狹凹處、細長型(長度對直徑比超過3：1)、有不平行加壓方向的突出物質導致成品無法脫模時，不宜採用加壓成型。

5. 成型壓力依製品大小和材質種類而異，一般在500～5000kg/cm^2，產品尺寸以不超過手掌大小，單件重量在1.8kg以下為佳。

6. 燒結成品殘存孔隙影響機械性質與韌性，欲改善此缺點須做二次加工或採用其他特殊成型法。

7. 金屬粉末與多孔成品易氧化，有儲存及後續表面處理的問題。

8. 粉末冶金法較其他製造方法更需要專業技術與實務經驗。

4-1.4 粉末冶金的製造程序

砂土如何變成紅磚，大家有機會可以到製磚廠去參觀。他們是把砂土摻

加黏土,再放入磚模加壓成型,等磚坯乾燥之後,再放進磚窯加熱燒結,就變成我們建築用的紅磚頭。粉末冶金與製磚的過程很類似,他不過是先把一種或多種不同的金屬細粉混合後加入黏結劑,經混練再放入模具加壓成型,或者在加壓的同時又加熱,使他變成可以成型的壓胚,然後把這胚體送入燒結爐在熔點以下的溫度加以燒結,變成一個堅固的工件。其製造的基本程序,參考圖4-1所示。

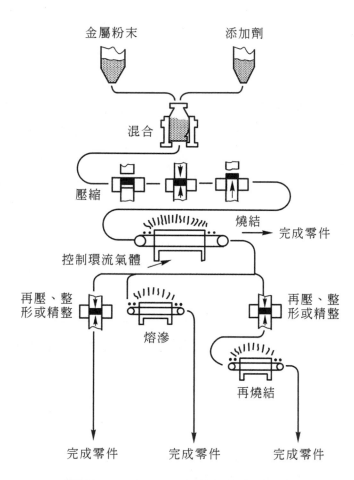

● 圖4-1 粉末冶金製造的基本程序

粉末冶金絕大多數的零件,在燒結完成後便可使用,但有些零件需要極精確的尺寸公差,或其他特殊要求者,則須再施行後處理(Finish Operation)如:精整(Sizing)、再壓(Repressing)、整形(Coining)、含浸(Impregnation)、熔

滲(Infiltration)、電鍍(Plation)、熱處理及機械加工。粉末冶金的製造流程圖，參考圖4-2所示。

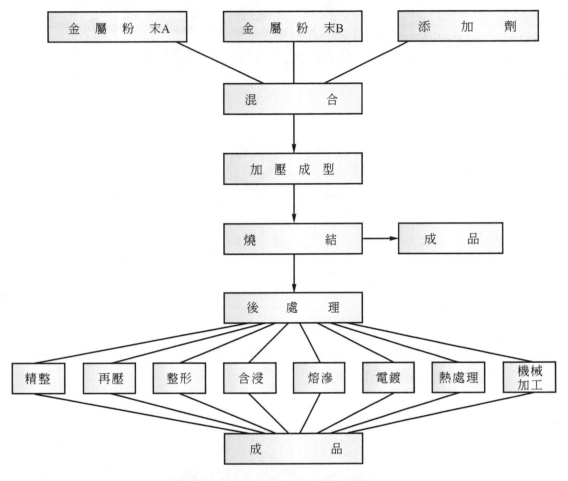

● 圖4-2 粉末冶金的製造流程圖

4-1.5 粉末冶金的應用

近年來由於粉末冶金的粉末製造技術發達，以及成型與燒結技術進步，已開發出多種高性能材料，應用非常廣泛，僅列出下列幾項以供參考：

1. 汽機車零件，如圖4-3所示

   避震器、活塞、煞車蹄片等之相關汽、機車零組件。

機油幫浦內元件

機油幫浦內元件

鏈齒輪

葉輪

齒輪

時規皮帶輪

● 圖4-3　汽機車零件(資料來源：旭宏金屬股份有限公司網站)

2. 產業機械零件，如圖4-4所示

傳動齒輪、軸承、掃瞄器、打字機、數位相機、影印機等之農用及商用機器相關零組件。

● 圖4-4　產業機械零件(資料來源：竹翔工業股份有限公司網站)

3. 氣動電動工具零件，如圖4-5所示。

氣動工具零件　　　　　　電動工具零件　　　　　　齒輪配件

　🌐 圖4-5　氣動電動工具零件(資料來源：旭宏金屬股份有限公司網站)

4. 不銹鋼及黃銅零件，如圖4-6所示。

不銹鋼零件　　　　　　　　不銹鋼零件

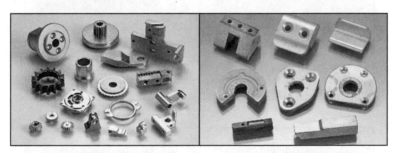

表面處理零件　　　　　　　黃銅零件

　🌐 圖4-6　不銹鋼及黃銅零件(資料來源：旭宏金屬股份有限公司網站)

5. 軸承及過濾器，如圖4-7所示。

銅系軸承　　　　　　　　鐵系軸承

不銹鋼過濾器　　　　　　青銅過濾器

🌐 **圖4-7　軸承及過濾器**(資料來源：旭宏金屬股份有限公司網站)

6. 工業用零件，如圖4-8所示。

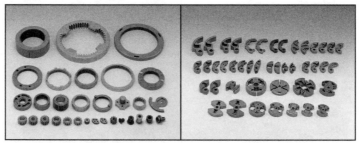

環狀齒輪　　　　　　　　離合器零件

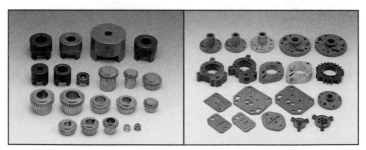

連軸器零件　　　　　　　冷氣壓縮機零件

🌐 **圖4-8　工業用零件**(資料來源：青志金屬工業股份有限公司網站)

7. 縫紉機零件，如圖4-9所示。

連動機構零件　　　　驅動桿、連動桿

傳動凸輪、平衡塊　　　傳動腕桿組

縫衣機零件(工業用、家庭用、職業用)

⊕ 圖4-9　縫紉機零件(資料來源：太利企業股份有限公司網站)

8. 碳化鎢超硬合金，如圖4-10所示。

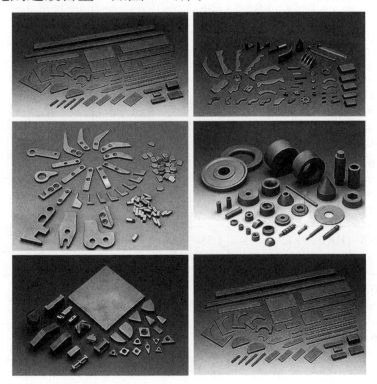

⊕ 圖4-10　碳化鎢超硬合金(資料來源：玄鋒超硬工業股份有限公司網站)

二、常用的粉末冶金原料，參考表4-2所示。

▶ 表4-2　常用的粉末冶金原料

國際規範		密度分佈	硬度分佈	主要成分										
				Fe	Cu	Ni	Mo	Cr	Tin	Zn	p	Pb	Mn	C
JIS	SMF-1010	6.2-7.2	HRB 30↑	97.7-100	—	—	—	—	—	—	—	—	—	0.1-0.3
	SMF-4030	6.4-6.6	HRB 30↑	殘	1-5	—	—	—	—	—	—	—	—	0.2-1.0
	SMF-4040	6.6-6.8	HRB 40↑	殘	1-5	—	—	—	—	—	—	—	—	0.2-1.0
	SMF-5030	6.6-7.0	HRB 70↑	殘	0.5-3	1-5	—	—	—	—	—	—	—	0.81
	SMF-5040	6.8-7.0	HRB 80↑	殘	0.5-3	2-8	—	—	—	—	—	—	—	0,8±
	SMF-6055	7.2-7.4	HRB 80↑	殘	15-25									0.3-0.7
MPIF Iron and Steel	W-4500	6.8-7.2	HRB 45↑	rem	—	—	—	—	—	0.5-0.6	—	—	0.0-0.0
	FC-0205	6.3-6.6	HRB 30↑	93.5-98.2	1.5-3.9									0.3-0.6
	FC-0208	6.6-7.0	HRB 40↑	93.5-98.2	1.5-3.9	—	—	—	—	—	—	—	—	0.6-0.9
	FD-0205	6.6-7.0	HRB 70↑	93.15-96.45	1.3-1.7	1.55-1.95	0.4-0.6							0.3-0.6
	FD-0208	6.8-7.0	HRB 80↑	92.85-96.15	1.3-1.7	1.55-1.95	0.4-0.6	—	—	—	—	—	—	0.6-0.9
	FLNC-4408	6.8-7.0	HRB 80↑	90.15-96.75	1.0-3.0	1.0-3.0	0.65-0.95	—	—	—	—	—	—	0.6-0.9

(續下表)

表4-2　常用的粉末冶金原料(續)

國際規範		密度分佈	硬度分佈	主要成分										
				Fe	Cu	Ni	Mo	Cr	Tin	Zn	p	Pb	Mn	C
MPIF Iron and Steel	FX-1008	7.2-7.4	HRB 80↑	82.2-91.4	8.0-14.9	—	—	—	—	—	—	—	—	0.6-0.9
	FX-2008	7.2-7.4	HRB 85↑	72.1-84.4	15-25	—	—	—	—	—	—	—	—	0.6-0.9
MPIF Stain-less	SS-303L	6.5-6.6	HRB 60↑	rem	—	8-13	—	17-19	—	—	0.0-0.2	—	0.0-2.0	0.0-0.0
	SS-304L	6.5-6.6	HRB 60↑	rem	—	8-12	—	18-20	—	—	0.0-0.045	—	0.0-2.0	0.0-0.0
	SS-316L	6.5-6.6	HRB 60↑	rem	—	10-14	2.0-3.0	16-18	—	—	0.0-0.045	—	0.0-2.0	0.0-0.0
	SS-410	6.5-6.7	HRB 70↑	rem	—	—	—	11.5-13.5	—	—	0.0-0.04	—	0.0-1.0	—
MPIF Copp-er	CZP-1002	7.4-8.0	—	—	88-91	—	—	—	—	rem	—	1-2	—	—
	CT-1000K-19	6.0-6.4	—	—	87.2-90.3	—	—	—	9.5-10.5	—	—	—	—	—
	CT-1000K-26	6.4-6.8	—	—	87.2-90.9	—	—	—	9.5-10.5	—	—	—	—	—

資料來源：旭宏金屬股份有限公司網站。

註：1. 以上硬度皆為熱處理前。

2. 本表格僅為一般概略的參考值，詳細的內容仍以JIS之SMF及MPIF規範為主。

4-2　粉末之製造與特性

　　金屬粉末的製造方法是粉末冶金生產的重要的步驟之一，金屬粉末的用途也以粉末冶金零件所佔比例最大，其他少量使用於銲條銲劑、高週波用鐵粉磁心、塗料、金屬噴敷、電刷、化學、煙火等。

目前國內最常用的金屬粉末有鐵、不銹鋼、銅、錫、青銅、黃銅、碳化鎢以及高熔點的鉬、鎢粉等。這些粉末中有的為純元素(Elemental Powder)如銅、鐵、鉬、鎢粉；有的則為預合金粉(Prealloyed Powder)如不銹鋼粉、高速鋼粉等。在製作機械零件時，為了機械性質的考量，一般都必須使用合金鋼，如以粉末冶金製作這類合金鋼時，可採用混合元素粉或預合金粉兩種方式，前者乃將所需成分以純元素粉依比例混合而成，經成型、燒結後，藉各元素粉之相互擴散而成為合金，此方法之優點在於只須準備基礎元素粉，即可配置各種合金鋼粉，其庫存原料之種類少，且由於元素粉硬度低，容易成型，模具及成型機之磨損較小，但其缺點為成分及顯微組織較不均勻；相對的用預合金鋼粉較硬，較不易成型，庫存種類需較多、成本較高及燒結密度較低等缺點，但其組織較均勻。一般而言，不銹鋼、工具鋼多由預合金粉製作，而其他低合金鋼之機械零件，則由混合元素粉製作。但不論是預合金粉或元素粉，其製做方法均有相當多種，各種商業上主要金屬粉末製造方法的特性，參考表4-3所示。**常用的金屬粉末製造方法可分為下列數種：**

表4-3　各種商業上主要金屬粉末製造方法的特性

方法	霧化法	氧化物氣體還原法	碳素還原法	電解法	機械粉碎法
原料	碎屑，原始材料	金屬氧化物如 Cu_2O、NiO、Fe_3O_4	礦石或鐵渣	可溶解之銅或鐵作為陽極板	脆性金屬Be、高硫Ni、高碳Fe。電解Sb、Mn、Be陰極板
生產粉末種類	不銹鋼，黃銅，青銅，其他合金粉Al、Sn、Pb、Fe、Zn	Fe、Cu、Ni、Co、W、Mo	Fe	Fe、Cu、Ni、Ag、Pb、U、Th、Ta、Ti、Nb、Zr、V	Fe、Be、Mn、Ni、Sb、Bi

(續下表)

表4-3 各種商業上主要金屬粉末製造方法的特性(續)

方法		霧化法	氧化物氣體還原法	碳素還原法	電解法	機械粉碎法
優點		最適於製造合金粉，適合於熔點1650°C以下純金屬或合金	粒子大小易控制，壓縮性良好	低成本，粒子大小，性能易控制	高純度，易控制	粒子大小易控制
缺點		所製粉末粒度分佈大，非全部可利用，圓形粉末不適合於某些應用	需要高品位之氧化物還原，原料方面受限制	需要高品位原礦及鐵渣，使用僅限於鐵	限於少數金屬成本高	限於脆性金屬，粉末品質受限制
生產成本		低到中等	低	低	中等	中等
純度		高99.5$^+$	中等98.5到99$^+$	中等98.5-99$^+$	高99.5$^+$	中99$^+$
粉末特性	形狀	不規則或平滑球形粒子	不規則，海綿狀	不規則，海綿狀	不規則	不規則
	大小 mesh	粗粒至325mesh	100mesh或更細	範圍廣	全部大小	全部大小
	壓縮性	低到高	中等	中等	高	中
	外觀密度	高	低到中	中	中-高	中-低
	壓縮強度	低	高到中	中-高	中	低

4-2.1 霧化法

霧化法是粉末製造方法中最便宜方法之一，其原理是利用高壓流體，將金屬熔液噴散成霧狀後凝固成粉末的方法，適用於製造低熔點金屬粉，但隨著技術上的進步，噴霧法也可用來製造高熔點的鐵粉、合金鋼粉、銅粉。

依霧化方法的不同可分為：

一、氣體霧化法

氣體霧化法常用於製造鋁粉、合金粉等易氧化的粉末，由於採用惰性氣體所得之粉末純度高，外觀為球形且堆積密度高。圖4-11所示，為氣體噴霧法之示意圖；此製程首先將金屬塊在坩堝內熔融，然後打開坩堝底部之圓柱塞，讓金屬液流下，當金屬液一離開噴嘴時，即受到外界高壓之氦氣、氬氣或氮氣之衝擊，使得熔液被打碎成金屬液滴，此液滴在飛行途中凝固，然後沉降在桶槽之底部。

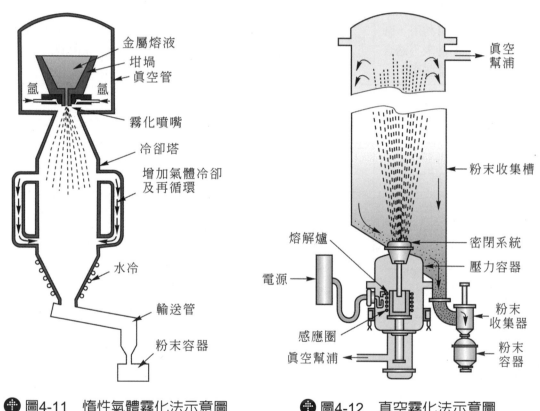

🌐 圖4-11　惰性氣體霧化法示意圖　　🌐 圖4-12　真空霧化法示意圖

二、真空霧化法

真空霧化法，如圖4-12所示。金屬熔液由下往上噴，在此方法中熔融之金屬液乃處於一大氣壓之環境中，但噴粉槽中為真空，當感應電爐與噴粉槽間之開關被打開後，金屬液將上衝而霧化。此外亦有人在金屬液中充入氫氣，當金屬液在真空中散開成液滴時，由於液滴冷卻使得融入之氫氣呈過

飽和狀態,因而急速釋出並造成該液滴之二次噴霧,因此可得到更細化之粉末,這種方式俗稱連續噴霧法(Tandem Atomization)。

三、水霧化法

首先將電爐的金屬熔液倒入大盛桶中,將此盛桶運至水噴霧槽之上方,將金屬熔液倒入深約30公分之小盛桶中,如圖4-13所示。並維持小盛桶中鐵水之高度,使小盛桶中底部出口處鐵水之壓力固定,以維持鐵水之流量,當約1,600℃之鐵水由出口流下時,即遭周圍約15MPa高壓水衝擊,而霧化成液滴,凝固後之鐵粉與水成

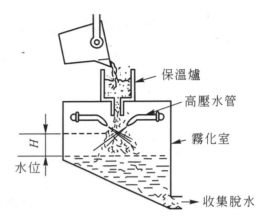

● 圖4-13　水霧化之霧化室結構示意圖

泥漿狀,由霧化槽送至磁輥機,鐵粉為磁輥吸附,然後被一刮板刮下,使其與大部分水分離,剩下鐵粉可再經過一次脫水。此外H之高度亦甚重要,H高度愈大,形成之粉末愈趨向圓形;愈短時則趨向於不規則。

四、離心霧化法

離心霧化法之原理是將熔化之金屬與旋轉電極相接觸,液態金屬在離心力作用下,脫離旋轉物體飛出而形成霧化。**離心霧化法可分為旋轉電極霧化法及電漿旋轉電極霧化法兩種:**

（一）旋轉電極霧化法(Rotating Electrode Process簡稱REP)

此方法係由美國核能公司所開發,目前已商業化生產,所使用的裝置,如圖4-14所示。其製程是把欲製造粉末之合金材

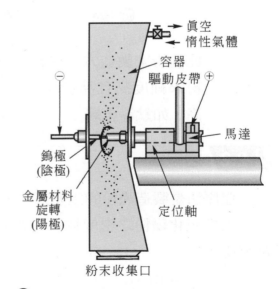

● 圖4-14　旋轉電極霧化法REP示意圖

料製成棒狀，當做消耗性電極，另外一端則用鎢金屬棒作爲陰極。然後將高速旋轉(約50,000rpm)之消耗性電極通電，因和陰極產生電弧而成熔融狀態，在充滿氦氣之容器內，由旋轉之離心力霧化成小液滴，經凝固後製成合金粉末。

（二）電漿旋轉電極霧化法(Plasma Rotating Electrode Process簡稱 PREP)

　　PREP霧化法，是以電漿電弧代替鎢製成的電極，其能量更大。

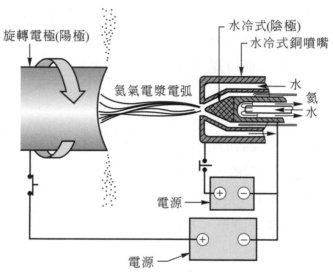

● 圖4-15　電漿旋轉電極霧化法PREP示意圖

　　此種粉末製造方法在製程中熔化金屬粉末未與其他物體接觸，因此粉末純度高且品質均勻。由於生產粉末爲球形，適宜製作活性較高，如鈦等金屬。

4-2.2　還原法

　　還原法是製造鐵粉的主要方法，它是將氧化鐵(FeO)以氫氣還原而得到鐵粉。由於氧化鐵粉之密度較低且體積較大，被還原後又會留下孔洞，俗稱海綿鐵粉。

　　世界各國所用之還原法大同小異，而以瑞典的Honganas公司採用之Honganas法爲最具代表性，如圖4-16所示，可以得到較高純度的鐵粉。此法

所用之原料是瑞典出產含71%Fe的鐵礦石，還原劑用灰份5%以下的焦炭，加少量的石灰石作爲脫硫劑，原料和還原劑以層狀間隔放入耐火容器內，在1,000～1,200℃加熱還原，冷卻後取出經粉碎、磁選、除去不純物，得到一般用鐵粉。再將鐵粉放入氫氣氛中還原脫炭、脫硫、消除加工應力，可以得到較高純度的鐵粉。因爲燒結塊須經粉碎成粉末，產生加工硬化現象，使粉末硬度增加，影響將來之加壓成型，故需再經退火處理。退火之其他目的可以降低粉末中之含氧量及含碳量。

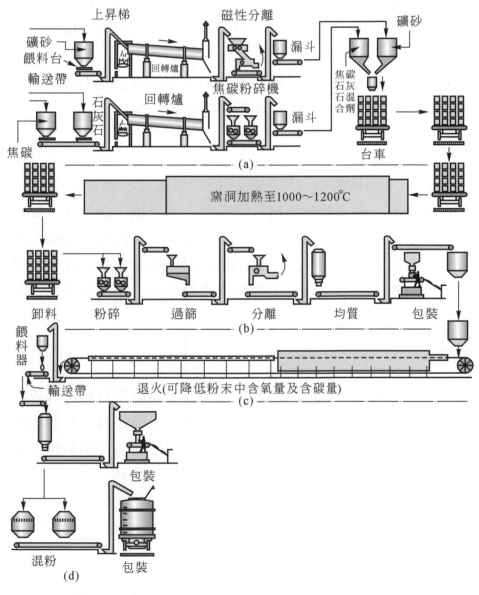

● 圖4-16　瑞典的Honganas公司製造鐵粉之流程圖

4-2.3 機械粉碎法

利用機械力量將材料粉碎成粉末的方法，主要為衝擊、磨細、剪力及壓縮等四種方式。

一、機械加工法

將材料利用機械切削成屑，再經磨細等製程而製成粉末的方法。只應用於小量而特殊金屬粉末或利用機械加工廠加工的切屑製成粉末，是一種低效率、慢速度的粉末製造法。但也是回收機械加工廠切屑的一種好方法，故仍有被採用的價值。

此方法所製造的粉末較粗且形狀不規則，不能直接應用於高性能粉末冶金產品的製造，目前主要用於高碳鋼等材料的粉末製造。

二、搗碎法

搗碎法係利用凸輪將粉碎用的搗杵提升至適當的高度後落下至粉碎臺上，將材料搗碎，一般用於脆性材料的粉碎。利用搗碎法粉碎金屬材料至某一程度時，經常發生小粉粒互相冷銲成塊的現象，再被搗成為鱗片狀粉末。因此在被粉碎至某一程度時，必須添加如硬脂酸(Stearic Acid)粉末以防止粉末成塊，並可促進粉碎。金屬搗碎粉粒形狀為扁平狀，較少使用在粉末冶金零件上。

三、球磨法

球磨法係利用硬球的機械衝擊力或摩擦力，將脆性材料粉碎成粉末的方法。球磨是歷史最久應用最廣的研磨方式，適用於脆性材料如氧化物等陶瓷材料，而不適用於大部分金屬的粉末製造。一般球磨是在鋼製或瓷製的圓桶容器中加入粉碎物質和鋼球或磁球，然後利用容器旋轉而粉碎之。如圖4-17所示，為球磨法製造粉末示意圖。製造超硬合金時，球磨罐內使用超硬合金的裡襯和超硬合金球，並添加如丙酮(Acetone)液體，在濕式狀態下粉碎。

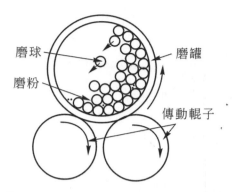

圖4-17 球磨法製造粉末示意圖

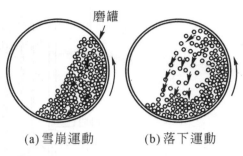

(a) 雪崩運動 (b) 落下運動

圖4-18 在球磨中之磨球運動

磨碎的情形，如圖4-18(a)所示，在磨球的雪崩狀態下，粉碎的過程是在球與球間或球與容器間被磨碎。圖4-18(b)使磨球發生落下運動，即是利用撞擊效果來粉碎材料。

另外震動球磨和離心球磨都是利用增加磨球的動能，來提高粉碎效果。近年來常被使用的粉末研磨器(Attritor Mill)，如圖4-19所示。將粉碎物與磨球的混合物用吸入器(Inhaler)強行攪拌，

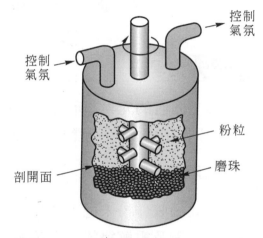

圖4-19 粉末研磨器(Attritor Mill)

即可大大縮短粉碎的時間，此種磨球一般是採用濕式法進行粉碎。

四、機械合金法

機械合金法最早用於散佈強化合金(Oxide Dispersion Strengthened Alloy)，其製粉的方式，如圖4-20所示。將粉末及磨球倒入筒中，然後倒入己烷或酒精，或充入氬氣，以防止粉末在製程中氧化，經密封後，以攪拌棒高速旋轉。

一般機械合金法之產量不高且易受污染，故須採用精密之防污染裝置。磨碎機之內襯及磨球之材料最好與粉末同一材質或不易磨耗者，所以此方法多用於製作價昂之特殊粉末。

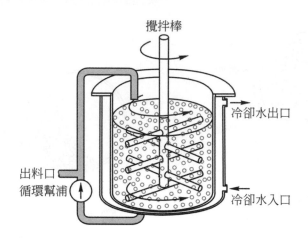

● 圖4-20　機械合金法製作合金粉末示意圖

4-2.4　化學法

　　幾乎所有的元素都可能由化學方法來製造粉末，所製粉末之顆粒大小及形狀，則可由化學反應變數的控制來做調整。

一、電解法

　　以此法製作粉末已不多見，仍常見的為電解銅及電解鐵粉，電解銅粉的製造方法，如圖4-21所示。在電解槽中將純銅塊或銅板當作陽極，以硫酸鹽當作電解質，將高純度銅、不銹鋼或鈦當作陰極，則銅離子由陽極釋出後將沉積在陰極上。此法與電鍍銅類似，只是所用之操作溫度較高，電解液之酸性較強，電流密度較大，使陰極版與沉積物之結合力偏弱，以便將陰極版上附著之海綿狀或硬脆之沉析銅刮下，即可得到高純度的電解銅粉。此銅粉經水洗、真空乾燥、退火、粉碎之後即可用於粉末冶金製程。

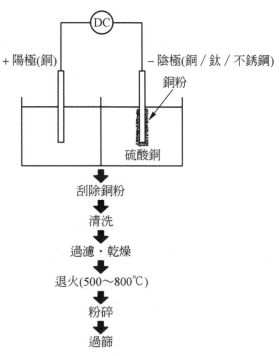

● 圖4-21　電解銅粉的製程示意圖

二、熱分解法

熱分解法係利用金屬化合物蒸汽加熱分解而製得金屬粉末的方法。最有名在工業上實用的例子，是德國I.G.Farben Industrie公司以Mond Process方法聞名。該方法是將硫化鐵或鎳原料與150～200氣壓的一氧化碳，在200～220℃的溫度下進行反應生成液狀的$Fe(CO)_5$或$Ni(CO)_4$這些液體在200～250℃及壓力降至一大氣壓之分解塔中分解，則可生成鐵粉或鎳粉。所得的粉末含有微量的碳、氮、氧等不純物，必須在氫氣中加熱進行脫碳處理。

本方法所製得的粉末粒子呈球形如鐵粉，或不規則形狀如鎳粉。粒度較細一般在1～20μm範圍內，因此流動性較差通常不使用於機械結構零件的製作。但由於粉末純度高達99.5%以上，適用於磁性材料，如鋁鎳鈷等的製造。

4-2.5 奈米粉末(Nanocrystalline Powder)之製造

奈米級粉末之定義：為小於0.1μm之粉末，目前最主要的製法為蒸發法，屬於物理之方式，如圖4-22所示。此方法將金屬材料置於坩堝中，由於艙體中充入之惰性氣體的壓力相當低，所以當電子束打向金屬原料時，金屬會蒸發，將蒸發之細微金屬顆粒藉著微量攜帶氣體(Carrier Gas)之導引，沉積在上方之冷凝板上，將其刮除即可得到所要之奈米級粉末。粉末之大小可由收集位置來決定，由於粉末之間會互相凝聚，越靠近蒸鍍源所收集到的粉末顆粒會越小，距離越遠因有較多之機會凝聚，使得粉末顆粒會變大。一般而言，用此法所生產的粉末之粒度約在20～200nm之間。

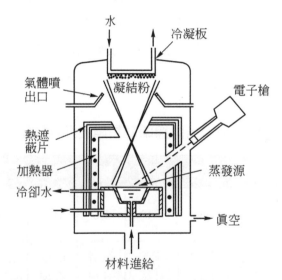

● 圖4-22 蒸發法奈米級粉末之基本裝置

除了上述以電子束加熱之方法外，亦可以雷射、電漿束作為熱原，或將坩堝直接以電阻或感應加熱之方式將材料蒸發，但在冷卻及收集方式上則大致相同。

4-2.6 粉末的特性

為了使製品符合品質的要求，所使用的粉末必須經過仔細的選擇，以確保經濟的生產。**下列各項為選擇粉末時應考慮的特性：**

一、粉末之粒度

由於製造粉末方法不同，因此所製造出來的粉末顆粒與形狀並非相同。顆粒大小係以粒度表示之，顆粒大小分佈對於成型、燒結以及其他粉末特性的影響為最重要的粉末冶金技術之一。

粉末顆粒大小一般常用之測試方法有下列幾種：

（一）篩分法

篩分法中粒度大小乃是以能否通過某一孔徑之篩網來訂定；例如400目之篩網所代表之意義為該網每一英吋長度有400條鋼絲。表4-4所示為各國標準篩對照表。測試方法與鑄砂試驗的粒度分析一樣，如圖4-23所示，為磁振式篩分機。

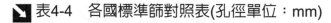

表4-4　各國標準篩對照表(孔徑單位：mm)

中國	美國	美國	美國	英國	法國	荷蘭	日本	波蘭	瑞士	德國
CNS	Tyler	ASTM	US	BSI	NF	HCNN	JIS	PN	最佳篩絹	DIN
孔徑	篩號孔徑	篩號孔徑	篩號孔徑	篩號孔徑	孔徑	孔徑	孔徑	孔徑	XX孔寬	孔徑
0.038	400 0.038	400 0.038	400 0.038	400 0.038	—	—	0.038	—	—	—
—	—	—	—		0.04	—	—	—	—	0.04
0.045	325 0.043	325 0.045	325 0.045	350 0.045	—	—	0.045	—	—	0.045

（續下表）

表4-4　各國標準篩對照表(續)

中國	美國	美國	美國	英國	法國	荷蘭	日本	波蘭	瑞士	德國
—	—	—	—	—	—	—	—	—	—	0.05
0.053	270 0.053	270 0.053	270 0.053	300 0.053	0.05	0.05	0.053		—	—	—
0.063	230 0.061	230 0.063	230 0.063	240 0.063	0.63	0.06	0.063	—	—	0.063
0.075	200 0.074	200 0.075	200 0.075	200 0.075	—	0.075	0.075	—	15 0.075	—
—	—	—	—	—	0.08				—	0.08
0.090	170 0.088	170 0.090	170 0.090	170 0.090	—		0.090	—	—	—
—	—	—	—	—		0.09	0.100	—	13	
0.106	150 0.104	140 0.106	140 0.106	150 0.106	0.1	0.105	0.106	—	12	0.1
—	—	—	—	—	—	—	—	—	11.012	—
0.125	115 0.124	120 0.125	120 0.125	120 0.125	0.125	0.125	0.125	—	10 0.13	0.125
0.150	100 0.147	100 0.150	100 0.150	100 0.150	—		0.150	—	—	—
—	—	—	—	—	0.15	0.15	0.160	—	9 0.15	—
—	—	—	—	—	0.16	—	—	—	—	0.16
0.180	80 0.175	80 0.180	80 0.180	85 0.180	—	0.175	0.180	—	8 0.18	—
0.212	65 0.208	70 0.212	70 0.212	72 0.212	0.2	0.21	0.212	—	7	0.2
0.25	60 0.246	60 0.25	60 0.25	60 0.25	0.25	0.25	0.25	—	—	0.25

(續下表)

表4-4 各國標準篩對照表(續)

中國	美國	美國	美國	英國	法國	荷蘭	日本	波蘭	瑞士	德國
0.3	48 0.295	50 0.3	50 0.3	52 0.3	0.3	0.3	0.3	—	—	—
—	—	—	—	—	0.315	—	—	—	—	0.315
0.355	42 0.351	45 0.355	45 0.355	44 0.355	—	0.35	0.355	—	—	—
—	—	—	—	—	0.4	—	—	—	—	0.4
0.425	35 0.417	40 0.425	40 0.425	36 0.425	—	0.42	0.425	—	—	—
0.5	32 0.495	35 0.5	35 0.5	30 0.5	—	0.5	0.5	—	—	0.5

⊕ 圖4-23 磁振式篩分機(資料來源:http://show.bioon.com網站)

（二）顯微觀測法

顯微觀測法是利用光學顯微鏡(Optical Microscope.OM)如圖4-24所示、掃瞄式顯微鏡(Scanning Electron Microscope.SEM)如圖4-25所示、穿透式電子顯微鏡(Transmission Electron Microscope.TEM)如圖4-26所示，直接觀察到粉末之形狀、表面或內部特徵及粒徑之大小。

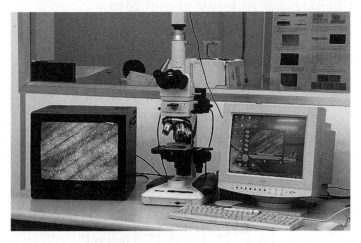

🔵 圖4-24　光學顯微鏡(資料來源：http://163.13.136.155網站)

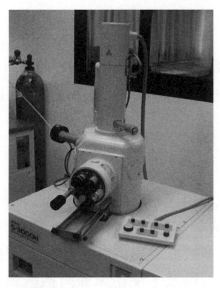

🔵 圖4-25　掃瞄式顯微鏡
（資料來源：http://www.ntut.edu.tw網站）

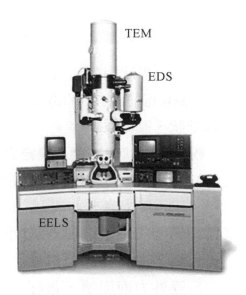

🔵 圖4-26　穿透式電子顯微鏡
（資料來源：www.ndl.org.tw網站）

（三）雷射光散射法

當光碰到一顆粉末時，他可能被吸收、透過或散射(Scattering)，而散射又包括反射、折射(Refraction)及繞射(Diffraction)，此方法即是利用散射光之原理，以測出粉末之大小，如圖4-27所示，為鐳射光散色儀(Laser Particle Analyzer)之示意圖，是當今世界上最流行的顆粒測試儀器，適用於測量固體粉末或乳液中的顆粒。

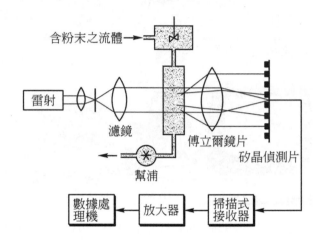

含粉末之流體

雷射

濾鏡

傅立爾鏡片

矽晶偵測片

幫浦

數據處理機　放大器　掃描式接收器

● 圖4-27　鐳射光散色儀之示意圖(資料來源：粉末冶金學，黃坤祥)

二、粉末之形狀

粉末的形狀因製造方法而異，其形狀如圖4-28所示。如圖(a)針狀、圖(b)角狀、圖(c)樹枝狀、圖(d)纖維狀、圖(e)片狀、圖(f)粒狀、圖(g)不規則狀、圖(h)塊結狀、圖(i)球狀等。

粉末的形狀與充填及燒結之關係：

（一）應用於粉末射出成型製程時

粉末間之摩擦力要小，以便射出，所以使用之粉最好近似於球狀。

（二）應用於壓製複雜形狀(如齒輪)之胚體時

為了保護胚體及齒部之完整性，使其不致在工廠搬運過程中受振動等外力而崩壞，最好使用形狀不規則的粉末，使粉末兼有機械鎖合(Mechanical Interlocking)之作用，因而可提高胚體之強度。

（三）應用於電腦塑膠外殼時

常將導電金屬粉混入塑膠中，以達到防止電磁波穿透之效果，粉末最好選擇鏈狀或片狀，使其在最少的使用量下仍能使粉末互相接觸，形成通路而達到電磁波之遮蔽效果(Electromagnetic Shielging.EMS)。

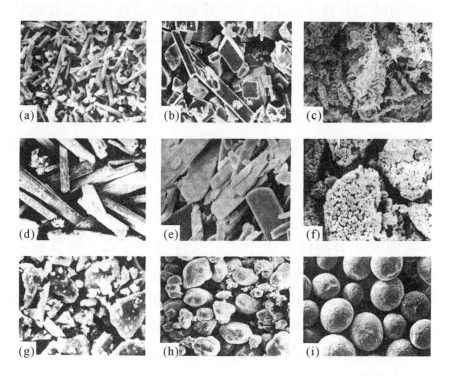

🌐 圖4-28　ISO32525標準中各種形狀粉末SEM相片圖

三、粉末的化學成分與結構

剛剛製成的粉末所做的化學分析結果，可能為包括粉末儲存時自大氣中吸取相當量的氣體和水蒸氣，這些吸收物會使顆粒表面形成一層氧化物，導致影響成型和燒結作用，並且這些氧化物還會留存在燒結後的材料內。

粉末的晶粒結構對成型和燒結，以及最後產品的性質都有極大的影響。粉末製造技術中最重要的發展在於粉末顆粒之晶粒結構的調整，製造生產的趨勢是生產多晶結構及極細小晶粒的顆粒。由於晶粒的微細化，以及燒結動力的特性和尺寸改變的均勻性都得到改良，燒結後材料的機械性質獲得兩個

最重要的影響，就是大小和方向性。

　　粉末內的不純物有各種型態，例如鐵中的錳、銅中的鉛、鈷中的鎳等金屬除了特別用途外，不只無大害，也可當成合金而改善物理性質；反之化合物型態的非金屬不純物大大有害；例如鐵中的碳有害於磁性材料，硫、磷超出某一特定含量時也有害；他們除了影響最終製品外，也會在燒結作業中縮短爐子的壽命，如與氧、氫等作用生成氣體，在製品中形成空隙，增加製品體積而變形。

　　為了避免吸收有害氣體，需在無害的氣氛中進行粉碎或混合，在貯存、搬運要裝入密閉容器，或以其他方式避免粉末污染。做成粉末之後的處理要迅速進行，為了避免濕氣的影響，現代工廠在貯存、混合與充填都採用空氣調節。

四、表面型態與表面積

　　對於觸媒而言，表面積之大小決定反應量之多寡，所以對於此應用而言，表面積之量測是不可或缺的。對燒結零件而言，顆粒之間的任何反應，或粉末與周圍環境的任何作用，開始時多在表面發生，因此表面積對顆粒體積的比會影響燒結反應，這種比值隨顆粒大小減少而增大。生胚中粉末之表面積越大表示其能量越高，越不穩定，也就越容易燒結，所以粉末之表面積亦影響其燒結之難易。

五、密度

　　與粉末相關之密度分為真實密度(True Density)、視密度(Apparent Density)及敲擊密度(Tap Density)三種，茲分述如下：

（一）真實密度(True Density)

　　一般粉末之表面有一層薄薄的氧化物，內部亦可能有一些封閉之氣孔，特別是用氣體噴霧法或還原法之粉末中，因此粉末本身之密度低於一般熔煉、輥軋、鍛造等製程之金屬。由於粉末製程中常需要計算粉末之體積比(粉末射出成型時體積與金屬粉體積之比例)或是計算混合粉之理論密度，所以每種粉末之真實密度是一項很重要的數據。

（二）視密度(Apparent Density)

粉末未經壓縮時單位體積之重量稱爲視密度(g/cm^3)，是粉末最重要和最有用特性之一。因爲視密度代表粉末質量所佔有的實際體積，以及壓縮成型工具的尺度。成型所需壓力大小、輸送及處理粉末的裝備、壓模的設計、粉末的充塡作業及燒結，均受視密度的影響。表4-5所示爲市售金屬的視密度，此值必須保持不變，否則每次加入模內之量無法維持相同。

▶ 表4-5　市售金屬的視密度

	金屬名稱	視密度g/cm^3	比重
1	Al	0.7～1	2.7
2	Sb	2～2.5	6.68
3	Cd	3	8.65
4	Cr	2.5～3.5	7.1
5	Co	1.5～3	8.9
6	Cu	0.7～4	8.93
7	Pb	4～6	11.3
8	Mg	0.3～0.7	1.74
9	Mo	3～6.5	10.2
10	Ni	2.5～3.5	8.9
11	Si	0.5～0.8	2.42
12	Ag	1.2～1.7	10.5
13	Sn	1～3	5.75
14	W	5～10	19.3
15	Zn	2.5～3	7.14
16	Fe、Steel	1～4	7.85

（三）敲擊密度(Tap Density)

敲擊密度又稱震實密度，在有些粉末冶金製程中須將粉末予以振動以提高其密度。例如在冷、熱均壓時都希望粉末之敲擊密度越高越好，因為生胚密度愈接近成品之理論密度，則燒結溫度可降低，燒結時間可減少，且燒結時收縮率較小、尺寸較穩定。

敲擊密度之測試裝置如圖4-29所示。上面之玻璃量筒受到底部偏心輪之作用將上下振動，此時管內之粉末高度將逐漸降低，利用其體積及重量就可計算出粉末之敲擊密度。

（四）安息角(Angle Of Repose)

粉末安息角就是粉末在一定條件下自然堆積時，所形成錐體之斜面與水平面之夾角，如圖4-30(a)所示。亦可將粉末放入長方盒及圓筒中，然後將容器傾斜，當粉末開始滑落時之角度，即為安息角，如圖4-30(b)(c)所示。安息角和粉末之間的摩擦與粉末的流動性有密切關係；一般而言安息角愈小，粉末流動性越好，形狀越接近球形，粉末間之摩擦力越小。

圖4-29 敲擊密度之測試裝置示意圖

（圖4-29標示：刻度量筒、支持器、行程高度、導引軸承、鐵砧、凸輪）

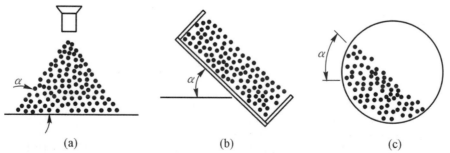

(a)　　　　　　(b)　　　　　　(c)

圖4-30 粉末安息角之測量方法：(a) α 為安息角，(b)(c)粉末開始滑落時之角度

（五）流動性(Flowabilityzp)

粉末流動性之難易影響粉末進入模穴之快慢，也決定了成型之速率及

壓胚機之性能，所以流動性是一般粉末不可或缺的特性。

粉末流動的阻力來自於粉末粒子直接或間接接觸，而妨礙其他粒子的自由運動，粒子也因暫時的黏著，或糾纏而彼此妨礙運動，所以流動的阻力取決於粉末的種類、粒度及其分佈、形狀、視密度、吸收的水分、氣體、空氣及粒子的運動型態；Fe及其他強磁性粉末還會因磁力而妨礙流動性。

（六）粉末之生胚強度(Green Strength)

生胚強度為粉末壓胚的機械強度。是決定壓胚在燒結維持一定形狀及尺寸的能量。生胚強度主要是受粉末顆粒表面不規則之程度所影響。當在壓縮成型時，粉末顆粒間產生強烈的機械鎖住作用所致。雖然金屬粉末很少在生胚狀態下使用，但是生胚應具有足夠的強度，以減少從壓胚機搬運到燒結爐的磨損或破裂，尤其對於薄肉零件、大零件之薄肉部位、低密度零件及零件之稜角等部位特別重要。

（七）壓縮性(Compressibility)

壓縮性係指在特定的模穴中，粉末被壓縮成型之難易程度，粉末愈容易被壓縮及胚體密度愈高，則其壓縮性愈好。製造粉末冶金零件，通常選用外觀密度大的粉末，其優點是可獲得高密度壓胚，這種概念可用壓縮比來表示；**壓縮比的定義**：是粉末原來之體積與壓縮後體積之比值。

粉末的壓縮性受下列因素的影響：

1. 金屬或合金固有的硬度──金屬的加工硬化對壓縮性有強烈不良的影響。

2. 顆粒形狀──愈不規則的粉末壓縮性愈差，但確有較佳的成型性。

3. 內部孔隙──非多孔質粉末，具有較高的壓縮性。

4. 粒度分佈──較窄的粒度分佈，粉末顯示較差的壓縮性。

5. 非金屬物的存在──例如未被還原的氧化物因具有較高的硬度，極低的密度而使壓縮性變差。

6. 固體潤滑劑的使用──固體潤滑劑的使用可減低粉末與模具間之摩擦，增加模具壽命，但因潤滑劑的比重較小而佔據約5～7%的體積使粉末壓縮性受到影響。

7. 合金元素的添加─添加合金元素，例如石墨及硫磺會使壓縮性變差。

（八）燒結性(Sintering)

加熱使粉末顆粒結合之加工方式稱為燒結性，燒結之優劣，取決於燒結溫度之範圍是否寬大，燒結溫度範圍不能太侷限於一狹窄區域，否則操作不易，得不到適當的結合強度。

4-3 粉末之混練與成型

4-3.1 粉末之混練

粉末的混練是粉末冶金中的最重要製程之一，即使只使用一種金屬粉末，有時為了獲得適當的粒度分佈，會將數種粒度不同的粉末一起混練，在混練不同金屬粉末的場合，有時也會混和結合劑、潤滑劑及其他特殊用途的粉末，都需要做均勻的混練。混練通常在空氣中進行，有時為了防止氧化而在真空中混練。

一、粉末成型前之處理

（一）分級(Classification)

一般粉末冶金在成型前需先將細粉與粗粉除去，因為細粉常夾在沖頭與模穴或沖頭與心棒之縫隙，造成卡粉導致模具表面拉傷。

（二）合批(Blending)

粉末經由長途的運送到達使用者手中，由於道路的顛簸，使細粉漸漸經由粗粉之空隙沉到桶底，造成粒度偏析。為了

🌐 圖4-31　攪拌機
(資料來源：台溢實業有限公司網站)

使粉末之粒度分佈均勻，一般可使用攪拌機如圖4-31所示，重新攪拌一次；有時在出清庫存時為了使成品之性質穩定，也常將不同批號所殘存的餘粉(相同成分之粉)給予混合。

（三）混粉(Mixing)

混粉是將不同成分之粉末攪拌在一起，例如鐵粉中加入石墨、銅粉、鎳

粉、磷等,主要目的在增加粉末之流動性、零件之強度或粉末之燒結性。常見之混合機器,如圖4-32所示,有(a)雙錐形、(b)V型、(c)圓筒形。操作時係將待混合之潤滑劑與粉末,或按百分比稱重之各種粉末,注入機器中,啓動機器則粉末在其中來回運動,達到粉末均勻混合之目的。混合之成分中,若某一種百分比極小時,例如一公斤的硬脂酸鋅與九十九公斤的鐵粉混合,此時應將硬脂酸鋅以化學方法製成溶液,將溶液先與九公斤的鐵粉混合,然後將此均勻的混合物再與九十公斤之鐵粉混合,如此操作才能獲得均勻的混合物。混合的時間一般由經驗決定,時間過短,造成混合不均;時間過長,則會發生偏析(Segregation),同時會增加粉末之加工硬化,如此會增加粉末加壓之困難度。

(a) 雙錐形　　　　　　　　　(b) V形

(c) 圓筒形

⊕ 圖4-32　混合機(資料來源:台溢實業公司)

（四）球磨(Ball Milling)／消除凝聚物(De-Agglomeration)

粉末之間由於濕氣產生之毛細力，或由於靜電、磁力等會使粉末產生凝聚甚至結塊之現象，若要使這些粉末達到原有粉末之粒度或表面積之規格，必須利用球磨機，如圖4-33所示，將這些已結塊或凝聚之粉打散。

🌐 圖4-33　球磨機(資料來源：http://www.mse.nsysu.edu.tw/網站)

（五）造粒(Spray Drying，Granulation)

微細的粉末，由於粉末間之摩擦力大，使得其流動性相當差，不易填入模穴中，且因視密度非常低，不易壓成高密度之生胚，無法用於快速成型機，所以一般微細粉末常需先經造粒，以改善粉末之流動性。

（六）添加潤滑劑

添加潤滑劑之作用：

1. 改善粉末之流動性，使生胚密度更為均勻，縮短模穴的沖填時間，提高成型機之生產效率。

2. 增加粉末之視密度，降低模穴之沖填高度，減少模具之高度，節省一些成本。

3. 改善粉末之壓縮性以提高生胚密度。

4. 降低脫模力，減少模具之磨耗。

目前常用之潤滑劑有白蠟(Acrawax學名為Ethylene Bis-Stearamide，EBS)、硬脂酸鋅(Zinc Stearate)及硬脂酸鋰(Lithium Stearate)。

4-3.2 傳統粉末之成型

　　傳統粉末成型的方法，係將金屬粉末裝入模具中，如圖4-34所示。以壓床藉著沖頭將粉末加壓後，下沖頭推出工件，取出壓胚(Green Compact)，然後將生胚燒結，以提高其密度、強度或其他機械及物理性質的技術。

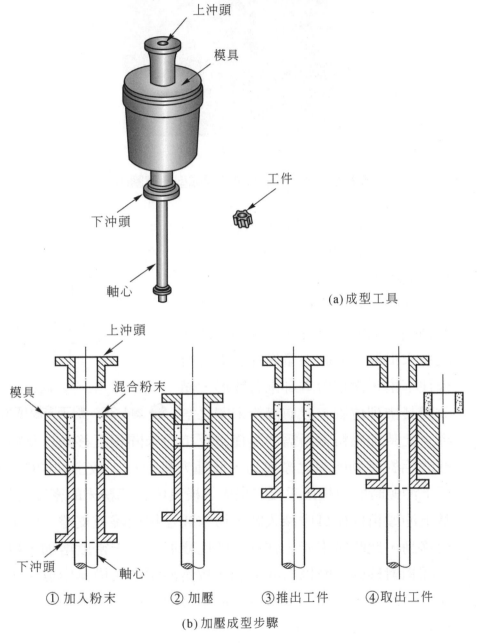

(a) 成型工具

① 加入粉末　② 加壓　③ 推出工件　④ 取出工件

(b) 加壓成型步驟

● 圖4-34　粉末冶金加壓成型示意圖

(c) 壓床

🔅 圖4-34　粉末冶金加壓成型示意圖(續)

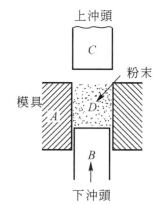

圖4-35　粉末冷壓成型示意圖

　　圖4-35所示，為粉末冷壓成型示意圖；A 為模具、B為下沖頭或推出桿、C為上沖頭、D 為盛入模具中之粉末。

1. 當上沖頭下降進入模具中，則粉末總 體積縮小而密度上昇。在加壓初期階 段粉末很鬆，沖頭力量僅在將上層粉 末往下推，微細粉本身末有變形，僅 改變其排列位置，以填滿粉末間之空 隙。此時加壓粉末所需力量僅為反抗粉末間相互移動以及粉末與模 壁間相對移動所需之摩擦力，此種力量很小，故上沖頭C之力量轉 至下沖頭時的力量幾乎沒有損失，模具中各部粉末的密度均勻相等。

2. 當上沖頭再向模具中深入時，粉末間互相糾繞或支撐，而不易做相 對移動，此時粉末產生彈性及塑性變形，粉末密度增加，粉末與模 壁間相對移動之摩擦力亦增加。故當沖頭進入模具中愈深，上述的 反抗力愈大，使上沖頭傳至下沖頭時力量已大為減小，造成模具中 粉末體各部之密度不均。

壓胚加壓過程的情形分述如下：

一、壓胚內壓力分佈情形

當粉末體受壓力，粉末所形成之體積內相同高度粉末面之壓力並非相等；受相等壓力之粉末面亦非平面。此種現象之原因是由於粉末間及粉末與模具間摩擦力所造成。模具中之粉末受壓力時，除了內部壓力分佈不一外，尚有其他之力量的作用，如徑向壓力、模壁摩擦力、剪應力及傳至下沖頭之力。

二、壓胚內密度分佈情形

1. 單向加壓，壓製圓柱體時，密度最大之處為靠近上沖頭端之圓周上；密度最小為靠近下沖頭端之圓周上。
2. 使用低壓力比使用高壓力壓製壓胚時的密度較不均勻。
3. 由上下沖頭同時加壓可以增進壓胚內密度分佈之均勻性。
4. 雙向加壓之壓胚，密度最大處，位於靠近上下沖頭之圓周上，密度最低位於壓胚中央橫切面。

三、最佳零件高度

最佳零件高度h_o可以參考表4-6所示之計算值。其中

$A \rightarrow$加壓面積

$v \rightarrow$體積

$s \rightarrow$表面積

$a \rightarrow$邊長

$d \rightarrow$直徑

表4-6　最佳零件高度h_o計算值

零件模切面	面積	最佳零件高度值h_o	
		$h_o = \sqrt{A}$	$h_o = 3.544(v/s)$
圓形	$\pi d^2/4$	0.886d	0.886d
正六方形	$3/2 \sim \sqrt{3}a^2$	1.61a	1.536a
正方形	a^2	a	0.886a
長方形($h=2a$)	$2a^2$	1.414a	1.18a
等邊三角形	$\sqrt{3}a^2/4$	0.658a	0.512a

四、壓胚推出模穴後尺寸之變化

金屬粉末於模具中加壓時，產生彈性及塑性變形。當加壓之沖頭推出壓胚，胚體受加壓的方向由於彈性復原，故長度應增長；徑向方向之彈性復原壓胚出模後，其直徑也會增加，此種尺寸之變化對於模具在設計時要加以考慮。

五、潤滑劑之影響

由於粉末間及粉末與模壁間之摩擦力，引起壓胚的密度不均勻，故摩擦是粉末加壓之重要問題，所以潤滑劑是一種不可缺少的添加劑。

1. 對一定重量之某一種粉末而言，傳至下沖頭之力量與加壓力量之比為一常數，使用潤滑劑時，此常數會增加，增加之效果隨使用潤滑劑之種類不同而異。

2. 加潤滑劑的方式，有與粉末混合或將潤滑劑塗於模壁，其使用場合如下
   （1）使用一定之加壓壓力時，兩種方式均可增加壓胚之密度。

（2）壓製高密度零件或加壓之壓力很高時，模壁潤滑有較佳的效果。

（3）使用低壓力或壓製低密度零件時，混粉潤滑有較佳之效果。

（4）壓製中等密度時，兩種潤滑方式均有同樣效果。

（5）在一般生產中，模壁潤滑操作不易，故均用混粉潤滑。

3.　在一定粉末重量及一定加壓壓力下，混粉潤滑之潤滑劑有一定之最佳用量，可得到最佳之加壓密度。若壓胚之高度愈短或加壓之壓力愈低，則此最佳用量增加。

4.　使用模壁潤滑在一定加壓壓力下，增加潤滑劑則密度必增加，但潤滑劑用量增至某一值後，密度則幾乎不變。

5.　混粉與模壁潤滑，均可降低壓胚推出之壓力，但模壁潤滑較為有效。

4-3.3 特殊粉末成型

傳統粉末成型方法，係將金屬粉末裝入模具中，以壓床藉著沖頭將粉末加壓，然後下沖頭推出工件，取出壓胚(Green Compact)，再將生胚燒結，以提高其密度、強度或其他機械及物理性質的技術。而特殊粉末成型，有的是為了得到微細之顯微組織，有的是為了節省成本，有的是為了做出複雜之外形，茲將目前工業界常用之特殊粉末成型加以介紹如下。

一、熱均壓(Hot Isostatic Pressing，HIP)

熱均壓法，如圖4-36所示。在1950年代首創於美國(Battelle Columbus)實驗室，目前已廣為工業界所使用。其製程是先將粉末送入以不銹鋼或低碳鋼片所製之圓柱形長方容器中，然後將內部抽成真空，在真空下將開口封住，將此密閉之金屬罐置入加熱艙內後加溫，並以氬氣、氮氣加壓以提高粉體之密度，製程結束後將容器以車削等機械加工方式去除，即可得到內部完全緻密化之產品。對於內含孔隙之工件，亦可直接置入加熱艙內將這些孔隙壓實，則這些孔隙就不與外界相通。由於所施加之壓力在各方向均相等且在高溫下操作，故稱為熱均壓，簡稱HIP。

🌐 圖4-36　熱均壓機

　　熱均壓法的裝置，一個完整的HIP系統可分為五大部分，如圖4-37(a)所示。

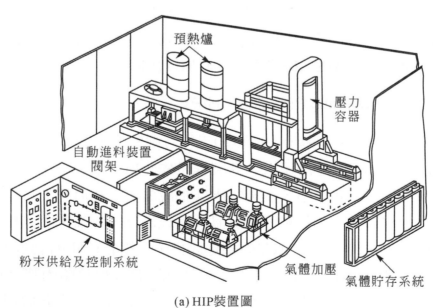

(a) HIP裝置圖

🌐 圖4-37　熱均壓法的裝置

1. 粉末供給及自動進料裝置。

2. 壓力容器，斷面如圖4-37(b)所示。

3. 施壓氣體的加壓與回收裝置。

4. 爐體與加溫設備。

5. 安全裝置。

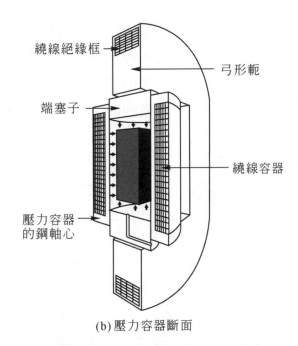

繞線絕緣框

弓形軛

端塞子

繞線容器

壓力容器
的鋼軸心

(b) 壓力容器斷面

● 圖4-37　熱均壓法的裝置(續)

　　熱均壓法由於設備相當昂貴，初期的投資成本偏高，所以大都用於製造附加價值高的成品生產；如鎳基合金粉末、鈦合金及超硬合金的航太零件製作，如圖4-38所示。

● 圖4-38　HIP法完成鈦合金及超硬合金的航太零件

二、冷均壓法(Cold Isostatic Pressing，CIP)

冷均壓法乃在常溫之下以均壓方式使粉末成型的方法。其生產製程參考圖4-39所示：

1. 先以加工方式製出公模。
2. 再以橡膠或矽膠鑄成一母模。
3. 在此橡膠模內填入粉末後，加蓋並以膠帶封口。
4. 然後將其置入一鋁或鋼所做之外殼以撐托其外型減少變形量。
5. 將此組合置入一裝滿切削油或其他溶液之壓力艙內。
6. 在封艙後施壓，藉液壓即可將模內粉末壓結成近實形之產品。

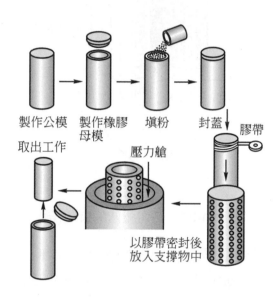

🔵 圖4-39　冷均壓法之生產製程(資料來源：粉末冶金學，黃坤祥)

冷均壓可分為濕袋式與乾袋式兩種成型法，參考圖4-40所示：

1. 濕袋法(Wet-bag Process)，參考圖4-40(a)所示
   濕袋法中模子是浸在液體中，承受來自四面八方均勻之壓力，所以生胚密度較均勻但生產速度慢，不易自動化。
2. 乾袋法(Dry-bag Process)，參考圖4-40(b)(c)所示
   乾袋法中模子之下方固定於設備上，僅周圍或周圍上方受到液體的

包圍，所以其受壓並非真正的均壓。但因方便填料，及容易取出工件，故生產效率高。工業界為了進一步提高效率，發展出連續式乾袋式冷均壓，參考圖4-40(d)所示：可以準備多個成型模，一旦均壓完成即把成型模取出置於旁處，取出胚體，在此同時將另外一個填完粉末之成型模置入均壓機中成型。冷均壓法之缺點為無法得到尺寸精密之產品，必須在燒結後靠加工才能達成。

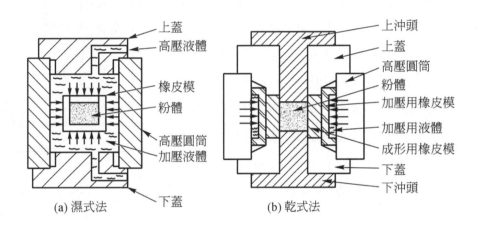

(a) 濕式法　(b) 乾式法

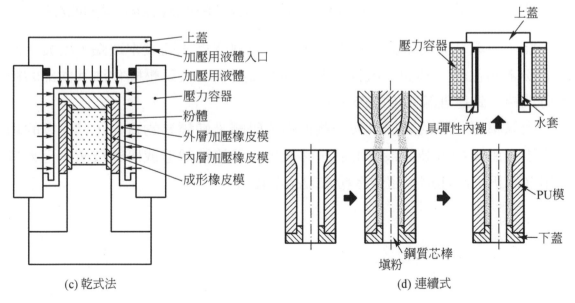

(c) 乾式法　(d) 連續式

🌐 圖4-40　(a)濕袋法冷均壓，(b)(c)乾袋法冷均壓，(d)連續式乾袋式冷均壓
（資料來源：粉末冶金學，黃坤祥）

三、熱壓(Hot Pressing)

熱壓一般使用之模具為石墨、氧化鋁含鈦、鋯之TZM鉬合金及熱作工具鋼，在高溫下將粉末加壓成型的方法，參考圖4-41熱壓機之示意圖所示。熱壓所使用的壓力較低，故可製造大型的產品。但不適於量產，只適於特殊物品的製造。熱壓法與普通的燒結法相比時，其優點是在低溫中，短時間下可得硬度較大的產品。但若燒結不足，則其壓縮接著狀態，在使用時會顯出其缺點。熱壓法一般使用石墨模具，因此在高溫中有形成保護環境氣體之可能，雖可在空氣中進行，但有氧化之虞，所以最好能使用保護環境氣體，或在真空下進行熱壓。

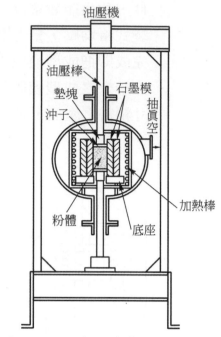

● 圖4-41　熱壓機之示意圖
(資料來源：粉末冶金學，黃坤祥)

四、大氣壓固化法(Consolidation Atmospheric Pressures，簡稱CAP)

此法由環球賽克洛公司所開發，係針對熱均壓法高成本缺點，所發展出來的粉末固化法，其製作流程，參考圖4-42所示。大氣壓固化法其內部的粉體可燒結，到達理論密度的95～99%。

大氣壓固化法的製程可與一些鍛造或研磨設備輕易的合併，其主要的功用，事先生產接近製品最終形狀，然後再施予傳統鍛造或研磨技術，已大量使用在高釩、高速鋼、超合金粉末製品之製造。

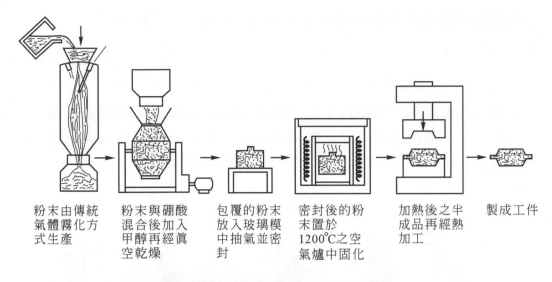

| 粉末由傳統氣體霧化方式生產 | 粉末與硼酸混合後加入甲醇再經真空乾燥 | 包覆的粉末放入玻璃模中抽氣並密封 | 密封後的粉末置於1200°C之空氣爐中固化 | 加熱後之半成品再經熱加工 | 製成工件 |

圖4-42　大氣壓固化法之製作流程

五、粉末鍛造法(Powder Perform Forging，簡稱P/F)

粉末鍛造通常是指將粉末燒結的成型胚經加熱後，在密閉式模中鍛造成零件的成型方法。粉末鍛造機如圖4-43所示，它是將傳統粉末冶金和精密鍛造結合起來的一種新方式，並兼顧兩者的優點。可以製造密度接近材料理論密度的粉末鍛件，克服了普通粉末冶金零件密度低的缺點。使粉末鍛件的某些物理和力學性能達到，甚至超過普通鍛件的水準，同時又保持了普通粉末冶金少屑、無屑加工的優點。通過合理設計成型胚體、無飛邊鍛造，具有成型精確、材料利用率高、鍛造能量消耗少等特點。

圖4-43　粉末鍛造機
(資料來源：http://pic.itiexue.net網站)

粉末鍛造的目的是把粉末成型胚，鍛造成緻密的零件。目前，常用的粉末鍛造方法有粉末冷鍛、鍛造燒結、燒結鍛造和粉末鍛造等四種基本鍛造過程。粉末鍛造在許多領域中得到了應用，特別是在汽車製造業中的應用更為突出。

六、金屬粉末射出成型(Metal Injection Molding，簡稱MIM)

金屬射出成型(金屬粉末射出成型)，二十多年來在美日等先進國家中已發展成為粉末冶金產業中相當重要的一環，並穩定地成長中。

金屬射出成型是一種結合了塑膠射出及粉末冶金優點的成型技術：製程首先將微細之金屬粉末與高分子黏結劑混合加熱，而得到具有流動性的射出材料，再經由射出機的模具射出成型，參考圖4-44所示。

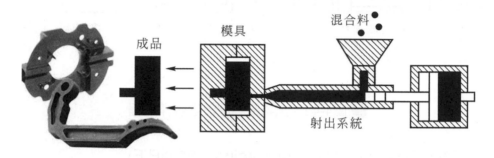

🌐 圖4-44　金屬粉末射出成型示意圖(資料來源：http://www.chihtai.com.tw網站)

金屬粉末射出成型的成品，參考圖4-45所示。具有形狀可複雜化、尺寸精密化、高密度、高強度與大量自動生產等特性，金屬射出成型並能大幅減少傳統金屬加工的繁複程序與成本費用。因此，形狀複雜、高精密度和高性能材質的小型機械零件諸如電子、汽車、鐘錶、光電、武器、生醫等等產品領域，都可以高度發揮，今後機械零件採用燒結合金將朝更複雜形狀，更高的尺寸精度，更佳的機械性能發展，一些為現在使用且較特殊的用途之產品將出現，故金屬粉末射出成型法，將更具發展潛力。

🌐 圖4-45　金屬射出成型的成品(資料來源：http://www.chihtai.com.tw網站)

4-4 燒結

　　粉末製造、成型及燒結是粉末冶金製程中最重要的三大工程，也是影響製品好壞的重要因素，可見燒結為粉末成型中重要的一環。燒結的目的，為增加粉末壓胚之強度、密度及均質化。

4-4.1 燒結之意義及功用

一、燒結之意義

　　燒結之所以會進行，是因為原子以特定方式，並經由特定的路徑移動所造成，他是一種非常複雜的變化過程。美國粉末冶金協會給予**燒結的定義**是：燒結可視作一聚集的顆粒受壓成型或一堆顆粒被置入一容器內，由於加熱作用的效應而產生化學鍵，變成一個堅固的固體程序。

二、燒結的特色

1. 燒結溫度低於主要合金成分的熔點。
2. 較一般熔煉及鑄造法節省能源。
3. 對部分極高熔點的材料：如鎢、鉬、陶瓷材料等，往往是唯一能製造產品的方法。

三、燒結除了結合顆粒外具有下列功用

1. 配製合金。
2. 熱處理。
3. 接合作用。
4. 緊固作用。
5. 增加強度。
6. 提高物理化學性質。

4-4.2 脫脂

　　一般之粉末需先添加潤滑劑或黏結劑以利成型，常用的潤滑劑有白蠟、硬脂酸鋅、硬脂酸鋰三種，但這些潤滑劑多為有機物，必須在高溫燒結前予以去除。一般脫脂多在燒結之前段進行，溫度在500～600℃之間，所需之時間大約為15～30分鐘。不過有些零件在脫脂時會產生起泡，即俗稱爆米花、爆點、破裂或積碳之現象，一般認為起泡及破裂是因工件中之潤滑劑在400～500℃間之分解速度過快而造成；積碳則是因脫脂區之氣氛流速太慢，使得潤滑劑分解時所產生之一氧化碳，在胚體停留過久，此CO超過18%時易反應生成碳及二氧化碳，使胚體及孔之表面產生積碳之現象。為解決這些問題，可以讓工件在500℃以下有足夠時間脫脂，使所有的潤滑劑脫除，並快速跳過500℃至600℃之範圍，並加大氣氛之流量，以減少積碳、起泡、破裂之現象。

4-4.3 燒結溫度及時間

一、燒結溫度

　　燒結時必須控制大氣壓力及燒結溫度，促使粒子與粒子之間的結合與再結晶(Recrystallization)的產生。燒結的溫度，一般較合金粉末中主要成分元素之熔點低，但此操作範圍甚廣，甚至可達到熔點溫度稍下方。根據實驗顯示，每一種合金粉末，在一定的條件下，常有一個最佳的燒結溫度，超過此溫度並無裨益。一般加熱溫度在850～1,500℃。例如鐵為1,095℃、不銹鋼為1,180℃、銅為870℃、碳化鎢為1,480℃。

二、燒結時間

　　在燒結時亦應考慮燒結時間與所接觸的氣體，燒結時間則隨形狀及尺寸而變化，但大部分場合燒結的時間都非常短；通常從15～45分鐘，延長燒結時間是不合經濟原則的。

4-4.4 燒結氣氛

　　燒結的環境氣氛會影響產品之機械性質、外觀、抗腐蝕性、成本等，在粉末冶金製程中相當重要。

粉末冶金燒結環境：

一、氣氛的主要功能

1. 防止外界之空氣進入爐內，造成工件氧化。
2. 幫助消除胚體內之潤滑劑或黏結劑。
3. 將粉末表面之氧化層還原。
4. 控制胚體之含碳量。

二、燒結的實用氣體

　　一般常使用的燒結氣氛有氫氣、分解氨、氮氫混合氣、真空等。

（一）氫氣

　　在還原性氣體中，有最強的還原能力，乃添加Cr、Mn、V等合金，W、Mo、不銹鋼、磁性材料等的燒結，所不可或缺的氣體。但由於價格較昂貴又危險，較少用於一般的燒結，僅使用於超硬合金及磁性材料的製造。使用時必須先將氫氣中所有的水蒸氣及氧氣除去。

氫氣燒結氣氛的特性為：

1. 對大多數金屬氧化物還原力強。
2. 極易燃燒，需要作適當的處理。
3. 質輕且容易自燒結爐頂端通道逸出。
4. 導熱性優良，加熱和冷卻速率高，熱能損失大。
5. 容易清除氧氣和水蒸氣等雜質至極低含量。
6. 適用於小型燒結爐而且消耗量不大。

（二）分解氨

　　氨在一般情況下具刺激性及臭味的無色氣體，其熔點為$-77.7℃$，在常溫下稍微加壓即可將之液化貯存。使用時可將液氨於$950℃$至$1050℃$之間藉催化劑將其分解成氫氣與氮氣，如下式所示：

$$2NH_3 \longleftrightarrow N_2 + 3H_2$$

分解氨比氫氣便宜，露點滴，甚至不須精製。可在燒結機械零件中使用，但在含有易氮化元素的材料中則會發生脆化，並降低其耐蝕性。

（三）氮氫混合氣

由純氫氣與純氮氣的混合可得到氮氫混合氣，一般的氮氣乃由液態氮氣化而來，氫氣則以高壓氣供應，另外也可將分解氨與氮氣混合。業者一般所用之混合氣中其氫氣含量多在3～15%之間。

（四）真空

凡在氣體中容易形成氫化物、氮化物及氧化物的金屬或合金，如不銹鋼、鈹、鉭、鋯、鈦和金屬與陶瓷混合物，最好採用真空燒結技術；此環境是強還原性的，用氫氣也不容易還原的鉻氧化物，在此也比較容易還原，但仍須注意碳化物的形成及蒸發的損失。

4-4.5 燒結爐

燒結過程中，燒結爐能提供一個燒結時所需的氣氛、一定的流量、均勻的溫度分佈曲線，使粉體在高溫中能夠達成燒結的目的，如此才能生產出品質均一的成品，而達到生產的要求。

一、燒結爐的基本構造

一般燒結爐的基本構造必須具有預熱區、高溫燒結區、冷卻區等三個明顯區域或部分，參考圖4-46所示。

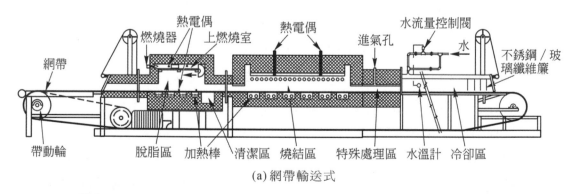

(a) 網帶輸送式

🌐 圖4-46 燒結爐的基本構造示意圖(資料來源：粉末冶金學，黃坤祥)

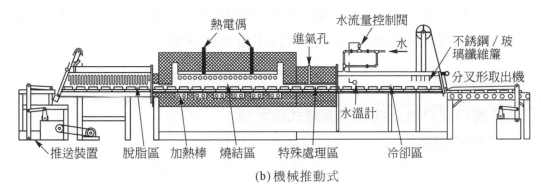

熱電偶　進氣孔　水流量控制閥　水　不銹鋼／玻璃纖維簾　分叉形取出機

推送裝置　脫脂區　加熱棒　燒結區　特殊處理區　水溫計　冷卻區

(b) 機械推動式

● 圖4-46　燒結爐的基本構造示意圖(續)(資料來源：粉末冶金學，黃坤祥)

（一）預熱區

任何的燒結均要先經過脫蠟去脂才能進行燒結，適當的預熱脫脂是達到良好燒結結果的先決條件，預熱區的主要目的就是要除去成型胚體內部的潤滑劑。為避免胚體形成過大壓力，以及可能因膨脹而產生破裂或散裂的情形，加熱速率必須緩慢。至於這區域的長度，應以胚體進入高溫之前，可以完全除去潤滑劑為準，假如無法達到這個標準，便會造成潤滑劑的揮發結果，導致碳氫化合物分解，以致金屬(如硬脂酸鋅的鋅)和碳便會沉積在爐內的加熱元件上，而導致提早損壞，如沉積在成型件的表面，會造成污染且可能發生不必要的化學反應。

（二）高溫燒結區

高溫區為實際燒結區，所以必須有適當的加熱系統，以達到所需求的溫度，並且要有足夠的長度使粉末冶金的零件有足夠的時間在一定溫度下燒結，來達到所需求的性質。在燒結的過程中，因為需要還原性氣體存在，所以要用氣體密封爐殼式或含有氣體閉式爐來做燒結處理。

（三）冷卻區

冷卻區通常由兩部分組成：

1. 徐冷區—徐冷區之長度設計是要配合爐體的設計而決定，一般是高溫燒結爐長度的1/4～1/3，並以絕緣的耐火磚建造。其目的是要防止高溫到急冷區的急速溫度變化所造成的爐體變形。

2. 急冷區—急冷區的設計是要使燒結品在要求的時間下降到可搬運或處理的溫度，其設計可以用水冷式或是水冷加上急速氣冷。

二、燒結爐的種類

燒結爐可概分為分批式與連續式兩大類：

（一）管狀燒結爐

在實驗室中常以氫氣或分解氨的管狀爐，如圖4-47所示，作為燒結爐，此爐生產速度十分緩慢，故不適於量產用。

● 圖4-47　管狀燒結爐(資料來源：中國電爐網網站)

（二）真空爐

雖然一般傳統之粉末冶金零件多以連續爐生產，但有些材料仍較適用真空爐，如圖4-48所示。此乃因在高真空下，可避免氣氛中之氧、水等污染，其效果甚至比氫氣還好。真空爐廣泛的使用在超硬合金、鈦合金、超合金、金屬磁石及鐵系的不銹鋼等高合金鋼的燒結上。

🞜 圖4-48　真空燒結爐(資料來源：http://www.njtu.edu.cn網站)

（三）網帶輸送式連續燒結爐

如圖4-49所示，為網帶輸送式
連續燒結爐，壓胚置於連續
傳動的合金網帶，網帶爐體
之長約14～15米，網帶寬度
為600～700mm。帶的移動速
率，可控制胚體所需要移動速
率和停留在爐的每一區域之時
間。帶的強度限制了最高溫度
和荷重；所以燒結溫度只能在

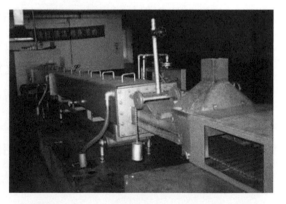

🞜 圖4-49　網帶輸送式連續燒結爐

1,150℃以下，超過此溫度者，需改用推送式。爐門在燒結時經常開
放，而且需要有充分的氣體產生。

（四）爐床滾柱式連續燒結爐

爐床滾柱式連續燒結爐之作業情形，如圖4-50所示。其荷重較網帶式
為大，但燒結溫度亦不超過1,500℃，輸入與輸出時爐門自動操作，
胚體裝入與出爐時，爐門才啟開，如此可減少氣體的消耗與熱能的損
失。

● 圖4-50　爐床滾柱式連續燒結爐

（五）機械推動式連續燒結爐

機械推動式連續燒結爐，如圖4-51
所示。此裝置與上述兩種燒結爐雷
同，僅胚體置於裝置盤上，裝置
盤可用石墨或陶瓷製成，故燒結
溫度可達1,200℃以上，最高可至
2,200℃，採用機械推送式，常用
金屬則採用間歇推動式，燒結碳化
物則常採用連續推送式。

● 圖4-51　機械推動式連續燒結爐
（資料來源：雙永公司網站）

4-5　燒結後處理

　　一般粉末冶金經加壓成型及燒結後，不需做其他的後處理，即可使用。
但有時燒結零件會產生收縮或膨脹，使燒結後的成品尺寸，有時仍未盡人
意，無法達到客戶的要求，因此必須做一些後處理的加工。

4-5.1 精整(Sizing)、整型(Coining)或再壓(Repressing)

粉末冶金成品需要精密公差時，必須將產品精整、整型或再壓處理。此法係將成品放入與原來相似的模具內再加以壓縮，如此可以使尺寸精確、增加製品的強度和密度及改善表面光度。圖4-52所示為6,000噸的加工整型機現場作業情形，以確保符合必要之公差。

● 圖4-52　6,000噸的加工整型機現場情形(資料來源：台灣保來得公司網站)

4-5.2 滲油處理(Oil Impregnation)

滲油處理是以潤滑劑或非金屬材料滲入燒結零件孔隙的一種處理。如自潤軸承(Self-lubricationbearing)或含油軸承，就是一種滲油處理；係將燒結後的軸承浸漬於油中數小時，或利用真空處理，而達到滲入的目的。此種軸承使用時，因受熱之作用，軸承孔隙中的油會自動流出，而產生自動潤滑作用，可免除經常潤滑及維護。

4-5.3 溶滲(Infiltration)處理

溶滲係利用比燒結零件熔點低的金屬或合金滲透至燒結零件孔隙內的處理。其主要目的是增加零件的密度、強度、硬度、衝擊強度及延展性等機械性質。此法係將欲滲入的金屬放於壓胚製品上。讓其通過燒結爐，由於其熔點較低，此滲入金屬因壓胚毛細孔作用滲入燒結零件內。

4-5.4 樹脂含浸處理

粉末冶金零件在氣動工具或冷氣機方面應用非常廣泛，這些產品經常處在高壓氣體的環境中，所以其特殊要求是零件中，不可有與外界相通之孔洞。因此可利用樹脂含浸方法，將零件之孔隙填滿，使得工件具有氣密性。

樹脂含浸處理除了可將粉末冶金零件予以封孔，使具氣密性外，另一優點為含浸後之零件較易電鍍；因為未經含浸處理時，電鍍液易殘留在孔隙中造成腐蝕，此殘留之電鍍液在數天後也可能因乾燥脫水而長出結晶，俗稱長白毛，因而影響外觀。

4-5.5 熱處理(Heat Treatment)

鐵系粉末冶金零件之熱處理大部分與一般鑄造品相同，有滲碳、氮化及滲碳氮化等，但較大差異在於粉末冶金零件有孔隙，熱處理所用之氣氛能通過這些孔隙，使內部達到與表面一樣的性質。例如滲碳處理時，傳統的製品只有表面硬化，而內部仍具有很好的韌性，但粉末冶金零件則幾乎表面與內部全體均硬化，所以韌性很差。若欲避免此現象發生，可提高加壓密度至$7.1g/cm^3$以上，因為此時密度已達90%，大部分之孔隙已不互通，可阻隔外面之氣氛進入，避免內部也硬化。

4-5.6 機械加工(Machining)

雖然粉末冶金製品的特性之一，為壓胚可製成最終的精密尺寸，但如果需要有螺紋、溝槽、及側孔等無法直接製造之部位，則必須藉機械加工來完成。其加工時必須要注意，需選用銳利刀具，高速及慢進刀，以避免阻塞表面孔隙，或冷卻劑存留於孔隙中，而影響零件之性能。

4-5.7 電鍍(Plating)

一般高密度零件，常做電鍍處理。但中、低密度之工件如須做電鍍處理，則須先行做表面處理；如珠擊法、擦光法、滲透法等，使其表面孔隙封閉，才不致發生電鍍後起泡的現象。

4-5.8 振動研磨(Tumbling)

對於粉末冶金之製品所殘留的毛邊，我們可利用三次元振動研磨機，如圖4-53所示，研磨時將工件與磨料及亮光劑混合後放入研磨機之槽中予以振動。此方法可去除毛邊，增加表面光度，提高外觀品質。

🌐 圖4-53　三次元振動研磨機(資料來源：http://www.jofull.com.tw網站)

4-5.9 熔接(Welding)

粉末冶金的零件與其他的組件熔接在一起時，對整個製造成本會較經濟。絕大部分的熔接方法均可應用在粉末冶金零件的接合。只有電子束熔接法使用上較為困難，因為空氣會自殘留孔隙洩放，而造成真空污染。銅及銅基合金滲透處理的零件，特別適合硬焊；對於經滲透處理和高密度零件，使用硬焊及軟焊非常有效，因為不會有殘留孔隙吸入熔接劑。

4-6 檢驗

粉末冶金之檢驗方法原則上與一般金屬相同，但是粉末冶金製品大都為一個方向加壓。組織有方向性，因此各個性質也稍有方向性。粉末冶金通常有一些大小的孔隙，所以即使是同一材質，其物理及機械性質也因孔隙大小、形狀、數量的不同而有不同的變化。

4-6.1 燒結密度的檢驗

燒結密度為含有氣孔之燒結件的密度，燒結體大都有通到外部的氣孔，因此不能直接放入水中測定重量而推算密度，若其形狀為簡單的圓筒、圓柱、角柱等狀，可計算其體積，再以體積除重量求得；若為不規則形狀時，可用其他物體賭塞氣孔，或藉真空法使油滲入燒結體氣孔內，以賭塞氣孔。

金屬燒結體密度的檢驗方式，主要有兩種：

一、浸石蠟法

1. 準備一靈敏天平，精度能測定燒結體重量的0.1%。
2. 先在空氣中秤燒結體的重量為A。
3. 次將燒結體浸入熔解的石蠟中
4. 取出後充分擦去附著在表面的石蠟，然後在空氣中秤其重量為B。
5. 最後在水中秤其重量為C。
6. 以下列公式計算密度D

$$D = \frac{A}{B-C}$$

D：燒結密度(g/c.c.)

A：空氣中燒結體重(g)

B：經石蠟處理的燒結體在空氣中的重量(g)

C：經石蠟處理的燒結體在水中的重量(g)

二、浸入油中的方法

1. 準備一靈敏天平，精度能測定燒結體重量的0.1%。
2. 先在空氣中秤燒結體的重量為A。
3. 次將燒結體浸入油中，保持室溫，以真空法將裝油的容器內壓力，從1大氣壓降到水銀柱30mm以下，保持30分鐘後恢復常壓，再保持10分鐘。
4. 取出後充分擦去附著在表面的油，然後在空氣中秤其重量為B。
5. 最後在將其置於水中秤其重量為C。
6. 以下列公式計算密度D

$$D = \frac{A}{B - C}$$

D：燒結密度(g/c.c.)

A：空氣中燒結體重(g)

B：含油燒結體在空氣中的重量(g)

C：含油燒結體在水中的重量(g)

4-6.2 多孔率的檢驗

　　燒結體通常殘留很多氣孔，有的以獨立狀態處於內部與外部不相通者，稱為封閉孔隙；或與粒子間的空隙相通而通往外部者，稱為開放孔隙；全空隙體積佔實體體積百分率稱為多孔率；對於需要機械零件強度有關的製品，多孔率測定特別必要；封閉孔隙佔實體積體積百分率稱為封閉孔隙率；開放孔隙佔實體體積百分率稱為開放孔隙率；開放孔隙對於含油軸承或過濾器等粉末冶金製品，必須要瞭解其氣孔的百分比。多孔率的計算如下：

$$P = (1 - \frac{D}{D_0}) \times 100(\%)$$

P：多孔率(%)

D：燒結體的密度(g/c.c.)

D_0：燒結體與同組成物的真密度(g/c.c.)

4-6.3　硬度的檢驗

粉末冶金製品亦可用勃式(Brinell)、洛式(Rockwell)、維克式(Vickers)等硬度計測試硬度，但燒結體的燒結密度因空隙程度而異，所以燒結體的硬度隨燒結密度之增加而增加。且硬度的不均也有很大的差異，因而測定燒結硬度時儘量採用荷重較小的硬度計如維克式硬度計。

在硬度試驗時，測定兩點間之距離要隔3mm以上，儘量在較廣範圍測定3處，求其算數平均值，再依硬度計的補正值加以補正，測定各點的誤差值超過1度以上應再加測1次，測定試片的兩面要研磨平行。

4-6.4　機械性質檢驗

粉末冶金製品材料有超硬合金、磁性合金、脆性材料及一般機械構造用零件，一般脆性材料以橫向破斷強度代表其機械性質。而銅鐵系之製品常以抗拉強度、壓環強度、疲勞強度、衝擊強度等作為其機械性質。本段僅就橫向破斷強度試驗與壓環強度測定做一說明，其餘請參考第2章說明。

一、橫向破斷強度試驗裝置，如圖4-54所示

1.　兩支點間的距離為20mm時，試片的尺寸為長24mm，寬8mm，厚4mm。
2.　兩支點間的距離為30mm時，試片的尺寸為長35mm，寬10mm，厚6mm。
3.　試料厚度偏差在0.1mm以下。
4.　將試料置於橫向破斷強度試驗裝置的支點上，在厚度方向加荷重，直到試料破斷，測定破斷時的荷重，計算其強度：

$$S=\frac{3Pl}{2bt^2}$$

S→橫向破斷強度(kg/mm^2)

P→破斷時的荷重(kg)

l→兩支點間的距離，

　取小數點1位(mm)

b→試料寬度(mm)

t→試料厚度(mm)

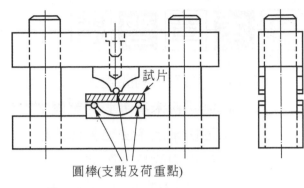

試片

圓棒(支點及荷重點)

● 圖4-54　橫向破斷強度試驗裝置

二、壓環強度測定

　　壓環強度測定最適用於燒結含油軸承強度的表示，荷重是以兩平行面，沿垂直縱軸的方向壓縮軸承，如圖4-55所示。以壓環開始產生裂痕的荷重表示。試驗時對試驗軸承，施加垂直加壓面的荷重，荷重施加速度依試驗軸承種類而定。壓環強度可由下列公式求得：

$$K=\frac{P(D-T)}{L\cdot T^2}$$

K→壓環強度(kg/mm^2)

P→壓環荷重(kg)

D→軸承外徑(mm)

T→軸承厚度(mm)

L→軸承長度(mm)

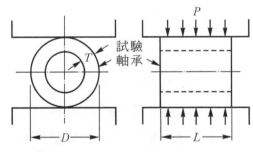

試驗軸承

● 圖4-55　壓環強度測定裝置

本章習題

問答題：回答下列問題。

1. 試述「粉末冶金」的定義？

2. 試述粉末冶金法之製造流程？

3. 試述常用的粉末製造方法？

4. 試述利用機械力量將材料粉碎成粉末的方法，主要的方式為那四種？

5. 試述粉末相關之密度分為那幾種？

6. 何謂粉末安息角？

7. 試述粉末的壓縮性受那些因素的影響？

8. 試述混粉(Mixing)的主要目的？

9. 試述如何將1公斤的硬脂酸鋅與99公斤的鐵粉混合，以得到均勻的混合物？

10. 試述混合粉末時間的長短，對粉末性質有何影響？

11. 何謂造粒？

12. 試述粉末混練時添加潤滑劑之作用？

13. 試述粉末燒結的定義與功能？

14. 試述常用的潤滑劑有那幾種？

15. 試述粉末冶金燒結環境氣氛的主要功能？

16. 試述燒結爐的基本構造必須具有那三個明顯區域或部分？

17. 試述常用於粉末冶金之燒結氣體有那些？

18. 試述常用於粉末冶金之燒結後處理有那些？

CHAPTER 5

琉璃脫蠟鑄造

5-1 玻璃的種類與製造方法

5-1.1 台灣玻璃歷史發展與背景

　　台灣的玻璃產業創始於光緒十年(1884)，當時有陳兩成在臺北設置工廠，日據時代陳萬源招聘日籍技術員繼續經營，最後成立有金義合玻璃工廠。又在民國四、五年前後，有日本人在今臺北中山北路一帶設製瓶廠，均告失敗。至1922年，日本東明製罈株式會社乃與專賣局合作製造酒瓶，到民國十七年改稱為臺灣製罈株式會社，嗣後並著眼於臺灣之燃料優勢，在新竹設立高級玻璃株式會社。

　　產業的發展，取決於自然環境與物產相關環境資源的先決條件，玻璃生產原料來自矽砂，如圖5-1所示，並且熔煉過程所需高溫的熱能資源，新竹地

區同時擁有此兩項原料豐富儲藏，因而引起日本礦業公司的注意。最先進行開發的是日本的礦業株式會社；新竹的玻璃產業隨後才正式開始發展。當時的玻璃產業供應國內銷售所需，大多生產工業儀器、醫療器材及日用產品，以平板玻璃、容器、燈管和民生用品為主。整體而言，當時新竹傳統的玻璃產業大多屬於勞力密集的產業型態。

註：矽砂Silica Sand

化學成分：SiO₂

特　　性：顆粒狀，玻璃光澤，白色至無色透明，含鐵分雜質時，呈現淡褐色。

產　　狀：矽砂是含二氧化矽(SiO₂)成分高的石英砂總稱，矽砂在陸地上以層狀或砂丘分佈，在河口或海岸以濱砂沉積，統稱為天然矽砂。又在砂層砂粒間夾有粘土，而經水洗(水簸)後分離成粘土和水洗矽砂。塊狀矽石、砂岩、石英片岩等經人工粉碎，篩分後成為人工矽砂。

用　　途：平板玻璃，玻璃製品，鑄造砂，玻璃纖維，陶瓷彩釉，防銹用噴砂，過濾用砂，熔劑，耐火材料以及製造輕量氣泡混凝土(Autoclaved Lightweight Concrete)。

產　　地：天然矽砂—本省西部海濱，台北縣福隆。
水洗矽砂—基隆大武崙，台北縣萬里、崁腳、南勢角，新竹縣關西，苗栗縣銅鑼、公館，南投縣北山坑。

⊕ 圖5-1　矽砂

　　因為台灣玻璃技術是承接自日本，日據時代所生產的都是民生必需品和儀器玻璃等，屬於技術層次不高，低成本、手工粗糙的玻璃品，對台灣的玻璃藝術工藝的啟迪發展沒有貢獻。1954年「新竹玻璃製造廠股份有限公司」設立，是台灣史上最大的玻璃製造產業，1960年成立工藝玻璃部門，生產模

仿國畫屏風的噴砂玻璃，如圖5-2所示。這是台灣玻璃工藝最早的種子。此外還增設玻璃工藝窯爐，生產以古畫圖案為主的磨砂玻璃手工花瓶，如圖5-3所示。玻璃產業終於能和中國傳統藝術相結合，這種美的藝術，使得台灣玻璃工藝有了新的開始。新竹地區的很多工藝玻璃業者，都是原本出身於大型玻璃產業工廠，民國五十年至七十年間，許多人離開了原來玻璃工廠轉投入工藝玻璃的生產，順應潮流外銷，數量成長驚人。這段時期多是小型工藝品工廠的經營，生產項目包括人像、動物、項鍊、玻璃花、相框、手飾、彩繪玻璃飾品、煙灰缸等，玻璃工藝品的廠商已成為新竹玻璃產業的主流。

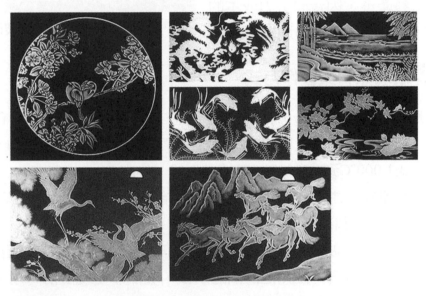

● 圖5-2　噴砂玻璃(資料來源：令達玻璃科技有限公司網站)

就竹塹的時空脈絡來觀照，我們可以發現新竹的玻璃工藝(Craft)，乃是脫胎自玻璃工業(Industry)轉移而來。回顧歷史，1960年代是台灣玻璃工藝史上相當重要的年代，玻璃工藝自玻璃工業中分化而出，實為台灣玻璃工業走向玻璃藝術工藝的轉捩點。當時手工業產品被稱作玻璃藝品，先出現實心玻璃動物藝品，而後出現拉絲玻璃，如圖5-4所示。拉絲玻璃被稱為玻璃火熔細工雕塑，後來成為新竹地區特有的玻璃工藝藝術。

● 圖5-3　磨砂玻璃手工花瓶

1980年的石油危機對玻璃工業造成嚴重打擊，新竹玻璃開始沒落。但工藝玻璃的部分仍未立刻遭受波及，到1982年開始下降。1980年代初，玻璃業已被政府喻爲夕陽工業，但在危機過後，工藝玻璃再度興盛，直到1987年以後，大型玻璃工業漸往勞工工資較低的大陸投資設廠，台灣中小型玻璃工藝產業，因台灣勞力成本的提高，漸成爲玻璃發展的瓶頸。

✤ 圖5-4　拉絲玻璃

5-1.2 玻璃原料與製作方式

一般玻璃成分可分爲正原料、副原料、澄清劑、脫色劑、著色劑。

1. **正原料**：玻璃大體是由酸性與鹼性成分的矽砂做適當的混合，在攝氏1,000°C到1,500°C高溫熔融而成。

2. **副原料**：主要作用爲溶劑，砂的熔點爲1,710°C，如加某些特定的氧化物，則熔點降低。

3. **澄清劑**：玻璃原料熔解成玻璃，但玻璃中仍有許多氣泡存在，必須加入澄清劑，使氣泡漸漸逸出去，玻璃才變成澄清可用。

4. **脫色劑**：目的在使不需要的顏色轉化成別種顏色，如玻璃中常含鐵質，致生青色，如欲去青色可加入氧化劑。

5. **著色劑**：基本上是玻璃原料加上金屬氧化物，熔融後變成有色的玻璃。

大規模的玻璃生產製造程序以窯爐爲主，其**製造流程依序爲**：熔化→吹製→模塑→冷卻。玻璃成型後，可進行玻璃加工有彩繪→噴砂→切割→研磨……等各式方法。

5-1.3 玻璃的種類

一、鈉玻璃

鈉玻璃由於硬度大、耐熱高、價錢又便宜，所以我們一般日常生活所使用的普通玻璃，大多是鈉玻璃。因此廣為運用在日常的實用器皿、門窗玻璃、平板玻璃，如圖5-5所示。

玻璃和陶瓷的釉藥有著密不可分的關係。首先談到釉藥，如圖5-6所示。釉藥是覆蓋在陶瓷胚體上面的一層玻璃質，這種釉藥的基本成分和

● 圖5-5　鈉玻璃(門窗)

玻璃非常的接近。一般的陶瓷釉料主要用鹼原料來熔解矽酸，當然釉藥還有依所需求的效果，添加其他的發色氧化物、乳濁劑等，但就原理來說差不多。

● 圖5-6　各色釉藥

玻璃的主要成分是矽砂，在玻璃製造的材料中，矽砂的含量往往佔百分之50或是70以上，甚至更高。由於矽砂的主要成分是二氧化矽，而二氧化矽熔點高，需要在極高溫中才有辦法熔融，因此為了降低玻璃的熔解溫度，或是達到其他效果，往往會在玻璃中加入鹼性物質(如蘇打灰、硫酸鈉、硼酸鈉、碳酸鉀等)、硼酸原料、磷酸原料或是氧化鉛等副原料，才能達到降低熔解溫度，改變玻璃的透明感、膨脹係數等效果。

而所謂鈉玻璃，其助熔劑是以鈉化合物為主的玻璃，但是並不代表助熔劑只有鈉化合物，往往也會含有其他助熔劑。鈉玻璃所使用的鈉化合物，大多是蘇打灰(主要成分是碳酸鈉)，其主要成分，二氧化矽約佔62%、蘇打灰約佔25%，石灰石約佔9.3%(石灰原料的作用在於助熔，使玻璃固化，增加耐久性)。鈉玻璃的主要特徵為透明度低(和鉀玻璃及鉛玻璃相較)、耐熱度高、硬度大、敲擊的時候聲音較鈍，其熱膨脹係數約在90～100之間，較鉛玻璃來得低(104)、硼玻璃來的高(約32.5)，因此在窯燒作業上，鈉玻璃和鉛玻璃及硼玻璃要避免混用，以免因膨脹係數不一而造成裂痕。

二、鉀玻璃

玻璃是由人工所製造出來的素材，當然地球上也有所謂的天然玻璃，一般所稱的「**黑曜石**」即是所謂的天然玻璃。

玻璃的原料有主原料和副原料。主原料是矽砂，約佔玻璃成分中的50～70%以上，矽砂中並非只有矽，因矽砂礦與其他礦物共存，在經地殼變動及風化等作用的影響下，都含有其他的化學成分，大部分的化學成分都對玻璃影響不大，唯有鐵會影響玻璃呈現的色澤，會使玻璃稍帶青綠，而非完全純淨透明。另外的其他主要原料，是各種具有助熔作用鹼性原料或是其他如鉛、硼酸等一樣具有助熔作用的化合物。再來便是副原料，包含消色劑、乳濁劑、著色劑、澄清劑等。

而所謂鉀玻璃，便是以鉀化合物作為主要助熔材料的玻璃，一般用的鉀化合物，使用的是碳酸鉀，而鉀在玻璃中，可以帶給玻璃良好的光澤和色調。鉀玻璃的原料組成，二氧化矽約佔65%、碳酸鉀約佔25%、石灰石約佔10%。鉀玻璃的特性是透明度高，比鈉玻璃還要更透明、不易受化學藥品的侵蝕、而且硬度

● 圖5-7　鉀玻璃(燒杯)

大。由於透明度高再加上耐藥性及高硬度，因此鉀玻璃主要運用在化學容器(如圖5-7所示)、人造寶石以及光學儀器上，比較少運用在日常器皿上。

三、鉛玻璃

鉛玻璃即是台灣人所稱的水晶玻璃，通常用於琉璃脫蠟鑄造的玻璃工藝品。由於質地晶瑩剔透，有如水晶一般，因此便產生了水晶玻璃這個名稱，但也因為如此，常常和「天然水晶」混淆。

鉛玻璃則是意指在玻璃中含有高量的氧化鉛，由於鉛本身即有降低溫度、提高玻璃比重及透明度的功能，這也是鉛玻璃因晶瑩剔透被稱之為水晶玻璃原因。

鉛玻璃的主要成分，二氧化矽約佔50～55%、碳酸鉀約佔13～17%、氧化鉛約佔24～35%，膨脹係數約為104(一般鈉玻璃約為90～100、硼玻璃約為32.5)，特徵是透明度高、易溶於酸鹼、質地較軟但是重量卻較一般玻璃來得重許多(比重高達3.5)、彈打時聲音清脆有如水晶一般。因為含鉛的關係，水晶玻璃的熔點也較一般平板玻璃、瓶罐玻璃來的更低，約在700℃時即開始軟化。

鉛玻璃在出廠時，大多都是製成圓錠狀，直徑大約10公分，厚度大約1.5～3公分，如圖5-8所示。在進行玻璃鑄造工作時，通常會依鑄造所需，將整個鉛玻璃圓錠放入模型中，也可以將圓錠敲碎後再使用。若是進行窯燒造型的鉛玻璃材料，可以將圓錠狀的鉛玻璃放入平板的棚板上直接進窯燒製，使之因高熱而自然軟化，變成薄而平的片狀玻璃，也可用木製或鐵製的滾輪於高溫狀態時將其滾壓成需要的厚度。

🌐 圖5-8　水晶玻璃
(參照0-14頁彩色圖)

鉛玻璃有數種透明的色彩，如透明、茶色系、藍色系、綠色系、紅色系等，都可以在鉛玻璃的材料範圍內依作品需求做不同比例自由混合使用。

四、硼玻璃

通常玻璃和一般原料最大的不同，在於玻璃是一種「液態固體」。一般的液體在達到冷卻溫度時後，大多都會凝固成結晶狀，而玻璃即使達到冷卻溫度也不會產生結晶，而是用逐漸增加黏性的方式，凝固成固體。

當玻璃加熱至一定溫度時，便漸漸轉為液體。由於是液體，玻璃在常溫狀態下還是會以肉眼無法察覺的狀態緩慢而黏稠的流動，這種狀態甚至要數十年才能察覺其變化，許多裝置許久玻璃窗會有下厚上薄的情形，即是玻璃緩慢流動的結果。

硼玻璃便是以三氧化二硼作為主要助熔材料，三氧化二硼可以使玻璃具有低膨脹係數、耐化學性及耐熱性。硼玻璃的組成中，二氧化矽約佔80.5%、硼酸約佔11.8%、蘇打灰約佔4.4%。硼玻璃之膨脹係數約為32.5，較鈉玻璃(90～100)與鉛玻璃(104)都來的小許多。硼玻璃的透明度低、而且硬度大又耐熱。由於膨脹係數低，因此和一般玻璃相較，比較可以承受稍快速的升降溫，因此常用於化學儀器如燒杯、試管等的製作。低膨脹係數、耐熱，再加上硬度高較不易破碎，美國的康寧餐具，即是一種硼玻璃在日常生活器皿的運用。

在創作上，新竹可以看到的許多利用火炬燒烤硼玻璃棒，如圖5-9所示。使玻璃熔融後經過揉、點、轉等技法所生成的玻璃藝品，都是使用硼玻璃的作品，由於膨脹係數小，不需要像鈉玻璃或是鉛玻璃藝品需經過長時間的徐冷(跟作品大小也有關係)才不會破裂，再加上此種技術所需之設備較少，也較不佔空間，因此廣受許多玻璃工藝家喜愛。

🌐 圖5-9 硼玻璃棒
(參照0-14頁彩色圖)

5-1.4 彩色玻璃的幾種常見型態

　　玻璃的主要成分是矽砂，而自然界中的鐵，多以三氧化二鐵的形式存在於地球上，由於矽砂中含有些微的鐵份，因此大部分的玻璃其實都帶有一點青綠色。創作者為了因應創作上的需要，使作品看起來更加的豐富，也有各式的彩色玻璃可以供選擇。

　　下面為彩色玻璃的幾種常見型態：

一、彩色平板玻璃，如圖5-10所示。

● 圖5-10　彩色平板玻璃

　　平板玻璃是最容易取得的窯燒玻璃材料之一。目前台灣的平板玻璃大部分都是由新竹的台灣玻璃公司所製造的。價格較一般的進口彩色平板玻璃來的便宜、又比自行熔融瓶罐玻璃來的更穩定。但是缺點是顏色的選擇不多，只有一般的透明(邊緣帶點綠色)、透明淺咖啡色、透明深咖啡色、透明淺藍色、透明深藍色、透明淺灰色及透明深灰色等幾種顏色可以選擇。由於顏色不多，如果需要用到更多彩色的平板玻璃來進行窯燒創作時，由於台灣並沒有專為窯燒玻璃工藝所生產的彩色平板玻璃，因此都必須採用國外進口的彩色平板玻璃。但這些國外進口的彩色平板玻璃之膨脹係數，也不一定和台灣生產的平板玻璃吻合，若要混合使用，最好先做試驗。

二、鉛水晶玻璃

鉛水晶玻璃在工廠生產時通常都是製成圓錠狀，如圖5-11所示。色彩晶瑩剔透，比起台灣製的平板玻璃，顏色更加的豐富，一般的鉛水晶玻璃有各種顏色，紅色系、藍色系、綠色系、紫色系、茶色系、透明等。這些色彩的鉛水晶玻璃，都可以在水晶玻璃材料範圍內自由的混色使用，因此可以創作出豐富多彩的作品。

✤ 圖5-11　鉛水晶玻璃在工廠生產情形

三、彩色玻璃棒條

利用彩色玻璃加工製成的圓形玻璃棒，有透明、半透明及不透明的種類，如圖5-12所示。台灣新竹的玻璃業者，常將這類的玻璃棒條，利用火焰熱塑，製作出各種造型。也有創作者利用各色的彩色玻璃棒熔合拉長後，製作出斷面如花朵般花紋樣的玻璃棒，經切割後用於窯燒玻璃及玻璃吹製上。

四、彩色玻璃顆粒(粉)，如圖5-13所示

利用高重力的機械將彩色玻璃輾壓成顆粒，再經篩選後分出粒子粗細，有大到

✤ 圖5-12　彩色玻璃棒條

直徑在3～5mm的，也有小到如白色粉末一般，一般運用在窯燒玻璃及玻璃吹製的加飾，但是在正式使用之前，最好還是事先進行試驗。

● 圖5-13　彩色玻璃顆粒(粉)

● 圖5-14　鍍膜玻璃(彩色)
(參照0-14頁彩色圖)

　　除了以上這四種外，另有國外廠商出產的薄如蛋殼的蛋殼片等各式彩色玻璃，及帶有五彩金屬光澤的鍍膜玻璃，如圖5-14所示。

5-1.5　玻璃製造成型的方法

一、吹製

　　玻璃吹製是屬於熱工(作)成型的方法，吹製玻璃時先將玻璃加熱至1,150℃的高溫熔融成膏狀後，再以吹管沾取玻璃膏，利用吹管吹製，如圖5-15所示。並利用個人手的靈巧度加以塑造成型，在其塑造的過程中也可以沾取或是加入各種顏色的玻璃粉、玻璃顆粒、或是金銀箔等進行裝飾。與其他的玻璃創作手法相比，玻璃吹製所需要用的器材及設備都比較高昂。由於玻璃膏必須要長時間維持高溫，在能源的消耗上就是一筆龐大的費用和管理。再加上需在持續高溫的環境中工作，對於體力的消耗也極大。

吹管

● 圖5-15　吹管

玻璃吹製法的基本步驟：

1.　先將玻璃在玻璃熔解爐中熔融，維持約1,150℃的均溫，再以吹管沾取玻璃膏(搖湯)，如圖5-16所示。

2. 先吹出一個小泡。如圖5-17所示。

● 圖5-16　搖湯
(資料來源：喜樂瑞金工房示範)

● 圖5-17　吹出一個小泡
(資料來源：喜樂瑞金工房示範)

3. 然後再沾取第二次的玻璃膏，沾取後再依造型灑上玻璃粉、玻璃顆粒或是金銀箔片，如圖5-18所示，再進行玻璃膏表面黏附玻璃粉圖案裝飾，如圖5-19所示。

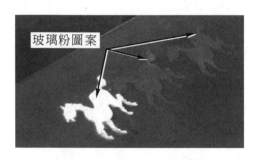

玻璃粉圖案

● 圖5-18　玻璃粉圖案
(資料來源：立人玻璃工房示範)

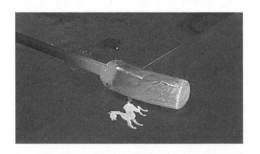

● 圖5-19　進行黏附玻璃粉圖案裝飾
(資料來源：立人玻璃工房示範)

4. 爲了維持玻璃膏的狀態，不讓其因冷卻變硬而無法塑型，製作過程中並視需要將玻璃放入加熱爐中加熱回溫，如圖5-20所示，讓玻璃膏維持可以塑型的狀態。

5. 接下來再利用濕報紙或是木勺及鐵板桌來整型，如圖5-21所示。

⊕ 圖5-20 加熱爐中加熱回溫
(資料來源：立人玻璃工房示範)

⊕ 圖5-21 用報紙或是木勺及鐵板桌來整型
(資料來源：立人玻璃工房示範)

6. 整型完成後便可進行吹製，剛開始時以徐緩的速度來吹氣，再依作品的大小及厚度等調整吹氣的量，如圖5-22所示。

7. 吹氣完成後，需要夾頸，如圖5-23所示。夾頸是玻璃與吹管是否可以順利分開的關鍵，使用專用的JACK夾，在玻璃與吹管欲分割的地方，搭配吹管的旋轉，夾出清楚的凹線，通常把線夾越小越清楚，玻璃比較容易與吹管分離。

再吹製

⊕ 圖5-22 整型後再進行吹製
(資料來源：立人玻璃工房示範)

夾頸

⊕ 圖5-23 夾頸
(資料來源：立人玻璃工房示範)

8. 接下來可以視作品的造型進行底部的修整，如圖5-24所示。將作品底部以木板抹平，使其能站立。

9. 底部修整完成後，便是架橋的製作，以另一實心鐵管沾取玻璃膏，並用JACK夾，夾出凹線，夾出凹線後，將架橋與作品黏接，以JACK夾沾水輕點，使吹管與作品分離，讓作品轉接到架橋上，如圖5-25所示。

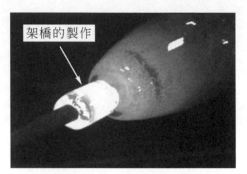

底部的修整

架橋的製作

🕀 圖5-24　底部的修整
(資料來源：立人玻璃工房示範)

🕀 圖5-25　架橋的製作
(資料來源：立人玻璃工房示範)

10. 修整瓶口，如圖5-26所示。

11. 轉接完成後，便可以JACK夾沾點水分離；將分離的作品送入徐冷爐中徐冷，如圖5-27所示。

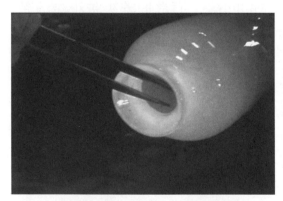

送入徐冷爐中徐冷

🕀 圖5-26　修整瓶口
(資料來源：立人玻璃工房示範)

🕀 圖5-27　送入徐冷爐中徐冷
(資料來源：立人玻璃工房示範)

12. 徐冷完成後再依需要進行研磨或是噴砂等作業，作品便告完成。

以上只是玻璃吹製法的基本步驟，在吹製玻璃中進行的加飾及塑型等技法，可謂相當的多，利用嵌入、有色玻璃、金箔等的搭配，再加上玻璃的塑

型，讓吹製玻璃擁有各種不同的造型與色彩變化。可依創作者的創意需求，研究運用，呈現出吹製玻璃的各種豐富面貌，如圖5-28所示。

二、冷作

　　所謂冷作加工是指玻璃在再結晶溫度點以下所從事的加工。冷作是不需用到大量熱能的玻璃加工技法，也有人稱之為「冷工」或是「冷端」。由於玻璃的質地硬且脆，在冷端加工上也有其限制，絕大多數以玻璃表面的處理為主、或是形狀與顏色的鑲嵌等形態，因此在冷作的加工上，大多不脫彩繪、鑿雕、鑲嵌、腐蝕等方式。

🌐 **圖5-28　徒手吹製銅座洋燈**
(資料來源：左羊藝術工作坊)
(參照0-14頁彩色圖)

以下是幾種常見的冷作玻璃技法：

（一）切割技法，如圖5-29所示
　　　切割技法是冷端加工最典型的技法，將玻璃用鑽石刀切割成各種形狀。

（二）磨刻(刻花)玻璃的技法
　　　將已完成之玻璃器皿，在其表面上雕刻各種圖文做為裝飾效果的技術。

　　　其技法約略二種，陽刻技法與陰刻技法：

🌐 **圖5-29　用鎢鋼刀切割玻璃**

1.　陰刻技法
　　　利用鑽石輪鋸片或研磨輪機等機械，在玻璃表面上切割成各種圖案之裝飾技法，在日本的玻璃工藝裡稱之為「切子」。其特色是在透明玻璃器皿或在有赤、琉璃、藍、紫、乳白色等有色玻璃器皿，透過磨刻直接切入玻璃表面形成各式各樣的裝飾圖紋，其紋飾有籠目、魚子、菊、麻葉等動物或植物圖案，主要表現當時江戶時代日常生活的形態。近代，幾何圖形學被引用至玻璃刻花技法上，紋樣更加千變萬化，其線、形交錯切割，再透過光線穿引構成炫麗、多

彩如萬花筒般的視覺享受。

2. 陽刻技法

在玻璃表面將設計好的圖稿糊貼(糊貼之材質是膠紙)，利用噴砂技術，把沒有糊貼的部分噴陷進去，設計圖紋自然就浮現上來。此種技法能將繪稿的細膩度完全表現出來。

（三）腐蝕技法

利用化學藥劑腐蝕玻璃表面，應用腐蝕的次數、時間、區域等呈現玻璃凹陷的效果。一般使用的是氰氟酸與硫酸的混合液體。此液體帶有極強的毒性，會汙染環境，在使用時一定要特別的小心。

（四）低溫彩繪技法

使用低溫的玻璃質顏料，在玻璃表面進行彩繪並燒成。也有不需經過燒成就可以直接附著於玻璃表面的玻璃顏料。

（五）噴砂技法

用玻璃噴砂機，如圖5-30所示。將金鋼砂以高壓噴灑於玻璃表面，使玻璃表面形成霧化的表面(可陽刻或陰刻)，如圖5-31所示。金鋼砂粒度的不同，也會使玻璃表面有不同的效果。

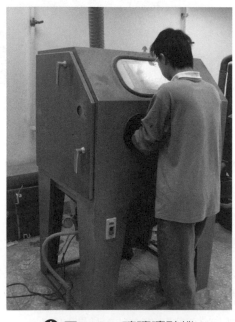

🌐 圖5-30　玻璃噴砂機

🌐 圖5-31　玻璃杯噴砂作品

（六）鑽石點顆粒雕法

應用鑽石尖端在玻璃表面做線描或是點描的技法。

（七）瑪瑙切割(雕刻)技法

在玻璃上覆貝一至三層不同顏色的玻璃，再削切玻璃形成顏色與雕刻為主的浮雕。

（八）鑲嵌技法

用有凹槽的鉛條做外框，將眾多彩色玻璃板組合的技法，如圖5-32所示。歐洲教堂的彩色玻璃窗即是使用此種技法。

● 圖5-32　鑲嵌玻璃作品
(參照0-14頁彩色圖)

（九）膠合技法

利用接著劑將玻璃黏合起來的方法。

三、熱作

又稱烤彎融合玻璃的技法，如圖5-33所示。在玻璃工藝中屬於熱作的範圍，是玻璃熔合法的一種，利用窯燒的高溫佐以模具等輔助器材，熱玻璃熔融墜於模型上。應用這類技法可以進行許

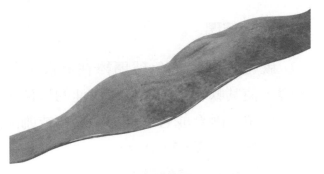

● 圖5-33　烤彎融合玻璃作品

多玻璃創作上的變化。這類的技法往往需要輔助的模型或是相關的道具，才能讓玻璃在窯爐中的熔墜狀態可以達到預期的造型。而除了玻璃與玻璃之間的融合之外，也可以使用釉料、金屬片、金屬絲等進行融合，可以達到不錯的融合效果。

一般的烤彎融合玻璃，使用的大多是平板玻璃，也有人直接使用玻璃瓶罐來達到不同的感覺。烤彎融合玻璃的原理，是以窯溫將玻璃熔融，讓熔融軟化的玻璃膏直接熔墜於模型上，而達到所需要的造型。因此和模型相關的製作過程也是相當重要，有耐火石膏模、耐火磚模、陶瓷纖維板模、陶藝素燒坏模等等，可以依造型的所需，選用不同材質的模型並依模型需要施塗離型劑。另外，窯燒溫度的控制也相當重要，溫度不足或是恆溫時間不夠等，會造成玻璃邊緣的割人銳角，熔墜狀況不理想，影響造型；溫度過高或是恆溫時間太久，會造成玻璃過度軟化，整體造型看起來坍塌，有些高低落差較大的模型，甚至會因過度熔墜而造成缺口，使造型不完整。因此，除了模型的製作外，窯溫的控制十分重要，而窯溫控制所考量的亦不只玻璃本身，還有玻璃厚度、作品大小、釉藥的性質或是其他裝飾材料所造成的效果，要考量的因素相當的多，除了相關文獻的資料的蒐集參考，製作試片亦是相當重要。

目前烤彎融合玻璃，除了純欣賞的玻璃藝品外，也運用在建材及實用器皿上，可以搭配的材質包含金屬、釉料、彩色玻璃(需考量膨脹係數)等，種類繁多、變化豐富，因此也受很多玻璃工藝創作者喜愛。

四、燒烤玻璃

就是將各種彩色玻璃棒在高溫火焰下熔燒，使其軟化後依圖樣作快速的扭轉、纏繞、牽拉、融合成各種精巧的動物或飾品的一種技藝，如圖5-34所示。

在製作上可區分為：

● 圖5-34　許源榮老師表演玻璃拉絲
(參照0-14頁彩色圖)

1. 實心玻璃：是將二支實心玻璃棒頂端在高溫火焰下燒熔軟化，一手固定棒子，另一手依圖扭轉，不時依需要更換不同顏色的玻璃棒，先完成藝品的輪廓，然後再利用刀、剪、鉗在熱焰進行細部的整修，艷麗的色彩和線條是實心玻璃的美麗所在。

2. 拉絲玻璃：則是將軟化的玻璃棒抽拉成絲再織成網，黏綴成品，其特色完全表現在璀璨、耀眼的七彩折射效果上。如圖5-35所示。

⊕ 圖5-35　拉絲作品(帆船)

(資料來源：新竹玻璃工藝館，林啓燦)

(參照0-15頁彩色圖)

五、彩繪玻璃

　　彩繪玻璃藝術是源自中古歐洲特有的藝術形式，大量運用在天主教的教堂之鐘，和壁畫的功能一樣，用來闡述教會典故、人物和真理等，和壁畫不同之處在於：彩繪玻璃兼具採光的實用性，以及雕塑氣氛的藝術性，在製作過程當中更有其物理和化學方面的特殊困難度。

彩繪玻璃程序：

1. 彩繪前先將器皿澈底洗淨，可使用酒精使其無油塵。

2. 使用勾邊膠筆，畫出喜愛圖案。

3. 待勾邊膠筆乾約30分，可使用刮刀、海棉或專用瓶嘴沾水晶玻璃膠填色(使用刮刀可營造表面立體不規則效果)。

4. 待顏料乾後約30分，可塗一層表面亮光漆(Gloss Varnish)，增加作品光澤。

5. 然後將作品放置於乾燥地方一星期，使其完全乾即可，作品不可放置於室外或潮濕地方。

⊕ 圖5-36　彩繪玻璃作品(檯燈)

(參照0-15頁彩色圖)

以彩繪顏料，在室溫下於玻璃物表面描繪圖畫，如圖5-36所示。有些須加熱固定，有些則不需，過程中也可以加上金箔、銀箔熔成的金屬顏料，稱為飾金彩繪。

六、玻璃釉彩

玻璃的彩釉法，源於2000多年前的古羅馬時期，當時玻璃發展之盛況，「前漢書」已有提及羅馬玻璃之豐富多彩。釉彩是一種需要再加溫的彩繪技法，在玻璃物表面，以釉彩顏料繪製圖樣，然後再置入熔爐加溫固定顏料，避免剝落。

玻璃釉彩大多用於窯燒平板玻璃之加飾。適用於一般的鉀玻璃及鈉玻璃，鉛玻璃及硼玻璃均不適合。若鉛玻璃須進行彩繪，只能使用較低溫約500℃即可燒成的釉料。較常見的玻璃釉彩，除了專門彩繪玻璃的玻璃顏料外，也有人使用陶瓷用的釉上彩釉料，及琺瑯來表現色彩與質感，參考圖5-37所示。

玻璃顏料是專門用於玻璃彩繪的一種低溫顏料，釉上彩是陶瓷用於釉上彩飾的釉料，亦

圖5-37　玻璃的彩釉作品

是屬於低溫的顏料，而琺瑯則是使用於金屬，如銅、銀及鐵的加飾，亦須低溫的燒製。這些顏料的共通點，都是由低溫的熔塊、釉料，加上已發色的金屬氧化物燒成後，研磨成粉末，加飾於基底材後，都需要經過一個低溫的燒製過程，溫度範圍有適合玻璃的450～550℃，也有適用玻璃與陶瓷的750～850℃之低溫顏料。製作時可以將釉粉直接灑在玻璃上，其上面再附上一層玻璃。若是使用毛筆繪製，可以在顏料中加入膠狀物，使其黏稠以利附著於玻璃上。

此類的低溫顏料通常都還有毒性，因此在製作食用器皿時可以將其加飾在兩片玻璃之間再進行窯燒，以免對人體產生危害。

另外還有一種低溫的鍍膜顏料，呈現出金、白金或如五彩油墨般絢爛色彩的金屬光澤顏料。燒成的溫度約在600～800℃之間，此類的顏料之所以可

以呈現出金屬般的光澤，其主要原因是因為以貴金屬為原料，因此價格相當昂貴。彩繪時可以使用松節油進行稀釋並薄塗，再以噴灑或用毛筆塗佈的方式彩繪。現今玻璃釉料之種類繁多，也有利用玻璃顆粒極薄如紙張的玻璃片進行裝飾，但無論使用何種釉料進行創作，均須經過不斷的窯燒實驗，方能得到最滿意的成果。

七、原住民琉璃珠(文章出處台灣大百科全書，作者陳淑宜2005.12.02)

　　古琉璃珠是在排灣族人遷台之前就擁有了，後來隨著族群遷移而進入台灣。排灣族是由南洋遷移入台，這些珠子極可能是透過南洋和歐洲交易，而流傳到南洋，再隨著族群遷移而進入台灣。排灣族人抵台後，也先後從異族處得到琉璃珠。但這些琉璃珠不僅數量不多，而且在樣式、色澤、質地等各方面都無法和遷台前的古琉璃珠相提並論。

　　琉璃珠的稱呼很多，包括**「蜻蜓珠」**、**「蜻蛉玉」**、**「絲屑玉」**等等，排灣族人稱之為Baliutus。因其紋樣像蜻蜓的眼珠，所以又稱為**「蜻蜓珠」**。它的材質區分為玻璃質與珊瑚質，其中以玻璃質煉製的較為珍貴，顏色則有紅、藍、綠、褐等，形狀以球形、圓筒、扁圓、正方、八角等多種，其中以圓筒形最多，至於紋樣變化很大，幾何紋、眼睛紋、圓點紋、螺旋紋均有。琉璃珠的由來說法各異，有學者認為來自西域或荷蘭人，東來貿易時交換而得，由於十分稀少，一直是代表排灣族貴族階層的財富與身份地位，同時也被列為排灣族三寶之一。一般族人認為佩戴琉璃珠會產生一種特殊的靈力，可以保佑族人；圖5-38所示為各種琉璃珠作品。

❖ 圖5-38　許金烺老師琉璃珠作品
(參照0-15頁彩色圖)

（一）原住民各式各樣的琉璃珠代表不同的意義

1. 眼睛之珠：Pumacamaca分男珠女珠，具有看守保護防止被偷之意。

2. 織工之珠(織布之珠)：巴栗子代表女子手巧心細。

3. 孔雀之珠：Kurukurau象徵男女之間浪漫的愛情，相傳美俊的孔雀王想娶頭目的女兒為妻，遂以孔雀羽毛般美麗的玻璃珠做為聘禮，始得美人芳心。此珠精美細緻，如孔雀的羽毛，呈現出亮麗的彩紋。

4. 蛇紋之珠：Kinalikavan百步蛇紋之稱呼，有保護、勇猛及驚嚇之意。

5. 土地之珠：Cadacadagan擁有此珠即擁有土地之意，守護著排灣族祖先的居住地的琉璃珠就稱為Cadacadagan，珠子的名稱就是當地的地名，因此，持有「土地之珠」的人，即表示擁有這片土地的所有權。

6. 太陽之光(富貴之珠)：Mulimulifan象徵尊榮與富貴，頭目身份的代表。太陽之光是琉璃珠中最為珍貴的珠子，是漂亮與高貴的象徵，更是頭目身份的代表與證明。當頭目結婚時，須有「太陽之光」，做為聘禮，方能顯示隆重與地位的尊貴。通常它的位置於項鍊的中央，珠子以白透明色為底，圖騰帶有籃、紅、黃等彩紋。

7. 戒律之珠：Velen界線之意，亦叫戒律珠，珠串中，常作隔間之用，象徵對人要尊重，並遵守傳統習俗規範，小色珠的兩倍大。

8. 小色珠：有橙珠、黃珠、綠珠等，其中以橙色琉璃珠最貴重。它們都各有相傳的神秘故事，有的趨吉。

9. 蝴蝶之珠：勤奮。

10. 手腳之珠：智慧與靈氣。

11. 太陽眼淚之珠：懷念和不捨之意。

12. 勇士之珠：榮譽的贈予與英勇的象徵。

13. 陶壺之珠：延續生命之象徵。

14. 百合花之珠：女性象徵純潔；男性象徵英勇。

15. 羽毛之珠：權勢、地位象徵。有的避凶，有的哀怨、淒美，也有歡笑與眼淚。

傳說有一個頭目的女兒結婚時，頭目以橙珠做成鞦韆供嬉戲，此舉使神大為不悅，當頭目的女兒盪鞦韆時，神為了懲罰頭目，就使雲層反覆翻騰繞轉，隨即把公主與鞦韆一起帶走而一去不返。

（二）琉璃珠的製作技法

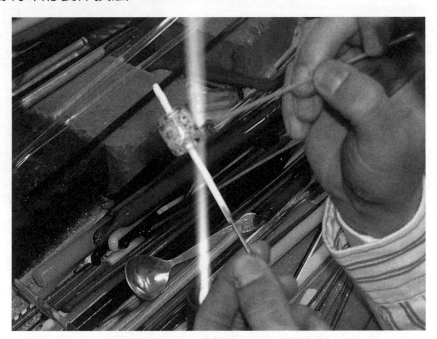

● 圖5-39　琉璃珠的製作技法
(參照0-14頁彩色圖)

利用氧氣和瓦斯之燃燒的火焰燒融玻璃棒後，將融化之玻璃沾於耐熱棒上在磨石上滾動成型。再依所要之玻璃絲花紋，於成型之玻璃珠上彩繪，等冷卻後剝下琉璃珠即告完成；參考圖5-39所示。

八、鑄造法

（一）砂模鑄造

砂模鑄造是一種古老的工藝技法，時常應用在金屬工藝上。由於玻璃工作室的興起，這幾十年來也漸漸受到許多玻璃藝術創作者的喜愛。這種砂模鑄造技法也在藝術家的推廣之下逐漸受到重視、應用與發展。砂模鑄造技法與金屬工藝鑄造一樣，以鑄砂為鑄模，將玻璃加熱軟化具有流動性之後，倒入砂模模穴內，經過冷卻處

理後，使得玻璃膏硬化，即可從砂模中取出此模型，如圖5-40所示。

砂模鑄造所使用的砂可以使用矽砂，依照作品質感的需要而應用不同的砂材；有熔融石英砂及普通石英礦砂可供選擇。熔融石英砂的膨脹係數比較小，但是熔點比較低，而普通石英砂是由石英礦研磨粉碎而成。由於石英的主要成分是二氧化矽，因此比較耐高溫。這兩種砂的質地比較穩定。除了矽砂之外，其他的礦物如黏土、雲母及貝殼等，均含於矽砂中。這些含有雜

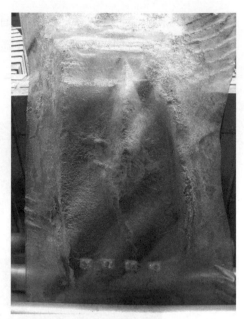

● 圖5-40　砂模鑄造作品

質的矽砂，可以視藝術創作者的需求，來符合不同的創作需要。

砂模的製作可以事前準備原型模，將矽砂調和適量的水分及黏土粉，就可以開始進行矽砂的鑄模作業。砂模製作要用重力將砂模的砂擠壓，使砂模的結構紮實且不易變形。砂模在進行澆鑄之前，要在模穴上塗離型劑，使玻璃膏不至於沾黏砂模。

由於砂模的質地較粗糙，因此所鑄造出來的成品，不如使用耐火石膏所鑄造出來的玻璃成品光滑細緻。但是其原料價格便宜，和耐火石膏相比，更容易取得，可塑性也更大，廣受許多玻璃工藝家的喜愛。在窯燒作業上，也可以和釉料或是其他裝飾材料相互結合(且須考量膨脹係數的問題)極粗糙的質地，亦是玻璃工藝品在質感表現上一種不同的呈現。

（二）金屬模鑄造

金屬模鑄造與金屬鑄造中的壓鑄或重力鑄造的原理完全一樣，模具採用各種金屬材料做成，適合生產幾何形狀較簡單的產品如煙灰缸等。其生產過程是將坩堝中熔融的玻璃膏注入金屬模穴中，等玻璃凝固冷卻後，即可打開金屬模具取出作品。

（三）**脫蠟鑄造**(註：琉璃脫蠟鑄造將留在下一節作深入的探討)

琉璃脫蠟鑄造的技法，基本上和中國商周的青銅器所採用用脫蠟鑄造是一樣的道理，它提供了百分之百的雕塑性造型，最符合中國藝術的寫實造型的特色，中國極可能在漢代已經能夠成熟運用，河北省滿城縣中山靖王劉勝墓出土琉璃耳杯是重要的範例，這種技術在中國已有二、三千多年的歷史，只是這種技術一直沒有被國人重視，反而國外的發展比我們快。1987年全世界只有一家法國工作室已經維持百餘年的歷史，能夠掌握這項源自古埃及，以及復興於新藝術時期(Art Nouveau)的神秘技術，當時台灣琉璃工房的想法是「**法國人能，我們也能。**」因此投入琉璃脫蠟鑄造的研究，約四年光景，在經過無數次失敗，琉璃工房終於完成了幾十件的「作品」，由經濟部的贊助下，第一次參加在日本舉辦了展覽(1991年)，從此才引起全國一股琉璃脫蠟鑄造的熱潮。經過二十幾年的發展，琉璃工房已經是全世界最好的琉璃脫蠟鑄造工作室之一，足見台灣琉璃脫蠟鑄造技術已躍升為國際知名的行列。圖5-41為琉璃脫蠟鑄造作品。

● 圖5-41　琉璃脫蠟鑄造作品(資料來源：琉璃藝術博物館)
(參照0-16頁彩色圖)

5-2　琉璃脫蠟鑄造簡介

5-2.1　前言

　　玻璃作品的製作方式非常多樣，除了在國內大家較為熟悉的吹製法與拉絲法外，尚有彩繪、切割、研磨、蝕刻、機械模鑄、砂模鑄造……等。各種方法皆具特色，至於採取何種較為合適，端視創作者要表現何種特色而定。一般而言，若要表現精緻、細膩的立體創作，大多採用脫蠟鑄造法。此法過程雖然繁複，但對於展現玻璃色彩的流動性、或粗獷與細緻相間的肌理，卻有絕佳的效果。

　　脫蠟鑄造法相傳來自於古埃及皇室古法，距今已有五千年歷史，每件作品皆須經過47至54道精緻手工始能完成，最早在埃及古墳中被發現。脫蠟鑄造由於失敗率高，因此少有玻璃藝術家敢嘗試，國際級東方古琉璃大師由水常雄(Tsuneo Yoshimizu)則認為，中國即可能在漢代，已能成熟運用此種高難度的技法，河北省滿城縣中山靖王劉勝，墓中出土的琉璃耳杯及西夏王陵區出土的琉璃鴟吻，如圖5-42所示，即是重要的作品，只是此種技術卻隨著時代的變遷而失傳，以致於今日沒有更多的文獻與成品留存。每件脫蠟鑄造

🌀 圖5-42　西夏王陵區出土的琉璃鴟吻

法的作品都有其獨特的個性，從色澤、倒角、鏤空，甚至是玻璃流動的方式，都可以觀察出渾然天成的藝術美感，絕非機器生產可以比擬。

　　以上種種，可以看出脫蠟鑄造法雖然繁複困難，但卻給了創作者充分發揮的空間，在構思時可以天馬行空不受限制。在國際上，藝術家廣泛地使用此種方法精采地表現出創意，但因製作過程幾乎全賴人工，因此也留下了許多人為變數所造成的瑕疵與失敗。這是脫蠟鑄造法的成本居高不下的原因，也正是它之所以值得珍惜的地方。

　　玻璃與琉璃到底有何不同？玻璃在中國歷代名稱的轉變，反映了我國玻璃產業的興衰，也反映了歷史上對玻璃材質認識與重視。古代即以琉璃代表玻璃，宋代後逐漸以玻璃的名詞爲主，到了元明琉璃則專指以低溫燒製的釉陶磚瓦。現代人誤以爲只有便宜低廉的透明材質稱爲玻璃，殊不知有些珍貴精緻的彩色水晶藝術品也是玻璃的呈現之一。目前所稱的琉璃，事實上是以脫蠟鑄造法創作，融合各種顏色混合，燒製的氧化鉛水晶玻璃。總之，玻璃只是一種材質，而藝術的價值來自於創意。

　　從上一節我們對玻璃已經有了基本認識，琉璃其實只是玻璃中的鉛玻璃，鉛玻璃即是台灣人所稱的水晶玻璃，常用於琉璃脫蠟鑄造的玻璃工藝品。由於質地晶瑩剔透，有如水晶一般，因此便產生了水晶玻璃這個名稱，但也因爲如此，常常和「天然水晶」混淆。鉛玻璃則是意指在玻璃中含有高量的氧化鉛，由於鉛本身即有降低溫度、提高玻璃比重及透明度的功能，因此鉛玻璃因晶瑩剔透被稱之爲水晶玻璃原因。鉛玻璃有數種透明的色彩，如透明、茶色系、藍色系、綠色系、紅色系等，鑄造時都可以在鉛玻璃的材料範圍內依作品需求做不同比例自由混合使用。

　　琉璃脫蠟鑄造也是玻璃成型方法中的一種成型方式，在鑄造上屬於石膏模法，只是過去石膏模的脫蠟鑄造一直被應用在金屬鑄造中的貴金屬鑄造，由於石膏模具有非常精細的表面，因此藉助於石膏的這種特性，可以獲得很精緻的作品。

　　現在我們用各種顏色的鉛玻璃材料取代原來的貴金屬材料的石膏模鑄造，就是今天我們所稱的「琉璃脫蠟鑄造」。此法過程雖然繁複，但對於展現玻璃色彩的流動性，或粗獷與細緻相間的肌理，卻有絕佳的效果。若要表現精緻、細膩的立體創作的作品都有其獨特的個性，從色澤、倒角、鏤空，甚至是玻璃流動的方式，都可以觀察出渾然天成的藝術美感，如圖5-43所示，絕非機器生產可比擬。台灣自從琉璃工房成立，從此才引起全國一股琉璃脫蠟

圖5-43　脫蠟琉璃鑄造作品
（資料來源：琉璃工房網站）
（參照0-16頁彩色圖）

鑄造的熱潮，至今二十多年的發展，琉璃工房已經是全世界最好的琉璃脫蠟鑄造工作室之一，足見台灣琉璃脫蠟鑄造技術已躍升為國際知名的行列。

『琉璃工房』案例摘要(資料來源：財團法人國家文化基金會網站(http://www.ncafroc.org.tw/news/index_news.asp?ser_no=186)琉璃工房 / 發佈日期：2004/4/14)

琉璃工房在一九八七年，成立於台灣淡水。創始人楊惠姍、張毅曾是台灣電影界，屢獲首獎的知名表演藝術家和著名導演。基於對民族藝術文化的摯愛，對人生信念的執著，楊惠姍、張毅在電影事業的巔峰狀態急流勇退，傾注平生所有積蓄，投入當時在台灣社會還相當陌生的現代琉璃藝術，從零開始，創立了台灣第一個琉璃藝術工作室「**琉璃工房**」。

「**琉璃**」兩字，是中國古代對玻璃的稱呼，琉璃工房取「琉璃」，是希望經由琉璃這種材質的學習、認識、創作活動過程，傳遞工藝之美，更強調一種對歷史與文化的歸屬和依存意義。

琉璃工房主要的理想，是希望在世界琉璃藝術蓬勃發展中，獨缺亞洲琉璃創作的情況下，創造符合精細雕塑的美術品，選擇以「玻璃脫蠟鑄造」(Pâte-de-verre)作為基本創作技術。

這些年來，琉璃工房的作品應邀至日本、美國、英國、香港、新加坡、中國大陸、義大利、德國、南非等地展出，琉璃工房的作品在風格上和思想上，成為亞洲琉璃的代表，多件作品獲得世界最重要的博物館永久收藏的肯定。琉璃工房努力將琉璃脫蠟鑄造的創作空間，提升到過去全世界從來不曾有過的範圍和水準，已經是全世界最好的琉璃脫蠟鑄造工作室。楊惠姍和張毅被公認為現代中國琉璃藝術的奠基人和開拓者。

琉璃工房正努力樹立一個新中國琉璃藝術的文化創作形象。在「永遠不斷學習，創造有益人心的文化和作品」的企業基礎下，琉璃工房期望在現代社會中，以倫理的、教育的、有益人心的作品，以及對於琉璃材質的學習和創作活動，喚醒某一程度的民族傳統裡的寶貴價值，為文化復興提供發展性的方向，也為琉璃工藝，帶往一個更廣闊的歷史新格局。

附註：台灣商務新聞通訊社／黃文祥 報導，發佈時間：2008/9/2

　　Optoma奧圖碼科技於2008年9月1日正式宣佈更名為「琉璃奧圖碼科技股份有限公司」，由原琉璃工房執行長張毅擔任琉璃奧圖碼董事長暨執行長。耕耘文化創意品牌歷二十多年引領琉璃產業的琉璃工房，與世界級的投影機領導品牌奧圖碼的結合是藝術與科技的結晶。琉璃奧圖碼將結合雙方品牌深耕與創意設計的核心競爭力，開啟人文創意科技新里程碑。

　　琉璃奧圖碼科技將擁有兩個主要事業群，包括原有Optoma投影機品牌，由Optoma全球總經理陳士元帶領；而琉璃工房則由康弘明總經理負責。未來兩個事業群，除持續引領科技與藝術產業，更將合力發揚優勢達成綜效。

　　奧圖碼科技在全球投影機市場成績亮麗，成功將台灣品牌帶到全世界，成為全球最大DLP投影機品牌，其全球網路與品牌經營架構將協助琉璃工房品牌拓展歐美市場；而另一方面Optoma則可運用琉璃工房在藝術美學方面的優勢，為投影產業注入更多創意設計，以強化Optoma引領品味生活的品牌形象。兩個事業群的結合，可以協助彼此拓展市場，以增加公司整體營收及獲利。

　　奧圖碼科技於2006年與琉璃工房進行異業合作，張毅與楊惠姍結合了他們在電影、琉璃兩個領域的藝術成就，運用影像科技，打造出位於上海，充滿藝文時尚的琉璃博物館。令人驚豔的藝術與科技的結合，揭開奧圖碼與琉璃工房攜手合作的序幕。

　　奧圖碼自成立以來，持續不斷以創新投影產品帶給消費者大畫面的娛樂享受與視覺感動，成為全球最大DLP投影機品牌。琉璃工房以「永遠不斷地創造有益人心的作品」的核心價值，耕耘文化創意品牌歷二十年，作品屢獲世界重量級博物館永久收藏，不僅為國際知名之領導品牌，更於2005年獲得「亞洲最具影響力設計大獎」(Design for Asia Award 2005)。今後的琉璃奧圖碼，將秉持「讓生活更精彩」的共同理念，展現人文科技極致工藝。

5-2.2 琉璃脫蠟鑄造特色

　　琉璃脫蠟鑄造由於鑄造流程長，因此每一個過程都可能影響到最後作品的成敗。所以經**琉璃脫蠟鑄造的作品具有下列幾項特色：**

一、要能表現原始創作的意念

作品的呈現要能真正表達原始創作所要表現的精神，否則就失去它的藝術價值。

二、製作過程繁複

從平面設計圖雕塑出立體原型後，先製成陽模、再翻成陰模，前後反覆須達五次之多，才能鑄出一體成型的玻璃原型。若是二體、三體以上者，困難度與複雜度更將成倍數增加。

三、手工製作

以脫蠟鑄造法製作的琉璃作品，大多是無法以機械代勞，而所需的手工技巧又必須經過相當時間的磨練，才能達到美感與熟練兼具的程度。

四、一件石膏陰模只能生產一件琉璃作品

進爐鑄造的耐火石膏陰模在鑄成琉璃原型後，必須將石膏陰模破壞始能取出琉璃作品。故一石膏陰模只能生產一件琉璃作品，石膏陰模無法重複使用。

五、作品外觀精緻細膩

也因一模一件而非多模片組合的製作方法，故琉璃脫蠟鑄造法可以克服許多角度的鏤空、反斜度的問題，同時以較軟的水晶玻璃為材料，可燒出極為細膩紋飾的外觀。

六、低溫燒結

琉璃脫蠟鑄造法目前使用的耐火石膏鑄模，能燒到攝氏950°C，因此在水晶玻璃尚未熔融至液體時，流入鑄模中的膏狀玻璃便很容易產生氣泡，並被包覆於作品中，無法浮升至玻璃液面溢出；也就是說，作品往往會有氣泡的存在。但由於這係屬自然現象，可說是玻璃的呼吸，因此在國際琉璃藝術的創作領域中，早已接受氣泡與琉璃共舞的概念，並未視其為瑕疵。

以上種種特色可以看出琉璃脫蠟鑄造法雖然繁複困難，但卻給了創作者充分發揮的空間，在構思時可以天馬行空不受限制。在國際上，藝術家廣泛地使用此種方法精采地表現出創意的空間，但因製作過程幾乎全賴人工，因此也留下了許多人為變數所造成的瑕疵與失敗。這是脫蠟鑄造法的成本居高不下的原因，也正是它之所以值得珍惜的地方。

5-3 琉璃脫蠟鑄造法

5-3.1 琉璃脫蠟鑄造的程序

琉璃脫蠟鑄造的步驟非常的複雜，但與金屬的脫蠟鑄造幾乎完全一樣，流程中的每一個步驟，都要做嚴格的控制，若其中有任何的步驟不夠嚴謹，則最後將功虧一簣、前功盡棄，所付出的心血將是白忙一場，叫人不得不謹慎。

琉璃脫蠟鑄造的程序如下：

1. 設計創作原型—依據各種主題透過自己的巧思，設計繪製平面原稿，利用各種雕塑工具與雕塑材料，精細雕塑出原型。

2. 矽膠模(原型用)製作—(1)可以把矽膠直接注入原型模，將原模型包圍成為實體的矽膠模。(2)可用刷子將矽膠均勻塗抹於雕塑的原型上，必須重複均勻塗抹數次，每層之間可加入一層紗布，以增加矽膠模的強度，全部塗抹厚度須達3～5mm，每次厚度須一致，避免造成灌石膏時原型模外漏，外層再增加襯套(用石膏模加強固定)，使矽膠模不至變形。

3. 灌出石膏的原型模—因為矽膠模有一定的壽命，如果你創作的原型材料又是容易變形或損壞的材質，則必須先用石膏灌入矽膠模，獲得石膏的原型模，並加以修飾，讓將來要做第二付矽膠模時還有原型模可用。

4. 矽膠模(灌蠟用)製作—此時用精修過的石膏原型模，再做出灌蠟用的矽膠模。

5. 灌蠟—將熔解成具有流動的蠟，灌入矽膠模中，等待其溫度徐緩下降，再行拆模、取出蠟型。

6. 精修蠟型—拆模後之蠟型，需再經修蠟與補蠟過程，將其蠟型精修到與原型完全一模一樣，甚至比原型更精緻。

7. 耐火石膏模製作—將蠟型固定在石膏板上，以塑膠片圍繞，再灌入耐火石膏。

8. 脫蠟—利用蒸汽脫蠟，將耐火石膏模中的蠟熔解出來。

9. 進料與窯燒—依照作品表現方式，選取不同顏色的水晶玻璃，置放於耐火石膏模的澆口杯內，利用電腦控溫儀器設定時間溫度曲線，精準控制其升降溫的時間，將水晶玻璃熔入模穴中又不會與模壁融合。

10. 拆除耐火石膏模取出作品—作品出爐後以拆模工具拆除耐火石膏模，取出作品。

11. 鑄後處理—以精密工具進行細部研磨、修整及酸拋光。

12. 品管包裝—經過嚴格品質管制並鐫刻簽字。

5-3.2 設計創作原型

一、雕塑的定義與要素

（一）雕塑的定義

要設計創作原型之前我們必須先對雕塑有一基本的認識，如果把雕和塑兩個字分開來說明，或許可以幫助我們更深入的瞭解。首先我們應先瞭解什麼是「雕」？雕就是一般所稱呼的「減」；將雕塑材料如木材、硬蠟、石頭或獸骨，漸次以鑿、雕、刻、削、研磨等方式，依據自己心中的意念，除掉不要的部分，或用刀刻出不同凹凸和深淺的線條，留下的部分就是創作者要呈現出來成為立體形象者。什麼是「塑」？塑就是「加」；塑造與雕刻除去的方法相反，它反而是利用

加入的材料來創作。作法是用可塑性高的軟質材料，如陶土、黏土、泥土或蠟等，以穩固的心型棒做骨架，然後再經過堆土、捏形、修飾或光磨、翻模……等方式，堆砌成一件作品。它的形狀及技法隨著造型不同而有所改變。製作過程中，運用切、割、拍、壓、勾、捏……等各種方法來塑造，並可以隨創作者自由增減材料，在修改上較不受限制，所以創作者可以更容易地掌握材料與作品的造型。只是塑造的材質大多容易變形或無法長期保存，因此需要以石膏、玻璃纖維、樹脂、青銅……等容易保存的材料再翻鑄。雕塑最大的特點，就是利用各種素材的組合架構，表現出三度空間的立體效果。雕塑的作品會因材質的不同，觀賞者角度與週遭的空間、光線等而產生不同的感受。作品本身除了要把握完整的重心及造型上的均衡完美外，還要考慮色調、質感和應具備的空間感。

（二）雕塑表現的方式

1. 具象的表現形式

   具象是指作品的表現具有特定形象，如圖5-44所示，也就是我國所謂的『傳形』，也可以用「寫實」來稱呼或具有客觀意義的雕塑形式，簡單來說大家能看出「它是什麼？」

🌐 圖5-44　具象的表現形式(資料來源：韓美林雕塑作品《母與子》)

2. 抽象的表現形式

抽象是指作品的表現不具有特定形象，如圖5-45所示，也就是我國
所謂的『**傳神**』，大家難以看出「**它像什麼？**」它是不具有客觀意
義的雕塑形式。抽象的雕塑是心靈和理念象徵化的展現；所以創作
者和欣賞者之間，必須取得心靈上相互的溝通。

● 圖5-45　抽象的表現形式(資料來源：楊英風《太極》)

（三）雕塑的基本要素

雕塑是具有三度空間(長度、寬度和深度)的實體，這種實體可以是堅
實、可以環抱的；也可以是中空的、線型的等形式，並透過視覺和觸
覺的共同感受。

一件完美的雕塑作品應該具有下列五種基本要素：

1. 空間感

是指浮雕上的深淺關係、雕塑塊狀的立體空間、立體造型上的結構
等。雕塑具有完整的空間感，同時雕塑作品與生活環境有極密切
的空間關係，它和觀賞者也保持良好的空間互動性，參考圖5-46所
示。

✦ 圖5-46　空間感(資料來源：楊英風《小鳳翔》)

2. 均衡感

是指空間各部分的重量感覺有良好的安定性，並無偏重感，能在相互調節中產生均衡的美感，又能減少造型的緊張感。參考圖5-47所示。

✦ 圖5-47　均衡感(資料來源：楊英風《擲》)

3. 質感

雕塑在材料表面所產生的觸覺特性，能增加雕塑的品味，它必須透過觸覺來分辨軟硬、冷暖、光滑、粗糙等不同感覺，參考圖5-48所示。

⊕ 圖5-48　質感(資料來源：楊英風《擎天門》)

4. 量感

量感是由體積與比重所產生，是由塊、面或線，形成實與虛之間的均衡的重量感，參考圖5-49所示。

⊕ 圖5-49　量感(資料來源：楊英風《失樂園》)

5. 動感

是指所表現的方向性或動態，能帶給雕塑作品生動、傳神的特性，並賦予雕塑生命力，參考圖5-50所示。

✦ 圖5-50　動感(資料來源：賽馬場前的的飛馬雕塑)

二、雕塑的種類與材料

（一）雕塑的種類

雕塑作品依形態可分為浮雕、圓雕、透雕、線刻四種。

1. 浮雕

浮雕(Relief)主要特色是在一平面上，將形態用雕或塑出不同深淺層次的浮凸效果，它是一種兼具繪畫與雕刻特質的藝術形式，屬於2.5D半立體的形狀。浮雕作品的背面是平的，它只能正面觀賞。雕刻浮雕的基本觀念是想像將一個立體的雕刻形體壓扁或使之接近平面狀，卻還能呈現立體的感覺。在此表現的過程中，應該思考物體間的前後關係，透過凹凸的差異，產生深度的前後距離感，如此才具有三度空間的浮雕表現。由於形態雕塑的深淺度，而產生**淺浮雕(Lowrelief)**與**深浮雕(High Relief)**之別。

（1） 淺浮雕

淺浮雕是各種雕刻形式中最具繪畫特質的一種，因為它表現方式比較平淺，無意顯示其中人物景象的深度。但是淺浮雕必須仔細掌握雕刻線條和投影的組合，如台灣雕刻家黃土水的浮雕作品《水牛群像》，如圖5-51所示。這件作品表現出台灣水牛的溫柔性以及人和牛之間感情的細緻之處，著重在水牛身軀線條的表現，卻無意於顯示水牛本身真正的深度感。

● 圖5-51　黃土水的水牛群像浮雕

（2） 深浮雕

深浮雕又可稱為「**高浮雕**」，是浮雕刻鑿較深的緣故，使其物象凹凸變化大而明顯。一般在石材雕製的浮雕方面，深浮雕是常表現的形式之一。羅馬市古羅馬廣場上的浮雕，如圖5-52所示，即充分表現出立體特色，正是深浮雕最顯著的例子。

● 圖5-52　羅馬市古羅馬廣場上的浮雕

2. 圓雕

圓雕又可稱為「**立體雕**」，它是一種立體型
態的作品，可以讓觀賞者從前後左右上下各
個不同方向與角度欣賞作品，因此在雕或塑
的過程中需兼顧物象造形的整體。單一個體
的雕塑，除能掌握動勢之外，整體的均衡感
亦是不可忽略要件；群體雕塑應該注重個體
間正、背、側面的搭配，使觀賞作品時，從
任一角度都能呈現最完美的群像關係，如圖
5-53所示。

圓雕作品的基座，有直接與地面接觸或設置
於高起的平台上，以維持形體立起的穩定
感，同時也成為作品整體的一部分。譬如王
秀杞「龍的傳人」圓雕作品，外觀採傳統龍
柱造形為基調，底部分三層石階以八卦造形
構成台座，再以豐富的意涵向上層舖陳，延
伸至最高點抽象造形的龍首。八卦造形石階

● 圖5-53　圓雕
(參照0-16頁彩色圖)

可便於觀賞者做近距離的欣賞，作品由下而上分別闡述：孔子周遊
列國，象徵旅遊事業的開端；傳統民俗舞龍、舞獅、八音、宋江陣
等民俗技藝及地方文化；八卦山大佛、阿里
山日出、淡水夕照、清水斷崖等臺灣風景的
最高點以抽象的龍首遠望來統合整體造形。

3. 透雕

透雕又稱為「**鏤空雕**」，作品的四面皆通，
有平面背景連接，材料使用木材居多，如圖
5-54所示。

4. 線刻

線刻又稱為「**平雕**」，是在平面雕刻，或用
線來表達的方式，必須由正面來欣賞，如圖

● 圖5-54　檀木鏤空雕

5-55所示。線刻可分為陽刻(陽文)與陰刻(陰文)兩種。陽刻(陽文)只保留圖形，去掉背景使圖案突出。陰刻(陰文)，背景部分保留平面，圖形部分凹刻下去。

圖5-55　線刻
(參照0-16頁彩色圖)

（二）雕塑的材料

不同的材質有不同的美感特性，搭配不同的形式與技法，作品就會有豐富、多樣的面貌呈現，**雕塑材料可分為可雕性材料與可塑性材料：**

1. 可雕性材料：可雕性材料是指於雕、刻、鑿、鋸、切……等技法，在材料的選擇必須考慮其質地、硬度、重量、色澤與紋理等特性，才能發揮材料的優點及作品的特色。

    （1）木材：木材是很自然的材料，它的質感、色澤給人親切、溫暖的感覺。適合用在雕刻上的木材種類很多，而各種木材的色澤、紋理也都不同，再加上木材會用到雕鑿、切鋸、黏接、栓合、拋光、打磨等多樣的雕刻技法，因此可以呈現不同的美感面貌特質。

    （2）石材：石材是雕塑材料中，最早被拿來利用的一種天然的材料。它的運用歷史幾乎與人類的文明同步。在奧地利威廉多夫出土的舊石器時代作品「維納斯」，是目前發現最早的人體石雕。此外古埃及也將石材視為象徵永久性、高雅與貴族意味的最佳的材料。石材中以大理石因硬度適中，易於精緻修飾與拋光而廣受青睞。更成為希臘、羅馬、文藝復興等時期以來石雕的重要特色。

2. 可塑性材料

    可塑性材料是指適合塑、揉、捏、刮和鑄……等技法，能自由改變作品形態。可塑性材料的製作，大多要經過陰乾、烘烤、燒焊或翻模……等方式來輔助完成。材料的選擇，事先必須對各種材料不同的性質作充分的瞭解，才能達到事半功倍的效果。

（1） 金屬材料：金屬雕塑所運用的材料，依其特性可分爲

    ① 焊接、構造用金屬材料

    ② 鑄造用金屬材料，在鑄造用金屬材料裡一般人較熟識，也是被使用最多、歷史最久的是青銅。它常被運用爲翻鑄塑造的材料，具有冰涼、光滑的感覺，拋光後能產生強烈的亮感和光線折射，可運用這些特性增進作品的變化。

（2） 樹脂：樹脂通常會和玻璃纖維一起搭配著用，作爲翻鑄黏土塑型的原模，屬於工業材料的一種。又因爲它價廉、質地輕、比青銅好處理，所以雕塑家常利用樹脂塗成似青銅的顏色，來取代青銅，或塗上別的顏色，表現特殊的視覺美感。

（3） 石膏：石膏原是白色粉末，和水混合陰乾後會凝結成固狀。在它乾固前可塑、乾固後可雕，冰涼的色感及清脆的材質特性，透過塑、雕等各種技法的運用，即可創造出千變萬化的造型。

（4） 水泥磨石：水泥與細沙、碎石、水混合攪拌後，會慢慢凝固成堅硬的固體狀，這就是水泥磨石；它原來是一種建築的材料，但現在也已用於雕塑造型上。而且水泥磨石也會因爲細沙、碎石的比例不同，而能鑄造出粗細質感不同的作品，如果再加上打磨後，就會產生更多的質感變化。

（5） 蠟：硬蠟可以用雕刻，軟蠟可以用塑形，也是精密鑄造用得最多的材料。

（6） 黏土：黏土的種類很多，通常可分爲水性黏土與油性黏土，一般有陶瓷土、樹脂黏土、紙黏土、銀黏土……等，顏色有紅、黃、深藍、淺藍、深綠、淺綠、橙、紫、咖啡、桃紅、黑、白……等，它的用法簡單、可塑性高、富柔軟性及品質感強烈，是目前最廣泛用來做各種造型的最佳材料。

三、原型的設計與創作

一件作品的成功與否，取決於原始創作者細膩的構思與意念的表達。在欣賞雕塑時，我們可以直接感受到作品的呈現，這正是因爲雕塑是一種立體

造型藝術，經由視覺與觸覺的感受來體會空間感與立體感。「雕」和「塑」是不同的，不同手法所創造出來的效果，亦各具趣味。面對不同材料的選擇及運用，也會營造出不一樣的質感與量感。材料的緊密度、接合、刀觸，都會影響到作品的表現。如再經過雕、刻、切割、研磨或鑿各種方法處理後，作品表面即會產生各種觸痕和特徵，而成為該作品的一種特色。

　　一件作品的創作首先要著重在造型美感的表現，造型在視覺藝術創作中是極重要的部分，尤其雕塑，是具有實體的三度空間造型，且三百六十度皆可觀賞，因此，造型對雕塑而言更形重要。人體在舉手投足，或彎曲、轉動中其骨骼及肌肉結構都會不斷的變化，並隨著這些變化，表現各種不同的造型和視覺感受。人體雕塑家也常常在捕捉造型中的美感作為其創作的基礎，甚而將它視為表現的重點。其次要能體認內在心境的表達，雕塑除了造型美的追求外，另一重要課題就是內在心境、思想的表達。其表現的語法甚多，並可藉此塑造個人風格。

（一）浮雕製作要領(美女的浮雕)

　　浮雕是一種半立體形態的作品，主要特色是在平面上將要表現的形象雕塑成不同深淺的層次，產生凹凸的立體效果。

1.　首先利用素描的基礎，繪製出所要製作的主題速寫，如圖5-56所示。

2.　準備一片壓克力板，將黏土壓平在壓克力板上，如圖5-57所示。

● 圖5-56　繪製出所要製作的主題速寫

● 圖5-57　將黏土壓平在壓克力板上

3. 將黏土刮平約0.5cm的厚度，如圖5-58所示。

4. 將素描的主題移到在刮平的黏土板上，如圖5-59所示。

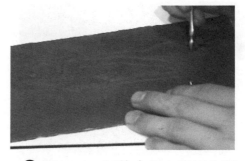

✚ 圖5-58　將黏土刮平約0.5cm的厚度　　　　✚ 圖5-59　在黏土板上畫出主題

5. 堆置粗胚黏土，如圖5-60所示。

6. 塑出臉部雛形，並注意頭部的動態，如圖5-61所示。

✚ 圖5-60　堆置粗胚黏土　　　　✚ 圖5-61　塑出臉部雛形

7. 塑出胸部與腹部的曲線，如圖5-62所示。

8. 注意手肘的骨骼和肌肉結構，如圖5-63所示。

✚ 圖5-62　塑出胸部與腹部的曲線　　✚ 圖5-63　注意手肘的骨骼和肌肉結構

9. 做出腿部和手掌(至此完成整個美女粗胚的雛型)，如圖5-64所示。

10. 接下來要將每一細部的造型再做精細的修飾，如圖5-65所示。

 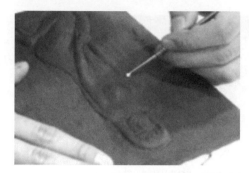

✤ 圖5-64　做出腿部和手掌　　✤ 圖5-65　每一細部的造型再做精細的修飾

11. 完成的美女原型創作，如圖5-66所示。

（二）圓雕製作要領(軀體之美的製作)

圓雕又可稱為「立體雕」，它是一種立體型態的作品，可以讓觀賞者從前後、左右、上下各個不同方向與角度欣賞作品，因此在雕或塑的過程中需兼顧物象造形的整體。

1. 首先利用素描的基礎，繪製出所要製作的主題速寫，如圖5-67所示。

2. 準備一塊黏土與你要塑形的大小相當，如圖5-68所示。

✤ 圖5-66　完成的美女原型創作
(資料來源：雕塑技法，李良仁)

3. 先將身軀的部分做成長方形(小型作品可直接捏塑，但如作品較大時必須用鐵絲纏繞麻繩，依整體造型彎成砂心骨，以增強結構)，如圖5-69所示。

4. 再以此土坯先塑出大腿部分，如圖5-70所示。

5. 接下來塑出頸部與手肘部分，如圖5-71所示。

6. 再把胸部與腹部塑出(至此完成整個美女粗胚的雛型)，如圖5-72所示。

7. 接下來要將每一細部的造型，再做精細的修飾，如圖5-73所示。

✦ 圖5-67　主題速寫

✦ 圖5-68　準備一塊黏土

✦ 圖5-69　先將身軀的部分做成長方形

✦ 圖5-70　塑出大腿部分

✦ 圖5-71　塑出頸部與手肘部分

⊕ 圖5-72　再把胸部與腹部塑出

⊕ 圖5-73　再做精細的修飾

8.　完成長方形底座造型，如圖5-74所示。

9.　身軀部分與底座接合，如圖5-75所示。

⊕ 圖5-74　完成長方形底座

⊕ 圖5-75　身軀部分與底座接合

10.　完成軀體之美之原型創作，如圖5-76所示。

⊕ 圖5-76　完成軀體之美創作

5-3.3　矽膠模具製作

一、矽膠是甚麼

　　矽膠是從石化工業中提煉出來的，屬於常溫硬化型，我們稱爲RTV，使用時必須混入一定比例的硬化劑(依各種廠牌而有不同的比例)通常添加量在2～4%之間，而硬化劑太多會縮短矽膠模的壽命。耐熱溫度可達220～280℃，除了可以作爲灌蠟的模具外亦可作爲低熔點合金的鑄模，並擁有最佳的離型能力，但機械性質差及耐油性不佳爲最大缺點。

　　當矽膠用到桶底時會變得較濃稠，流動性也會變差，可以到化工材料行購買矽油來稀釋，一般稀釋時，矽油最多加入5%，如果加太多矽油時矽膠會不乾，矽油也是一種很好的潤滑油。

　　矽膠在使用前二小時，最好先將矽膠攪勻，情形就像攪拌矽油一樣，因爲矽膠黏稠度高，所以要有二小時讓氣泡浮走。

　　矽膠的優點如下：

1. 極佳的溫度穩定性：可在－40～200℃溫度內使用時，穩定不變質。
2. 耐氣候性佳：可長時間置放於戶外，不會老化變硬、裂開、剝落。
3. 優良的吸震性：固化後的矽膠產品均爲韌性極佳的彈性體，具有良好的吸震效果。
4. 極佳的電氣絕緣特性：矽膠本身爲礦物，具有極佳的絕緣性，所以非常適合用於電子產品上。
5. 耐腐蝕性佳：不會與其他化學藥品起作用。
6. 乾燥性佳：吸濕後再經乾燥處理，仍可再生，對於實驗室之使用相當有利。

　　矽膠在應用方面，廣泛地應用在製藥、電子零件包裝、工業氣體乾燥、淨化、脫水精製、食品儲存、金屬器件、日用品、分析檢驗、武器裝備保存方面、電子儀器、五金零件、精密儀器、化學製品、藥品之防潮吸濕⋯⋯等應用。矽膠因有上述之優點，因此矽膠爲暫用模具常應用之材料。

二、矽膠模具製作

矽膠模具的製作流程：

首先把原始模型懸空固定後圍上模框，依照比例調製好所需之矽膠量，置於真空中預抽脫泡，將矽膠倒入模框內，再置於真空中脫泡，矽膠硬化後以手術刀將矽膠割開，取出模型再將矽膠組立起來即得到所需之矽膠模；以RP件直接去翻製矽膠模是非常快速，也是非常方便的方法；所翻製出來的矽膠模可以拿來灌注蠟型、Poly或與ABS性質相近的PU(Polyurethane)，如此便能很容易複製原模。下面介紹二種矽膠模具製作方法(以下所有參考尺寸為1kg以下的作品)：

（一）內部為實心矽膠模再外襯石膏模，此法原模材質為軟、硬質材料皆可。製作程序如下(下面圖片由旭珂工藝社：李財旺老師示範)

1. **石膏板製作**

   立體造型的作品，通常都會有一個擺放的底座，因此我們在做矽膠模的時候，會先製作一片石膏板來固定原模以及控制矽膠模的厚度。

   （1）將原模放在一張白紙上，然後用筆將原模的俯視圖(外型的輪廓線)畫在白紙上，由輪廓線平均往外擴充0.5～1.0公分厚度，再劃一條線(此距離即為將來矽膠模的最小厚度)，如圖5-77所示。

   （2）然後做一厚約1.5公分，高約2.5公分的粘土條依最外圍的輪廓線圍住，如圖5-78所示。

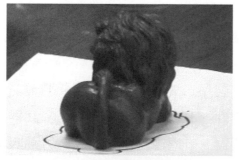

⊕ 圖5-77　用筆將原模俯視圖
　　　　　(外型的輪廓線)畫
　　　　　在白紙上

⊕ 圖5-78　做一厚約1.5公分高約
　　　　　2.5公分的粘土條依最
　　　　　外圍的輪廓線圍住

（3）用(水1：普通石膏1.2)的比例，將石膏慢慢加入水中，等石膏沉澱後，才可以開始攪拌，攪拌約3～5分鐘，待石膏成較黏稠狀後開始發熱時，將調好的石膏倒入黏土條內，高度約2公分厚，如圖5-79所示。

（4）等石膏凝固後尚未完全硬化時，打開土條，再將原模放在做好的石膏板上，然後用筆將原模俯視圖的外型輪廓往外擴充0.5～1.0公分(此距離即為將來矽膠模的厚度)的厚度，將輪廓線畫在石膏板上，並將特別凹凸不平的線修圓滑，以利將來圍塑膠板時比較能夠緊密，如圖5-80所示。

⊕ 圖5-79　將調好的石膏倒入黏土條內

⊕ 圖5-80　將輪廓線畫在石膏板上

（5）在石膏尚未完全硬化時(因石膏完全硬化時很難切削加工)，用美工刀順著這條線，將線以外不要的部分切除，並且要與平面互相垂直，如圖5-81所示。

（6）然後再將原模放回石膏板重新檢查是否原模外型的每一部分在石膏板上，最短也會多出0.5公分的距離，此時石膏板才可說全部完成，如圖5-82所示。

2. **矽膠模製作**

（1）把原形(如果原型與矽膠離型不佳時，應事先在原型表面塗上鉀肥皂的離型劑越薄越好，以免影響原型的紋路)用瞬間膠固定在做好的石膏板上面，如圖5-83所示(要事先設計好將來灌好矽膠模開分模面的相關位置)。

（2）準備一片塑膠板長度要比石膏板周圍長度多三分之一，高度要高過原模3公分以上，圍在石膏板的周圍，如圖5-84所示。

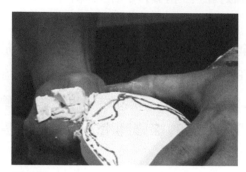

🌐 圖5-81　用美工刀將線以外不要的部分切除

🌐 圖5-82　將原模放回石膏板重新檢查

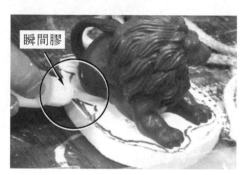

瞬間膠

🌐 圖5-83　把原形用瞬間膠固定在做好的石膏板上面

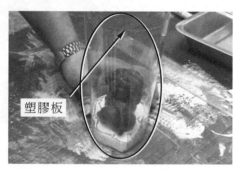

塑膠板

🌐 圖5-84　準備一片塑膠板，圍在石膏板的周圍

（3）另外找一條繩子，由下往上的纏繞在塑膠板四周(亦可用膠帶將塑膠板接合部位封死以防止矽膠滲出來)，如圖5-85所示。

（4）計算好矽膠的重量(通常矽膠至少要高出原型模0.5～1公分)，再加入2%的硬化劑(依各種廠牌說明的比例加入，加入的比例越高，硬化的速度越快，矽膠變得越脆。反之比例越低，硬化時間越長，矽膠韌性越佳)，如圖5-86所示。

（5）準備一隻攪拌刀，將矽膠與硬化劑前後左右上下的每一個角落做充分的攪拌均勻，否則攪拌不均勻部分放三天的時間矽膠都還會黏黏的不會乾。攪拌時間要在1～2分鐘之內完成，否則矽

膠的流動性會變得越來越差(注意：所有調過硬化劑的器具都不得接觸到未用完的整桶矽膠，否則整桶矽膠會慢慢硬掉)，如圖5-87所示。

（6）將調好矽膠的一半，注入準備好的原型模的表面，如圖5-88所示。

繩子

⊕ 圖5-85　找一條繩子纏繞在塑膠板的四周

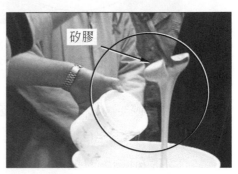

矽膠

⊕ 圖5-86　計算好矽膠的重量，再加入2%的硬化劑

攪拌矽膠

⊕ 圖5-87　將矽膠與硬化劑攪拌均勻

注入矽膠

⊕ 圖5-88　將調好矽膠的一半，注入準備好的原型模的表面

（7）然後先將此模送進抽真空機中將原模表面矽膠的氣泡完全抽乾淨，(原模表面的矽膠如含有氣泡，會增加將來修蠟的困難度，這點非常重要)，如圖5-89所示。

（8）氣泡抽完之後再把剩餘的矽膠全部注入，並加以震動，一方面可讓矽膠不會包住空氣，另外使矽膠上面水平。矽膠的高度至少要比原型模的最高點高出0.5～1.0公分，如圖5-90所示。

⊕ 圖5-89 送進抽真空機中將原模表面矽膠的氣泡完全抽乾淨

⊕ 圖5-90 把剩餘的矽膠全部注入

（9） 經過一天之後，將透明塑膠板與矽膠模分開，此時矽膠模已完全硬化(如果還沒乾，表示你的矽膠與硬化劑沒有攪拌均勻)，如圖5-91所示。

（10） 用剪刀將所有毛邊剪掉，並將上面倒角(倒角剪出的不同刀痕可以作為外襯石膏模定位之用)，如圖5-92所示。

⊕ 圖5-91 矽膠模已完全硬化，將塑膠板與矽膠模分開

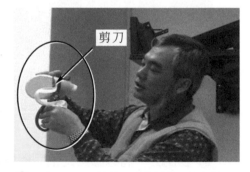

⊕ 圖5-92 用剪刀將所有毛邊剪掉，並將上面倒角

（11） 完成的矽膠膜，如圖5-93所示。

3. **外襯石膏模製作**

（1） 準備一條黏土條，厚度約1～2公分左右(此厚度即為將來外襯石膏模的厚度)，高度與石膏板厚度一致，圍住石膏板的四周，如圖5-94所示。

（2）將原來的塑膠板圍在黏土條的四周，並用繩子纏住塑膠板的周圍(亦可用膠帶將塑膠板接合部位封死以防止石膏滲出來)，如圖5-95所示。

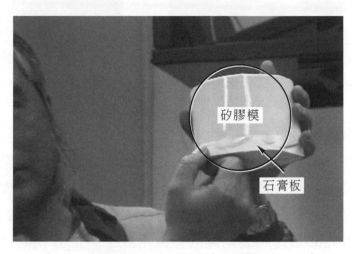

● 圖5-93　完成的矽膠膜

● 圖5-94　準備一條黏土條，圍住石膏板的四周

● 圖5-95　塑膠板圍在黏土條的四周，並用繩子纏住塑膠板的周圍

（3）計算石膏與水的重量，將調好的石膏注入到矽膠模的外面，石膏要比矽膠模高出1～2公分左右。等石膏硬化之後，將塑膠板分開，毛邊修掉，並將此外襯石膏模用鋸片鋸切分成兩個半模，如圖5-96所示。

（4）外襯石膏模完成，如圖5-97所示。

圖5-96 將此外襯石膏模用鋸片
鋸切分成兩個半模

圖5-97 外襯石膏模完成

4. **矽膠模開分模面**

我們的原模被硬化的矽膠包裹住，因此必須將矽膠模依原先設計的
分模位置分割，將來灌蠟時蠟型才能順利的從矽膠模中取出，所以
在你的心中，要記住整個原模在矽膠模內的相對位置。

（1）首先必須先將要切開的位置用原子筆把分模的位置畫出鋸齒狀
(主要的目的，使將來矽膠模在灌蠟時才能定位不容易錯模)的
分模線，之後再準備一把手術刀，從你要分模的地方下刀，切
下第一刀後就可請另外一個人協助抓住矽膠模的兩邊，如圖
5-98所示。

（2）切到只要能讓模型從矽膠模中取出為原則，千萬不可將矽膠模
分成兩半，(否則將來灌蠟時蠟液容易滲出來，更容易變形與錯
模)如圖5-99所示。

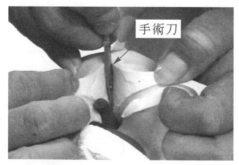

圖5-98 切開分模線

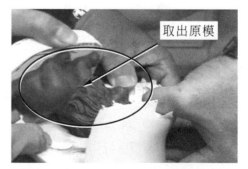

圖5-99 切到只要能讓模型從矽
膠模中取出為原則

（3）這是取出原模後的矽膠模，所有矽膠模的製作到此全部完成，如圖5-100所示。

🔷 圖5-100　取出原模後的矽膠模

（二）矽膠殼模法─在原模外面注入厚度約為0.5cm矽膠，外襯石膏的矽膠模，此法較適用原模材質為硬材料，形狀複雜，不易脫模的造型。製作程序如下(下面圖片：由汐止余老師工作室示範)

1. 先在原模上用鉛筆畫出分模線，並將原模塗上一層薄薄的離形劑(離形劑可用鉀肥皂或凡士林加去漬油稀釋)，如圖5-101所示。

2. 準備一片壓克力板作底板，如圖5-102所示。

🔷 圖5-101　將原模塗上一層薄薄的離形劑

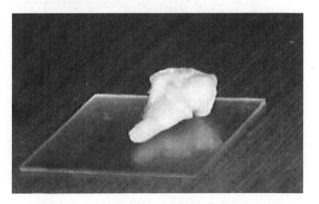

🔷 圖5-102　準備一片壓克力板作底板

3. 準備油土將原模固定在壓克力板上,如圖5-103所示。

4. 然後用油土填去所有空隙,將分模面做出來並修平下半部的四周,如圖5-104所示。

🕀 圖5-103　準備油土將原模固定
　　　　　　在壓克力板上

🕀 圖5-104　將分模面做出來並修
　　　　　　平下半部的四周

5. 取另外油土用圓筒滾成厚度約5mm的薄片備用,如圖5-105所示。

6. 將油土薄片切成長條狀備用,如圖5-106所示。

🕀 圖5-105　油土用圓筒滾成厚度
　　　　　　約5mm的薄片備用

🕀 圖5-106　將油土薄片切成長條
　　　　　　狀備用

7. 將長條薄片的油土(這是將來灌矽膠的厚度)平均覆蓋在原模的四周,如圖5-107所示。

8. 用壓克力板圍住下半部黏土的四周,如圖5-108所示。

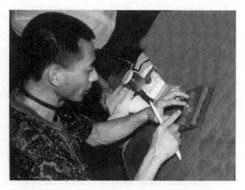

✦ 圖5-107　將長條薄片的油土平
均覆蓋在原模的四周

✦ 圖5-108　用壓克力板圍住下半
部黏土的四周

9. 準備好水、石膏與橡皮碗容器，如圖5-109所示。

10. 計算好石膏與水的重量將石膏加入水中，等完全溶解後才開始攪拌石膏，如圖5-110所示。

✦ 圖5-109　準備好水、石膏與橡
皮碗容器

✦ 圖5-110　將石膏加入水中完全溶
解後才開始攪拌石膏

11. 攪拌石膏到開始發熱，變得較黏稠狀時將石膏注入型框中，如圖5-111所示。

12. 震動讓石膏內氣泡排出，讓石膏模頂部保持水平，如圖5-112所示。

13. 石膏硬化後移除型框，翻轉石膏模，如圖5-113所示。

14. 將上半部之油土清除，如圖5-114所示。

15. 切割定位銷及製作澆道，如圖5-115所示。

16. 用剛才剩下的5mm厚的油土薄片(這是將來灌矽膠的厚度)將原模上面覆蓋，如圖5-116所示。

圖5-111　將石膏注入型框中

圖5-112　震動讓石膏內氣泡排出

圖5-113　石膏硬化後移除型框，
翻轉石膏模

圖5-114　將上半部之油土清除

圖5-115　切割定位銷及製作澆道

圖5-116　用5mm厚的油土薄片
將原模上面的覆蓋

17. 石膏分模面塗上離形劑(鉀肥皂)，如圖5-117所示。

18. 用壓克力圍住石膏模四周，並調好石膏注入型框內，如圖5-118所示。

⊕ 圖5-117　石膏分模面塗上離形
　　　　　　劑(鉀肥皂)

⊕ 圖5-118　用壓克力圍住石膏模
　　　　　　四周，並調好石膏注
　　　　　　入型框內

19. 石膏硬化後將外圍型框移除，並修整石膏模四周，如圖5-119所示。

20. 將石膏上下兩半模分開並清除覆蓋之黏土，如圖5-120所示。

⊕ 圖5-119　石膏硬化後移除型框
　　　　　　的石膏模

⊕ 圖5-120　將石膏上下兩半模分
　　　　　　開並清除覆蓋之黏土

21. 準備三片5mm厚之黏土片，石膏下模墊2片，上模墊1片，如圖5-121
　　所示，使將來原模放回原位時與石膏留有5mm的間隙，此為矽膠的
　　厚度。

22. 將原模放回石膏模的原來位置，如圖5-122所示。

23. 把兩片石膏模合起來，固定好澆道，用大橡皮筋束緊後，將調好的
　　矽膠慢慢注入模壁，如圖5-123所示。

24. 等矽膠硬化打開石膏模，將原先墊5mm厚之3片黏土片挖掉，再用矽
　　膠把洞補好後，等硬化後用手術刀依分模線的位置，開分模面及澆
　　道並取出原模，矽膠模即告完成。

25. 另一種方法可以把上下模分開灌矽膠，或分別塗刷3～5層約5mm厚的矽膠，做成分型模的矽膠模，製作矽膠模的方法很多，每個人都可以去嘗試各種不同做法。

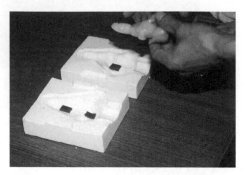

✱ 圖5-121 準備三片5mm厚之黏土片，石膏下模墊2片，上模墊1片

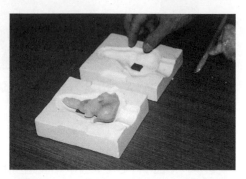

✱ 圖5-122 將原模放回石膏模原位

✱ 圖5-123 把兩片石膏模合起來，將調好的矽膠慢慢注入模壁

5-3.4 蠟型製作

當矽膠模具製作完成後，接著我們就可以灌蠟，蠟的原料儘量選擇品質較佳、雜質少的珠寶專用蠟，因為蠟型的外觀，影響最後作品的成敗非常大，所以使用時要特別的留意。

一、灌蠟

蠟的熔解可以用間接加熱熔蠟專用的蠟均溫桶，如果沒有此項設備，也可用一般的茶壺，以瓦斯爐直接加熱，但直接加熱的蠟容易老化，會影響蠟的性質。為了讓初學者降低設備的成本，下面的示範我們採用直接加熱法。

1.　將蠟放入茶壺內直接用瓦斯爐加熱，如圖5-124所示。

2.　當蠟熔解至具有良好的流動性(約80～100℃)時，將蠟熔液注入事前準備好的矽膠模內，如圖5-125所示(矽膠模必需用大的橡皮筋把它固定，灌蠟時蠟液才不致流出來)。

✤ 圖5-124　將蠟放入茶壺內直接用瓦斯爐加熱

灌蠟液

✤ 圖5-125　將蠟熔液注入事前準備好的矽膠模內

3.　矽膠模如果合模前事先沒有用空氣槍吹乾，含有水氣時，注入的蠟會冒出水泡，如圖5-126所示。

4.　因為蠟本身的收縮率很大，凝固時會產生凹陷，必要時可以在底座的上部用粘土條加高或在矽膠模製作就加厚底座，如圖5-127所示。

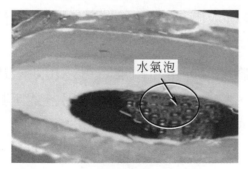

水氣泡

✤ 圖5-126　矽膠模含有水氣時，注入的蠟會冒出水泡

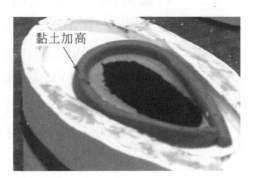

黏土加高

✤ 圖5-127　在底座的上部用粘土條加高

5. 當蠟完全凝固時，打開矽膠模取出蠟型，如圖5-128所示(當取出的蠟型有灌不到的地方，要先去找出原因，如果是因氣體無法排出，被包在模穴內，那必須要在矽膠膜的那個位置用手術刀割出排氣孔，也可以事前在灌矽膠時放入細鐵絲，等矽膠凝固後再將鐵絲拔掉當排氣道)。

✺ 圖5-128　取出的蠟型
(參照0-17頁彩色圖)

二、修蠟與補蠟

1. 灌出來的蠟型必須經過精修才能與原型一模一樣，甚至要修得比原型更完美無缺。修補蠟可以用手術刀與專用的修補蠟工具組，如圖5-129所示。

2. 修蠟是將凸出表面(通常是因為矽膠模表面有氣泡孔所形成)、分模線、錯模部分及多出來的毛邊用手術刀刮除，如果有紋路不清楚處，亦可重新雕刻出來，如圖5-130所示。

3. 補蠟是將凹陷的表面用專用的修補蠟補平，修補時可以用手取出適量的修補蠟在手中搓揉變軟後，將其補在凹洞處，再用各式工具將其抹平，亦可先將工具稍微加熱再推平，如圖5-131所示。

4. 當蠟型全部修補完畢，準備一支牙刷將蠟型表面的蠟屑清理乾淨，如圖5-132所示。

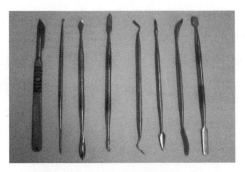

✥ 圖5-129　修補蠟工具組

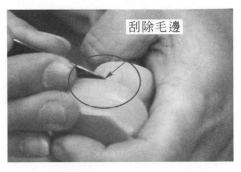

刮除毛邊

✥ 圖5-130　修蠟

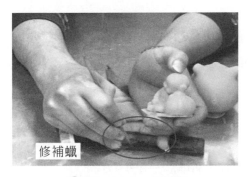

修補蠟

✥ 圖5-131　補蠟

牙刷

✥ 圖5-132　準備一支牙刷將蠟型
　　　　　表面的蠟屑清理乾淨

5.　最後使用女性淘汰不用的絲襪將所有蠟型表面全部推亮擦光，此時
　　所有修補工作才算完成，如圖5-133所示。

✥ 圖5-133　用絲襪將所有蠟型表面全部推亮擦光

| 5-3.5 | 耐火石膏模製作 |

耐火石膏的廠牌有很多，詳細的石膏特性資料須由各家製造廠商提供。例如Ransom & Randolph公司所出的910 Investment的耐火石膏，它可以運用在鋁、銅合金、低溫合金與玻璃的鑄模上。

一、910 Investment的耐火石膏其基本物性

1. 混合比例28(水)：100(耐火石膏)依重量比混合。
2. 操作時間10～11分鐘。
3. 開始至完成澆注時間14～17分鐘(含操作時間)。
4. 完全硬化約2小時，耐壓度1000Psi。
5. 窯燒後強度325Psi。

二、耐火石膏模製作

1. 將蠟型秤出重量，並記錄下來備用，如圖5-134所示。

✦ 圖5-134　　將蠟型秤出重量，並記錄下來備用

2. 石膏板製作
   將原來的石膏板，外面加厚約1公分的粘土條之後，用普通石膏再複製成2塊的石膏板。一塊用來製作耐火石膏模，一塊用來製作澆口杯。
3. 準備一片鋁板在瓦斯上加熱到可以將蠟熔化的溫度或用電熱式的鋁板，如圖5-135所示。

4. 首先準備一個蠟模型,將蠟模型先放在做好的石膏板上做記號,就是把蠟模底部的相關位置用筆畫在石膏底板上,如圖5-136所示。

⊕ 圖5-135　電熱式鋁板

⊕ 圖5-136　將蠟模型放在做好的石膏板上做記號(參照0-17頁彩色圖)

5. 將石膏底板在加熱的底板上稍微加熱後,在把蠟型底部也在鋁板上磨平,立即將蠟型依原先作好的記號固定在石膏板上(因為蠟比水輕,石膏灌到一半有可能蠟型會浮起來),如圖5-137所示。

6. 先在石膏板表面塗上離型劑(鉀肥皂),再將原來的塑膠板圍在石膏底板的四周,並用繩子纏住塑膠板的周圍(亦可用膠帶將塑膠板接合部位封死以防止石膏滲出來),如圖5-138所示。

蠟黏在石膏板

⊕ 圖5-137　將蠟型固定在石膏板上

⊕ 圖5-138　將原來的塑膠板圍在石膏底板的四周

　　此時，依模型大小，取適量的耐火石膏，水與石膏比例為28：100(依各廠牌不同，比例也不同)，重點是先把石膏粉慢慢加入水中等完全溶解後再開始攪拌，而不是把水倒入石膏，這樣容易結塊。你可以用手或攪拌棒攪拌，攪拌時間不要超過3～4分鐘，正確的步驟是要使用抽真空機來除氣(不要超過2分鐘)，但如果沒抽真空設備，調好的石膏液，可以在地板上撞一撞(當然不要太用力)讓空氣儘量減少。如果沒有真空除氣機，也可以像脫蠟鑄造的「沾漿」做法，也就是先在蠟模上先塗一層石膏液，以確保可能產生泡泡的細縫能完全與石膏緊密接觸，這個步驟當然要快一點，因為石膏已經在反應時間內。然後石膏液須從模框邊緣，徐徐倒入，石膏會慢慢地從旁邊淹沒整個模型(正確的做法在這裡應該再做一次真空除氣)(注意：石膏的量一定要超過蠟模最高點1～2公分，要一次倒足，更不可以分成2次倒，否則耐火石膏在燒琉璃時會漏)。等石膏完全凝固即可拆模，如圖5-139所示。

🌐 圖5-139　　在蠟模外注入耐火石膏與完成的耐火石膏模

三、澆口杯製作

　　澆口杯就是將來燒琉璃時，作為裝琉璃材料的注入杯。

1. 在你剛才複製的另外一塊石膏板上面，堆置一塊黏土條，土條的重量大概等於蠟模的重量乘以3～3.5倍，也就是與蠟模的容積相當，形狀如饅頭狀；如圖5-140所示。

2. 先在石膏板與黏土表面塗上離型劑(鉀肥皂)，再用塑膠板圍在石膏底板的四周，並用繩子纏住塑膠板的周圍(亦可用膠帶將塑膠板接合部位封死以防止石膏滲出來)。注入調好的耐火石膏，石膏的高度要比黏土高1～1.5公分。等石膏凝固後將塑膠板分離再把石膏板上的黏土與澆口杯分開後即完成。澆口杯的中心挖出2公分左右的鑄入口，並在澆口杯的每一個稜角做倒角，如圖5-141所示。

✤ 圖5-140　在你剛才複製的另外一塊石膏板上面，堆置一塊黏土條

澆口杯

✤ 圖5-141　完成的澆口杯

3. 把完成後的澆口杯放在耐火石膏模上，這就是完整的耐火石膏模製作，如圖5-142所示。

澆口杯

耐火石膏模

✤ 圖5-142　完成後的澆口杯放在耐火石膏模上

5-3.6 脫蠟

耐火石膏模完成之後，接著就是要脫
蠟。脫蠟爐的種類很多，脫蠟的方法也是
有很多種，通常我們採用蒸氣脫蠟法。蒸
氣脫蠟法又可分為高壓蒸氣脫蠟與普通蒸
氣脫蠟，因為石膏模強度差，所以並不適
於採用高壓蒸氣脫蠟，否則石膏模將產生
爆裂，一般我們只採用蒸籠隔水加熱，如
圖5-143所示。利用蒸氣把耐火石膏模中的

耐火石膏模

● 5-143　蒸籠隔水加熱脫蠟

蠟型熔解出來。脫蠟的時間大約30～120分鐘(依蠟型大小而定)，通常1kg以
下的作品，脫蠟至30分鐘時你就可以打開鍋蓋，看耐火石膏模中的蠟有沒有
脫乾淨，如圖5-144所示。如果還沒有完全脫乾淨可以再放回去加熱繼續把它
完全脫乾淨。因為如果模穴中留有殘蠟，燒琉璃時蠟會變成灰，混入琉璃中
影響作品的品質與美觀。圖5-145所示為脫蠟完成的耐火石膏模。

檢查蠟是否有脫乾淨

● 圖5-144　檢查耐火石膏模中的
　　　　　　蠟有沒有脫乾淨

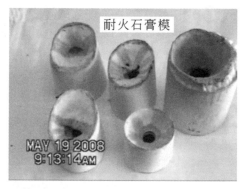

耐火石膏模

● 圖5-145　脫蠟完成的耐火石膏模

5-3.7 進料與燒窯

琉璃原料在出廠時，大多都是製成圓錠狀，直徑大約10公分，厚度約
1.5～3.0公分。在進行琉璃鑄造工作時，通常會依鑄造所需，將整個琉璃圓

錠放入模型中，也可以將圓錠敲碎後再使用。琉璃有數種透明的色彩，如透明、茶色系、藍色系、綠色系、紅色系等，都可以在琉璃的材料範圍內依作品需求做不同比例自由混合使用。

　　琉璃的顏色來自於天然材質，是大自然的賦予，與琉璃融為一體，永不褪色，色彩在琉璃的燒製過程中，自然流動，如鳳凰涅槃般接受著火的洗禮，象徵多彩多姿的重生色彩，沒有那一種寶石能像琉璃一樣融合如此豐富的色彩，各種色彩的融合，給人無限的遐想，琉璃的溫潤柔和更加體現了色彩的質感，它在每一個人內心世界的感觸也不盡相同。

一、琉璃的各種顏色所代表的涵義(僅供參考)

1. 藍色琉璃—能給人帶來幸運可聚福，代表清新、寧靜與舒適；能減少壓力，平穩情緒，提高自己的人緣，結交到更多的朋友。對筋骨、腎臟及頭痛有強大的治療力量。適合所有需要好運氣的人。

2. 透明(白)色琉璃—佛法無邊，能護身護宅加強活力與生命力，護身，百病不侵；護宅，百毒不入。保持樂觀向上的心情，代表純潔、清爽與輕快；避邪擋煞，能消除周邊環境的負面影響，減少對身體的傷害，保持愉悅的心態。能給生活帶來幸福與快樂之源。

3. 紫色琉璃—可催情提高智商與情商。代表高貴、典雅和進步；有利於改善自己的現有狀態，增強自信心。有壓抑人的欲念的功能，對心血管系統有保護作用。可幫助愛情和事業的成功，可作為定情或慶功之用

4. 綠色琉璃—保平安代表和平、生命和幸福；有益於與人建立良好關係，可加強勇氣，並融合他人蓄意的排斥。具強大的淨化功能，可舒緩牙痛及喉嚨氣管方面的毛病。適合經常出差和喜歡旅遊的人。

5. 琥珀色琉璃—可催財是權利和財富的象徵，代表明亮、溫和與創新；能助人投射出權威的能量，加強人的果斷力，對事業的飛黃騰達有很大的作用，能改善神經系統。適合正在努力奮鬥、渴望成功的人。

6. 紫色與藍色—主要深入交流，相處順利。

7. 紫色與白色—平安加好心情,白色是純潔的象徵,與紫色的搭配更顯內外明澈,優雅中微顯嬌氣,是魅力的顏色。

8. 紫色與綠色—轉化運程,加強合作代表生命的綠色與有聚福功能的紫色搭配,彼此能量的共振具有強大的凝聚作用,能在一定程度上改善自己的命運。

9. 琥珀色和藍色—事業催財,色彩柔和有力,代表堅毅和信念,提高反映能力;代表事業有成、財運無邊。

二、進料

1. 準備各種顏色的琉璃原材料,如圖5-146所示。

圖5-146　各種透明色彩的琉璃原材料
(參照0-17頁彩色圖)

2. 計算要準備的琉璃重量**(琉璃重量等於蠟型的重量乘以3.2再加50～100克重)**。然後把琉璃用布擦拭乾淨並過磅備用,如圖5-147所示。

3. 將耐火石膏模的模穴與澆口杯用空氣槍把灰塵吹乾淨,如圖5-148所示。

4. 放料時最好先把大塊放在鑄入口處,再放小塊料,避免小塊料直接掉入模穴而破壞模穴表面,更不可把琉璃直接放入模穴內,如圖5-149所示。

5. 當材料太大可以先用鑽石刀，如圖5-150所示切割琉璃再用榔頭敲開。

🌐 圖5-147　把琉璃過磅備用

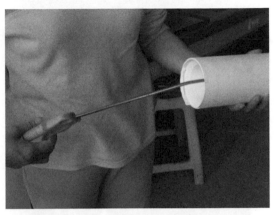

🌐 圖5-148　將耐火石膏模模穴用空氣槍把灰塵吹乾淨

小塊琉璃

大塊琉璃

🌐 圖5-149　放料時最好先把大塊放在鑄入口處再放小塊料

鑽石刀

🌐 圖5-150　材料太大可以先用鑽石刀切割琉璃

6. 如果搭配各種顏色時，希望作品會依材料顏色由下而上形成漸層效果，材料可以水平一塊一塊往上堆置，如圖5-151所示。

7. 如果各種顏色材料垂直擺放時，各種顏色會先混色再流入模穴內，形成具有流動的特殊混色效果，如圖5-152所示。

8. 圖5-153所示，為已裝好琉璃的耐火石膏模。

9. 將裝好琉璃的耐火石膏模，送入燒窯爐，如圖5-154所示。

⊕ 圖5-151　材料水平一塊一塊往
　　　　　　上堆置

⊕ 圖5-152　材料垂直擺放

⊕ 圖5-153　進料完成的耐火石膏模

⊕ 圖5-154　將裝好琉璃的耐火石
　　　　　　膏模，送入燒窯爐

⊕ 圖5-155　燒窯爐

三、燒窯

　　燒窯爐的熱源，可以用燃油、瓦斯或電力，現在大部分多採用電爐，如圖5-155所示，為可記錄八種不同燒窯溫度的可程式控制器(PLC)，既能控制升降溫度的高低也可以控制燒窯時間的長短，非常方便。

（一）燒窯的時間溫度曲線圖(作品重量在1kg以下)，如圖5-156所示

1. 從常溫加熱至860℃，時間需25～40小時(琉璃成型溫度為830～900℃，取其平均值)。
2. 在成型溫度恆溫1～1.5小時。
3. 從860℃降至550℃，時間需5小時。
4. 在550℃恆溫1小時。
5. 從550℃降至450℃，時間需5小時。
6. 在450℃恆溫1小時。
7. 從450℃降至350℃，時間需5小時。
8. 350℃時可以開始將爐門打開1公分的間隙，然後再加大至2公分寬再開至3公分讓溫度降至100℃之後才能將爐門完全打開，讓作品在爐內自然冷卻。

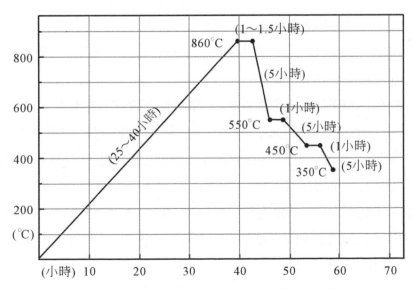

　　🌐 圖5-156　琉璃作品重量在1kg以下，燒窯的時間溫度曲線圖

（二）耐火石膏模與琉璃產生龜裂的原因與因應的對策

1. 石膏模龜裂的主要原因是石膏內所含的水氣被快速的趕出來，使石膏模產生裂痕，這種**裂痕又可分為下列兩種不同的狀況**：

    （1）升溫時的裂痕—此時琉璃會從裂縫流出來，解決的方法，開始加熱的速度不要太快，也就是增加從常溫加熱至860℃升溫的時間。

    （2）降溫時的裂痕—此時琉璃不會從裂縫流出來，這種比較沒有關係。解決的方法降溫的速度不要太快，也就是增加從860℃降至550℃這一段降溫的時間。

2. 琉璃龜裂的主要原因是琉璃從550～450℃之間所產生的問題，這一個溫度是琉璃消除應力的溫度，如果沒有足夠的時間讓琉璃將殘留的應力完全消除，作品一定會產生龜裂。解決的方法，要增加550℃與至450℃兩階段的降溫及恆溫時間。

（三）琉璃作品中的氣泡問題

琉璃很容易產生氣泡，常被包覆於作品中，無法浮升至琉璃液面溢出；也就是說，作品往往會有氣泡的存在。但由於這係屬自然現象，可說是玻璃的呼吸，因此在國際玻璃藝術的創作領域中，早已接受氣泡與玻璃共舞的概念，並未視其為瑕疵。通常在國內氣泡在0.5公分以下是可以被接受的標準。

如何避免琉璃在燒製的過程中，產生氣泡的方法如下：

1. 進料時琉璃儘量排成垂直式，而且一片與一片之間不要靠在一起。因為兩片靠在一起，加熱後兩片會黏在一起，空氣就會被封住一起掉入模穴，很難排出。

2. 澆口杯改成放置一塊完整的材料，例如作品重600公克那你就訂製一塊700公克的原料，而且原材料也一定要沒有氣泡。但除非數量很多，否則一定會增加製作成本。

3. 將加熱溫度提高至950℃(但不能超過950℃)使琉璃的流動性增加，氣泡會往上浮出。

（四）縮孔的問題

縮孔是在作品的表面產生凹陷的現象，嚴重影響到作品的品質與外觀，**改善的方法如下：**

1. 加大鑄入口的尺寸。原來直徑2公分，可以改成3公分或4公分。
2. 增加從860℃降至550℃的時間，如果原來用5小時，現在你可以把它增加到10小時，甚至15小時。

5-3.8 出窯與後處理加工

一、開模清理石膏

當爐溫降至常溫後，打開爐門，就可以將燒好的耐火石膏模取出，如圖5-157所示。首先觀察每一件作品的澆口杯的殘料是否太多(如圖5-158所示)、剛好(如圖5-159所示)、不夠(如圖5-160所示)，並做成紀錄，以作為下一次進料的參考數據。當溫度降至室溫，就可以開始清理石膏，為了避免毛邊割傷你的手，清理時雙手都必須戴上棉紗手套，眼睛也要戴上護目鏡。

1. 準備一支鋸片，從石膏模的適當位置往下鋸，要注意作品在石膏的相對位置，不可以鋸到琉璃，否則作品會受傷，如圖5-161所示。
2. 鋸到接近琉璃時，用鋸片扳開石膏，就可約略看到作品，如圖5-162所示。
3. 然後繼續其他位置鋸切，如圖5-163所示。
4. 最後將澆口及作品表面的石膏全部清理乾淨，如圖5-164所示。

🌐 圖5-157　將燒好的耐火石膏模取出

殘料太多

🌐 圖5-158　殘料太多

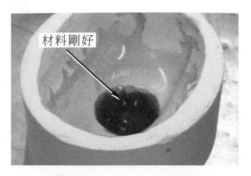

圖5-159　材料剛好

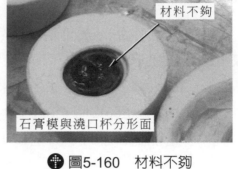

圖5-160　材料不夠

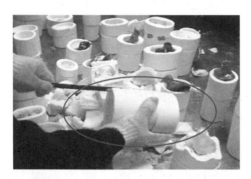

圖5-161　鋸開耐火石膏模

圖5-162　撥開耐火石膏模

圖5-163　完全鋸開耐火石膏模

圖5-164　取出的琉璃作品

二、後處理加工

（一）殘留澆口的處理

1.　如果殘留的澆口很薄，就可以直接用鋸片背面敲掉。

2.　殘留的澆口很多，無法直接用鋸片背面敲掉時，就必須使用鑽石鋸片的圓鋸機鋸掉，如圖5-165所示。鋸切時不要戴手套，而且最好必須一刀完成，鋸切當中必須噴水冷卻。

🌐 圖5-165　用鑽石鋸片的圓鋸機切除澆口

（二）作品表面的處理

1. 表面研磨

操作各種磨盤研磨時，作品必需用雙手握緊，否則因為旋轉離心力的作用很容易將作品甩出去，並且工件要來回移動避免因摩差發熱使琉璃產生龜裂。

（1）粗磨—粗磨與細磨所使用都是同一類型的機器，如圖5-166所示。主要的是磨料的粒度與轉速不同，粗磨時應使用較粗的磨料與較低的轉速，將多餘的毛邊與不要的部分磨除掉。

（2）細磨—細模是將經粗磨過的表面再加以細磨，所使用的設備與粗磨一樣。細磨時應使用較細的磨料與較高的轉速，如圖5-167所示。

🌐 圖5-166　粗磨

🌐 圖5-167　細磨

（3）精磨—精磨使用的設備是在研磨盤貼上羊毛拋光布並加入拋光液，把經細磨的部分以及需要拋光的平面加以拋光，使表面變亮，機器的轉速要更高，如圖5-168所示。

李財旺先生示範

⊕ 圖5-168　精磨

（4）氣動手提研磨機—作品表面屬於不規則或是有紋路部分，無法用上面三種方式研磨時，我們就得使用氣動手提研磨機，如圖5-169所示。此種研磨機的研磨棒有各種形狀，研磨材料有砂輪與鑽石，轉速可高達好幾萬轉，研磨時必須隨時用水冷卻及沖去磨屑，避免過熱，如圖5-170所示。並儘量戴上口罩，以免磨屑吸入身體內。

⊕ 圖5-169　氣動手提研磨機

⊕ 圖5-170　氣動手提研磨機研磨的情形

（5）表面噴砂處理

當琉璃作品經過上面的表面處理後，可以再用噴砂的方法，將作品表面加以清潔處理或做霧化處理。琉璃的表面噴砂所使用的噴砂機與金屬用的噴砂機完全一模一樣，如圖5-171所示。磨料可以使用氧化鋁、玻璃珠、金鋼砂、塑膠粒、核桃粉、鋯砂等。

🌸 圖5-171　表面噴砂處理

（6）琉璃的酸拋光

　　酸拋光是以氫氟酸(俗稱鐵仙水)為主要成分，再加入一定比例的硫酸，市面上有調配好的琉璃拋光的專用液。他是一種具有毒性的液體，可以將玻璃腐蝕溶解掉，但塑膠製品對它有足夠的耐蝕性，使用時必須做好個人的安全防護措施，使用過的清洗用水也必須做好回收處理，以免破壞環境。而且它對鉛玻璃才會產生表面光澤，對其他玻璃的表面不但不會亮，反而會變成霧化。

酸拋光的工作程序：

① 　將表面處理好的琉璃作品用塑膠籃子裝好，並做好個人的防護措施，放入裝有酸洗溶液(氫氟酸加硫酸)的槽中，立即將酸洗槽蓋上，避免氣體溢出，如圖5-172所示。

② 　經過30秒後先取出一件作品，檢查拋光的情形，如果表面的亮度還不夠，再放回酸洗槽中增加酸洗時間，如圖5-173所示。

③ 　等時間差不多，將裝琉璃的籃子取出，用清水沖洗，如圖5-174所示。

④ 　用牙刷將琉璃表面被酸洗液腐蝕的白色化合物刷乾淨，如圖5-175所示。

✦ 圖5-172　酸洗溶液槽

✦ 圖5-173　檢查拋光的情形

✦ 圖5-174　用清水沖洗

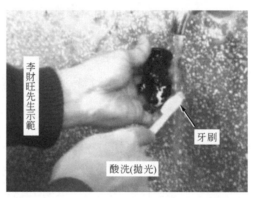

✦ 圖5-175　用牙刷將琉璃表面被酸洗液
　　　　　腐蝕的白色化合物刷乾淨

⑤　用噴槍將留在琉璃表面的水分吹乾，就會變成一個晶瑩剔
　　透的琉璃作品，如圖5-176所示。

✦ 圖5-176　琉璃作品(資料來源：旭珂工藝社　作者：李財旺老師)
　　　　　(參照0-17頁彩色圖)

本章習題

問答題：回答下列問題。

1. 一般玻璃成分是由那些原料組成？

2. 試述玻璃的種類？

3. 試述冷作玻璃技法的種類？

4. 試述玻璃製造成型的方法？

5. 試述琉璃脫蠟鑄造的作品具有那些特色？

6. 試述雕塑的定義？

7. 試述雕塑表現的方式？

8. 試述一件完美的雕塑作品應該具有那些基本要素？

9. 試述雕塑的種類？

10. 當矽膠變得較濃稠，流動性變差時，可以用什麼材料來稀釋？

11. 試述進料時，琉璃重量與蠟型重量的關係？

12. 試述並繪製琉璃燒窯的時間溫度曲線圖(作品重量在1kg以下)？

13. 試述耐火石膏模琉璃產生龜裂的原因與因應的對策？

14. 試述如何避免琉璃在燒製的過程中，產生氣泡的方法？

15. 試述琉璃作品縮孔是在作品的表面產生凹陷的現象，嚴重影響到作品的品質與外觀，改善的方法如何？

16. 試述琉璃的酸拋光是採用什麼溶液？

CHAPTER 6

貴金屬鑄造
(石膏模法)

6-1　前言

　　所謂貴金屬是指金、銀、白金家族(鉑、鈀、銠、釕、銥、鋨)、銅及其合金，這些貴金屬飾品的鑄造大多採用石膏模法，屬於脫蠟鑄造的一種，又可稱為橡皮模鑄造。

　　現代首飾製造行業常用的脫蠟鑄造，是由古代鑄造工藝發展而來的。距今五千多年前的新石器時代晚期，我國古代工匠，就在青銅器的製造中，廣泛採用了脫蠟鑄造。當時的工匠根據蜂蠟的可塑性和熱揮發性的特點，首先將蜂蠟雕刻成需要形狀的蠟模，然後在蠟模外包裹黏土，並預留一個小洞作為流路系統晾乾後焙燒，使蠟模氣化揮發，同時黏土則成為陶瓷殼模，殼模內壁留下了蠟模的陰模。這時再將熔化的金屬沿流路系統注入殼模，冷卻後打破殼模，即獲得所需的金屬鑄品。與現代脫蠟鑄造技術的基本原理並無二致，只不過今日的脫蠟鑄造更加複雜精密。對蠟模精確度、造型的要求更加

嚴格。現代珠寶工藝中蠟模的獲得不只是可對蠟直接雕刻，還可以將金屬原模(版)用生橡膠加壓加熱得到橡皮模，再由橡皮模射蠟後得到蠟模。鑄模材料也不再是黏土，取而代之以鑄造用石膏，這樣的作品比古代的鑄件精細得多。

現代的脫蠟鑄造，是目前貴金屬首飾生產的主要方法。脫蠟鑄造實際就是機械鑄造加工方法中的精密鑄造。將精密鑄造應用於首飾的批量製造，是現代首飾製造業的特色。首飾製造採用脫蠟法能夠滿足批量生產的需求，也能夠兼顧款式或種類的變化，因此在首飾製造業的生產方式中，佔有重要的地位。脫蠟鑄造的鑄造方法有真空吸鑄、離心鑄造、真空加壓鑄造和真空離心鑄造等，是目前首飾製造業中批量生產的主要方法。

6-2　貴金屬材料

6-2.1　貴金屬的種類

金屬材料一般可分為二類：一是**鐵金屬材料(Ferrous)**，鐵金屬材料是鐵與其合金(鐵＋不同比例的碳及非常少量的其他金屬)，在珠寶飾品方面多用於工具的製造，其最大宗的用量仍在工業上；另一類是**非鐵金屬(Nonferrous)**，非鐵金屬又可分為**貴重金屬(Noble Or Precious Metals)**及**卑金屬(Base Metals)**。本章所談的**貴金屬**包括有金、銀、白金家族(鉑、鈀、銠、釕、銥、鋨)，因為它們稀有，並且具有高穩定性的化學反應；抗氧化與抗酸耐腐蝕的特性，當它們被製成珠寶時，其質感特別的吸引人，其中金與銀更是具有高度的可塑性，因此貴重珠寶(Fine Jewelry)多半使用此類金屬。

卑金屬產量較為豐富，適用於淘汰性大的流行飾品類(Costume Jewelry)；此類金屬有鋁、銅、鉛、汞、鎳、錫、鋅等。另一種分法以金屬的比重來區分；比重低於「4」者稱為**輕金屬(The Light Metals Gr.)**，如鋁、鎂、鈦及其合金，比重大於「4」者稱為**重金屬**，如銅、錫、鋅……等。

另外有一組金屬被稱為**難熔金屬(The Refractory Metals)**，如鈦、鈮、

鉭、鉑、鈀、銠及其合金，因為它們具有很高的熔點，很難使用一般的焊接技術來製作，其中鈦、鈮金屬可使用陽極處理技術，在金屬表面產生一層薄膜。由於薄膜的厚度不同，光線會反射出不同鮮豔的顏色，因此可利用此特性，使飾品有更多的外貌，最普遍的例子就是市面上常見的的各種亮麗顏色的鈦金屬鏡框。

我們常利用金屬的混合性將兩種或兩種以上的金屬，以不同的分量和方法熔合在一起，形成一個同質體(Homogeneous Mass)，而後仍保有金屬特性者，即稱為「**合金**」(無法共熔的金屬不能製成合金)。合金往往比單一純金屬的性質更優良，通常合金會比純金屬更易熔解(Fusible)、硬度(Hard)更高、更具耐久性(Durable)；但可鍛性(Malleable)及延展性(Ductile)會降低，顏色也會異於原金屬，這種特性能創造出更多元的金屬色感。因此合金的應用不論在工業上或飾品工藝上，都較純金屬應用的更廣泛。下面為**市面上常見的黃金與K金**。

1. **黃金(Au)**—黃色貴金屬，純金999一般以24K稱之，質地柔軟富延展性。

2. **K金**—亮黃色貴金屬合金，因黃金質軟不易打造成精緻珠寶 首飾，由黃金(Au)、銀(Ag)、銅(Cu)等調配組合而成，常用為高級珠寶鑄造的合金，以黃金含量來區分等級，黃金含量750稱為18K、585稱為14K、500稱為12K、417稱為10K、333稱為8K。

3. **白K金(Wg)**—替代白金而開發之白色合金，由黃金(Au)添加鈀(Pd)、銀(Ag)等調配組合而成的白色合金，因外觀顏色與白金頗為類似，在外觀上不易判別，常被誤以為白金，但在質感與重量上兩者則有明顯差距，白金在質感密度與商品價值上比白K金高，但白K金則有價格低廉的優勢。

6-2.2　貴金屬的性質

金屬所具有的色澤是其他材料所無法取代的，金屬在拋光後能顯現出如鏡面般的光澤，令具有愛美天性的人類廣泛應用於生活的裝飾品。現代的珠寶、飾品更是利用各種金屬表面處理技術，使金屬色澤的質感呈現千變萬化

的風貌。

　　所有固態金屬皆為自然的結晶體(Crystalline Atomic Structure)，而金屬材料的各種性質，會因化學成分及結晶體的粗細、大小、形狀、生長方向⋯⋯等不同而有所差別。但凡是金屬皆可被熔解為液態(非結晶組織)，當溫度降至常溫後又恢復成為固體，這種性質使金屬可以被鑄造、提煉及製成各種不同性質的合金。

　　大部分的金屬具有良好的延展性(Ductile)、可塑性(Plastic)可鍛造性(Malleable)，使金屬可以壓成板、抽拉成線、彎折、敲擊成型⋯⋯。金屬是熱的良好導體，其中以金、銅為最佳熱導體，使金屬可以使用加熱的方式結合，如焊接(Soldering)、熔合(Fusion)⋯⋯等。電鍍是利用金屬為電的良好導體之特性，所使用的表面處理技術；如銀、銅為最佳的電導體。

6-3　貴金屬鑄造程序

6-3.1　貴金屬脫蠟鑄造流程

　　貴金屬脫蠟鑄造流程，如圖6-1所示。

6-3.2　貴金屬脫蠟鑄造方法

　　典型的脫蠟鑄造流程。由圖6-1所示可以看出，脫蠟鑄造是經過了陽模→陰模→陽模→陰模→陽模的轉換而完成，也就是說，陽模經過了銀版→蠟模→成品毛坯的三次轉換。在這三次轉換中，產生一定的誤差和變形是難免的。但是合理的控制脫蠟鑄造流程可以使這些誤差和變形降到最低限度。

　　貴金屬脫蠟鑄造的流程是：將原模(一般是銀版)用生橡皮包圍，經加溫加壓產生硫化，壓製成橡皮模，用鋒利的手術刀片，按一定順序分割橡皮模後，取出銀版，得到中空的橡皮模，用真空射蠟機，向中空的橡皮模注蠟，待液態的蠟凝固後打開橡皮模取出蠟模，對蠟模進行修整後將蠟模按一定排列方式種蠟樹，放入鋼製套筒中，灌注耐高溫石膏漿；石膏經抽真空、自然硬化、按一定加溫曲線烘乾後，即可熔化金屬，進行澆鑄(可利用正壓或負壓

的原理進行鑄造)；待金屬冷卻後將石膏模放入冷水炸洗，取出鑄件後，浸酸、清洗，剪下毛坯進行滾光；再進行鑲嵌、表面處理後即成為成品。上面提到的正壓、負壓鑄造是指鑄模內部在鑄造過程中的壓力狀態而言。

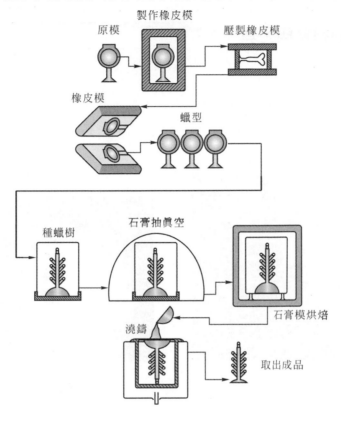

● 圖6-1　貴金屬脫蠟鑄造流程

6-4　原模設計與製作(蠟雕) (本節圖面資料來源：CSJ珠寶蠟雕貴金屬鑄造)

當你設計好飾品的圖樣之後，原模之製作可以利用兩種方式完成所設計飾品圖樣的蠟型：

（1）利用雕蠟的技術，直接將珠寶的造形用蠟雕，刻成飾品的形狀，每一次只能雕出 一件作品，速度較慢。現在可結合電腦利用專用的軟體直接雕刻成蠟型。

（2）可以利用金工的技法先把設計飾品的圖樣，用銀版打造成型，再用生橡皮包圍銀版原模，經加溫加壓使生橡膠產生硫化，壓製成橡皮模，此橡皮模可大量生產蠟型，速度較快。

6-4.1 蠟雕的材料與工具

1. 蠟雕的材料
   （1）蠟片，如圖6-2所示。
   （2）蠟磚，如圖6-3所示。

✤ 圖6-2 蠟片

✤ 圖6-3 蠟磚

（3）男戒蠟條，如圖6-4所示。
（4）女戒蠟條，如圖6-5所示。

✤ 圖6-4 男戒蠟條

✤ 圖6-5 女戒蠟條

2. 蠟雕工具

（1） 雕刻刀，如圖6-6所示。

⊕ 圖6-6 雕刻刀

（2） 放大鏡，如圖6-7所示。

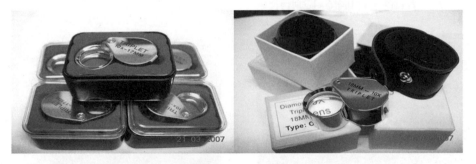

⊕ 圖6-7 放大鏡

（3） 各式針頭，如圖6-8所示。

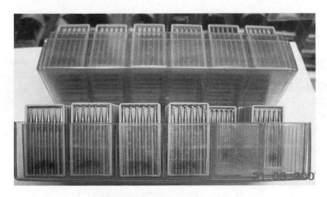

⊕ 圖6-8 各式針頭

（4）8字夾，如圖6-9所示。

（5）小夾子，如圖6-10所示。

✦ 圖6-9　8字夾

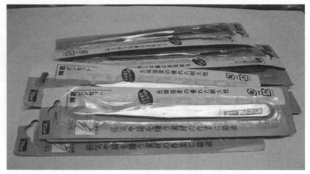

✦ 圖6-10　小夾子

（6）雕蠟用手寸刀，如圖6-11所示。

（7）吊鑽，如圖6-12所示。

✦ 圖6-11　雕蠟用手寸刀

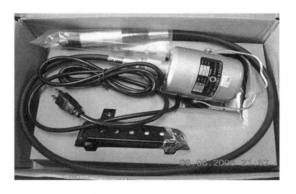

✦ 圖6-12　吊鑽

（8）鋸弓與鋸條，如圖6-13所示。

✦ 圖6-13　鋸弓與鋸條

（9）銼刀，如圖6-14所示。

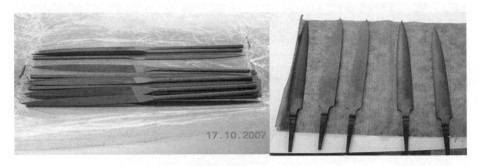

● 圖6-14　銼刀

（10）月牙刀，如圖6-15所示。

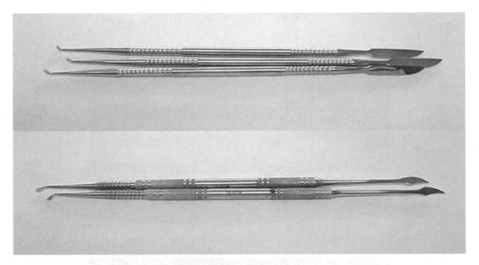

● 圖6-15　月牙刀

（11）雕蠟圓規，如圖6-16所示。

（12）蠟雕手術刀，如圖6-17所示。

（13）內卡尺，如圖6-18所示。

（14）工作桌，如圖6-19所示。

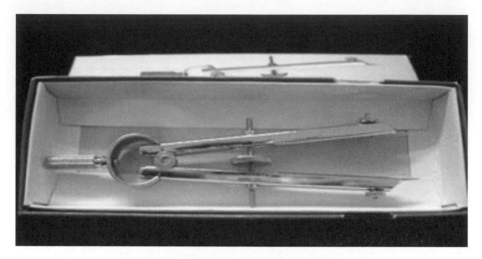

✤ 圖6-16　雕蠟圓規

✤ 圖6-17　蠟雕手術刀

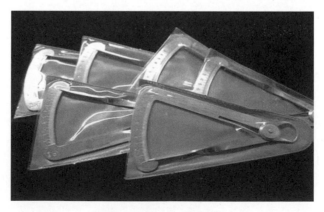

✤ 圖6-18　內卡尺

● 圖6-19　工作桌

6-4.2　蠟雕(蠟雕葡萄石)

「脫蠟鑄造」是金屬工藝製作的一門學問，透過蠟雕製作，創造出想要的形體，將設計的圖稿轉化成真實立體的造型，運用各種不同特性的蠟材製作技法，翻製成金屬。

「蠟」具有相當大的可塑性，蠟的表面更能雕刻出極精細的圖紋。蠟雕所需的蠟材與工具十分簡便，操作輕鬆。針、圓形刀刃、三角形刀刃或用不鏽鋼棒自行加工製成的雕刻刀都是蠟雕的好幫手。

一、蠟依熔點不同可分為軟蠟與硬蠟：處理表紋時要注意溫度的控制

1. 軟蠟─適合在低溫時進行，如果在高溫下進行，會導致軟蠟快速熔化而破壞原有造型。
2. 硬蠟─適合在高溫時進行，如果在太低溫下進行，會導致在硬蠟表面，畫出的紋路浮淺而缺乏力的表現。

二、蠟雕的表現技法有以下幾種

1. 線紋
   (1) 利用針或前端尖銳的金屬刀具，在蠟上刮出細線。

（2）　利用鋼刷，刷出不同效果的線紋。

（3）　利用加熱的金屬刀具，在蠟上刮出間距較大的線紋。

2.　槌紋

（1）　使用前端如耳挖形狀的金屬刀具，在蠟上刮出半圓球狀的紋路。

（2）　將前端如耳挖形狀的金屬刀具加熱，在蠟上按壓出凹槽形狀的模樣。

3.　點蠟式表紋，又稱為「亮紋」

（1）　金屬刀具沾一些蠟加熱後，在蠟上點出線狀或圓珠狀凸紋，鑄造成金屬後特別亮麗。

（2）　利用針沾蠟加熱，針與蠟面垂直，等蠟快滴下來時，瞬間接觸，形成圓珠狀，很多小圓珠排在一起，可做出如「粒金」般的效果。

（3）　點蠟時應避免溫度過高，以免蠟油滴落四處。

4.　鏤(ㄌㄡˋ)空

在厚度大約1mm左右的蠟片上，以熔蠟方式做出鏤空效果。

（1）　將針或金屬刀具加熱後，插入蠟片。

（2）　對著蠟熔化地方用力吹氣，當熔蠟飛出時，就形成一個洞，洞的形狀因熔解方式的不同，而產生不同的表現效果。

蠟是軟的，它比金屬容易將構思中的樣式具體成型，蠟雕的技法也較能在短時間內學會。若能熟悉各種蠟材，即可充分發揮其特性來製作蠟雕。

三、蠟本身的特徵如下

1.　修改容易。

2.　可依據設計品的需要選擇不同性質的蠟材。

3.　容易表現各種紋理。

4.　事先可估算出金屬的重量。

周禮考公記詳載：「**天時、地利、材美、工巧，合此四者，方為良。**」一件巧奪天工的珠寶首飾，除寶石本身珍貴外，精湛的巧藝，價值更是非凡！

四、銀版原模的製作程序

1. 繪製好設計圖樣，如圖6-20所示。

2. 準備好蠟片，將設計圖樣依比例移至蠟片上，並用鋸子依形狀鋸開，如圖6-21所示。

✦ 圖6-20　設計圖　　　　　　　　　✦ 圖6-21　用鋸子依形狀鋸開

3. 用雕刻刀完成粗胚，如圖6-22所示。

4. 用銼刀完成細蠟胚，如圖6-23所示。

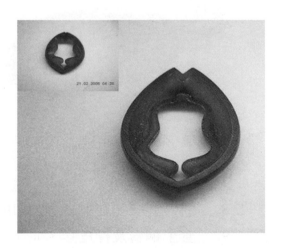

✦ 圖6-22　完成粗胚　　　　　　　　✦ 圖6-23　完成細蠟胚

5. 依照①②③④程序完成墜頭的製作，如圖6-24所示。

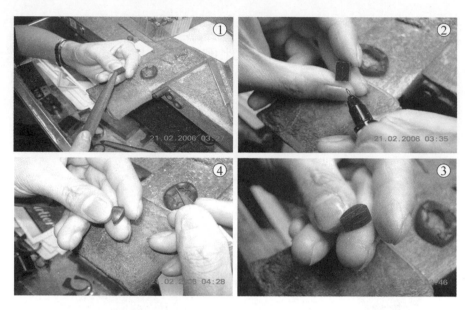

🌐 圖6-24　完成墜頭的製作

6. 將本體與墜頭組合，如圖6-25所示。

7. 在組合的蠟型鑽洞，如圖6-26所示。

🌐 圖6-25　將本體與墜頭組合

🌐 圖6-26　在組合的蠟型鑽洞

8. 將蠟型安裝在附有澆鑄口的橡皮底座上，如圖6-27所示。

9. 套上鋼管及橡皮套，並注入耐火石膏，如圖6-28所示。

10. 抽真空，如圖6-29所示。

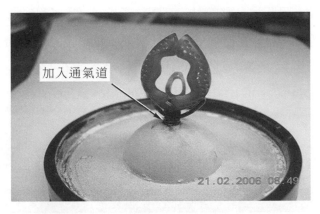

加入通氣道

⊕ 圖6-27　將蠟型安裝在橡皮底座上

⊕ 圖6-28　注入耐火石膏

⊕ 圖6-29　抽真空

11.　脫蠟與燒結，如圖6-30所示。

(a) 燒結爐

(b) 將石膏模放入燒結爐

⊕ 圖6-30　燒結爐

12. 準備銀粒、硼砂、鋼筒夾、隔熱手套、電子秤、石墨棒、防護衣及護目鏡等。銀粒重量約為蠟樹重量的11倍，並開始熔解澆鑄，貴重金屬鑄造溫度及蠟與金屬的比重，參考表6-1所示。等金屬冷卻下來後，清除石膏、取出銀版原模，如圖6-31所示。

▶ 表6-1　貴重金屬鑄造溫度及蠟與金屬的比重

貴重金屬	蠟與金屬的重量比	金屬鑄造溫度°C	鑄造時鋼管溫度°C
純金(24K)	1：19.5	1,150	500
10K黃金	1：12	1,010	510
14K黃金	1：14	990	480
925銀	1：11	950	430
純白金	1：21	1,650	900
10K白金	1：14	1,000	540
14K白金	1：14	1,050	510
鑄造銅料	1：11	1,100	480
鑄造磷銅	1：10	1,050	430
鋁料	1：2.5	760	200

13. 金工細修銀版原模，如圖6-32所示。

✦ 圖6-31　熔解澆鑄取出銀版原模　　　　✦ 圖6-32　金工細修

14. 將銀版模加以焊接流路系統，即為完整的銀版原模，如圖6-33所示。

🔆 圖6-33　完整的銀版原模

 ## 6-5　壓製橡皮模

製作橡皮模使用的橡膠是兩面帶沾膠的生橡膠片，如圖6-34所示。一般使用進口膠片，其中有一種價格相對低一些，由於所含天然橡膠的成分較少，硫化後的硬度較高，但壓模時間較短，適合於經驗比較豐富的開模師進行操作；另一種價格稍高，所含天然橡膠的成分較多、質地柔軟、韌性十足，適合於花紋較為複雜、輪廓尺寸細小、凸凹明顯的銀版壓模，在取出蠟模時不易折斷蠟模。

生橡膠片的保存，必須注意控制其存放溫度，在20°C以下一般可保存1年，在0～5°C保存時間可達到2～3年。

壓製橡皮模的設備是(硫化)壓模機，如圖6-35所示。其主要零件由兩塊內帶電阻絲和感溫器的加熱板、定溫器、計時器(有些型號沒有此裝置)等組成。壓模機上面還配有升降螺桿，用於壓模及取出。

圖6-34　生橡膠片

圖6-35　壓模機

壓模時必須利用壓模框，如圖6-36所示。壓模框根據其開孔的數量，可以分為單板、雙板、四板等型號，製造壓模框的材料通常是鋁合金。一般壓模框的尺寸為48mm×73mm，有時使用加厚的壓模框，壓製較大的原版，尺寸通常為64mm×95mm。壓橡皮模看似簡單，但其中也有許多細節必須講究。

首先必須保證壓模框和生膠片的清潔，壓模之前應該儘可能地將壓模框清洗乾淨，操作者清洗雙手和工作臺；其次要保證原版與橡膠之間不會粘著，要做到這一點，就應該優先使用銀版，如果是銅版則應該將銅版鍍銀後再進行壓模，因為銅版很容易與橡膠粘著在一起；再次就是要注意適當的硫化溫度和時間：這兩者不但基本符合某一個函數關係，而且還與橡皮模的厚度、長寬、原版的複雜程度有關，通常將壓模溫度定為150°C左右，如果橡皮模厚度在3層(約10mm)，一般硫化時間為20～25分鐘，如果是4層(約13mm)則硫化時間可增加到30～35分鐘……依次類推，同時硫化

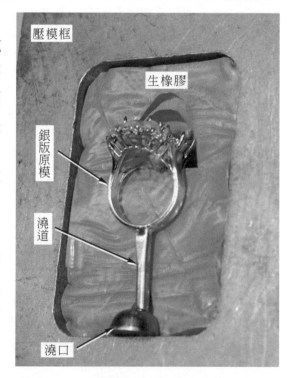

圖6-36　壓模框 (資料來源：至生鑄造廠)
(參照頁0-18彩色圖)

圖中標示：壓模框、生橡膠、銀版原模、澆道、澆口

溫度與原版的複雜程度也有關係：如果原版是複雜、細小的款式，則應該降低硫化溫度，延長硫化時間(有的師傅採用降低溫度10°C，延長時間一倍的方法)，反之如果溫度過高，反而會影響壓模的效果。

　　壓模品質的好壞，取決於壓埋模版的品質。總而言之，首先應該使生膠片能夠牢固緊密地粘接在一起，必須保證生膠片的清潔，不要用手直接接觸生膠片的表面，而應該將生膠片粘上後再撕去生膠片表面的保護膜。要保證生膠與原版之間沒有縫隙。在填埋生膠時就應該細心，尤其對某些細小的花紋和寶石鑲口底孔等細微孔隙，必須用碎小的膠粒填滿，用尖銳物(如鑷子尖)壓牢。為了避免壓出的橡皮模過於堅硬，填埋生膠時應該按照同一方向進行壓埋。

　　為了保證橡皮模在相當時期內可以使用，應該使橡皮模具有足夠的厚度，因此一個橡皮模最少也應該使用3層生膠壓製。將生膠疊壓好原版後，應該使橡皮模整體略大於壓模框，即長寬略大(能夠用力壓入壓模框)，橡皮模厚度在壓入壓模框後略高於框體平面約2mm。

　　壓模時必須注意要先預熱，再放入已裝壓好生膠的壓模框，旋緊手柄使加熱板壓緊壓模框，硫化初期隨時檢查一下加熱板是否壓緊，硫化時間到了以後迅速取出橡皮模，最好使其自然冷卻(當然也可以用冷水沖涼)到不燙手時，就可以趁熱用鋒利的手術刀進行分割橡皮模的操作了；如圖6-37為橡皮模製作程序示意圖。

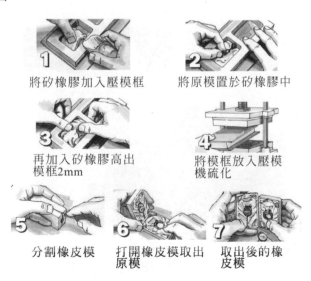

1. 將矽橡膠加入壓模框　　2. 將原模置於矽橡膠中

3. 再加入矽橡膠高出模框2mm　　4. 將模框放入壓模機硫化

5. 分割橡皮模　　6. 打開橡皮模取出原模　　7. 取出後的橡皮模

● 圖6-37　橡皮模製作程序示意圖 (資料來源：Objet Geometres 公司網站)

6-6 分割橡皮模

　　分割橡皮模在首飾工廠中是一項要求很高的技術,可以利用輔助夾具,如圖6-38所示,協助分割的工作。因為分割橡皮模的好壞直接影響蠟模以及金屬毛坯的品質,而且還直接影響橡皮模的壽命。技術高超的開模師傅開出的橡皮模,在射蠟後不會產生變形、斷裂的現象,根本不需要修蠟、焊蠟,能夠節省大量修整工時,得到較高的生產效率。分割橡皮模使用的工具比較簡單,有手術刀及刀片、鑷子、剪刀、尖嘴鉗等。初學者使用手術刀時必須使用新刀片,這樣反而不容易劃傷手指。切割過程中為保證刀片與橡皮模之間的潤滑,可以在刀片上沾水或洗滌劑(但是千萬不能沾油,因為油會使橡皮模變硬、變脆)。橡皮模通常採用四腳定位法,也就是說,開出的橡皮模有四個腳相互吻合固定,四腳之間分模的部分有採用直線切割的,也有採用鋸齒狀曲線切割的。

● 圖6-38　分割橡皮模輔助夾具

　　一般分割橡皮模的順序(以開戒指橡皮模為例)如下:參考圖6-39所示。

● 圖6-39　分割橡皮模 (資料來源:至生鑄造廠)
　　　　　(參照頁0-18彩色圖)

1. 壓過的橡皮模冷卻至不燙手時，用剪刀剪去飛邊，用尖嘴鉗取下澆口棒，推出橡皮模。

2. 將橡皮模澆口朝上直立，從澆口的一側下刀，沿橡皮模的四邊中心線切割，深度為3～5mm(可根據橡皮模大小適當調整)，切分割橡皮模四邊。

3. 從第一次下刀處切割第一個腳(腳就是橡皮模兩半的定位銷)，首先割開兩個直邊，深度為3～5mm(可根據橡皮模大小適當調整)，再用力拉開已切開的直邊，沿45°切開一個斜邊，形成一個直角三角形形狀的腳。這時切口的橡皮模兩半部分，應該有對應的陰、陽三角形腳相互吻合。

4. 按照上一步的操作過程，依次切割出其餘三個腳。

5. 拉開第一次切開的腳，用刀片平穩地沿中線向內切割(如果是曲線切割法則應按照一定的曲線擺動刀片，劃出魚鱗狀或波浪形的切面)，一邊切割一邊向外拉，分割橡皮模，快到達澆口線時要小心，用刀尖輕輕挑開分割橡皮模，露出澆口。再沿戒指外圈的一個端面切開戒指圈，直至戒指花頭和鑲口處。

6. 花頭的切割，這是分割橡皮模中比較困難和複雜的步驟。如果主鑽石鑲口是爪鑲，切割花頭就應該沿花頭一側兩個爪的軸線切開，然後向花頭另一側的戒指外圈端面切割，直至切割到澆口位置。這時橡皮模已經被切成兩半了，但還不能將銀版取下。

7. 切割留有鑲口、花頭的橡皮模部分。在主石兩側與副石鑲口間隔處，沿主石鑲口外側，已切開的兩個爪軸線切割，直至對稱的另兩個爪；再沿主石鑲口外側的剩餘一個方向切割，與剛才切割的面相交，使主石鑲口呈直立狀；再將主石鑲口及副石鑲口的爪根部橫切一刀，使花頭成為兩部分。拉開已切開的部分，注意觀察有無被拉長的膠絲(通常是副石鑲口的孔和花頭的鏤空部分形成的)，若有則應該切斷。

8. 取下銀版，注意觀察銀版與橡皮模之間有無膠絲粘著，若有將其切斷。

9. 開底。沿戒指內圈深切整個圓周，使切口接近底面，不要切透。翻轉橡皮模，用手指抓住橡皮模兩邊，向切口方向折彎，可以觀察到內圈的圓周切口以及鑲口、花頭部分的切口的痕跡(因未切割透，剩餘的橡膠拉伸形成略凹的淺痕)。沿這些痕跡切割至對應澆口的位置，再沿澆口平行的方向切割8～12mm寬度的長條，長度接近澆口。這時的底部形成一個類似蘑菇的形狀，已經能夠將戒指的內側部分，從切開的底部拉出了。這樣的橡皮模才能順利地將蠟模取出。

壓製好的橡皮模應該再進行仔細的檢查。注意橡皮模內不能有任何缺陷，比如明顯的破花、缺角、粘連等。這些都有可能造成蠟模的缺陷，因此應該對這些缺陷進行修補，如切開未切的位置、用焊蠟器焊補破花、缺腳的地方等。另外，對於結構複雜的原版，應該按照具體情況進行切割面的調整，比如對於多層的盤鑲式首飾應該分層切割，有時還需要套切出套芯；對於多層的吊墜、大而複雜的鏈牌可以不必開底，直接分層等等。橡皮模的保存環境應該是低溫、陰暗的，還要避免油類、酸性物質的影響。如果使用的不是非常頻繁，橡皮模可以使用上十年的時間。但是如果使用頻繁，一般使用兩年就不使用了，因為這時的橡皮模由於反復射蠟受熱已經變硬，使用效果大大降低。加上對款式變化需要的考慮，一般橡皮模的使用壽命在2～3年之間。

6-7 蠟型製作

6-7.1 射蠟

橡皮模開好後就可以進行射蠟操作了。射蠟操作應該注意對蠟溫、壓力以及橡皮模的壓緊等因素，做適當的調整。

製作蠟模使用的蠟一般是藍色的模型石蠟，如圖6-40所示。其融化溫度在60°C左右，射蠟溫度在65°C左右。還有一些其他顏色的石蠟，性質略有不

同。蠟溫及注射壓力是由射蠟機決定的。射蠟機的類別通常有風壓式和真空式兩種。這兩種射蠟機的射蠟原理基本相似，就是利用氣壓將熔融狀態的蠟注入橡皮模。兩者的區別在於，真空式射蠟機能夠先將橡皮模抽真空，再向橡皮模射蠟；而風壓式射蠟機只能直接向橡皮模射蠟。所以通常以真空式射蠟機，如圖6-41所示，比較容易掌握，而風壓式射蠟機則需要具有一定的經驗。

● 圖6-40　藍色的模型石蠟

● 圖6-41　真空式射蠟機

　射蠟機中的加熱器和感溫器能夠使蠟液保持一定的溫度。通常射蠟機中蠟的溫度應該保持在70～75°C之間，這樣的溫度能夠保證蠟液的流動性。如果溫度過低，蠟液不易注滿蠟模，造成蠟模的殘缺；反之蠟液溫度過高，又會導致蠟液從橡皮模縫隙處溢出或從射蠟口溢出，容易形成飛邊或燙傷手指。

　射蠟機蠟筒內的壓力是由外接空壓機提供的，一般應該保持在0.5～0.7at(或kgf/cm²)即0.051～0.071Bar之間，也可以根據蠟模的體積，和複雜程度進行適當的調整。射蠟之前，首先應該打開橡皮模，檢查橡皮模的完好性和清潔性。如果是使用過的橡皮模，就應該向橡皮模中，尤其是形狀比較細小複雜的位置噴灑離型劑(也可撒上少量滑石粉)，以利於取出蠟模；其次應該預熱射蠟機，打開氣泵，調整好壓力和溫度。

　　射蠟時，應該用雙手將上下夾板(可以是強化玻璃板或木板、鋁板等)中的橡皮模夾緊，注意手指的分佈應該使橡皮模受壓均勻，如圖6-42所示。將橡皮模澆口對準射蠟嘴平行推進，頂牢射蠟嘴後雙手不動，用腳輕輕踏下射蠟開關並隨即鬆開，雙手停留1～2秒後，將橡皮模放置片刻，即可打開橡皮模(如果橡皮模有底，應該首先將模底拉出)，取出蠟模，如圖6-43所示。蠟模取出後仔細檢查，如果出現比較嚴重的缺邊、斷腳等問題，這樣的蠟模就屬於廢品。如果是一些比較細小的缺陷，則應該進行蠟模的修整。

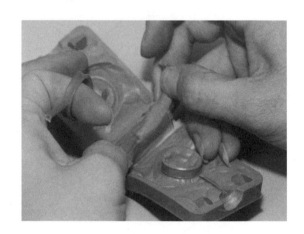

✤ 圖6-42　射蠟

✤ 圖6-43　從橡皮模中取出蠟模
(資料來源：至生鑄造廠)
(參照頁0-18彩色圖)

6-7.2　修整蠟模

　　一般而言，射蠟後取出的蠟模都會或多或少的存在一些問題，如飛邊、多重邊、斷爪、肉眼可見的砂眼、部分或整體結構變形、小孔不通、花頭線條不清晰、花頭搭邊等等。對於飛邊、多重邊、花頭不清晰、花頭搭邊等缺陷可以用手術刀片修光；對於砂眼、斷爪可以用焊蠟器進行焊補；小孔不通的可以用焊針穿透；對於蠟模的變形可以在40～50°C的熱水中進行校正。

　　另外，對於手寸不同的戒指，如果等到執模時再改指圈，無疑既費工又費料。所以一般的生產企業都是在修蠟模時直接改指圈，改指圈使用焊蠟器非常方便，焊好後用刀片修整一下焊縫即可。

6-8　組成蠟樹

　　蠟模經過修整後，需要組蠟樹，才能進行下一步的操作。組蠟樹就是將製作好的蠟模按照一定的順序，用焊蠟機沿圓周方向依次分層地焊接在一根蠟棒上，要讓每一蠟模與豎澆道向上傾斜一定角度，以利將來脫蠟工作，如圖6-44(a)所示，最後得到一棵形狀酷似大樹的蠟樹，如圖6-44(b)所示。再將蠟樹進行灌石膏等工作。種蠟樹的基本要求是，蠟模要排列有序，關鍵是蠟模之間不能接觸，既能夠保持一定的間隙，又能夠儘量地將很多蠟模焊在一棵蠟樹上，也就是說，一棵蠟樹上要儘量 **"種"** 上最多數量的蠟模，以滿足批量生產的需要。

　　種蠟樹必須"種"在一個圓形橡膠底盤上，這個橡膠底盤的直徑是與不銹鋼筒的內徑配套的，一般橡膠底盤的直徑有3吋、3吋半和4吋，底盤的正中心有一個突起的圓形凹孔，凹孔的直徑與蠟樹的豎澆道直徑一致。

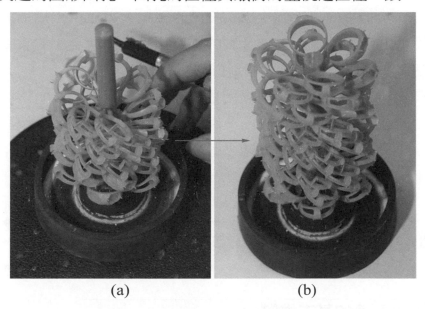

(a)　　　　　　　　　　　　(b)

🌐 圖6-44　組蠟樹 (資料來源：至生鑄造廠)
(參照頁0-18彩色圖)

一、種蠟樹的步驟

1.　就是將豎澆道頭部沾一些融化的蠟液，趁熱插入底盤的凹孔中，使蠟棒與凹孔結合牢固。

2. 逐層將蠟模焊接在蠟棒上，可以從蠟棒底部開始(由下向上)，也可以從蠟棒頭部開始(由上向下)。

如果"種樹"的技術比較熟練，兩種方法操作起來的差別不大；但是一般使用從蠟棒頭部開始(從上向下)的方法比較多，因為這種方法的最大優點是可以防止融化的蠟液滴落到焊好的蠟模上，能夠避免因蠟液滴落造成的不必要的麻煩。

二、種蠟樹的操作過程應該注意事項

1. 種蠟樹的蠟模與蠟棒之間一般有30～45°的夾角，也就是說，蠟模的方向是傾斜向上的。只有這樣才能將石膏模內的蠟樹脫乾淨。這個夾角可以根據蠟模的大小和複雜程度進行適當的調整，小而複雜的蠟模可以減小夾角；反之，比較大的蠟模可以增大夾角。

2. 在種蠟樹之前，首先應該對橡膠底盤進行稱重。種蠟樹完畢，再進行一次稱重。將這兩次稱重相減的結果，可以得出蠟樹的重量。將蠟樹的重量按蠟與鑄造金屬的密度比例換算成金屬的重量，就可以估算出大概需要多少金屬進行澆鑄。

3. 種蠟樹完畢，必須檢查蠟模是否都已焊牢。如果沒有焊牢，在灌石膏時就容易造成蠟模脫落，影響澆鑄的進行。最後，應該再檢查蠟模之間是否有足夠的間隙，蠟模若貼在一起，應該分開；如果蠟樹上有滴落的蠟滴，應該用刀片修去。

6-9 耐火石膏模製作

6-9.1 耐火石膏的基本性質

在此所使用的耐火石膏為Ransom & Randolph公司所生產的910 Investment的耐火石膏，它可以運用在鋁、銅合金、低溫合金與玻璃鑄模上。其他廠牌石膏的基本物性稍有不同。

910 Investment的耐火石膏其基本物性：

1. 混合比例：水28(W)：石膏100(P)依重量混合。

2. 操作時間：10～11分鐘。

3. 最初至完成澆注時間：14～17分鐘(含操作時間)。

4. 完全硬化：2小時。

5. 耐壓度：1000Psi。

6. 窯燒後強度：325Psi。

6-9.2 灌耐火石膏

圖6-45所示，為石膏模製作程序示意圖。

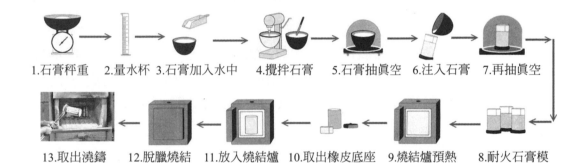

1.石膏秤重　2.量水杯　3.石膏加入水中　4.攪拌石膏　5.石膏抽真空　6.注入石膏　7.再抽真空

13.取出澆鑄　12.脫臘燒結　11.放入燒結爐　10.取出橡皮底座　9.燒結爐預熱　8.耐火石膏模

⬢ 圖6-45　石膏模製作程序示意圖

將蠟樹連底盤一起套上不銹鋼筒，在不銹鋼筒外面再套上橡膠套筒並高出不銹鋼筒2cm左右備用。

1. 調配耐火石膏注意事項

    （1）攪拌時不可間斷，必須從頭到尾不停攪拌。否則其凝固時間會提早。

    （2）如使用電動攪拌器應使用最低轉速，必須使其儘量減少產生氣泡。

    （3）確定真空機確實可用。

    （4）太早將石膏倒入鋼管，在凝結時，將使水往上浮，而使鑄物表面產生水紋。

（5）水溫會影響石膏凝結時間，水太冷會延長凝結時間；水太熱會縮短凝結時間，最適當之水溫為 20～30°C(70～80°F)。

2. 灌耐火石膏的工作程序

（1）攪拌石膏漿，依不銹鋼筒的容積準備好相對重量的石膏粉和水(若無蒸餾水，自來水也可)，一般石膏粉和水的比例為2～2.5：1(這時的石膏漿比重約為2)，可以根據氣候的潮濕、冷暖，以及鑄模的大小、複雜程度進行調整，水溫在20～25°C之間比較適宜。先將水放入攪拌容器中，逐步加入石膏粉，等石膏完全溶於水中，開動攪拌器。攪拌10分鐘左右，即可進行第一次抽真空(1～2分鐘)。

（2）但如果您沒真空設備，調好的石膏液，可以在地板上撞一撞(當然不要太誇張)，讓空氣儘量溢出石膏。

（3）如果沒真空除氣機，亦可在蠟樹表面先「沾漿」，也就是先在蠟模上先塗一層石膏液，以確保可能產生泡泡的細縫，使蠟樹能完全與石膏接觸，在這個步驟當然要快一點，因為石膏已經在反應時間內。

（4）灌耐火石膏，抽真空後的石膏漿，馬上沿不銹鋼筒的內壁緩緩注入，切忌將石膏漿直接倒在蠟樹上，直至石膏漿超過蠟樹約1～2cm，立即進行第二次抽真空，抽真空2分鐘完畢，放置6～12小時以保證石膏完全凝固。

6-10　脫蠟與燒結

圖6-46所示，為脫蠟與燒結爐。

1. 燒結的主要功能如下

（1）脫蠟是將鑄模中的蠟樹熔化脫出。

（2）將未脫乾淨的殘蠟燒燼。

（3）使鑄模硬化，在澆鑄時不致破裂。

● 圖6-46　脫蠟與燒結爐

2. 脫蠟與燒結的時間溫度，參考表6-2所示。

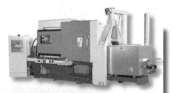

▶ 表6-2　脫蠟與燒結的時間溫度

燒結程序	5小時	8小時	12小時
適用鋼管直徑(吋)	$\phi2.5\times2.5H$	$\phi3.5\times4H$	$\phi4\times8H$
燒結的時間與溫度變化，爐溫須預熱到300°F	1小時150°C 1小時380°C 2小時732°C 1小時調到鑄造時鋼管溫度	2小時150°C 2小時380°C 3小時732°C 1小時調到鑄造時鋼管溫度	2小時150°C 2小時380°C 2小時480°C 4小時732°C 2小時調到鑄造時鋼管溫度

　　一般的燒結過程是先將電阻爐預熱到起始溫度，將石膏模澆口向下放入爐中，以便使蠟液流出蒸發；如希望不產生蠟煙，蠟味影響環境，可以使用蒸氣脫蠟機將蠟脫出後再放入高溫爐中燒結。

　　在起始溫度恆溫1小時後，再以1～2小時的間隔逐步升/降溫和恆溫。注意升溫(或降溫)速度應該保持在100～200°C/小時，否則升溫過快容易形成石膏模的裂紋，嚴重的可能造成石膏模損壞或報廢，升溫過慢又容易造成殘蠟或石膏模乾燥不徹底，影響鑄件的品質。石膏模的燒結時間主要取決於蠟樹的大小和複雜程度，可以根據實際情況，參考表6-2所示，進行調整。

6-11 熔金與鑄造

熔金的方法很多，可利用火焰(如圖6-47所示)、電熱或電磁波感應等方式使金屬熔化。常用的設備如瓦斯空氣焊炬、氧乙炔火焰、高週波感應電爐等。鑄造最常用的方法有離心鑄造及真空吸力鑄造兩大類。專業的鑄造機可同時熔金及鑄造，如高週波真空鑄造機、高週波離心鑄造機等。

● 圖6-47 火焰熔金

1. 鑄造依金屬進入鑄模時鑄模內的壓力之大小分為兩種

   （1） **正壓鑄造**：是以離心鑄造為代表，在鑄造過程中，熔融金屬進入鑄模時，鑄模內的壓力為大氣壓，這樣要使液態金屬進入鑄模就必須使金屬克服大氣壓的作用；離心鑄造就是將熔解金屬的坩堝與鑄模安裝在高速旋轉的圓盤上，依靠離心力的作用使液態金屬在圓盤的法向(徑向)高速流動，產生注射作用進入鑄模。也就是說，「正壓鑄造」過程中熔融金屬進入鑄模模穴的瞬間，鑄模內部壓力大於鑄模外部壓力，兩者的差值大於0，故而稱為「正壓鑄造」。

   （2） **負壓鑄造**：是以真空吸鑄最為典型，在鑄造過程中，熔融金屬進入鑄模時，鑄模內部的壓力小於鑄模外部壓力，兩者的差值小於0，故而稱為「負壓鑄造」。當然鑄模內的負壓必須通過與鑄模連通的真空泵來完成，液態金屬在大氣壓的作用下自然進入鑄模。

   從實際的生產效果上看，正壓鑄造與負壓鑄造並沒有明顯的差異，只是在一般情況下，正壓鑄造適用於產量較高的場合，而負壓鑄造適用於中等或產量較小的場合。

2. 鑄造的方法

（1）**真空離心鑄造**：是結合了正壓鑄造和負壓鑄造優點的一種鑄造方法，就其本質而言，真空離心鑄造是屬於負壓鑄造。雖然這裏的「真空」不只是指鑄模內部，熔融金屬及其容器(坩堝)也是處於真空狀態，但按照我們上面對「負壓鑄造」的定義，在鑄造過程中，鑄模內部的壓力小於大氣壓，因此將真空離心鑄造，歸類爲「負壓鑄造」是合理的。

（2）**真空加壓鑄造**：也是結合了正壓和負壓鑄造優點的鑄造方法。這種鑄造方法的「真空」位置在石膏模一側，而「加壓」在盛放融化金屬的坩堝一側。按照我們上面定義的分類方法，由於這種鑄造方法的鑄模(石膏模)內部壓力在鑄造過程中是小於大氣壓的因此也應該歸類爲「負壓鑄造」。

（3）**真空吸鑄機澆鑄**：如圖6-48所示，石膏模燒結接近尾聲時，開始熔化已配好的合金，並保持熔融狀態。待石膏模保溫完畢，在吸鑄機口部墊好石棉墊圈，將石膏模迅速從電爐中取出，澆口向上放入待鑄的真空吸鑄機口部，注入金屬的同時輕踏吸鑄板，即可完成澆鑄。澆鑄完成後，注意打開放氣開關進行放氣。

🌐 圖6-48　真空吸鑄機

（4）**真空感應離心澆鑄機澆鑄**：操作時首先打開機蓋，在熔金坩堝中加入已配好的金塊，蓋上機蓋，設定預加熱溫度，開始熔金。待達到接近熔融狀態，放入已保溫完成的石膏模，蓋好機蓋，首先抽真空，再加熱到設定溫度，並設定好離心加速度和穩定轉速；達到設定溫度後機器自動進入離心澆鑄狀態，約1～2分鐘完成。澆鑄完成後，注意打開放氣開關進行放氣。

3. 高週波離心鑄造機(如圖6-49)的鑄造流程

🌐 **圖6-49　高週波離心鑄造機** (資料來源：至生鑄造廠)

（1）準備工具材料：準備銀粒、硼砂、鋼筒夾、隔熱手套、電子秤、石墨棒、防護衣及護目鏡等。

（2）秤重：只要蠟與金屬都以同一單位計算，不論以公制或其他單位計算都無差別。

如下式為蠟與金屬之比重換算表：

① 蠟重×11＝銀、銅所需重量。

② 蠟重×14＝14K金所需重量。

③ 蠟重×16.5＝18K金所需重量。

（3）依不鏽鋼筒重量調整離心鑄造機旋臂，使旋轉能夠平衡為止。

（4）將金屬放入坩堝中加熱，並加入適量硼砂助熔，如圖6-50所示。等到金屬熔化後以石墨棒攪拌並將雜質撈起。

（5）由電窯中夾出石膏模之不銹鋼筒，迅速放至離心機之旋臂上，參考圖6-51所示。

（6）將蓋子蓋好，啟動機器使旋臂旋轉，利用離心力將金屬甩入石膏模穴中。

（7）等待金屬凝固後將鋼筒夾出，靜置十分鐘，再迅速放入水中，石膏將因驟冷而爆裂，此時即可將鑄件取出。

🌸 圖6-50　高週波離心鑄造機熔金情形 (資料來源：至生鑄造廠)

🌸 圖6-51　夾出裝石膏模之不鏽鋼筒，迅速放至離心機之旋臂上
　　　　　(資料來源：至生鑄造廠)

6-12　鑄後處理

鑄造後之貴金屬鑄品需經過沖洗、研磨、拋光等處理，有時還要經過電鍍，使表面光鮮亮麗，才能增加其商業價值。

6-12.1 石膏模的炸洗、清洗及剪毛坯

澆鑄後的石膏模處於高溫狀態，從澆鑄機中取出後需要放置10～30分鐘(根據室溫具體掌握放置時間)自然冷卻，再放入冷水桶中進行炸洗，如圖6-52所示。石膏由於收縮作用炸裂後，取出金樹，用鋼刷刷去大塊的石膏，放入30%氫氟酸中浸泡10分鐘，再夾出，沖淨(若仍未清除乾淨，則需要反復進行)；用高壓清洗噴槍噴洗金樹，除去剩餘的石膏，直至金樹表面乾淨，如圖6-53所示。將金樹上的成品沿澆口底部剪下，晾乾、稱重後，即可交付入庫或下面的後處理工作程序(註：有時剪下的成品要經過滾光處理，再稱重入庫)。

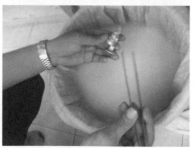

✜ 圖6-52　放入冷水桶中進行炸洗

✜ 圖6-53　清洗乾淨的金樹

(資料來源：http://netcourse.cug.edu.cn 網站)

6-12.2 研磨

鑄件表面通常會比較粗糙，必須以銼刀修整表面，再以砂紙砂磨。亦可用吊鑽配合專用研磨頭來修整。以吊鑽工作時必須非常小心，由於吊鑽的轉速很快，工作物必須以手指抓牢，施力亦不可太過用力，以免研磨頭折斷而傷到手指。

6-12.3 拋光

砂磨後的物件必須經過拋光才能更加光亮，拋光係使用拋光布輪機來工作，如圖6-54所示。操作布輪機時，必須使用布輪的下半部來工作，不可使用上半部以免發生危險。布輪本身沒有研磨能力，必須塗上研磨材料，常用的研磨材料有青土、紅土等；紅土較粗、青土較細，使用時由粗到細依序使用。

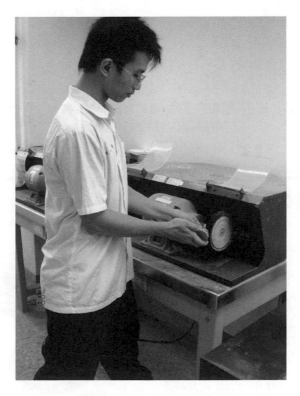

● 圖6-54　拋光布輪機

6-12.4 電鍍

　　工作物可利用電鍍來改善表面之質感與光澤。業界電鍍時以黃K金及白K金為大宗。由於電鍍的污染性較高，建議直接交給廠商處理較為安全，圖6-55所示為完成電鍍的作品。

✙ 圖6-55　完成電鍍的作品 (資料來源：流行飾品，經濟部工業局)
(參照0-19頁彩色圖)

6-13　鑲嵌 (本節圖面資料來源：http://tw.myblog.yahoo.com網站)

　　大自然中蘊藏許多美麗的寶石，寶石必須經過雕琢才能顯現它的耀眼光澤。常見的寶石切割方式有蛋面及刻面兩大類。在高貴金屬飾品上的寶石，更能彰顯出作品的價值。鑲嵌的種類很多，如圖6-56所示，為完成鑲嵌的作品。

✙ 圖6-56　完成鑲嵌的作品
(參照0-19頁彩色圖)

6-13.1 蠟鑲

蠟鑲是首飾工藝技術人員在長期的生產實踐中逐步總結和創新的結果。蠟鑲是依照脫蠟鑄造流程的基本原則來進行的，其創新點在於：它在起銀版時就將寶石鑲嵌到鑲口上，壓橡皮模後就會在橡皮模上留下寶石和鑲口的形狀，射蠟之前將選好的寶石緊密嵌入橡皮模對應位置，再合上橡皮模進行射蠟，如圖6-57所示。這樣注出的蠟模就已經鑲嵌好了寶石，再直接進行澆鑄，就可以得到鑲好寶石的成品。

● 圖6-57　蠟鑲
(參照0-19頁彩色圖)

蠟鑲並不適用於所有狀況，它至少應該具備兩個前提：

1.　所鑲的寶石可耐受金水注入時的高溫。

2.　鑲嵌的寶石較多，且常規鑲嵌方法較複雜。

蠟鑲通常多用於多粒鑽石的槽鑲、釘鑲和包鑲，有時也可用於單粒或2～3粒鑽石的爪鑲、槽鑲、釘鑲和包鑲。

在批量生產方式中，蠟鑲可大大縮短鑲嵌工時，對提高生產效率具有非常顯著的功效。此方法尤其適合製造那些採用複雜鑲嵌方法之高貴金屬首飾的款式。

6-13.2 包鑲

所謂「包鑲」顧名思義，即利用金屬將寶石的周圍包住，包鑲可分為半包鑲與全包鑲，如圖6-58所示。為了凸顯寶石，鑲座不宜做的太高。寶石之鑲嵌，首先在鑲座內側塗少許的AB膠，然後將寶石放入鑲座。接著以鑷子的後端推壓邊框，使其緊靠寶石，推壓的順序依左、右、上、下、左上、右下、左下、右上的方式進行，待八個點均緊靠寶石後，再順著寶石以滾壓的方式將寶石緊緊地包住。

6-13.3 釘鑲

「釘鑲」通常運用於鑲嵌較小的碎鑽，先在金屬表面鑽孔當作鑲座，將寶石放入鑲座，然後以特製之刀具將寶石四週之金屬剷起一個個小釘以夾住寶石，剷起的小釘可用特製銑刀處理成圓頭以免危險。鑲嵌完畢後，戒子表面須經拋光、電鍍等處理，使表面更加光亮，如圖6-59所示。這種技法需要良好的眼力與純熟的技術，通常需要經驗豐富的師傅始可勝任。

⊕ 圖6-58　半包鑲與全包鑲
　　　　(資料來源：深圳珠寶諮詢網站)
　　　　(參照0-19頁彩色圖)

⊕ 圖6-59　釘鑲
　　　　(資料來源：深圳珠寶諮詢網站)
　　　　(參照0-19頁彩色圖)

6-13.4 爪鑲

所謂「爪鑲」係利用幾個小爪子以鉤住寶石，爪鑲的作品看起來較為靈巧；「爪鑲」通常運用於刻面寶石，如鑽石、紅寶石、藍寶石等。僅利用幾隻小爪子來抓住寶石，可使寶石更加顯目，展現出耀眼奪目的光芒。將寶石試裝於鑲座上，以決定爪子的長度及形狀，爪子太長可用鉗子剪斷，並以銼刀修整之。鑲嵌之前，先將戒子拋光或電鍍，使表面光亮始可鑲嵌。鑲嵌時以鑷子後端推壓爪子，直到寶石牢牢固定於鑲座上為止，如圖6-60所示。

⊕ 圖6-60　爪鑲 (資料來源：深圳珠寶諮詢網站)
(參照0-19頁彩色圖)

本章習題

問答題：回答下列問題。

1. 一般所稱的貴金屬有那些？

2. 如何區分輕金屬與重金屬？

3. 那些金屬屬於難熔金屬？

4. 市面上常見的黃金與K金有那些？

5. 試述貴金屬脫蠟鑄造流程？

6. 蠟雕的表現技法有幾種？

7. 試述調配耐火石膏應注意事項？

8. 燒結的主要功能為何？

9. 說明正壓鑄造與負壓鑄造有何不同？

10. 試述飾品鑲嵌的種類？

CHAPTER 7

矽膠模離心鑄造
(人造珠寶鑄造)

(本章圖片：由聖喬機械有限公司 卓老闆示範提供拍攝)

7-1 前言

　　各位經常在街頭看到很多非常漂亮的流行飾品與工藝藝術品，一經詢價，結果會讓你嚇了一跳，價格怎麼會那樣平民化，其實它的材料都是用一些低熔點合金，然後利用本章要介紹的矽膠模離心鑄造完成的作品，再經過電鍍處理後，把它鍍金、鍍銀、鍍鉻，使它的外表具有貴重金屬的質感，這些產品我們把它統稱為人造珠寶或流行飾品。

人造珠寶流行飾品的製作流程如下：

1.　流行飾品造型設計。
2.　流行飾品造型打版(原模型製作)。
3.　矽膠模具製作。
4.　離心鑄造。

5. 後處理加工、噴砂。

6. 表面處理電鍍。

7. 上烤漆。

8. 裝配與組合。

7-2 模具材料

矽膠模離心鑄造的模具材料以前經常採用橡膠，但現在大多採用矽膠。

一、橡膠

橡膠是由天然橡樹提煉出來，通常添加石墨成分，材質較矽膠硬，模具製作技術較高，須由經驗豐富的技術人員才能完成。橡膠必須加溫加壓，始能產生加硫硬化成型，硫化成型的溫度約為150～170°C，如果硫化溫度超過200°C，材料會產生脆化。通常橡膠耐熱溫度比矽膠高。

二、矽膠

矽膠是從石化工業中提煉出來的，所以原模型表面不能塗有油漆之類的表面塗料，否則加硫硬化時矽膠會煮不熟，矽膠的原材料原本是透明無色，但有時為了要讓切割流路系統時，能夠清楚的看見流路的厚度，所以大部分的材料都加入紅色素，把它染成紅色。市面上之矽膠通常都依照模具的內徑6吋、9吋、12吋……等。切割成各種不同的圓形，每一片的厚度大約4mm左右，如圖7-1所示。

為了考量離心鑄造模具的生產成本，通常模具內層與外層採用不同的膠，模穴層部分，採用A膠，外層採用B膠。

9吋矽膠

● 圖7-1 矽膠

1. A膠—又稱面膠，品質較佳、質地較軟、價格較高、莫氏硬度約在55～65度。

2. B膠—又稱為背膠，內部添加滑石粉，價格較便宜、質地較硬、硬度比A膠多5度、變形較小，但較不易拆模。

矽膠通常在120°C時開始產生硫化成型，但成型的時間要很長，所以模具硫化處理溫度，通常採用150～170°C，如果溫度超過200°C，矽膠則會產生脆化而不能使用，一片厚度4mm的矽膠材料，硫化恆溫時間約為10分鐘，依此類推6片矽膠就要60分鐘。

硫化成型除了加溫之外，另外還要施以適當的壓力，如果只加溫而不施加壓力時，則成型的矽膠就會像蛋糕一樣，內部充滿氣孔而無法使用。

7-3 低熔點合金材料

適合用於人造珠寶流行飾品的低熔點合金材料有鉛(Pb)、錫(Sn)、鋅(Zn)，其物理性質如表7-1所示。

一、鉛(Pb)

比重為11.336、熔點為327.43°C。鉛之比重大、熔點低，面心立方格子，質軟富延展性，在常溫容易加工成板或箔。在空氣中不受腐蝕，但容易氧化而失去光澤，氧化膜形成後便安定化，使氧化不會繼續進行。對於硫酸、鹽酸及其他化學藥品之耐蝕性強，所以在化學工業用容器之裏襯、電解及電鍍槽、蓄電池及電纜被覆等之用途很廣。

鉛對於放射線有吸收之作用，所以常用為放射線的遮蔽板和儲存放射性元素的容器。

鉛為有毒金屬，使用於食品容器或玩具之焊接材料時，規定不得超過10%之含量。

▶ 表7-1 鉛、錫、鋅的物理性質

材料 物理性質	鉛(Pb)	錫(Sn)	鋅(Zn)
比重	11.336	白錫7.30 灰錫5.765(13°C)	7.130
熔點(°C)	327.43	231.84	419.47
沸點(°C)	1740±10	2190±70	907±2
比熱 (Cal/g°C)	0.0309 (18～100°C)	白錫0.0544(20°C) 灰錫0.0491(<13°C)	0.0925 (18°C)
熱膨脹係數 (1/°C)	3.13×10^{-5} (20～301°C)	2.234×10^{-5} (40°C)	3.07×10^{-5} (0°C)
熱傳導度 (Cal/cm.sec°C)	0.0842(0°C)	0.1575(25°C)	0.270(0°C)
比電阻(Ω·cm)	2.08×10^{-5}(0°C)	1.15×10^{-5}(17°C)	6.00×10^{-6}(0°C)
電阻之溫度係數	4.00×10^{-3} (25～100°C)	4.66×10^{-3} (0～100°C)	4.16×10^{-3} (0～100°C)
結晶構造	面心立方格子	α金鋼石型格子 β體心正方格子	六方密格子

二、錫(Sn)

　　白錫比重為7.30，灰錫比重為5.765(13°C)，熔點為231.84°C。純錫是一種淡青色的白色金屬，在大氣中不怕潮濕、不退光澤、能抗有機酸。錫也是青銅合金中的主要成分，質地柔軟、熔點很低、富延展性，尤其在100°C時最大，可碾壓成錫箔，與其他金屬不同的是在敲擊成型時，不需退火使金屬再結晶變軟，保持在室溫工作，即能使錫保持一定的柔軟度，如果加熱到225°C就會恢復硬度，再超過此溫度則會開始變脆。

　　錫合金的種類：

（一）九二錫銻合金

　　含Sn92％＋Sb8％，常用於商業的量產方式來製造人造珠寶或流行飾品，

利用離心鑄造方式，將錫合金注入經高溫硫化處理過的矽膠模中，直接成型，有別於貴重珠寶的脫蠟鑄造方式，生產快速省時。

（二）白鑞(pewter)—白鑞是一種含錫比例高的合金，基本上白鑞可分為兩大類

1. 含鉛白鑞(Leaded Pewter Alloys)合金

（1）British Pewter合金—含85%Sn＋4%Cu＋7%Sb＋4%Pb。

（2）Queen's Metal合金—含83%Sn＋2%Cu＋7%Sb＋5%Zn＋3%Pb。

（3）French Pewter合金—含82%Sn＋18%Pb。

（4）English Pewter合金—含80%Sn＋20%Pb。

2. 無鉛白鑞(No Leaded Pewter Alloys)合金

（1）Britannia Metal合金—含91%Sn＋2%Cu＋7%Sb。

（2）Dutch White Metal合金—含81%Sn＋10%Cu＋9%Sb。

（3）Hanover Britannia合金—含87%Sn＋5%Cu＋8%Sb。

三、鋅(Zn)

鋅比重為7.13、熔點為419.46°C。高純度的鋅有優良的耐蝕性，在室溫大氣中可保持光澤，若含微量不純物如Pb、Cd、Sn等，則耐蝕性減低，鋅如果含鉛量超過1%時，則鑄品會產生麻點及材質產生脆化現象，由於鋅的比熱大，鋅的工作溫度如果超過500°C時，矽膠模具容易被燒壞，所以較少使用在矽膠模的離心鑄造，大部分多用於壓鑄，生產五金零件。

鋅為六方晶系之結晶，故較立方晶系之金屬難以常溫加工。再結晶溫度低，約在100～150°C時開始軟化而增加延展性，可以做成薄板或拉成線。

7-4　離心鑄造的矽膠模具製作

離心鑄造模具所使用的材料並非常溫硬化型矽膠(RTV)，因為它太軟、容易變形，而是使用具有可塑性的矽膠，過去也經常使用橡膠做為模具材料，但是由於其硬度太高、不容易脫模，以及開模師必須具備豐富的工作經驗，始能完成模具製作，所以目前已很少使用。矽膠模的製作程序分述如下：

7-4.1 矽膠模具製作

（1） 準備好原模型，原模型可以為流行飾品或工藝藝術品，如圖7-2所示。原模型的尺寸要加放矽膠的收縮量，大約2%左右，特別要注意的是原模表面，如果有油漆之類的表面塗料，必須先將其表面用溶劑清除乾淨，否則會和矽膠產生熔合作用，導致矽膠模該部分的模穴表面煮不熟而作廢。

（2） 準備好矽膠材料，矽膠材料每片厚度約4mm左右，如圖7-3所示。依原模的大小來決定使用的片數，一般一付模具至少要4片(上下模各2片)矽膠。

● 圖7-2 離心鑄造用原模型

● 圖7-3 矽膠材料

（3） 如果是小型飾品可以使用環形的流路系統模型，如圖7-4所示，直接埋設在分模面中間。

（4） 在矽膠模的周圍預先將原模，排列出最經濟的個數，如圖7-5所示。如此可把生產成本降至最低，並將其位置做上記號。

（5） 依原模的大小，把每片矽膠包裹的塑膠袋撕開後，將較光滑的表面作為分模面。並將兩片矽膠疊在一起，如圖7-6所示。

（6） 用圓規找出矽膠圓盤的中心後，距圓周外圍約一指寬(約15mm)的位置畫出一圓，如圖7-7所示。此線為模穴不可超出的基準線。

（7） 將第一件之原模放在矽膠分模面，依原模之形狀將矽膠挖出一個凹洞，如圖7-8所示。

（8）　再將原模型壓入凹洞，如圖7-9所示。

🔶 圖7-4　環形的流路系統模型

🔶 圖7-5　將原模排列出最經濟的個數

🔶 圖7-6　將兩片矽膠疊在一起

🔶 圖7-7　距圓周外圍約一指寬的
　　　　　位置畫出一圓

🔶 圖7-8　矽膠挖出一個凹洞

🔶 圖7-9　將原模型壓入凹洞

（9）利用各種修模工具，將挖出的矽膠，再慢慢填入原模與矽膠的空隙，並修出原模的分模面，如圖7-10所示。

（10）依此類推繼續完成其他原模的埋設工作，如圖7-11所示。

✤ 圖7-10　利用各種修模工具修出原模的分模面

✤ 圖7-11　完成全部原模的埋設工作

（11）當原模只分成上下模時而無法拔模，如八駿馬的造型，此時就必須再做成活動塊，始能拔模，如圖7-12所示。

（12）在矽膠模的外圓周，放入定位用的帶頭螺帽，通常9吋模放9～12顆，如圖7-13所示。

活動塊

✤ 圖7-12　無法拔模部份，必須再加做成活動塊
（參照0-20頁彩色圖）

定位帶頭螺帽

✤ 圖7-13　放入定位的帶頭螺帽

（13）將帶頭螺帽壓入矽膠中，要注意的是必須保留一小部分的六角頭在上模，使離心鑄造時上下模不會錯模，如圖7-14所示。

（14）用毛刷沾上滑石粉，灑在分模面上，做為上下模的隔離劑，如圖7-15所示。

🌐 圖7-14　帶頭螺帽保留一小部分的六角頭在上模

🌐 圖7-15　滑石粉灑在分模面

（15）將多餘的滑石粉倒出，並用毛刷將分模面的滑石粉塗刷均勻，此時下模全部完成，如圖7-16所示。

（16）準備上模的矽膠，並將分模面灑上滑石粉，如圖7-17所示。

🌐 圖7-16　下模全部完成

🌐 圖7-17　上模的矽膠灑上滑石粉

（17）將上模第一片矽膠蓋在下模上面，並在有模型的位置確實壓實，如圖7-18所示。

✛ 圖7-18　模型位置確實壓實

（18）依需要的厚度再疊上矽膠，假如原模凸出分模面很高時(如八駿馬)，那第二片以後的矽膠就必須把凸出的位置挖空，如圖7-19所示。

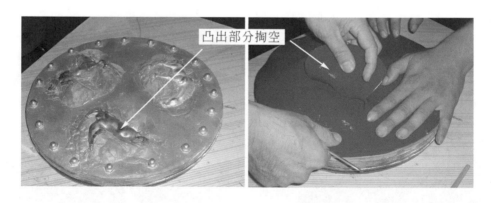

凸出部分掏空

✛ 圖7-19　把凸出的位置挖空

（19）最上面的一片也必須壓實，避免包住空氣，此時整付模具開模的工作才算完成，如圖7-20所示。

◆ 圖7-20　整付模具開模的部分完成

7-4.2　矽膠模具加硫硬化成型

　　當製作完成的矽膠模具，必須再經壓模機，如圖7-21所示。加溫加壓才能使矽膠硬化成型，我們稱為加硫硬化。

　　其操作流程如下：

（1）準備與矽膠模具一樣直徑及適合高度的壓模框，如圖7-22所示。一般壓模框直徑有6吋、9吋、12吋……等各種尺寸。

（2）將壓模框表面的機油擦拭乾淨，如圖7-23所示。

（3）將矽膠模放入壓模框中並壓平，如圖7-24所示。

（4）將模具的中心挖除一個洞以便放入豎澆道，如圖7-25所示。

（5）將豎澆道模型放入後，周圍的空隙用矽膠填平，如圖7-26所示

（6）將壓模框的上蓋，蓋回壓模框，如圖7-27所示。

（7）將壓模框放進壓模機內，如圖7-28所示。

（8）調整千斤頂，如圖7-29所示。

（9）開始壓模時先用手直接轉動千斤頂，如圖7-30所示。

⊕ 圖7-21　壓模機

⊕ 圖7-22　壓模框

⊕ 圖7-23　將壓模框表面的機油擦拭乾淨

⊕ 圖7-24　將矽膠模放入壓模框中

🌐 圖7-25　模具的中心挖除一個洞以便放入
　　　　　豎澆道

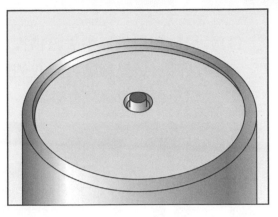

🌐 圖7-26　將豎澆道模型周圍的空
　　　　　隙用矽膠填平

🌐 圖7-27　將壓模框的上蓋，蓋回壓模框

🌐 圖7-28　將壓模框放進壓模機內

🌐 圖7-29　調整千斤頂

🌐 圖7-30　先用手直接轉動千斤頂

（10）當手轉不動再把槓桿接上，繼續轉動千斤頂，如圖7-31所示。

（11）最後利用大拇指去壓槓桿，感覺槓桿不會往下掉的緊度，如圖7-32
所示。這是經驗告訴我們最佳的緊度，特別要注意的是不能壓得太
緊。否則矽膠將會溢出。

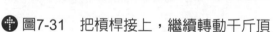

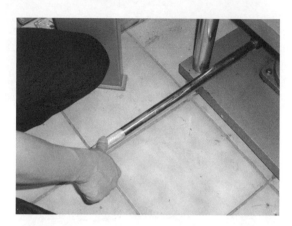

🌐 圖7-31　把槓桿接上，繼續轉動千斤頂　　🌐 圖7-32　用大拇指去壓槓桿，感覺槓
　　　　　　　　　　　　　　　　　　　　　　　　　　桿不會往下掉的緊度

（12）設定加熱溫度為150～170°C，加熱時間為模框從常溫升至150～
170°C的時間(如電熱管瓦特數為4kW時需30分)，加上矽膠每片需恆
溫10分鐘。假如矽膠模具使用5片矽膠，則加硫硬化共需30＋50＝80
分鐘，如圖7-33所示。

（13）當加壓加溫時間到時，等模框冷卻至不燙手時，即可反向卸除千斤
頂的壓力，取出模框，如圖7-34所示。

🌐 圖7-33　設定加熱溫度及加熱時間　　　　🌐 圖7-34　取出模框

（14）用T型扳手將模框上蓋頂出，如圖7-35所示。

（15）再將模框的中環取出，如圖7-36所示。

🔖 圖7-35　用T型扳手將模框上蓋頂出　　🔖 圖7-36　再將模框的中環取出

（16）取出矽膠模，如圖7-37所示。

（17）再將豎澆道模型取出，圖7-38所示為硫化成型燒好的矽膠模。

🔖 圖7-37　取出矽膠模　　🔖 圖7-38　燒好的矽膠模

7-4.3 矽膠模具流路系統的開設

　　當硫化成型的矽膠模必須在適當的位置開設流路系統(水口)，才能正式加入生產。**流路系統開設的程序：**

（1）將矽膠模利用工具從分模面插入分開，以便瞭解帶頭螺帽的位置，

如圖7-39所示。

⊕ 圖7-39　將矽膠模利用工具從分模面插入分開

（2）在兩顆帶頭螺帽中間做記號，並將矽膠模切割一處三角形的定位合模記號的切口，做為合模時可以很快找到定位的基準點，如圖7-40所示。

（3）用手術刀將矽膠模四周的毛邊切除，並稍微倒角，如圖7-41所示。

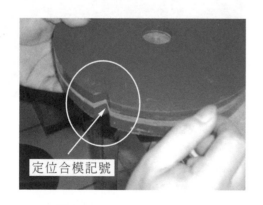

定位合模記號

⊕ 圖7-40　定位合模記號

⊕ 圖7-41　將矽膠模四周的毛邊切除並倒角

（4）將矽膠模上下模分開，如圖7-42所示。

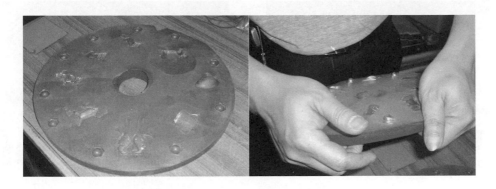

🌼 圖7-42　將矽膠模上下模分開

（5）將矽膠模中的原模型取出，如圖7-43所示。

（6）圖7-44所示為無法脫模時做成活動塊的部分。

🌼 圖7-43　將原模型取出

🌼 圖7-44　活動塊

（7）將分模面的澆道倒角，如圖7-45所示。

（8）用原子筆畫出進料口，成三角形狀，愈往模穴進料口愈細，如圖7-46所示。

（9）用手術刀切割進料口，其斷面應為三角形，並且從澆道往模穴越來越細(淺)，依此方式將所有的進料口全部開設完成。如圖7-47所示。

（10）在進入模穴的入口處，要用手術刀從模穴往澆道方向斜切一刀，使鑄入口為很細扁平狀的入口，如圖7-48所示。

● 圖7-45　將分模面的澆道倒角

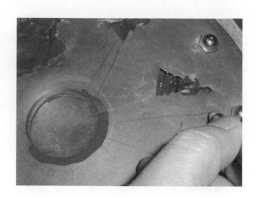

● 圖7-46　用原子筆畫出進模口

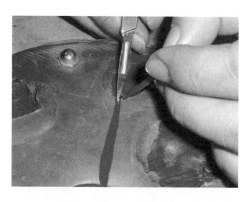

● 圖7-47　切割進料口

● 圖7-48　用手術刀從模穴往澆道
　　　　　方向斜切一刀，使鑄入
　　　　　口為很細扁平狀的入口

（11）進模的位置必須考慮模穴的氣體，要能夠很順利的排出，模穴角落
　　　部分的氣體如果無法順利排出時，此時則必須考慮開設排氣道。

7-5　試模與離心鑄造

7-5.1　試模

　　沒有一個人敢保證，當一付矽膠模具流路開好之後，可以不經過試模的
工作，就可以直接投入生產行列。試模工作必須具備豐富的工作經驗，才能
很快的修正流路系統及排氣問題，完成生產用的模具。

試模的工作程序：

（1） 首先必須將熔解爐依據所澆鑄的低熔點合金的熔點設定工作溫度，如圖7-49所示。

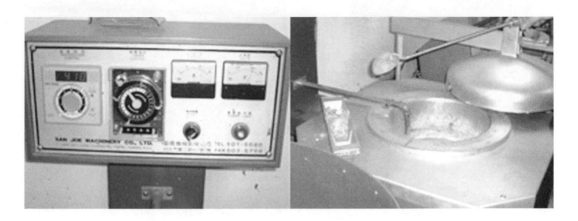

🔴 圖7-49 熔解爐

（2） 當金屬熔解至工作溫度，先做除渣工作，如圖7-50所示。

🔴 圖7-50 除渣工作

（3） 將離心鑄造機，如圖7-51所示，設定好轉速及時間，工件愈小需要較高的轉速及較短的旋轉秒數。

（4） 再將矽膠模放入離心鑄造機中(注意：矽膠模的分模面必須灑上一層薄薄的滑石粉做為隔離劑，使成品脫膜容易)，準備開始試模，如圖7-52所示。

⊕ 圖7-51　離心鑄造機
　　　　　(資料來源：聖喬機械公司)

⊕ 圖7-52　將矽膠模放入離心鑄造機中

（5）將有豎澆道的鋁合金壓版放在矽膠模上，並依離心機的轉向為順時針或逆時針把卡榫定位在正確位置(順轉往右靠，逆轉往左靠)，如圖7-53所示。

（6）將離心鑄造機上蓋往下蓋時，如圖7-54所示。此時電源自動啟動，矽膠模往上昇被定位銷頂緊並開始旋轉，計時器啟動。

卡榫

⊕ 圖7-53　鋁合金壓版放在矽膠模上

⊕ 圖7-54　將離心鑄造機上蓋往下蓋

（7）用杓子從熔解爐中依鑄件的大小搖取適量的金屬液從澆鑄杯中倒入，如圖7-55所示。注入的速度依鑄件的大小而定，必須使模穴的空氣有足夠的時間排出，倒入金屬液量的多寡，有經驗的操作者可以仔細聽，從熔液進入模穴的聲音來控制注入的量。

（8）當計時器時間到，馬達停止旋轉後，打開上蓋取出鋁合金壓板，如圖7-56所示。

⊕ 圖7-55　用杓子倒入金屬液

⊕ 圖7-56　打開上蓋取出鋁合金壓板

（9）取出矽膠模(此模為注入太多的金屬液，使殘留豎澆道太長，如圖7-57所示。為不良的倒料控制)。

（10）打開矽膠模，一看幾乎全部失敗，如圖7-58所示。但你不要氣餒，因為第一模的模溫太低注定是失敗，所以前三模你都可以不必加以理會。

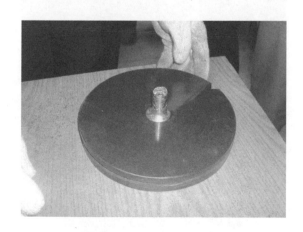

⊕ 圖7-57　取出矽膠模

⊕ 圖7-58　打開矽膠模

（11）為了讓成品容易脫膜，每一模離心鑄造之前應先灑上滑石粉，作為離型劑，如圖7-59所示。

（12）重複上面的步驟，連續到第四模打開，你會發覺成功率已經提高很多，但是還有一些細部的地方沒有灌出來，如圖7-60所示。

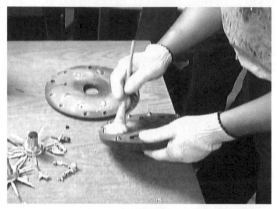

✦ 圖7-59　塗上滑石粉，作為離型劑

✦ 圖7-60　打開第四模

（13）此時你就要逐一的去檢視沒有澆鑄出來的部分，真正原因在那裡，要如何的去解決(看是要加大進模口，還是增加通氣道)，如圖7-61所示。

（14）這樣的修正工作，要一遍再一遍，一直修正到整付模具的每一件作品都是完美無缺為止，試模的工作始算完成，如圖7-62所示。

✦ 圖7-61　看是要加大進模口，還是增加通氣道

✦ 圖7-62　試模完成的模具

7-5.2 離心鑄造

　　當矽膠模具試模完成，就可正式進入量產的階段，至於轉速的設定，一般9吋矽膠模參考轉速，1200～1400rpm；12吋矽膠模參考轉速為600～800rpm。每一付矽膠模具的耐用次數平均約300模，當然這與生產操作的環境及鑄品的大小，息息相關。

　　矽膠模離心鑄造的產品小至於流行飾品(如圖7-63所示)，大至各種工藝藝術品如八駿馬(如圖7-64所示)、奔牛(本件作品是將本體分割成幾十片的零件，利用矽膠模離心鑄造法生產完成後，再經過氫氧焰水焊機(如圖7-65所示)，焊接組合而成，你可以從它未經表面處理的外型看到接合的痕跡)，如圖7-66所示。矽膠模離心鑄造其生產速度之快，是其他鑄造法無法相比的。

🌐 圖 7-63　流行飾品 (資料來源：流行飾品，經濟部工業局)
(參照0-20頁彩色圖)

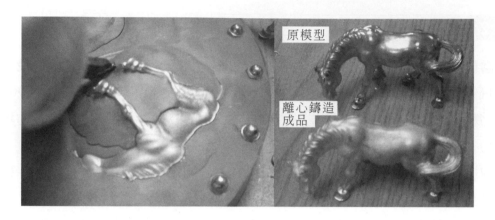

原模型

離心鑄造
成品

🔘 圖7-64　八駿馬

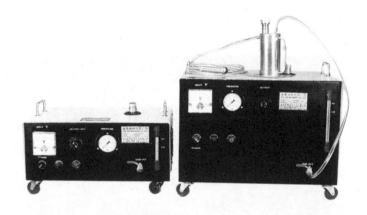

🔘 圖7-65　氫氧焰水焊機 (資料來源：聖喬機械公司)

加工處理前

🔘 圖7-66　矽膠模離心鑄造作品－奔牛
(參照0-21頁彩色圖)

7-6 後處理加工

　　未經後處理加工的矽膠模離心鑄造的鑄品，缺乏商業上的價值，因此為了要提高其附加價值，我們必須做一系列的後處理加工。

一、首先將離心鑄造完成的矽膠模打開，取出鑄品，如圖7-67所示。

圖7-67　取出鑄品
(參照0-21頁彩色圖)

二、利用斜口鉗將流路系統剪除。

三、將成品放入三次元振動研磨機做表面處理。

四、必要時將成品做噴砂處理或拋光。

五、將成品表面電鍍。

電鍍工程之處理程序：

（一）電鍍之前處理

1.　預備脫脂—主要目的是將附在工件上之拋光土，軟化及溶解。

2. 超音波鹼性脫脂—利用震盪子發生的疏密波(1,000,000次／sec)和界面攪拌(機械性的攪拌)將鑄品表面的油污去除乾淨。

3. 電解脫脂—其原理是利用電解原理，使陰極和陽極發生氣體，產生攪拌作用，將污物迅速脫離。

4. 除鏽—除去鑄品上之氧化物，如鋼鐵可用鹽酸、銅及銅合金可用硫酸或鹽酸、鋅及鋅合金可用硫酸，鋁錫合金可用氟硼酸去除。

5. 活化—經脫脂酸洗完後之鑄品表面仍然殘存很薄的氧化膜，會阻礙電鍍層的密著性，如果電鍍前不事先使表面活化，則電鍍層很容易剝離。所用之活化劑為稀酸或活性酸。

（二）電鍍加工處理

電鍍的加工過程，有如建築一棟房子，前處理就像打地基，地基牢固則往上之樓層絕對沒問題。否則電鍍後所發生之起泡、無鍍層皆為前處理不良所致。**電鍍之工作程序如下：**

1. 銅打底—為防止鑄品發生化學置換現象，在鍍光澤銅之前必須先鍍銅打底，電鍍液之主要成分為氰化銅、氰化鈉等。

2. 鍍光澤銅—鑄品經銅打底後再鍍光澤銅，則不會產生置換現象且表面呈鏡面光澤，光澤銅之主要成分為硫酸銅。

3. 鍍光澤鎳—銅易氧化，鎳由於具光澤、堅硬、耐蝕等特性，所以用來做為裝飾性電鍍之保護性鍍層。

4. 鍍完鎳後可依產品及客戶之要求電鍍下列貴金屬

（1）鍍銀—銀由於外表美觀，自古以來就做為食具及裝飾品，銀的電鍍皆以氰化物為主，但銀在空氣中易變色，因此必須經防變色處理。

（2）鍍銠—銠因不受王水腐蝕，具化學安定性及美麗之色澤，並且電鍍容易。但價格比白金貴，經常用於銀、鎳上的薄度裝飾用。

（3）鍍金—黃金用於裝飾用途是自古以來就有的行業，具有亮麗的外觀及抗蝕性。鍍層要求的重點是純度、硬度、厚度。一般流行飾品屬薄鍍，其厚度約在$2\sim3\mu m$，因為厚度太薄，容易退

色。高級飾品要求的厚度為7～120μm，其耐磨及防蝕效果較佳，所以附加價值非一般飾品可比擬。

六、裝配與組合：圖7-68所示為完成的流行飾品，圖7-69所示為加工處理前與電鍍完成後的工藝藝術品(奔牛)。

🟤 圖7-68　後處理完成的流行飾品 (資料來源：流行飾品，經濟部工業局)
(參照0-22頁彩色圖)

🟤 圖7-69　為加工處理前與電鍍處理後的工藝藝術品─奔牛(資料來源：聖喬機械公司)
(參照0-22頁彩色圖)

本 章 習 題

問答題：回答下列問題。

1. 試述人造珠寶流行飾品的製作流程？

2. 說明矽膠之硫化溫度與時間關係？

3. 試述矽膠的A膠與B膠有何不同？

4. 試述電鍍之前處理步驟？

5. 電鍍之前為何要先銅打底？

參考文獻 REFERENCE

一、中外文參考書目

1.　劉文海作：精密鑄造業發展現況與展望，金屬工業研究發展中心出版：經濟部技術處發行【初版2002】。

2.　精密鑄造職類能力目錄：中華民國職業訓練研究發展中心，2001【民91.12】。

3.　李良仁編著：雕塑技法，藝風堂出版社【2001.08初版八刷】。

4.　林宗獻編著：精密鑄造，全華圖書股份有限公司【2004.08四版一刷】。

5.　張晉昌編著：精密鑄造實習，漢大印刷公司【2004.08再版】。

6.　殷自力：精密鑄造鑄件疵病之分析及對策，精密鑄造技術研討會／中華民國鑄造學會【2000.08.02】。

7.　邱紹成等：鑄造手冊第四冊特殊鑄造法，中華民國鑄造學會【1999.09】。

8.　臺灣區珠寶工業同業公會：流行飾品，經濟部工業局【2000.07】。

9.　金屬工業研究發展中心：壓鑄模具設計手冊，高雄：金屬工業研究發展中心【2000/10】。

10.　施議訓等編著：模具學，全華圖書股份有限公司【2007.08二版二刷】。

11.　黃坤祥著：粉末冶金學，中華民國粉末冶金協會【2003.09再版】。

12.　汪建民主編：粉末冶金技術手冊，中華民國粉末冶金協會【1999.08再版】。

13.　陳克紹編譯：粉末冶金概論，全華圖書股份有限公司【1998.03二版七刷】。

14.　唐乃光主編：壓鑄模具設計手冊，金屬工業研究發展中心出版：經濟部技術處發行【2000.10二版】。

15. 張晉昌編著：鑄造學，全華圖書股份有限公司【2004.05初版十四刷】。

16. 中國鑄造協會：熔模鑄造技術，機械工業出版社【2000.10】。

17. 潘永寧等：圖解鑄造名詞辭典，台灣鑄造學會。

18. 鑄造工学便覽：日本鑄造工学会　編，丸善株式会社。

19. 銅合金鑄物の生産技術：財団法人素形材センター。

20. 図解鑄造用語辞典：日本鑄造工学会　編。

21. Investment Casting Markets：2000：The European Investment Casters，Federation(EICF)【2001】。

二、相關網站

1. 台灣鑄造學會：http://www.foundry.org.tw

2. 台灣鑄造品公會：http://www.casting.org.tw

3. 美國精密鑄造協會：http://www.investmentcasting.org

4. 金屬工業研發中心：http://www.mirdc.org.tw/chinese

5. 產業評析-ITIS智網：http://www.itis.org.tw

6. 中華民國粉末冶金協會：http://www.pmaroc.com.tw

7. 粉体粉末冶金協會：http://www.jspm.or.jp

8. 旭嶸有限公司：http://www.shiuhrong.com.tw

9. 億營實業有限公司：http://www.yihying.com.tw

10. 大鎪企業股份有限公司：http://www.richsou.com.tw

11. 奇鈺精密鑄造有限公司：http://www.chips-casting.com

12. 光淙股份有限公司：http://www.950.com.tw

13. 漢翔航空：http://www.aidc.com.tw

14. 天錡精密工業股份有限公司：http://www.tianchyi.com.tw

15. 笠得精密工業：http://www.lost-wax.com.tw

16. 利隆興實業股份有限公司：http://www.llhtwn.com.tw

17. 恆峰工業股份有限公司：http://www.investment-casting-hf.com

18. 忠正股份有限公司：http://www.presico.com.tw

19. 復盛股份有限公司：http://www.fusheng.com

20. 鉅明股份有限公司：http://www.dynamic.com.tw

21. 奧司登精密鑄造有限公司：http://www.o-stain.com

22. 瑞比德科技國際股份有限公司：http://www.rapidtech.com.tw

23. 維鋼工業股份有限公司：http://www.wekonet.com.tw

24. 于太股份有限公司：http://www.yutay-vacuum.com.tw

25. 尚柏噴砂機械有限公司：http://www.shangpo.com.tw

26. 明安國際股份有限公司：http://www.adgroup.com.tw

27. 基準實業股份有限公司：http://www.taconet.com.tw

28. 金采精密鑄造有限公司：http://www.alloymax.com.

29. 典維精密鑄造股份有限公司：http://www.donewell.com.tw/cprofile. htm

30. 佳燁精密鑄造工業股份有限公司：http://tw.ttnet.net

31. 大田精密工業股份有限公司：http://www.o-ta.com

32. 濰坊盛龍精密鑄件有限公司：http://www.shenglongcast.com

33. 金池金屬壓鑄有限公司：http://www.taiwan-die-casting.com

34. 信鋐工業股份有限公司：http://www.simhope.com.tw

35. 華鎂金屬科技股份有限公司：http://www.hwamay.com.tw

36. 欣隆精密壓鑄股份有限公司：http://www.shinlong.com.tw

37. 伍鎰工業股份有限公司：http://www.castmaster.com.tw

38. 華孚科技：http://www.waffer.biz

39. 仁鎂科技：http://www.zimag.com.tw

40. 美鉅公司：http://www.mgprecision.com

41. 欣諾德股份有限公司：http://www.sina-tek.com

42. 竹翔工業：http://chinese.b2b-powder-metallurgy.com

43. 台灣保來得股份有限公司：http://www.porite.com.tw

44. 青志金屬工業股份有限公司：http://www.chinchih.com

45. 太利企業股份有限公司：http://www.taili-pm.com.tw

46. 玄鋒超硬工業股份有限公司：http://www.iproducts.com.tw

47. 台溢實業有限公司：http://www.taiyiaeh.com.tw
48. 志泰精密模具：http://www.chihtai.com.tw
49. 九富企業有限公司：http://www.jofull.com.tw
50. 令達玻璃科技有限公司：http://www.leaderglass.com.tw
51. 琉璃工坊：http://www.liuli.com
52. 喜樂瑞金工房：http://blog.yam.com/lyimean/article/10311020
53. 玻光粼粼：http://www.ckps.hc.edu.tw/glass/theme_1_1.html
54. 竹塹玻璃：http://library.taiwanschoolnet.org
55. 玻璃工藝館：http://community.nat.gov.tw
56. 玻璃藝術展覽館：http://www.art-glass.com.tw

國家圖書館出版品預行編目資料

精密鑄造學 / 林宗献編著. -- 三版. -- 新北市：
全華圖書，2017.05
面 ； 公分
ISBN 978-986-463-535-1(平裝)

1.鑄工 2.鑄模

472.23 106007080

精密鑄造學

作者 / 林宗献

發行人 / 陳本源

執行編輯 / 林峻豪

封面設計 / 蕭暄蓉

出版者 / 全華圖書股份有限公司

郵政帳號 / 0100836-1 號

印刷者 / 宏懋打字印刷股份有限公司

圖書編號 / 0605702

三版二刷 / 2018 年 4 月

定價 / 新台幣 600 元

ISBN / 978-986-463-535-1 (平裝)

全華圖書 / www.chwa.com.tw

全華網路書店 Open Tech / www.opentech.com.tw

若您對書籍內容、排版印刷有任何問題，歡迎來信指導 book@chwa.com.tw

臺北總公司(北區營業處)
地址：23671 新北市土城區忠義路 21 號
電話：(02) 2262-5666
傳真：(02) 6637-3695、6637-3696

中區營業處
地址：40256 臺中市南區樹義一巷 26 號
電話：(04) 2261-8485
傳真：(04) 3600-9806

南區營業處
地址：80769 高雄市三民區應安街 12 號
電話：(07) 381-1377
傳真：(07) 862-5562

版權所有・翻印必究

23671 新北市土城區忠義路 21 號

全華圖書股份有限公司

行銷企劃部　收

廣　告　回　信
板橋郵局登記證
板橋廣字第540號

歡迎加入 全華會員

● 會員獨享

會員購書折扣、紅利積點、生日禮金、不定期優惠活動…等。

● 如何加入會員

填妥讀者回函卡回或直接傳真 (02) 2262-0900 或寄回，將由專人協助登入會員資料，待收到 E-MAIL 通知後即可成為會員。

如何購買 全華書籍

1. 網路購書

全華網路書店「http://www.opentech.com.tw」，加入會員購書更便利，並享有紅利積點回饋等各式優惠。

2. 全華門市、全省書局

歡迎至全華門市（新北市土城區忠義路 21 號）或全省各大書局、連鎖書店選購。

3. 來電訂購

(1) 訂購專線：(02) 2262-5666 轉 321-324
(2) 傳真專線：(02) 6637-3696
(3) 郵局劃撥（帳號：0100836-1　戶名：全華圖書股份有限公司）
※ 購書未滿一千元者，酌收運費 70 元。

全華網路書店 www.opentech.com.tw
E-mail: service@chwa.com.tw

※ 本會員制如有變更則以最新修訂制度為準，造成不便請見諒。

讀者回函卡

填寫日期： ／ ／

姓名：

生日：西元　　年　　月　　日　性別：□男 □女

電話：（　　）　　　　　　　傳真：（　　）　　　　　　手機：

e-mail：（必填）

通訊處：□□□□□

註：數字零，請用 Φ 表示，數字 1 與英文 L 請另註明並書寫端正，謝謝。

學歷：□博士 □碩士 □大學 □專科 □高中・職

職業：□工程師 □教師 □學生 □軍 ・ 公 □其他

學校／公司：　　　　　　　　　　科系／部門：

・需求書類：

□ A. 電子 □ B. 電機 □ C. 計算機工程 □ D. 資訊 □ E. 機械 □ F. 汽車 □ I. 工管 □ J. 土木

□ K. 化工 □ L. 設計 □ M. 商管 □ N. 日文 □ O. 美容 □ P. 休閒 □ Q. 餐飲 □ B. 其他

・本次購買圖書為：　　　　　　　　　　　　　書號：

・您對本書的評價：

封面設計：□非常滿意 □滿意 □尚可 □需改善，請說明

內容表達：□非常滿意 □滿意 □尚可 □需改善，請說明

版面編排：□非常滿意 □滿意 □尚可 □需改善，請說明

印刷品質：□非常滿意 □滿意 □尚可 □需改善，請說明

書籍定價：□非常滿意 □滿意 □尚可 □需改善，請說明

整體評價：請說明

・您在何處購買本書？

□書局 □網路書店 □書展 □團購 □其他

・您購買本書的原因？（可複選）

□個人需要 □公司採購 □親友推薦 □老師指定之課本 □其他

・您希望全華以何種方式提供出版訊息及特惠活動？

□電子報 □ DM □廣告 （媒體名稱　　　　　　　　　　　　　　）

・您是否上過全華網路書店？ (www.opentech.com.tw)

□是 □否 您的建議

・您希望全華出版那些書籍？

・您希望全華加強那些服務？

～感謝您提供寶貴意見，全華將秉持服務的熱忱，出版更多好書，以饗讀者。

全華網路書店 http://www.opentech.com.tw 客服信箱 service@chwa.com.tw

2011.03 修訂

勘誤表

親愛的讀者：

感謝您對全華圖書的支持與愛護，雖然我們很慎重的處理每一本書，但恐仍有疏漏之處，若您發現本書有任何錯誤，請填寫於勘誤表內寄回，我們將於再版時修正，您的批評與指教是我們進步的原動力，謝謝！

全華圖書　敬上

書號		書名		作者
頁 數	行 數	錯誤或不當之詞句		建議修改之詞句

我有話要說：	(其它之批評與建議，如封面、編排、內容、印刷品質等・・・)